GUIDE

DE

L'AGRICULTEUR

COMPRENANT :

1° La Description, le Choix, l'Emploi des Machines et Instruments agricoles, les Avantages qu'ils présentent, leurs Prix, etc. ; — 2° la Description des principales Races Chevalines, Bovines, Ovines, Porcines et Gallines ; — 3° la Valeur des Engrais du Commerce et des Semences, etc.

PAR

ED. VIANNE

INGÉNIEUR AGRICOLE,

DIRECTEUR GÉRANT DU JOURNAL D'AGRICULTURE PROGRESSIVE, MEMBRE HONORAIRE ET CORRESPONDANT DE PLUSIEURS SOCIÉTÉS D'AGRICULTURE.

PREMIÈRE PARTIE.

PARIS

NOUVELLE LIBRAIRIE AGRICOLE ET HORTICOLE DE J. LOUVIER,

25, quai des Grands-Augustins.

1861

GUIDE

DE

L'AGRICULTEUR

PARIS. — IMPRIMERIE CENTRALE DE NAPOLÉON CHAIX ET Ce, RUE BERGÈRE, 20. — 608

GUIDE

DE

L'AGRICULTEUR

COMPRENANT :

1° La Description, le Choix, l'Emploi des Machines et Instruments agricoles, les Avantages qu'ils présentent, leurs Prix, etc. ; — 2° la Description des principales Races Chevalines, Bovines, Ovines, Porcines et Gallines ; — 3° la Valeur des Engrais du Commerce et des Semences, etc.

PAR

ED. VIANNE

INGÉNIEUR AGRICOLE,

DIRECTEUR GÉRANT DU JOURNAL D'AGRICULTURE PROGRESSIVE, MEMBRE HONORAIRE ET CORRESPONDANT DE PLUSIEURS SOCIÉTÉS D'AGRICULTURE.

PARIS

NOUVELLE LIBRAIRIE AGRICOLE ET HORTICOLE DE J. LOUVIER,

25, quai des Grands-Augustins.

1861

PRÉFACE.

Il y a quelques années à peine, alors que les cultivateurs restaient chez eux, se contentant de produire peu avec beaucoup de peine, et ne croyaient pas à la possibilité de faire mieux, un *Guide* eût été un livre complétement inutile; mais aujourd'hui que l'agriculture française s'est réveillée et que le progrès marche d'un pas rapide, que l'agriculteur a appris à se servir des machines, qu'il en réclame tous les jours qui puissent alléger ses lourds labeurs et l'aider à produire plus économiquement, que les plus habiles mécaniciens ont compris qu'une voie nouvelle leur était ouverte, et que de toute part surgissent des machines et des instruments nouveaux, que des industries nouvelles se sont créées pour la production des engrais et la vente des semences, que les races de bestiaux s'améliorent et que la *spéculation* fait métier d'approvisionner les agriculteurs, un livre contenant des renseignements sérieux puisés à des sources certaines et auxquels les agriculteurs peuvent avoir confiance, nous paraît avoir sa raison d'être.

Le *Guide de l'Agriculteur*, que nous présentons au public agricole, comprend la description des principales machines, instruments et outils composant le matériel rural, examinés tant au point de vue mécanique que sous celui de leur emploi pratique, indiquant les conditions spéciales dans lesquelles il convient d'en faire usage, les précautions qu'exige leur manœuvre, les difficultés qu'elles présentent, les avantages économiques qui résultent de leur emploi, basés sur des données pratiques; leur prix de vente, les adresses des principaux fabricants ;

Une étude sur les principales races des espèces, chevalines, bovines, ovines, porcines et gallines, considérées au point de vue de leurs aptitudes, dans les différentes contrées, des croisements et des améliorations dont elles sont susceptibles ;

Une indication de la valeur réelle des différents engrais commerciaux, leur prix de vente, leur emploi, etc. ;

Enfin, l'indication des principales variétés de graines, de semences, leur rendement comparatif, etc.

Toutes les machines et instruments dont nous donnons la description ont été examinés par nous, soit dans les concours, soit dans les exploitations rurales où on les employait. Les considérant plutôt au point de vue pratique que théorique, nos appréciations diffèrent fréquemment de ceux des divers jurys qui ont été appelés à les examiner dans les concours, c'est-à-dire dans des conditions autres que celles dans lesquelles ils se trouvent placés chez les cultivateurs.

Nous nous sommes entouré de tous les renseignements qu'il nous a été possible de nous procurer, tant auprès des praticiens émérites que près des mécaniciens, nous avons compulsé tout ce qui avait été écrit sur la mécanique agricole, et c'est avec les données que nous avons puisées dans ces écrits, aidé de celles qui nous ont été fournies par les agriculteurs, par les mécaniciens et par nos propres études, que nous avons basé nos jugements, dont nous acceptons toute la responsabilité.

Pour les études sur les animaux, nous avons eu recours aux connaissances pratiques de nos principaux éleveurs, et nous remercions tout particulièrement nos amis et collaborateurs, au *Journal d'Agriculture progressive*, MM. Crussard, d'Almenno, Favret, Clamageran, du bon concours qu'ils nous ont prêté.

Les indications sur la valeur des engrais du commerce ont été puisées dans les notices et les polémiques que cette importante question a soulevées dans ces derniers temps.

Il en est de même pour l'indication de la valeur des graines et des semences, que nous avons complétée par les belles expériences faites sur les céréales à l'École normale de Beauvais, si habilement dirigée par le frère Menée, et par M. d'Almenno, dans son exploitation de la Choltière.

E. VIANNE.

INTRODUCTION.

La phase nouvelle dans laquelle l'agriculture française est entrée depuis quelques années est due, en grande partie, à l'heureuse influence que les concours exercent sur la masse des cultivateurs, qui, dans ces fêtes agricoles, peuvent apprécier et se convaincre des avantages qu'ils peuvent obtenir en suivant un système de culture plus rationnel, et en employant des instruments qui, tout en leur permettant de faire mieux et plus économiquement, leur évitent les travaux les plus pénibles. Le doute ne leur est plus permis. Aussi voyons-nous d'année en année ces exhibitions prendre un essor et une importance que l'on était loin de prévoir.

Ce fut en 1850 que l'Institut agronomique de Versailles institua son premier concours. Il y parut quinze étalons, dont neuf de races croisées anglo-normand.

L'espèce bovine était représentée par cinquante-trois taureaux des races durham, flamandes, cotentines, parthenaises, garonnaises et limousines.

L'espèce ovine comprenait cinquante-sept béliers des races mérinos, dishley, southdown, de Mauchamp et de la Charmoise.

Enfin, l'espèce porcine était représentée par dix verrats, dont neuf de races anglaises ou croisées, et un de race augeronne.

Cent cinquante-cinq instruments et quatre-vingt-dix lots de produits agricoles complétaient cette exposition générale.

En 1851, on établit trois concours nouveaux, l'un à Saint-Lô, l'autre à Aurillac, et le troisième à Toulouse, et Versailles ouvre un concours général.

En 1852, sept autres concours furent créés ; ils furent tenus à Saint-Lô, Toulouse, Nancy, Amiens, Angers, Limoges et Nevers ; ils se complétaient par le concours général de Versailles qui les couronnait tous.

En 1853, les concours régionaux furent portés à huit, et tenus à Agen, Caen, Vesoul, Angers, Moulins, Rodez, Saint-Quentin et Valence. L'Institut agronomique ayant été supprimé, le concours général, qui était le complément des concours régionaux, eut lieu à Orléans ; l'ensemble de cette exhibition générale comprit seize étalons de gros trait, dix-huit étalons de trait léger, cent quarante taureaux, deux cent douze béliers, trente-sept verrats ; cent quatre-vingt-dix-sept machines et instruments, et deux cent vingt-six lots de produits agricoles.

En 1854, une phase nouvelle s'ouvrit pour l'agriculture, et une brillante exhibition eut lieu à Paris. Quelques améliorations furent apportées au programme : on prima les femelles comme les mâles ; mais, par une inexplicable anomalie, l'espèce chevaline fut exclue des concours.

En 1855, il y eut huit concours régionaux, et en 1856 l'exposition agricole à Paris ne fut pas seulement générale, elle devint universelle : de cette époque date véritablement la grande impulsion donnée à l'agriculture. Une foule immense d'agriculteurs visitèrent cette admirable exhibition, qui présentait, outre des animaux magnifiques, une quantité d'instruments et de machines déjà usuels chez nos voisins d'outre-Manche, dont la plupart des cultivateurs français ignoraient encore l'emploi. Elle comprenait :

	Étrangers.	Français.
Animaux : espèces bovines, ovines et porcines	1,582	1,072
Espèces caprines, de basse-cour, etc.............	»	1,551
Machines et instruments.........................	655	1,451
Lots de produits agricoles......................	615	4,008
Livres, plans et gravures.......................	35	190
Total..................	2,887	8,272

C'était un succès complet, qui prouvait au gouvernement qu'il était entré dans la bonne voie. Aussi augmenta-t-il le nombre des concours régionaux, qui sont toujours de plus en plus suivis et auxquels le public agricole porte le plus grand intérêt.

Le concours général de 1860, quoique général et national seulement, eut encore plus d'importance que celui de 1856 ; de plus, sur les justes réclamations qui s'élevèrent de tous les points de la France, l'espèce chevaline y fut admise, ce qui augmenta encore l'intérêt que présenta cette exhibition sans précédents. On y comptait :

Espèces chevalines et asines............................	788
— bovines, ovines et porcines......................	2,010
— caprine et lapine..............................	83
Volailles, etc..	2,444
Machines et instruments.................................	3,976
Produits agricoles......................................	7,375
Total................	16,676

Par la comparaison du total des objets exposés en 1856 et en 1860, on voit qu'il y a eu augmentation dans toutes les divisions ; mais la grande différence porte particulièrement sur les produits agricoles, et surtout sur les machines et les instruments. Selon nous, l'avenir prospère de l'agriculture, en même temps que la production économique, repose sur la mécanique agricole dont nous sommes heureux de constater les progrès, et qui est déjà arrivée à un degré de perfectionnement tel, que nos mécaniciens peuvent lutter sans désavantage avec nos voisins d'outre-Manche.

LES MACHINES AGRICOLES.

Les regards des agriculteurs sont aujourd'hui dirigés avec une vive attention vers les instruments aratoires. Les moissonneuses, les faucheuses, les faneuses, les batteuses mécaniques, les machines à vapeur, etc., etc., sont d'une utilité d'autant plus à apprécier qu'il est malheureusement trop incontestable que la jeunesse rurale tend de plus en plus à abandonner le séjour des champs pour celui plus séduisant des villes.

Le travail agricole est dur et peu payé ; le travail industriel est moins dur, plus rémunéré, et surtout plus attrayant.

C'est une rude tâche en effet que celle que voient se dresser devant eux tous les ans les cultivateurs, tâche qu'ils doivent remplir jusqu'au bout avant de savoir si le prix de la récolte les dédommagera de leurs dépenses et répondra à leurs soins, à leurs espérances.

Cet abandon de la vie rurale, qu'il est fâcheux de constater, est donc bien explicable, et l'on ne peut en amoindrir les effets dont les conséquences pourraient devenir très-graves, qu'en s'efforçant d'en diminuer les causes par tous les moyens que la science et l'industrie mettent à notre disposition.

Ces admirables instruments que nous venons de citer, dus au génie industriel de notre époque, ont donc un double attrait, puisqu'en diminuant les fatigues de l'homme ils laissent une plus grande part à l'intelligence.

Aussi voit-on dans tous les concours l'avidité avec laquelle tous ces nouveaux instruments sont examinés, et ce n'est pas de l'engouement que les masses ressentent pour ces nouveaux engins, c'est l'instinct peu trompeur du bon sens public qui pressent la nécessité quasi-urgente de ces remarquables applications de l'art mécanique à l'art agricole. Car il faut le constater, et cela est une satisfaction pour nous, l'art agricole a conquis son droit de bourgeoisie aux yeux de tous, et ce n'est plus parler, même au populaire des villes, d'une science inconnue, confuse ou dédaignée que de traiter devant lui de celle qui apprend à tirer de la terre les produits qui créent la richesse et la force des nations.

Aussi tout ce qui tient à l'art agricole aujourd'hui trouve de la sympathie dans les masses ; et pour le public agricole ce n'est pas seulement à l'étude et à l'examen de ces instruments ingénieux dont nous parlions tout à l'heure qu'il borne son intérêt, il s'attache à tous, à quelque rang qu'il appartienne, et cela parce qu'il a besoin de tous dans ses travaux successifs. Il se préoccupe tout autant de ceux d'origine plus ancienne que des récents perfectionnements ont transformé pour ainsi dire en instruments nouveaux dont l'utilité et l'énergie ont été augmentées par les plus heureuses modifications, que de ces machines plus compliquées dont il ne fait encore que deviner l'utilité.

Toutefois, s'il est utile d'appeler l'attention des agriculteurs sur les instruments perfectionnés, il n'est pas moins nécessaire de les prémunir contre les prétendus perfectionnements qui consistent le plus souvent en des complications inutiles et même nuisibles.

Les instruments d'agriculture doivent être, avant toutes choses, simples et solides.

Simples, parce que les mains appelées à les diriger sont pour la plupart peu exercées et trop souvent peu soigneuses, et aussi parce que les instruments compliqués sont plus sujets à se déranger et à se casser, et que les ouvriers capables de les réparer sont encore rares à la campagne.

Solides, parce que les réparations, lorsqu'elles sont possibles à la campagne, sont toujours très-coûteuses, qu'elles sont longues, affaiblissent les instruments et font perdre un temps précieux; les instruments construits avec des bons matériaux, dont les pièces sont bien ajustées et se prêtent un mutuel appui, s'usent uniformément, nécessitent peu de réparations, et bien qu'étant d'un prix plus élevé en premier achat, ils reviennent en fin de compte meilleur marché que les instruments mal ajustés, dont les organes sont mal combinés.

Les instruments ruraux doivent en outre être appropriés au sol et au besoin des localités; il ne peut être d'une charrue, par exemple, comme d'une machine employée dans une manufacture, où l'uniformité du travail et des difficultés demande l'uniformité des machines. Ne rencontrant l'uniformité ni dans le sol, ni dans les difficultés accessoires, les machines agricoles doivent être conditionnées suivant les circonstances où elles doivent fonctionner; elles doivent être même plus solides que le travail auquel elles sont destinées le comporte, par prévoyance de difficultés possibles et non prévues.

Depuis quelques années la mécanique agricole a fait un pas immense, et aujourd'hui la quantité des instruments agricoles de divers systèmes est innombrable; certes, c'est là un grand progrès, car les machines permettent de faire avec célérité et économie des cultures auxquelles il faudrait renoncer s'il fallait recourir aux bras des hommes. Cependant, nous conseillerons aux agriculteurs la plus grande prudence dans l'achat des instruments, et leur introduction dans les localités où leur emploi est inconnu; toutefois, on reconnaît avec bonheur que cette opposition systématique pour tout instrument nouveau, qui a fait pendant si longtemps le désespoir des agriculteurs progressistes, n'existe plus chez le cultivateur. Mais il est encore nécessaire de procéder graduellement, et ne pas oublier que l'on ne peut pas faire du jour au lendemain, d'un ouvrier de ferme, un ouvrier mécanicien.

Il faut surtout, nous ne saurions trop le répéter, que les instruments soient simples et solides; il est bon, si l'on veut faire accepter une machine nouvelle, que le nouvel instrument se rapproche pour la forme de ceux qui sont employés dans la contrée ; ainsi, par exemple, l'araire ou charrue sans avant-train est accepté sans difficulté dans le Centre, et sert au labour des terres de toutes natures, et il est reconnu qu'il exige moins de tirage; cependant il serait presque impossible de le faire adopter dans les environs de Paris, où l'on prétend qu'il n'est pas possible de labourer sans avant-train, tandis que les laboureurs du Nord l'acceptent volontiers, moyennant l'adjonction d'un sabot ou d'une roulette; dans le Nord on veut des machines à battre qui ménagent la paille, tandis que dans le Centre on emploie ordinairement des machines qui battent en bout, et que dans le Midi on se plaint généralement de ce que la paille n'est pas assez froissée par les machines. Nous pourrions ainsi étendre nos comparaisons à presque toutes les machines.

Il résulte de ces simples observations qu'une machine peut être bonne pour une contrée et mauvaise pour une autre; de là la nécessité de consulter les besoins et les habitudes du pays.

Une recommandation essentielle que nous faisons aux agriculteurs qui ne disposent que d'une force limitée, est de ne jamais acheter de machines exigeant le maximum de la force dont ils disposent. Ainsi celui qui pourra disposer d'une force de trois chevaux ne doit acheter qu'une machine de deux chevaux s'il veut obtenir un bon travail ; car tous les fabricants, sans exception, exagèrent le travail que peuvent accomplir les machines qu'ils fabriquent, et tous sont disposés à diminuer la force qu'elle exige pour fonctionner convenablement.

Lorsqu'on achète une machine, on doit s'assurer: 1° de sa solidité; 2° de sa simplicité; 3° des conditions économiques du travail qu'elle doit faire, c'est-à-dire qu'on doit se rendre compte de la force qu'elle exige, ainsi que de la quantité et de la qualité de la main-d'œuvre qu'on doit y appliquer; 4° de la valeur du travail qu'elle exécute ; 5° de son prix. Toutefois, pour cette dernière condition qui est souvent considérée comme la plus essentielle, nous différons d'un grand nombre de personnes qui cherchent avant tout le bon marché. Certes nous savons que c'est là une grande condition de propagation, que l'agriculture n'est pas riche, mais encore faut-il que le bon marché soit réel et non pas illusoire, comme cela arrive trop souvent. Ainsi il est évident que si le bois de chêne est remplacé par du bois de sapin, l'acier par du fer, le fer par de la fonte, etc., et que si au lieu d'avoir des pièces bien alésées et ajustées, on les laisse quasi-brutes, on pourra livrer un instrument à meilleur marché; mais ce bon marché ne sera que fictif, et l'instrument bon marché sera en réalité vendu plus cher que celui qui est bien conditionné. Nous ne voulons pas dire pour cela qu'il faut donner la préférence quand même aux instruments dont le prix est le plus élevé ; ce serait une grande erreur, car nous savons aussi bien que qui que ce soit qu'à conditions égales de fabrication, les prix diffèrent beaucoup, qu'il est des fabricants qui se contentent d'un minime béné fice, tandis que d'autres vendent très-cher ; mais nous voulons prémunir les agriculteurs contre l'attrait des bas prix.

Notre but étant de passer en revue les meilleurs instruments qui ont figuré dans les concours, ou que nous avons vus fonctionner dans les cultures que nous avons visitées, nous suivrons pour leur description autant que possible l'ordre dans lequel ils sont employés dans la culture.

LES CHARRUES.

CONSIDÉRATIONS GÉNÉRALES.

La charrue étant l'instrument qui précède les autres pour la culture de la terre, elle doit nécessairement figurer en première ligne dans cette revue des instruments ruraux.

Nous n'avons pas à nous préoccuper de l'époque de son introduction dans la culture, pas plus que des transformations qu'elle a successivement subies avant d'arriver jusqu'à nous telle qu'elle est actuellement avec ses perfectionnements ; nous ne saurions non plus indiquer toutes les charrues dont on se sert dans les différentes localités, car il nous faudrait pour cela plusieurs volumes, puisque chaque charron a pour ainsi dire une charrue particulière ; nous indiquerons seulement celles qui nous paraissent présenter des dispositions intéressantes au point de vue de la simplicité, de la solidité, de l'efficacité du travail et du prix de l'instrument.

La meilleure charrue est évidemment celle qui effectuera le *meilleur labour* au *meilleur marché*. Toutefois, il faut reconnaître que la bonté du labour dépend en grande partie du laboureur.

Voici comment M. de Gasparin définit un *bon labour :* « Un bon labour suppose que la terre a été soulevée en prismes plus ou moins larges, mais qui ont subi plus d'un quart de conversion, de manière que la surface supérieure soit totalement cachée, et que les herbes qui la recouvraient cessent de paraître, ainsi que l'engrais que l'on aurait répandu sur le sol ; de manière aussi que les tranchées aient subi un mouvement de torsion qui diminue l'agrégation des molécules entre elles ; qu'elles s'appuient les unes sur les autres, tout en laissant un vide au-dessous de leur point de jonction, de sorte que l'air puisse pénétrer dans le labour ; que chaque sillon reste bien net après le passage de la charrue et ne soit pas encombré par la terre qui aurait surmonté le versoir ; que dans sa marche la charrue ne s'engorge pas de terre, d'herbages qui retarderaient le mouvement, en obligeant le laboureur de s'arrêter pour la dégorger ;

enfin que celui-ci ne soit pas obligé de faire des efforts trop constants ou trop fréquents pour maintenir la charrue en équilibre et dans la raie. Toutes les infractions à ces règles seraient comme des défauts qui, à égalité de tirage, ou pour des tirages peu différents, donneraient l'avantage à l'instrument qui ne les présenterait pas. »

Le prix de revient d'un labour se compose du temps employé par les chevaux et les hommes, de l'usure et de l'entretien de la charrue.

Le temps nécessaire pour effectuer le labour d'une surface donnée dépend :

1° De la nature, de l'état et de la position de la terre ; elle peut être forte ou légère, pierreuse ou homogène, sèche ou humide, sale ou propre, en plaine ou en coteau, etc.;

2° De la grandeur et la forme des pièces à labourer ; car plus les pièces sont petites et irrégulières, plus il y a des pertes de temps ;

3° De l'espèce et de la profondeur du labour à faire ; retourner un chaume, rompre une prairie, faire un labour profond, un demi-labour, un labour en travers, un labour de défoncement, enterrer le fumier, etc.

Il est facile de comprendre que ces différentes natures de travaux, qui sont exécutés parfois dans des conditions très-différentes, exigent des charrues spéciales, et que la charrue qui servira aux labours profonds ne peut être employée avantageusement pour les *écroûtages*, de même qu'une excellente charrue pour les terres tenaces et collantes ne sera qu'un médiocre instrument pour les terres légères.

Chacun de ces cas particuliers exige donc des instruments différemment établis, et, en résumé, on doit juger une charrue aux deux points de vue suivants (1) :

« 1° Efficacité, c'est-à-dire sous le rapport de la *forme* et de la *combinaison* des pièces travaillantes : coutre, soc et versoir ; des pièces dirigeantes : sep, régulateur, mancherons ; ce jugement aura pour but de décider de *la bonté du travail effectué*, de la *facilité de conduite* et *du bon règlement* de la charrue, de la *moindre fatigue des animaux de trait* ; il permettra de décider si le travail de la charrue est bon, et s'il peut être fait rapidement (premier élément du prix de revient du labour).

» 2° Solidité, durée, entretien, d'où résulte le bas prix absolu ou relatif de la charrue ; ce jugement portera sur l'*exécution* au point de vue de la forme des différentes pièces ; sur leur *assemblage* ou réunion ; sur la *qualité* ou le *fini* du travail, sur le *choix des matériaux* de construction, bois, fer, acier, fonte, suivant les ressources du pays et le prix possible de la vente ; sur l'*emploi plus ou moins judicieux* de ces matériaux, sur leur économie. Cette dernière partie de l'examen donnera le moyen de juger comparativement de la durée probable de la charrue, et par suite de l'annuité d'amortissement que doit supporter chaque hectare labouré, et de l'*entretien annuel* qu'entraîne l'usure de l'instrument ; toutes ces appréciations sont difficiles à traduire en

(1) *Mécanique agricole, théorie et pratique*, par M. J. Grandvoinnet.

chiffres ; de là la nécessité, pour les agriculteurs progressifs, d'étudier eux-mêmes les éléments de ces comparaisons. »

L'efficacité d'un labour dépend de sa forme et de la disposition des pièces travaillantes ou dirigeantes.

Pour qu'une charrue réunisse les conditions que nous venons d'énumérer, il faut qu'elle coupe la terre nettement, horizontalement par son soc et verticalement par son coutre.

Le *soc* est l'organe essentiel de la charrue ; il doit être fixé solidement, avoir une largeur proportionnée à la bande de terre qu'on veut enlever, être presque plat et tranchant ; il doit *couper la terre* et non la *déchirer ;* lorsqu'il est trop étroit ou trop épais, il augmente considérablement le tirage.

Le *coutre* est un fort couteau destiné à couper verticalement la bande de terre que le soc coupe horizontalement et que le versoir renverse ; il est maintenu contre l'age de la charrue, du côté opposé au versoir, soit par une vis de pression, dans une pièce de fer ou de fonte, appelée coutelière, fixée à l'age au moyen de deux boulons, soit au moyen d'un étrier ; ce dernier moyen est plus simple, et a en outre l'avantage de ne diminuer en rien la force de l'age. Règle générale, le coutre ne doit entrer en terre qu'à la moitié de la profondeur du labour à effectuer, et la pointe doit être portée de 6 à 8 millimètres vers la gauche, le versoir étant à droite.

Le versoir ou *oreille* est destiné à retourner la bande de terre sur le côté, lorsqu'elle a été coupée par le soc et le coutre ; le renversement de la bande de terre doit être tel que toute la partie supérieure, les herbes, le fumier, etc., se trouvent recouverts, et que la terre inférieure soit mise au contact de l'air. On n'est pas encore bien d'accord sur la forme rigoureuse que doivent avoir les versoirs. On comprend d'ailleurs qu'il y a là une grande difficulté à vaincre, et que si on voulait adopter un tracé mathématiquement exact, il faudrait le varier suivant la nature des terres et la profondeur. Or, on peut et on doit même avoir plusieurs charrues dans une exploitation, mais on ne peut cependant pas en avoir une différente pour chaque pièce de terre.

En général, les versoirs courts brisent plus la bande de terre que les versoirs allongés ; dans les terres fortes, les versoirs courts retournent la tranche de terre trop brusquement et exigent plus de tirage ; sous ce point de vue, les versoirs anglais sont peut-être exagérés. Nos principaux constructeurs de charrues ont adopté une moyenne qui semble satisfaire complétement aux besoins de notre agriculture.

Le *sep* ou *semelle* est la partie qui glisse sur le sol : il est ordinairement en fonte. Lorsqu'il est long, le frottement est plus considérable ; mais la marche de la charrue est plus régulière, et la stabilité plus grande, et, en fin de compte, une semelle un peu longue est préférable, parce que la légère augmentation de tirage est plus que compensée par la stabilité de l'instrument, qui permet de faire un meilleur travail.

L'*age* ou *haie*, que l'on nomme aussi *flèche*, porte le coutre, et s'assemble avec le corps de la charrue, qui est formé du soc, du versoir, de l'avant-corps, de l'étançon et du sep. Dans les charrues anglaises, l'age est ordinairement en fer; en France, où le bois est moins cher qu'en Angleterre et le fer plus cher, on a généralement avantage à faire cette pièce en bon bois; il est essentiel toutefois, afin de conserver au bois toute son élasticité, d'en employer des brins de *fil* et non des bois sciés.

Les *manches* ou *mancherons* s'assemblent avec l'age; ils servent à maintenir et à diriger la charrue.

Le *régulateur* sert à modifier la profondeur et la largeur de la raie: c'est une des pièces des plus essentielles de l'instrument; il doit être simple, solide, et établi de manière à ne pouvoir se déranger pendant la marche. Depuis quelque temps, les fabricants se sont beaucoup occupés de cette pièce, mais nous ne voyons pas qu'ils aient réussi à faire beaucoup mieux que ce qui existait. On est trop porté à compliquer les instruments, et cette complication, qui souvent est plus nuisible qu'utile, en augmente forcément le prix.

Le régulateur est appliqué, soit directement à l'age de la charrue, soit indirectement, selon que le sep qui est soumis à la double impulsion du moteur et du directeur a une assiette suffisante; ou que l'on a recours à un avant-train, ou à des supports pour donner un point d'appui à la charrue.

On a remarqué au concours général de 1860 que les fabricants de charrues avaient une forte tendance à compliquer ces instruments, surtout en ce qui concerne les régulateurs; c'est un grand tort qui ne peut que leur être préjudiciable. Un bon régulateur est certainement une pièce essentielle, mais il ne faut pas qu'il soit obtenu aux dépens de la simplicité de l'instrument et qu'il en augmente notablement le prix. Pour tous les instruments ruraux, et principalement pour les charrues, on doit éviter les mécanismes et les complications, et ne pas oublier que les vis se rouillent, que les tringles en fer, à moins d'être très-épaisses et partant très-lourdes, se faussent, et qu'alors le mécanisme ne marchant plus qu'avec difficulté, le laboureur le fait manœuvrer à coups de pierre ou de marteau, car peu lui importe à lui d'abîmer un instrument: lorsqu'il sera cassé, on lui en donnera un autre.

Les vis et les écrous devraient être exclus de ces instruments et remplacés par des boulons à clavettes; en effet, qu'un écrou se perde, le boulon se détache et la charrue mal fixée s'use vite et fonctionne mal; mais l'ouvrier se souciant peu de cela, n'en continuera pas moins son travail, à moins toutefois que ce ne soit l'écrou d'un boulon qui fixe le soc; alors le soc n'étant plus maintenu, il sera forcément obligé d'arrêter le labour, tandis que s'il perdait une clavette au lieu d'un écrou, il pourrait la remplacer avec le premier morceau de fer venu, ou même provisoirement avec un morceau de bois.

Il résulte de la disposition du régulateur trois classes de charrues: 1° les araires ou charrues simples; 2° les charrues à avant-train; 3° les charrues à supports.

Ces trois classes de charrues ne se gouvernent pas de la même manière; — elles se distinguent en charrues à versoir fixe, et en charrues à versoir mobile.

Araires. — Charrues à versoir fixe sur avant-train. — Charrues avec supports.

La charrue araire, qui est aujourd'hui généralement employée dans le centre et le midi de la France, ne s'emploie pas encore dans le nord et encore moins dans les environs de Paris. On se demande donc la raison de cette espèce d'anomalie qui fait qu'un instrument, que tout le monde s'accorde à trouver d'un emploi avantageux, ne soit pas accepté dans les pays où la culture est avancée. Nous pourrions répondre à cela : visitez les fermes des environs de Paris, et vous y verrez régner la routine la plus grande et la plus tenace. Ne parlez pas aux grands fermiers d'instruments perfectionnés, ils n'en veulent pas ; et si quelque cultivateur tente de sortir de cette routine, il rencontre dans les domestiques une opposition invincible qui ne lui permet pas d'opérer de changements, quand même il le voudrait sérieusement.

Le plus grand obstacle que rencontre la propagation de la charrue araire vient de ce que cet instrument demande réellement plus d'attention de la part du conducteur, et qu'un grand nombre de laboureurs trouvent plus commode de se laisser *traîner* par leur charrue que d'avoir à la diriger. Peu importe à l'ouvrier que son maître ait avantage à employer tel instrument de préférence à tel autre ; ce qu'il lui faut, c'est d'avoir le moins possible à travailler.

L'araire présente plusieurs avantages sur la charrue avec avant-train : d'abord il exige moins de tirage, puisqu'il n'a pas de roues qui opposent une résistance très-grande, surtout lorsque la terre est humide ; il est d'un prix moins élevé et exige moins de reparations ; le labour est plus régulier, parce que le conducteur règle la profondeur, en appuyant ou levant les mancherons ; tandis qu'avec la charrue sur avant-train, on suit les inégalités du sol, à moins que le laboureur ne prête une grande attention à son travail ; il permet de labourer les extrémités des sillons et de faire des tournées plus courtes, ce qui fait gagner beaucoup de temps, surtout lorsque les pièces de terre sont petites.

L'araire présente cependant un inconvénient ; il exige d'abord plus de précision dans la construction, puis il ne se dirige qu'avec beaucoup de difficultés pour les labours légers et les *écroûtages*, qui ne doivent atteindre que de 4 à 6 centimètres de profondeur ; et pour peu que le sol soit sec, il est très-difficile de le maintenir à une profondeur régulière ; hors ce cas, il se manœuvre avec autant de facilité et de précision qu'une charrue à support ou avec des roues.

Le maniement de l'araire exige une plus grande attention et des soins particuliers ; mais avec un peu de bonne volonté, tous les laboureurs réussissent à le manier en très-peu de temps.

L'araire s'enfonce lorsqu'on soulève les mancherons ; il prend moins de profondeur lorsqu'on appuie dessus. Le contraire a lieu avec les charrues à supports ou montées sur avant-train.

Pour prendre plus de largeur de raie, on incline légèrement l'araire à droite (le versoir étant de ce côté) en appuyant sur le mancheron de droite; pour diminuer la largeur de la raie, on appuie à gauche, c'est-à-dire du côté opposé au versoir.

L'araire se règle au moyen du régulateur fixé à l'extrémité de l'age; le labour est d'autant plus profond qu'on élève davantage la tige du régulateur qui soutient la tige de traction.

La longueur des traits et la position du coutre influent aussi sur le règlement de l'instrument. Si les traits sont trop longs, l'instrument tend à entrer dans le sol ; tandis que lorsqu'ils sont courts, il tend à sortir de terre. La disposition du coutre influe principalement sur la propension de l'instrument à prendre plus ou moins de raie.

La largeur de la raie se détermine aussi au moyen du régulateur, en le reportant plus ou moins vers la droite ou vers la gauche.

L'instrument doit être réglé de manière que, marchant seul, il se maintienne régulièrement à la même profondeur et largeur de raie. S'il tend à *s'enterrer*, on baissera un peu la tige de traction, et on la reportera plus à droite ou à gauche, suivant qu'il tend à prendre trop de largeur ou pas assez.

Pour les concours, l'administration de l'agriculture a divisé les charrrues en :

1° Charrues propres à tous les labours ;
2° Charrues propres aux labours profonds (0^m,27 au moins) ;
3° Charrues propres aux labours en sols légers ;
4° Charrues propres aux labours en sols forts et tenaces ;
5° Charrues tourne-oreill es ;
6° Charrues propres au défrichement des landes et bruyères ;
7° Charrues sous-sol

Cette division nous semble laisser beaucoup à désirer. Il est certain que les constructeurs, pour satisfaire aux demandes qui leur sont faites, cherchent à faire presque exclusivement des charrues propres à tous les labours, c'est-à-dire propres à toutes les terres, et labourant à toutes les profondeurs ; il est cependant bien évident qu'un instrument ne peut réunir les qualités nécessaires pour exécuter économiquement et convenablement dans des circonstances et des conditions opposées; un instrument bon pour les labours profonds en terres lourdes ne saurait présenter les mêmes avantages pour les labours superficiels en terres légères. Il s'ensuit qu'une bonne charrue pour tous labours n'est guère possible ; cependant dans l'état actuel de notre agriculture, les charrues propres à tous les labours sont celles qui sont le plus demandées aux constructeurs.

De longtemps encore nos cultivateurs ne pourront avoir des charrues spéciales pour chaque espèce de labour, et nos principaux constructeurs, qui ont très-bien compris cette position, construisent plusieurs numéros de charrues, du même modèle, qui s'emploient suivant la nature des terres.

Le concours général de 1860 présentait la plus grande collection de charrues que l'on ait vue en France ; elle se composait de :

276 charrues et araires ;
15 charrues pour la culture de la vigne ;
34 charrues fouilleuses ou sous-sol.

Un très-grand nombre étaient du même modèle ; cependant quelques-unes présentaient des dispositions nouvelles et rationnelles, et il eût été très-utile de pouvoir juger de ces dispositions par une expérience. On a essayé, il est vrai, *quelques* charrues à Villiers. Mais comment est-il possible de juger de la valeur d'instruments construits pour opérer dans des conditions particulières et opposées lorsque ces conditions sont rendues égales pour tous ? Ainsi, il est évident que si le sol du terrain d'expérience de Villiers convient pour les charrues propres aux sols forts et tenaces, ce même sol ne saurait convenir pour les charrues propres aux labours en sols légers. Nous croyons donc utile d'indiquer comment se passent les expériences des charrues dans les concours qui ont eu lieu en Ecosse. Ces données sont relevées du compte rendu du concours qui a eu lieu à Strathord les 7 et 8 mars 1860.

Le concours avait pour but : 1° de décider entre les mérites des diverses charrues concourantes ; 2° de comparer les araires aux charrues à avant-train ; 3° enfin, de juger quelle est celle des charrues la plus propre à tous labours. Les constructeurs de charrues étaient seuls admis.

Le comité de direction du concours a justement compris qu'il ne fallait pas laisser les juges, quelque compétents qu'ils puissent être, libres de décider à leur gré, sans règles ni méthode, des mérites des charrues concourantes. En conséquence, il invita le jury à diriger toute son attention sur les points suivants :

1° La facilité de traction ; 2° la facilité de conduite pour le laboureur ; 3° la propreté de marche dans un sol ameubli (nettoyage de la raie) ; 4° la simplicité de construction unie à l'efficacité et à la facilité de fixation du coutre, des roues, du régulateur, etc., etc. ; 5° la forme du versoir au point de vue du renversement de la plus convenable bande de terre dans les diverses espèces de sol.

En outre, le travail même devait être jugé aux différents points de vue suivants :

1° La coupe la plus propre par le coutre et par le soc ; 2° le meilleur renversement de la bande eu égard à sa forme et à la compacité du sol ; 3° le meilleur enfouissement des herbes ou chaumes ; 4° le sillon le plus uniforme ; 5° le meilleur enrayage ; 6° le meilleur achèvement du labour.

La première épreuve eut lieu dans une prairie à retourner, parce que ce travail est considéré en Ecosse, où se font le mieux les concours, comme le plus propre à montrer les qualités d'une charrue ; mais, le jour suivant, les charrues bien notées dans la première épreuve eurent à labourer en travers un champ déjà labouré dans l'hiver précédent.

Le sol de la prairie naturelle à retourner était de ténacité moyenne et uniforme sur une grande épaisseur dans certaines parties ; en d'autres, le sol était peu profond et reposait sur un sous-sol graveleux. Ces différences furent prises en considération par les juges.

Les charrues concourantes arrivaient à enterrer l'herbe par trois moyens fort différents : 1° en coupant une bande de forme rectangulaire, mais d'une largeur trop grande pour la profondeur, ce qui a l'inconvénient de coucher les bandes trop à plat (ainsi faisait la charrue à roues de Howard) ; 2° par la compression, au moyen d'un versoir convexe, d'une bande légèrement trapézoïdale (charrue de R. Hornsby); 3° par le renversement d'une bande trapézoïdale irrégulière telle que la profondeur à la muraille est plus grande qu'à l'autre extrémité, la profondeur au milieu étant même parfois égale à cette dernière, ce qui donne une bande d'une forme très-irrégulière (A. Gray et J. Finlayson).

Le premier moyen de bien enterrer l'herbe a été désapprouvé par le jury ; car il met les bandes trop à plat et recouvre de trop peu de terre ; le second moyen exige une pression considérable pour contenir la bande dans une position convenable de retournement ; et souvent dans le cas de sols tenaces, l'élasticité de la bande gazonnée étant supérieure à la première, la bande se redresse après le passage de la charrue, et le gazon n'est pas recouvert. Cet effet se montra le lendemain du labour dans le lot labouré par la charrue de Hornsby.

Le troisième moyen, ou le labour à fond de raies plus profond du côté de la muraille, a été préféré par les jurés parce que 1° l'herbe est ainsi plus aisément enterrée ; 2° parce qu'il y a plus de compacité et moins de tendance de la part des bandes à s'écarter après avoir été couchées, car la terre, et les arêtes aiguës des bandes tombent dans les intervalles de ces crêtes ; 3° on obtient plus de terre pour le recouvrement quand le semis se fait sur raies, et il faut moins de hersage pour bien recouvrir la graine ; 4° de ce qui précède il résulte une levée plus égale des semences et une plus uniforme et plus prompte maturation de la récolte.

Mais cette forme de bande ne doit pas être exagérée, car les crêtes trop aiguës ne peuvent supporter le parcours des chevaux et des hommes, et elle n'est excusable que dans le labour de retournement d'une prairie, puisqu'elle laisse une partie de son sol non remué.

La bande rectangulaire est avantageuse au point de vue 1° de l'économie de traction pour chaque mètre cube de terre remuée ; 2° de la surface de terre exposée aux influences atmosphériques ; 3° de la surface labourée dans le même temps, car la largeur est plus grande. Du reste, la bande rectangulaire ne l'est jamais en réalité puisque l'arête de rotation s'émousse pendant le retournement, et pour contre-balancer cet inconvénient il faut prendre un peu plus profond du côté de la muraille qu'à l'extérieur.

La bande rectangulaire convient mieux peut-être quand on sème au semoir ou quand le sol est très-friable et le gazon mou.

Le labour en travers fut fait dans une terre déjà labourée avant les gelées ; le sol était très-friable, le nettoyage de la raie fut pris en considération.

Voici le tableau des résultats des essais dynamométriques pour ce labour en travers :

Nos	Constructeurs.	Espèce de charrue.	Largeur de planche.	Largeur de raie.	Forme de la bande.	Traction de la charrue. kil.	Prix des charrues. fr. c.
4.	Andrew Gray,	araire,	6m,23	0m,208	25m d'obliquité	122.95	94 50
6.	J. Finlayson,	à roues,	6m,08	0m,209	id.	147.26	88 20
8.	Andrew Gray,	araire,	6m,08	0m,229	id.	118.47	94 50
9.	J. et R. Howard,	à roues,	5m,93	0m,229	rectangulaire	146.24	110 25
17.	William Millar,	araire,	7m,45	0m,249	id.	133.30	94 50
20.	J.-D. Allan,	à roues,	»	»		133.30	»
24.	R. Hornsby et fils,	à roues,	6m,08	0m,216	id.	126.95	113 40
27.	id.	à roues,	5m,70	0m,203	13m d'obliquité	119.85	117 81
30.	id.	araire,	5m,70	0m,203	id.	120.59	113 40

Il est supposable, bien qu'il n'en soit pas fait mention dans le rapport, que la profondeur du labour était la même et d'environ 0m,15; en admettant une vi-

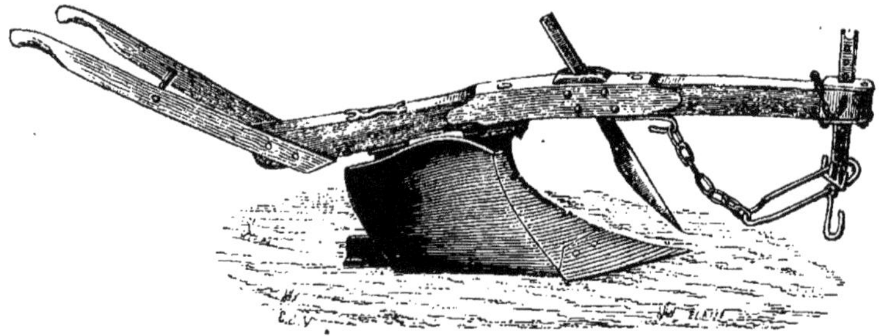

Fig. 1. — Charue-araire Bodin.

tesse de travail de 0m,90, il faudrait de 3,450 à 4,700 kilogrammètres pour retourner un mètre cube de terre en second labour, et en travers. Deux chevaux étant capables de dépenser 3,658,000 kilogrammètres dans leur journée, laboureraient, à la profondeur de 0m,15, une surface de 41 à 56 ares en comptant un quart du travail comme perdu en tournées et dans l'aller et le retour.

Les prix furent accordés, à l'unanimité, aux charrues suivantes :

Le 1er, au no 4 (A. Gray); le 2e, au no 6 ; le 3e, au no 27 ; le 4e, au no 24, et le 5e, au no 8.

Le jury a tenu compte et de la bonté du travail dans les deux labours si différents (rompre une prairie ou labourer en travers!) et de la traction ; mais il était à désirer que les différentes qualités demandées par les instructions fussent accompagnées d'un nombre de points indiquant leur importance relative (1).

(1) M. Grandvoinnet a le premier proposé, il y a cinq ans, ce système de jugement, qui est le seul qui permette de juger avec certitude de la valeur des machines.

Sans nous arrêter aux décisions du jury au concours général de 1860, nous passerons en revue les charrues qui nous ont paru les plus méritantes et que nous croyons les plus susceptibles d'être adoptées par la pratique.

Charrue araire Bodin (Fig. 1).

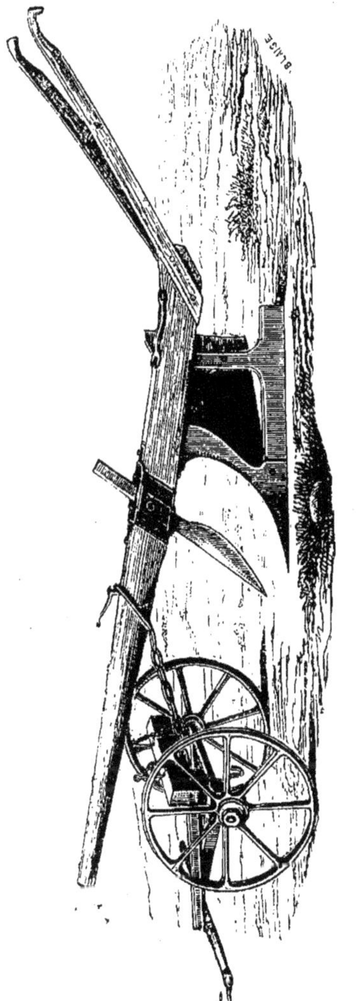

Fig. 2. — Charrue Bodin, montée sur avant-train.

Les charrues araires de M. Bodin, l'habile directeur de l'école d'agriculture des Trois-Croix, à Rennes, sont tellement connues par toute la France, que toute description détaillée devient inutile. Ces instruments ont beaucoup de rapport pour leur agencement général avec l'araire Dombasle ; ils en diffèrent cependant par la forme du versoir, qui est un peu plus allongée et plus solide. Comme simplicité et solidité, ces araires sont véritablement des modèles.

Les charrues Bodin portent cinq numéros qui correspondent avec la force de l'instrument. Elles sont montées en araire ou en charrue sur avant-train.

Le n° 1 convient pour les labours profonds dans les sols argileux ; il exige quatre chevaux.

Le n° 2, un peu moins lourd, peut servir avantageusement dans les défrichements qui ne présentent pas trop de difficultés. Il convient à presque tous les gros labours ; le versoir est moins élevé et moins contourné que celui du n° 1 ; en terre ordinaire trois chevaux suffisent pour ce modèle.

Le n° 3 ressemble, quant à la forme, au n° 2 ; il est moins élevé et un peu plus faible dans toutes ses parties ; il fait dans les terres légères le travail qu'on obtient avec le n° 2 dans les terres fortes ; il demande deux ou trois chevaux.

Le n° 4 sert à exécuter les premiers labours en terres légères, et convien pour les seconds labours dans les terres fortes ; pour ce numéro deux chevaux suffisent.

Le n° 5 est très-léger, sans cependant manquer de force. Il exécute très-bien les seconds labours, et convient pour tous les labours des semailles ; il n'exige que le tirage de deux chevaux légers.

Ces araires sont munis d'un régulateur à crémaillère, qui est assurément le système le plus simple et le moins coûteux, en même temps que le plus solide.

Les mêmes corps de charrues sont montés sur des ages droits et posés sur avant-train, fig. 2 ; l'avant-train est simple et très-solide, comme tous les instruments d'ailleurs qui sortent de la fabrique de M. Bodin.

La charrue sur avant-train se règle au moyen de la chaîne de tirage. Lorsqu'on veut labourer profondément, on avance la grande maille de la chaîne vers l'extrémité de l'age, ce qui fait baisser la pointe du soc ; lorsqu'on veut un labour plus superficiel, on la recule en arrière.

Les bois qui entrent dans la confection de ces charrues sont livrés sans peinture, et reçoivent seulement une couche d'huile bouillante pour les conserver. Il serait à désirer que tous les constructeurs adoptassent ce système, qui permet d'apercevoir jusqu'au moindre défaut.

M. Bodin construit aussi des araires et des charrues avec versoir allongé dont les courbes sont empruntées aux charrues anglaises de *Ball*, *Howard* et *Ransomes*.

Les prix de toutes ces charrues sont excessivement modérés ; nous les indiquons en détail à la fin du livre.

M. Peltier, 45, rue des Marais-Saint-Martin, à Paris, tient un dépôt des charrues de M. Bodin.

Charrue araire Parquin (Fig. 3).

La charrue de M. Parquin, de Villeparisis (Seine-et-Marne), diffère assez notablement de la plupart des charrues qui figuraient au concours de Paris ; elle présente des dispositions particulières qui sont très-appréciées par les cultivateurs. On l'emploie comme charrue, avec un avant-train spécial très-ingénieusement conçu, ou comme araire sans avant-train ni support.

Plusieurs fois cette charrue a été essayée au dynamomètre, et il a été constaté que la force qu'elle exigeait était de beaucoup inférieure à celle employée par les charrues de la Brie. Le corps de cette charrue est tout en fonte et se compose d'un avant-corps, d'un sep et d'un étançon qui se fixe au moyen de boulons, et contre lesquels on applique le soc, et le versoir qui est en bois ou en fonte, selon la nature du sol dans lequel l'instrument doit fonctionner ; dans les terres argileuses on le préfère généralement en bois ; on trouve que la terre adhère moins que sur la fonte.

La forme adoptée pour le versoir est celle de la charrue de M. Lebachellé, du Vert-Galant, construite d'après les principes théoriques de M. Moll ; la surface de la partie moyenne et inférieure de ce versoir présente une droite mobile qui s'appuie sur la partie moyenne de l'arête postérieure sur une partie de la gorge de l'avant-corps et sur le tranchant du soc. Au moyen de ce principe la génération de la surface du versoir et du soc a pu être ramenée à celle de la surface de deux demi-coins, et obtenir une surface qui, dans toutes les positions et tous les mouvements de la bande de terre, présentât toujours la surface d'un plan incliné.

M. Parquin a disposé le corps de la charrue de manière à recevoir une barre de fer aciérée formant la pointe du soc. Cette barre peut s'allonger et se retourner à volonté; elle est solidement maintenue dans une rainure ménagée dans l'avant-corps et dans l'étançon, et se fixe au moyen de deux clavettes.

Le régulateur est simple et solide ; il se compose d'un axe fixé à l'extrémité de l'age sur lequel glisse une pièce double qui pivote sur un axe hori-

Fig. 3. — Charrue araire Parquin, montée sur son avant-train.

zontal fixé dans l'age ; on arrête cette pièce à la hauteur convenable au moyen d'une chevillette. Elle porte horizontalement une crémaillère dans laquelle on place l'anneau à crochet qui sert à attacher le palonnier.

L'age de la charrue Parquin a 1^{m},80 de longueur; la charrue, depuis l'extrémité de l'age jusqu'à l'extrémité des mancherons, a 2^{m},75, et la longueur du corps, depuis la pointe du soc jusqu'à l'extrémité supérieure du versoir, mesure 1^{m},05.

L'avant-train de cette charrue mérite une mention toute particulière : cette partie qui, dans beaucoup de charrues, est négligée, dans celle-ci a été l'objet de tous les soins du constructeur. L'age est fixé dans l'avant-train par une partie arrondie, espèce de carcan formé par deux pièces de bois, dont l'inférieure est mobile et obéit au pas de vis que l'on voit représenté, fig. 3, au-dessus de l'avant-train, à l'aide de deux tiges glissantes qui sont fixées sur l'essieu des roues.— Pour la boîte de ses roues, M. Parquin a adopté le système *demi-patent* qu'il a modifié : c'est un roulage aussi parfait qu'on peut le désirer.

La charrue Parquin est, en résumé, une des meilleures charrues à avant-train qui se fabriquent en France.

Le dépôt de cet instrument est chez M. Peltier jeune, 45, rue des Marais-Saint-Martin, à Paris. Avec avant-train elle coûte 130 fr., et avec pointe mobile, 140 fr.; en araire, c'est-à-dire sans avant-train, 85 fr., et avec pointe mobile, 95 fr.

Charrue de Mettray à double régulateur (Fig. 4).

Les araires et charrues de la colonie de Mettray qui figuraient au concours de Paris étaient munis d'un régulateur très-compliqué qui a beaucoup de rapport avec celui de la charrue belge de Van Maële. Le but de ce régulateur est de permettre au laboureur de régler l'entrure du soc et la largeur de la bande à labourer sans quitter les mancherons. La fig. 4 représente très-exactement la charrue de Mettray qui figurait au concours général; cette charrue est

Fig. 4. — Charrue de Mettray.

très-bien conditionnée et le versoir a une bonne forme; elle doit bien fonctionner. Le mécanisme régulateur consiste en une tringle en fer fixée par l'extrémité, au moyen d'un boulon, à une courbe articulée vers le milieu dont l'une des extrémités est fixée à l'age de la charrue; l'autre partie, qui est beaucoup plus forte, traverse l'age vers l'extrémité antérieure et est fixée au moyen d'un boulon à l'avant-train, lorsque le mécanisme s'applique à la charrue; dans les araires, c'est-à-dire dans les charrues sans avant-train, l'extrémité de la courbe est terminée par un anneau oblong dans lequel passe la tige de traction; l'autre extrémité de la tringle porte une douille taraudée dans laquelle passe une vis portant une manivelle, et qui est maintenue dans une traverse fixée aux mancherons. On comprend qu'en faisant manœuvrer la vis on attire ou on repousse l'avant-train qui, agissant sur l'age, fait que le soc entre dans le sol ou se déterre, et que l'on peut régler avec facilité la profondeur à donner au labour.

Une seconde tige plus légère que la précédente sert à régler l'épaisseur de la bande que l'on veut labourer ; elle est fixée par une extrémité à un petit arbre coudé dont le bout inférieur passe dans une entaille qui porte la tige de traction vers le crochet d'attelage. Si l'on fait mouvoir cet arbre, on déplace vers la droite ou vers la gauche la chaîne de traction, et l'on donne par conséquent plus ou moins de largeur à la bande de terre à enlever. Ce mécanisme, dont le principe n'est pas nouveau, est ingénieux et bien exécuté ; mais nous doutons fort que les avantages qu'il présente, selon M. Demetz, directeur de la colonie de Mettray, soient bien réels, et puissent compenser les frais qu'ils occasionnent. En effet, nous comprenons que lorsqu'on attirera les tiges, elles resteront rigides et fonctionneront convenablement ; mais il n'en sera plus de même lorsqu'on voudra les repousser, parce que leur diamètre n'étant pas en rapport avec leur longueur ni avec la résistance qu'elles auront à vaincre, elles ploieront, et alors le mécanisme ne fonctionnant plus, au lieu de gagner du temps on en perdra indubitablement, et on aura un instrument qui aura coûté cher et dont on ne pourra tirer aucun parti. De plus, nous ajouterons qu'il arrivera

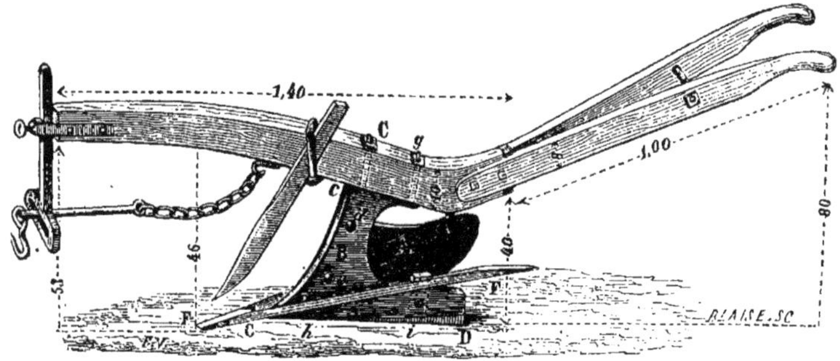

Fig. 5. — Charrue araire Favret, à pointe mobile.

que le laboureur tournera la manivelle du côté opposé, et que voulant déterrer la charrue, il l'enterrera, et réciproquement.

Charrue araire Favret.

La charrue araire de M. Favret que nous représentons fig. 5, est appelée à remplacer dans beaucoup de localités l'instrument souvent informe qui sert pour le labourage des terres, et que l'on désigne sous le nom de charrue du pays ; elle est simple, très-solide et d'un prix peu élevé. Le versoir a beaucoup d'analogie pour la forme avec celui de la charrue de Grignon ; mais le corps de la charrue araire Favret diffère complétement de celui des charrues de Grignon, Bodin, Dombasle, etc., et offre quelques améliorations et des modifications assez notables.

Le corps de la charrue est formé de cinq pièces :

1° Le versoir A que l'on voit en plan dans la fig. 6, et par la face interne, fig. 5 ; il est détaché de l'avant-corps et fixé à l'étançon par deux tasseaux fondus avec l'aile, et par deux boulons *d e*, fig. 5 : cette disposition permet de changer le versoir avec la plus grande facilité et sans avoir à toucher aux autres parties.

2° L'étançon B, fig. 5 et 6 ; il est fondu d'une seule pièce avec le sep, et forme ainsi avant-corps, étançon et sep en même temps ; on y a ménagé une coulisse destinée à recevoir une barre de fer aciérée. Cette partie est fixée à l'age par le goujon C posé dans la fonte en la coulant (ce goujon est méplat latéralement, il est d'une grande solidité), et par le boulon G.

3° Le talon D se termine en onglet qui s'introduit dans une coupe oblique ménagée dans le sep en *h*. Il est fixé au moyen d'un boulon que l'on voit au-dessus de *i*. Le talon est en fer ; il a 0m,33 de longueur sur 0m,03 d'équarrissage.

4° Le soc E, fig. 6, est fixé au versoir au moyen de deux boulons ; il n'a pas de pointe ; on y a formé au contraire une entaille *k*, sous laquelle passe la barre qui forme la pointe. Ce soc porte intérieurement un onglet longitudinal qui le fixe intérieurement à la barre en s'encastrant dans une feuillure qui y est

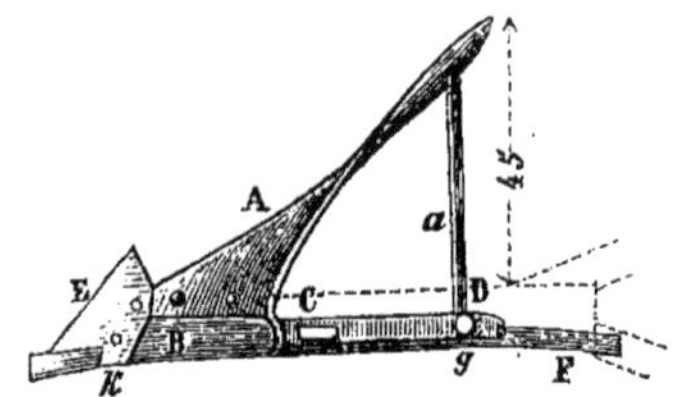

Fig. 6. — Corps de la charrue Favret (plan).

ménagée. Cette disposition rendant le soc et la barre solidaires les fixe solidement.

5° La barre F, qui remplace la pointe du soc, est en fer ; elle est aciérée aux deux extrémités, sur une longueur de 0m,25 à 0m,30 ; elle a 1 mètre de longueur, 0m,02 d'épaisseur et 0m,03 de largeur. Dans la largeur de cette barre, on a percé des trous distants de 3 en 3 centimètres, dans lesquels on introduit un boulon à crochet pour la retenir solidement ; elle est de plus maintenue par le mentonnet du talon *i*.

On allonge la barre au fur et à mesure qu'elle s'use, en reculant d'un trou le crochet qui est tenu à l'intérieur par un écrou ; elle peut ainsi servir longtemps sans avoir recours au maréchal.

La barre se change de bout ; la pointe du soc est ainsi toujours vive ; de cette façon, la charrue conserve la même entrure, et la panne du soc s'use peu.

L'économie dans l'usure du soc est assez considérable ; de plus, le labour se fait mieux et nécessite moins de force de traction. Par l'application du talon indépendant on évite l'usure du sep ; ainsi, en renouvelant le talon et en allongeant la barre, on a une charrue qui marche beaucoup plus longtemps, tout en faisant un travail beaucoup plus régulier.

L'écartement du versoir est maintenu au moyen de la bride *a*.

L'age et les mancherons sont en bois ; le coutre est maintenu au moyen de l'étrier américain, qui est sans conteste le meilleur en même temps que le plus simple ; le régulateur est simple et solide.

Cette charrue, que M. Favret ne construit que depuis trois ans, se répand beaucoup dans le département de l'Indre où réside l'inventeur ; elle présente en effet des avantages notables sur les anciennes charrues.

Voici d'ailleurs les résultats d'une expérience qui a eu lieu sur les domaines de la Barre, près le Blanc (Indre). Dans un sable caillouteux une charrue du pays a usé trois socs en fonte de 3 kilog., pendant que la barre de la charrue Favret n'a été usée que sur une longueur de 0m,12 ; le soc était resté comme neuf. La dépense de la première a donc été de 3 francs, en défalquant la valeur de la vieille fonte, tandis que la dépense de la charrue à barre n'a été que de 1 franc. Cette économie de 2 francs, répétée sur quarante charrues qui marchent en même

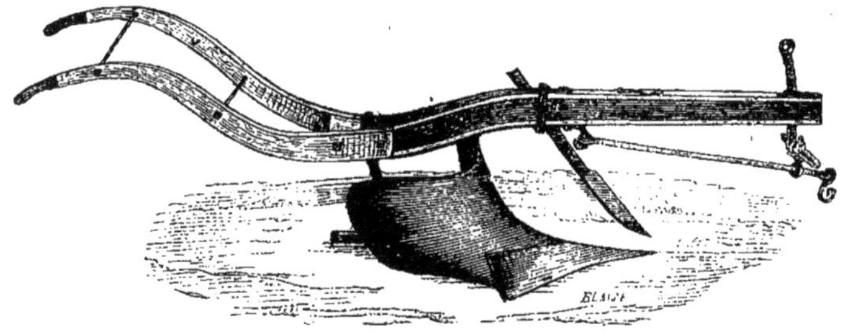

Fig. 7. — Charrue araire Cérisier.

temps sur la propriété de la Barre, fait 80 francs, pendant le quart environ du temps des labours, soit pour l'année, 320 francs.

Mais cette économie n'est rien en comparaison du temps que l'on gagne en n'étant pas obligé d'aller constamment à la forge, ce qui sert assez souvent de prétexte aux ouvriers pour s'absenter de la ferme ; de plus, comme nous l'avons déjà dit, le labour est plus net et plus régulier.

M. Favret n'est pas fabricant d'instruments aratoires; il ne fabrique que pour lui, et ce n'est que dans le but d'aider au progrès et à la propagation des bons instruments qu'il cède des charrues au prix de revient, qui est d'environ 50 francs.

Charrue araire Cérisier (fig. 7).

La charrue que fabrique M. Cérisier, mécanicien à Châtellerault (Vienne), est remarquable par sa construction solide ; elle est destinée aux défrichements et aux labours profonds dans les terres fortes ; ses dispositions ne présentent rien de nouveau ni de particulier.

Charrues et araires de Grignon.

Les instruments qui sortent de la fabrique de Grignon doivent être cités parmi les meilleurs et les plus remarquables sous le point de vue de la bonne exécution ; il est seulement regrettable que l'on ne puisse pas toujours s'en procurer, et que pour avoir un instrument qui se construit en quelques jours on soit obligé de le demander plusieurs mois à l'avance : il s'ensuit que cette fabrique, qui pourrait et *devrait* propager ses bons modèles, est loin de rendre à l'agriculture les services qu'on est en droit d'attendre d'un établissement qui est subventionné par le gouvernement.

Charrues anglaises. — Système Howard (fig. 8)

Fabriqué par M. Laurent, rue du Château-d'Eau, à Paris.

La charrue Howard jouit en Angleterre d'une grande réputation, justifiée d'ailleurs par la pratique et par les essais auxquels cet instrument a été soumis.

Elle diffère complétement des charrues françaises, tant par ses formes que par le travail qu'elle exécute.

Les cultivateurs anglais semblent comprendre la bonté d'un labour d'une manière différente que les cultivateurs français ; ce qu'ils veulent, c'est un labour régulier, dont les bandes de terre soient renversées uniformément *sans être rompues*. Le cultivateur français regarderait cette uniformité comme un inconvénient, tandis qu'en Angleterre on considère cette longue suite d'arêtes régulières formées par les angles des bandes de terre comme indispensables à l'efficacité et à la régularité du travail de la herse. Il faut bien reconnaître que les surfaces neuves exposées au contact de l'air sont aussi étendues que celles présentées par des bandes brisées, et pour répondre à l'objection que l'on peut faire que dans les terres argileuses, surtout lorsqu'elles sont labourées à l'état humide, ces bandes lisses se durciront fortement, nous dirons qu'il en sera absolument de même lorsque par suite de l'emploi d'un versoir court les bandes sont rompues ; elles durciront tout autant, et la différence qu'il y aura entre les deux états de la terre, c'est que dans la première on aura de longues bandes dures, tandis que dans la seconde on aura de grosses mottes irrégulières qu'il faudra émietter, et dont l'émiettage présentera au moins autant de difficultés que celui des bandes uniformes.

La charrue Howard est construite entièrement en fer, fonte et acier ; le versoir est très-allongé ; l'avant-train est supprimé et remplacé par deux roues d'inégale grandeur appliquées contre l'age au moyen de tiges passant dans des coulisses ; une branche courbe partant du sommet des tiges fait l'office de décrottoir. Ces roues peuvent être montées ou descendues à volonté ; l'une roule sur le guéret et l'autre au fond de la raie ouverte. Le régulateur est très-simple : il se compose d'une pièce double pivotant autour d'un axe vertical fixé dans l'age, à l'extrémité de laquelle passe une tige verticale qui porte la chaîne de traction et que l'on fixe à la hauteur convenable au moyen d'une vis de pression.

La charrue Howard est armée en avant du coutre d'un *pelloir*, espèce de petit soc avec une oreille qui prépare le passage au coutre en jetant de côté les herbes et les racines superficielles qui pourraient l'engorger.

Fig. 8. — Charrue Howard, fabriquée par M. Laurent.

Cette charrue exige un tirage infiniment moindre que la plupart des charrues françaises ; bien réglée et habilement conduite, elle fait un labour parfait, détache les bandes d'une largeur et d'une épaisseur uniformes, et les retourne sous un angle de 45° environ sans les briser ni les déformer.

La forme et la disposition de toutes les pièces sont aussi parfaites qu'on peut le désirer.

M. Laurent fabrique différents modèles de charrues Howard.

Le modèle P pour terre légère coûte . . . . Fr. 160

Le modèle PP pour tous labours 170

Le modèle PPP pour labours profonds et défrichements 230

Le même modèle avec versoir en acier. 250

Avec age et mancherons en bois les mêmes numéros de charrues ne coûtent que 150, 140, 130 et 100 fr ; elles sont plus demandées par les cultivateurs que celles tout en fer.

MM. Clubb et Smith, n° 118, Fenchurch street, à Londres, ont établi à Paris, rue Fénelon, 9, un dépôt de leurs instruments aratoires, dans lequel on trouve tous les modèles des principales charrues anglaises.

Charrue Demesmay.

La charrue construite par M. Demesmay, à Templeur (Nord), est spécialement destinée aux labours profonds; c'est une imitation perfectionnée de l'araire du Brabant, dont elle diffère cependant par sa construction tout en fer, et par la forme particulière de son versoir qui est fabriqué de manière à éviter le plus possible les frottements inutiles. Dans la charrue Demesmay, le versoir est la continuation du soc; il présente une droite horizontale s'appuyant sur l'arc de cercle formé par la gorge de la charrue et sur la droite oblique formée par la partie supérieure du versoir; l'angle qui forme le versoir par rapport avec l'age de la charrue, est disposé de manière à engendrer à l'horizon un plan incliné de 45° suivant lequel se range la terre retournée par l'instrument.

Ce versoir renverse la terre contre la bande précédente sans la comprimer; les versoirs hélicoïdaux, au contraire, la compriment plus ou moins, selon qu'ils sont plus ou moins contournés. Cette pression contre la bande de terre a lieu aux dépens de l'attelage qui est obligé à un plus grand effort.

L'age est muni d'un *patin* ou *support* qui lui sert de point d'appui, et d'un tranche-gazon, espèce de pelloir, imité des charrues anglaises. On n'emploie le tranche-gazon que lorsque la terre est *enherbée;* on le descend alors de manière à couper sur 2 ou 3 centimètres de profondeur.

Le soc est en fer aciéré; il est fixé au moyen d'un seul boulon que l'on enlève avec facilité.

Cette charrue se vend 80 francs. Elle a obtenu au concours général de 1860 le premier prix des charrues propres aux labours profonds.

Charrue et araire de M. Josso.

Ce constructeur, qui habite le département du Morbihan, avait exposé au concours général de Paris de 1860 une charrue et un araire d'un fini admirable; l'araire n'était coté que 25 francs. A ce sujet nous ferons observer que beaucoup de constructeurs trompent le jury et le public en affichant des prix qui ne sont pas réels; lorsque de tels faits sont portés à la connaissance de l'administration, elle devrait, selon nous, exclure du concours ceux qui s'en rendent coupables, car ils trompent doublement et causent un préjudice aux fabricants qui affichent loyalement leurs prix de vente. Nous contestons la possibilité de construire pour 25 francs un araire semblable à celui qu'exposait M. Josso, et nous sommes persuadé que ceux qu'il livre aux agriculteurs sont très différents de celui pour lequel il a obtenu le premier prix destiné à la meilleure charrue pour les terres légères.

Cette charrue ne présentait, en dehors du bas prix auquel elle a été cotée, rien de remarquable; c'est la charrue Bodin dans de plus petites proportions.

Nous pourrions encore citer un grand nombre de bonnes charrues ou araires, les unes à pointes mobiles, les autres à soc en pointe; mais ces charrues n'offrent rien de particulièrement remarquable qui puisse les faire préférer aux charrues de Dombasle, Bodin, Parquin, etc., dont elles sont des imitations plus ou moins modifiées. Parmi les plus recommandables, par rapport à la bonne construction et au bas prix, nous indiquerons celles de M. Tritchler, de Limoges; Bruel frères, de Moulins; Rivaud, à Angoulême; du Seutre, à Corme-Royal (Charente-Inférieure), etc.

Charrues tourne-oreille.

Trois espèces de labour sont en usage en France :

Le labour en billons, qui a été pendant longtemps et qui est encore dans quelques localités le labour de prédilection, mais qui disparaît dès que la culture s'améliore;

Le labour en planches plus ou moins larges suivant la nature de la terre, pour lequel on emploie la charrue à versoir fixe;

Le labour à plat, qui est sans contredit le meilleur et le plus parfait pour les terres saines et perméables qui n'ont pas besoin d'égouttement superficiel. Par le labour à plat, tout le sol est remué à une égale profondeur, et on évite de rassembler sur un seul point une grande quantité de terre végétale au détriment d'une autre partie de terrain; enfin, sur un labour à plat, les herses, les rouleaux, les faux, les moissonneuses, les râteaux, etc., fonctionnent plus convenablement. Ces avantages sont estimés assez haut dans certains départements pour que la généralité des cultivateurs emploie des charrues tourne-oreille parfois assez compliquées et coûteuses. Une partie de la Picardie, de l'Ile de France et de la Brie sont dans ce cas. Entre autres avantages que présentent encore les charrues tourne-oreille, nous citerons celui de verser la terre du même côté; il fait éviter les pertes de temps occasionnées par les dérayures, et surtout le chemin parcouru dans les fourrières. Il serait bien difficile de fixer la proportion de cette économie de temps et de chemin; elle est néanmoins sensible, et ne fût-elle que moitié du temps perdu par une charrue ordinaire dans les tournées, que cet avantage devrait être pris en considération. Dans les pays accidentés où les pièces de terre demandent à être cultivées transversalement, avec une charrue ordinaire à versoir fixe, on trancherait bien la bande de terre, et on la renverserait avec facilité du côté de la pente; mais lorsqu'il s'agirait de la renverser du côté opposé, on éprouverait les plus grandes difficultés, et la bande retomberait dans la raie après le passage de la charrue; avec une charrue tourne-oreille on n'éprouve pas ces difficultés puisqu'on peut renverser la terre constamment du même côté.

Cet avantage est le plus important; mais l'ensemble de ceux que nous venons de détailler est certainement suffisant, avec quelques autres petits avantages, tels que la plus grande facilité de labour dans les petites pièces, pour faire généraliser l'emploi de ces instruments.

Mais à côté de ces avantages, se présentent quelques inconvénients : d'abord ces instruments, lorsqu'ils se composent de deux corps de charrue superposés, coûtent fort cher; et ceux qui n'ont qu'un versoir qui pivote autour de l'age ou sous le sep, exigent plus d'effort de traction par la forme forcément irrationnelle du versoir. Quant au genre de charrues dites dos à dos, qui semblent les plus rationnelles, puisque la charrue n'a pas besoin de tourner pour prendre une nouvelle raie, et que les chevaux seuls tournent, elle coûte assez cher et se manœuvre difficilement dans les petites pièces à cause de la longueur de l'age.

La majeure partie des charrues tourne-oreille qui figuraient au concours de Paris de 1860, étaient du genre dites *Brabant doubles*; elles sont généralement employées dans les départements au nord-est de Paris.

Charrue Brabant double.

Les charrues à bascule, dites Brabant double, malgré leur grande masse apparente et une certaine complication du mécanisme, ont pris une grande extension dans une partie des départements de Seine-et-Marne, de l'Aisne et de l'Oise.

Elles sont composées de deux corps complets de charrue superposés et placés symétriquement par rapport à un age commun ; les quatre étançons sont solidaires et composent un corps double qui tourne autour de l'axe milieu de l'age, de façon qu'on peut amener en travail tantôt le corps qui verse à droite, tantôt celui qui verse à gauche. Ce principe permet d'établir les coutres, socs et versoirs suivant des formes rationnelles. Ces pièces ont à peu près la même forme dans toutes les charrues à bascule ; dans quelques-unes le versoir est à charnières, disposition qui permet d'écarter plus ou moins la partie postérieure de l'oreille, de façon à ouvrir une jauge plus ou moins large.

Ces charrues diffèrent entre elles principalement par le mécanisme adopté pour embrayer et désembrayer. Chaque constructeur a son modèle particulier; quant aux pièces principales, elles diffèrent peu.

Les mécaniciens qui construisent habituellement ces charrues ont acquis une grande habileté. Parmi les principaux nous citerons MM. Echard, à Paris; Coutelet, à Etrepilly ; Fondeur, à Jussy ; Henry frères, à Dury ; Mennechet, à Macquigny, et Depoix, à la Chapelle-en-Serval.

Charrue tourne-oreille dos à dos.

L'idée de placer deux corps de charrue dos à dos, qui paraît très-simple, a été, à diverses époques, étudiée et adoptée par d'éminents constructeurs. Elle a pour avantage d'éviter les tournées; les chevaux seuls ont à passer de l'arrière à l'avant lorsque la charrue est arrivée au bout de la raie, et le conducteur n'a aucune manœuvre à exécuter. Par contre, elle présente l'inconvénient d'un age très-long, et cet inconvénient est plus grave en pratique qu'il le paraît de prime abord.

La fig. 9 représente une charrue double imaginée par M. Delanney; elle est construite presque tout en bois; le régulateur est très-simple et a quelque rapport avec celui imaginé par M. Bouscasse : il se compose d'une bande de fer méplat dans laquelle est pratiquée une coulisse où se trouve engagé un bouton fixé dans l'extrémité de l'age; la coulisse est fortement serrée contre la tête de l'age au moyen d'un écrou ; il peut monter ou descendre, et obliquer à droite ou à gauche; le coutre est fixé contre l'age au moyen d'un étrier américain ; le versoir ressemble à celui de la charrue Rosé ; le sep est large et disposé de manière à pouvoir faire pivoter la charrue sur le talon pour la transporter sans être obligé de la renverser sur le versoir. Lorsqu'elle arrive au bout de la raie, le laboureur, sans rien changer à son attelage, va se poser à l'extrémité opposée et fait tourner ses chevaux, qui entraînent avec eux palonnier et volée jusqu'au crochet opposé; le porte-guides, qui est posé au milieu de l'age, est à pivot et tourne avec les guides. Il appuie alors sur les poignées qui sont fixées à l'extrémité de l'age, la charrue bascule, et il lui est facile de prendre une autre raie.

Cette charrue est très-légère et peut être conduite avec facilité par deux chevaux.

Fig. 9. — Charrue tourne-oreille dos à dos, de M. Delanney.

Charrue tourne-oreille de M. de Meixmoron-Dombasle.

Cette charrue est en grande vogue dans les colonies et dans une partie de l'Amérique. Elle se compose d'un age en bois portant en avant un régulateur et en arrière des mancherons, et soutenant vers le milieu un bâti en fonte assemblé très-solidement avec l'age; ce bâti supporte sur les deux points extrêmes de sa partie inférieure une pièce de fonte qui fait office d'avant-corps et de versoir, et qui peut venir s'appliquer soit à droite, soit à gauche, en passant sous le bâti auquel elle est en quelque sorte suspendue. Sur cette pièce est fixé par deux boulons un soc triangulaire à deux tranchants dont alternativement l'un coupe horizontalement et soulève la terre, tandis que l'autre tranche verticalement comme ferait un coutre.

Cette charrue est bonne et solide ; elle convient pour les labours en sol léger qui ne dépassent pas 20 centimètres de profondeur.

Le prix de cet instrument, avec coutre et roulette de support, est de 92 fr.

Charrue tourne-oreille de M. Jacquet-Robillard, à Arras (Fig. 10).

Cet instrument a beaucoup d'analogie avec celui précédemment décrit; il est du système dit *charrues tourne-oreille américaines*. La charrue proprement dite se compose de deux corps de charrue accolés, de telle sorte que, lorsque l'un des socs est posé horizontalement, l'autre est levé presque verticalement, et, dans la marche, fait fonction de gorge sur laquelle glisse la terre préalablement détachée par le coutre; pour changer le versoir de côté, on enlève le crochet qui le retient, on soulève les mancherons, le corps de la charrue s'abat, et par un mouvement latéral en appuyant sur les mancherons on le fait passer de gauche à droite et de droite à gauche; alors le côté du soc qui était précédemment horizontal se redresse et devient vertical et réciproquement; le coutre pivote à droite ou à gauche suivant qu'on veut verser à droite ou à gauche, au moyen d'un levier que le conducteur fait manœuvrer sans quitter les mancherons.

Un patin ou sabot traversant l'age vers sa partie antérieure rend la charrue d'une conduite plus facile ; le régulateur est simplement un anneau horizontal triangulaire; deux vis arrêtent plus ou moins loin de l'age (à droite ou à gauche) le crochet de traction.

C'est un bon instrument pour les labours légers et la petite culture ; il est exécuté avec la précision que l'on remarque dans tous les appareils fabriqués par ce constructeur.

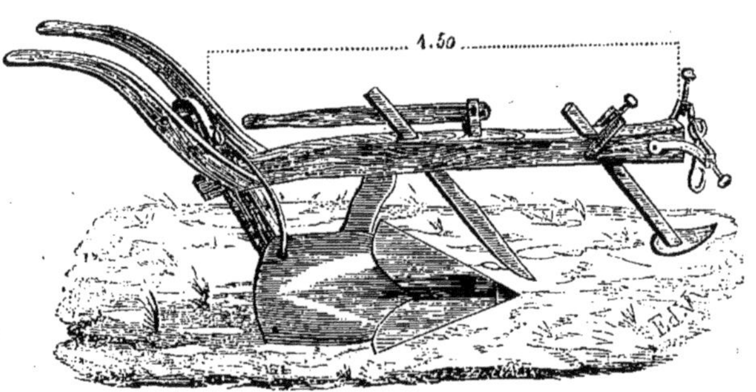

Fig. 10. — Charrue tourne-oreille de M. Jacquet-Robillard.

Charrues bisocs ou polysocs.

Les *bisocs* ou polysocs sont des instruments qui portent plusieurs corps de charrue, et avec lesquels on peut ouvrir plusieurs raies à la fois ; leur emploi procure une notable économie de chevaux, de laboureurs et de temps, et cependant, malgré de nombreux essais faits tant en France qu'en Angleterre, qui ont prouvé qu'un bisoc avec trois chevaux laboure aussi bien dans un temps moindre que deux charrues simples attelées chacune de deux chevaux; qu'il y a économie d'ouvriers, puisque au lieu de deux laboureurs pour conduire deux charrues simples, un seul suffit pour conduire un bisoc ou un trisoc ; que la traction est plus régulière, et la stabilité de l'instrument plus grande, de sorte que le laboureur n'a presque pas à toucher aux mancherons, lorsqu'une fois la charrue est bien réglée, et qu'à conditions égales, le travail est plus régulier, l'emploi des bisocs ne s'est pas encore répandu dans la pratique. Cependant dans quelques contrées, principalement dans la Brie et le Valois, on commence à les employer, et on s'en montre satisfait.

A quelles causes doit-on donc attribuer le peu de succès de ces instruments jusque dans ces derniers temps?

Elles sont nombreuses; et en première ligne on doit placer leur prix élevé, la difficulté de leur construction et de leur réparation, et même, jusqu'à un certain point, la prévention de quelques écrivains contre ces instruments, prévention qui n'a aucune raison d'être, et qu'il leur serait difficile d'expliquer.

Les avantages que présentent les bisocs sur les charrues simples, *surtout pour les labours légers et dans des terres légères ou de consistance moyenne*, sont irréfutables. On comprend, en effet, que le bisoc peut être construit moins lourd que deux charrues simples; que la résistance que présente la terre à plusieurs corps de charrues solidaires oscille entre des limites très-restreintes, tandis que les charrues simples éprouvent des résistances alternativement très-fortes et très-faibles, et que, par suite de ces grands écarts, la fatigue est beaucoup plus grande pour les chevaux que lorsque l'effort de traction s'écarte peu de la moyenne. En résumé, nous le répétons, il est constaté par tous les cultivateurs qui emploient ces instruments, que trois chevaux attelés à un bisoc se fatiguent moins que deux chevaux à une charrue ordinaire; l'économie de temps peut en outre être estimée à un huitième environ, c'est-à-dire que si deux charrues, attelées de chacune deux chevaux, labourent 70 ares par jour, un bisoc, attelé de trois chevaux, labourera 78 à 80 ares à conditions égales de sol et de profondeur de labour.

Ces diverses économies diminuent notablement le prix de revient des labours, de plus laissent la possibilité de les faire en temps utile et d'employer les chevaux économisés à d'autres travaux.

Un des meilleurs bisocs est sans contredit celui de *Grignon;* il est entièrement construit en fer; l'age, qui est très-solide, est deux fois contourné; il reçoit les deux corps de charrue, qui sont fixés par deux boulons; le point d'attache de la chaîne de traction est placé au milieu de la double courbure de l'age; l'avant de celui-ci est porté par deux roues-supports d'un diamètre inégal, de manière que dans la marche, la plus grande porte dans la raie, et la plus petite sur le guéret. Le régulateur est une modification heureuse du régulateur tournant américain; il est appliqué à toutes les charrues de Grignon, et construit comme suit: le bout de l'age de la charrue est terminé en forme d'embase avec un mamelon saillant, qui se place dans l'ouverture d'une boîte en fonte; cette boîte est assemblée à l'age par deux goupilles, l'une horizontale, l'autre verticale; dans l'ouverture de la boîte se place une tige à section ovale, qu'un étrier à boulon embrasse et permet de serrer dans un des crans de la boîte. La tige se descend et se monte à volonté et peut prendre toutes les inclinaisons que nécessite le règlement de la charrue.

Ce régulateur, qui est bon en principe, présente un inconvénient commun à tous les régulateurs tournants: ainsi, par exemple, lorsque l'on veut augmenter ou rétrécir la jauge, la profondeur étant bien, on fait tourner la tige ; mais par ce fait seul, la profondeur se trouve changée, puisque la tige décrit un arc de cercle autour d'un point central ; chaque fois qu'on veut modifier la largeur, on est donc forcé de baisser ou de monter la tige, et réciproquement, pour tenir la même profondeur, et pour cela le laboureur n'ayant aucune indication, ne peut procéder que par tâtonnements, surtout lorsqu'il n'a pas l'habitude de se servir de ce régulateur.

Le bisoc de la fabrique de Grignon s'est beaucoup répandu depuis quelques années, surtout depuis qu'elle a mis en vente ses modèles en fer, qui sont construits plus légèrement et qui sont plus facilement réparables.

La fabrique de Grignon construit aussi un trisoc formé de trois corps de charrue n° 1 de Grignon fixés sur un seul age en fer. Cet instrument, qui peut être traîné par trois chevaux, convient très-bien pour les déchaumages ; il remue et renverse toute la croûte du sol, et enterre les herbes et les mauvaises graines à des profondeurs régulières, de manière à décomposer les unes et faire germer les autres (faciles à enlever ensuite), tandis que les scarificateurs ne peuvent produire ces bons effets.

Le bisoc, formé de deux corps de charrues n° 2 de Grignon, sur un seul age en fer, convient très-bien aux deuxièmes façons et pour les déchaumages énergiques.

Le trisoc (du n° 1) pèse 127 kil. et coûte 140 francs.
Le bisoc (du n° 1) pèse 120 kil. et coûte 125 francs.
Le bisoc (du n° 2) pèse 175 kil. et coûte 175 francs

Charrue bisoc, système Howard.

Le bisoc système *Howard*, fig. 11, est tout en fer et en fonte ; les deux ages sont réunis par des entretoises en fonte ou par des traverses en fer ; les parties travaillantes, coutre, soc et versoirs de ces bisocs, sont du reste des mêmes formes que celles des pièces analogues des charrues simples de ce système. — On trouve cet instrument à Paris chez MM. Clubb et Smith, 9, rue Fénelon ;

Fig. 11. — Charrue bisoc, système Howard.

chez M. Peltier jeune, 45, rue des Marais-Saint-Martin, et chez M. Laurent, 26, rue du Château-d'Eau.

Nous avons vu employer chez M. Danré, cultivateur à Cuvergnon (Oise), un bisoc fabriqué par un charron de Betz. Cet instrument, construit presque entièrement en bois, renforcé par des bandes de fer, est formé par deux corps de la charrue Parquin fixés sur un age coudé, et monté sur un avant-train système Parquin ; il coûte, y compris l'avant-train, 150 francs. M. Danré s'en sert pour ses labours légers, et surtout pour couvrir les avoines et les céréales de printemps. Il laboure avec deux chevaux un hectare par jour.

Charrue polysoc de M. Bréduillieard.

Ce nouvel instrument, qui est représenté très-exactement par la fig. 12, se compose d'un fort châssis de forme rectangulaire en bois de chêne. La partie antérieure est traversée par une forte tige taraudée surmontée d'une manivelle et fixée par sa partie inférieure à un avant-train mobile en tous sens, à l'essieu duquel est adapté un crochet d'attache.

Fig. 12. — Charrue polysoc de M. Bréduillieard.

Les deux longerons du bâti portent vers l'arrière chacun une roue montée sur un essieu coudé, maintenue par une tige taraudée et surmontée d'une manivelle ; ces roues supportent la charrue. On donne l'entrure voulue au moyen des manivelles ; les moyeux des roues sont munis de réservoirs d'huile, et construits de manière à empêcher la terre d'user les fusées. Deux ages portant chacun quatre corps de charrue complètent l'instrument.

Lorsque l'on transporte la charrue, on relève ces deux ages et on les maintient dans des supports que l'on voit figurer sur la figure que nous donnons de cet instrument. Pour travailler on baisse une des pièces qui portent les corps des charrues et on la maintient dans une des entailles pratiquées à cet effet dans la traverse qui forme la partie arrière de l'instrument, et au moyen des tiges taraudées on donne l'entrure que l'on désire. Arrivé au bout du champ, on relève le corps qui a fonctionné, on fait pivoter la charrue sur elle-même et on baisse le second age. On retourne avec cette charrue et avec la plus grande régularité quatre bandes de terre à la fois, formant un labour de près d'un mètre de largeur.

Par la disposition des pièces qui portent les corps de charrue, on n'est pas obligé de tourner autour du champ; on opère exactement comme avec une charrue tourne-oreille ordinaire et cela sans plus de difficultés.

L'ensemble de l'instrument est très-élégant et la forme des versoirs ne laisse rien à désirer. Avec deux chevaux et un homme, on peut labourer, par journée de dix heures, 2 hectares 1/2 en terre légère.

Cet instrument convient tout particulièrement pour les labours légers, le déchaumage et la couverture des semences.

Il offre de plus l'avantage de pouvoir être transformé en scarificateur à sept dents en moins de cinq minutes. Deux barres transversales maintiennent les dents d'une manière aussi simple qu'énergique et établissent cette transformation, qui évite aux cultivateurs l'achat d'un instrument spécial.

M. Bréduillieard a été honorablement mentionné pour sa charrue dans tous les concours où elle a été présentée: en 1859, il obtenait à Strasbourg une mention très-honorable; à Amiens, une médaille d'argent, et au concours national de Paris il a été récompensé par une médaille d'argent de première classe.

Nous avons appris avec plaisir que depuis le concours national il avait vendu soixante-seize de ces charrues, dont plusieurs ont été livrées pour les fermes impériales de la Champagne.

Le prix de la charrue polysoc est de 320 francs, et 360 francs avec les socs de scarificateurs. Chez M. Bréduillieard, à Neufchâtel (Aisne).

DÉFONCEMENT DU SOL.

Charrues sous-sol ou fouilleuses.

Le défoncement du sol est une opération favorable à toutes les plantes; elle régénère en quelque sorte la terre, et mêlant à celle de la surface une partie des couches inférieures, elle donne aux plantes de nouveaux éléments de végétation.

Si, après avoir ramené à la surface une couche du sous-sol, on emblavait immédiatement le sol, il est bien certain que la récolte serait inégale et même mauvaise, parce que cette terre nouvelle n'aurait pas reçu l'influence des agents atmosphériques qui contribuent notablement à désagréger ses molécules et à rendre solubles les principes minéraux qu'elle renferme et qui doivent concourir à la formation des plantes; mais si le sous-sol est bien mélangé avec la terre végétale par de nombreux labours, et surtout s'il a subi l'influence de la gelée, l'inconvénient que nous avons signalé n'existera plus et on aura augmenté la qualité du sol.

On pratique le défoncement du sous-sol soit au moyen de labours profonds exécutés par une ou plusieurs charrues ordinaires, soit avec des instruments spéciaux tels que les charrues sous-sol ou les fouilleuses.

Le défoncement du sous-sol par la charrue ordinaire s'exécute au moyen d'une forte charrue attelée d'un nombre d'animaux plus ou moins grand selon la nature de la terre, son état de siccité ou d'humidité et la profondeur que l'on veut donner au labour.

Mais on obtiendra un résultat plus avantageux si au lieu d'une charrue labourant à une grande profondeur, on fait suivre deux charrues dans la même raie.

Pour ces labours à deux charrues on fait ouvrir d'abord superficiellement la raie avec une charrue à large jauge, ensuite on la fait suivre par une charrue beaucoup plus élevée et très-forte. Une des meilleures charrues que l'on connaisse pour ce travail, outre celle de M. Demesmay, dont nous avons donné la description page 30, est celle inventée par M. Bonnet, pour la culture de la garance; la partie inférieure du versoir en contact avec le soc présente une surface cycloïdale qui élève d'abord la bande détachée du fond par le soc et le coutre; la partie supérieure du versoir la retourne ensuite comme une charrue ordinaire.

Par ce moyen, la première couche de terre où se trouvent les mauvaises herbes est précipitée au fond de la raie et recouverte par la seconde bande qui est nette de toute graine.

Les champs ainsi labourés, ensuite bien fumés et amendés, conservent pendant longtemps une grande fertilité.

Il est vrai que pour pratiquer ce système avec fruit, il faut disposer de beaucoup de fumier et d'autres amendements; mais 1 hectare traité de la sorte vaut 3 hectares ordinaires.

Du reste, ce moyen, qui est excellent pour les terres profondes et dont le sous-sol est de bonne nature, ne saurait être appliqué avec avantage dans toutes les terres; mais alors on se sert soit de charrues sous-sol, soit de fouilleuses qui ameublissent et pulvérisent le fond sans le ramener à la surface.

L'ameublissement du sous-sol, qui est favorable pour toute espèce de culture, est indispensable pour la culture des plantes-racines qui, pour se développer, pénètrent profondément en terre; il est d'autant plus nécessaire que la terre est plus compacte et plus argileuse. Dans les terres de cette nature, la couche, déjà dure naturellement, est encore tassée par les pieds des chevaux, et par le glissement et la pression du sep de la charrue lors des labours; des défoncements pratiqués de loin en loin, suivant la nature du sol et les besoins de la culture, atténueront notablement ces inconvénients.

Le défoncement du sol n'a pas seulement pour but de favoriser le développement des plantes en augmentant l'épaisseur de la couche arable et en les plaçant dans des conditions meilleures pour profiter des éléments qu'elles peuvent puiser dans le sous-sol. Cette opération permet encore de modifier la nature du sol, lorsque le sous-sol n'est pas composé des mêmes éléments. C'est ainsi qu'on ajoute économiquement de l'argile, du calcaire ou de la silice aux sols qui en manquent ou sur lesquels ces éléments sont favorables.

Le défoncement assainit aussi le sol, et sert d'auxiliaire au drainage qui, dans les terres très-compactes, produit d'autant plus d'effet que le sol est défoncé plus profondément.

Nous ajouterons encore que les engrais ne sont bien utilisés et n'agissent convenablement que dans les sols où l'eau pénètre profondément ; autrement ils sont en partie entraînés dans les fossés en pure perte. Nous citerons à cet égard un fait observé par M. Bodin, l'habile et intelligent directeur de l'École d'agriculture de Rennes, dont les cultures peuvent à juste titre être citées comme des modèles.

Une prairie divisée en deux par un fossé sans talus ne produisait que des mauvaises herbes : dans les parties humides, des joncs et des carex ; dans les parties élevées, des graminées faibles qui se desséchaient l'été, parce que le sous-sol très-argileux et imperméable s'échauffait.

Ces deux parties furent labourées et fortement fumées ; la plus mauvaise, celle qui retenait l'eau, fut défoncée énergiquement. Elle donne maintenant une herbe de meilleure qualité et en quantité double de l'autre portion qui était autrefois la moins mauvaise.

M. Bodin a observé qu'après une forte pluie, il coulait dans le fossé du côté non défoncé une eau noirâtre, du jus de fumier ; en un mot, c'était la partie la plus fertilisante de l'engrais qui se trouvait entraînée dans le fossé, et cela en pure perte, parce que l'eau avait rencontré trop tôt la couche argileuse imperméable sur laquelle elle coulait avant d'avoir pu céder au sol les principes qu'elle avait dissous pendant qu'elle était restée en contact avec le fumier.

Du sol défoncé il ne s'échappait que de l'eau très-pure, sans odeur et sans saveur : c'est qu'elle avait traversé une couche de terre remuée assez épaisse pour la filtrer, et toutes les parties organiques qu'elle avait enlevées du fumier étaient restées dans le sol.

Du reste, tous les cultivateurs ont pu observer que si on étend sur une prairie à sous-sol imperméable une couche de fumier, après la pluie toutes les flaques d'eau sont noircies par le jus de ce fumier, tandis que si le sous-sol est perméable les flaques d'eau restent claires. Il en est de même sur les terres labourées.

Les effets des défoncements ne sont pas partout aussi apparents, mais cette opération n'est pas moins une des premières et des meilleures que puissent pratiquer les cultivateurs.

Le problème que l'on cherche à résoudre par l'emploi des *charrues sous-sol* ou *charrues taupes*, est de remuer le sol au-dessous de la partie labourée sans ramener la terre à la surface ; ces instruments doivent marcher après les charrues, être assez solidement établis pour résister aux chocs souvent très-violents qu'ils éprouvent ; ils doivent aussi pulvériser suffisamment la terre qu'ils fouillent pour que l'eau et les racines des plantes puissent y pénétrer partout ; la terre ainsi remuée se mélange en partie avec la couche inférieure de la bande de terre renversée par la charrue.

Parmi les meilleures charrues sous-sol on place les suivantes :

Charrue sous-sol de M. Laurent
rue du Château-d'Eau, à Paris.

Cet instrument, que la fig. 13 fait très-bien comprendre, a été inventé par lord James Hay ; il est construit tout en fer, et sa puissance est assez grande pour opérer dans les sous-sols les plus tenaces.

Le soc fouilleur fait corps avec une forte tige en fer méplat munie de crans sur une partie de son bord antérieur ; cette tige passe dans une mortaise pratiquée dans l'age, et est maintenue à la hauteur voulue par un coin en fer qui lui donne en même temps de la fixité.

La partie antérieure de l'age est percée d'une seconde mortaise que traverse une tige à crémaillère fixée sur un essieu qui porte deux roues qui sont rapprochées de manière à pouvoir passer dans la raie ouverte par la charrue qui précède la fouilleuse ; cette tige se fixe comme celle qui porte le soc par un coin en fer, la partie antérieure de l'age se termine par un régulateur. Les mancherons, qui sont très-longs, permettent de manœuvrer l'instrument avec facilité. Cette fouilleuse est une des meilleures que nous connaissions pour les terres lourdes ; elle coûte 150 francs.

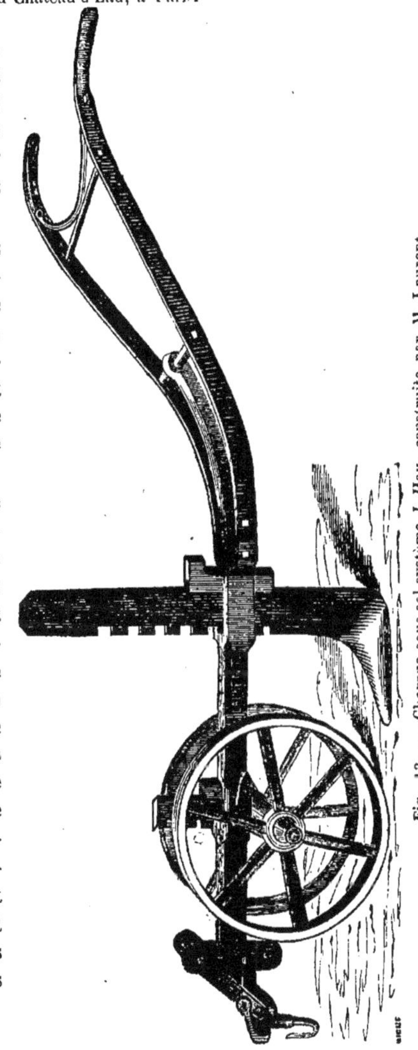

Fig. 13. — Charrue sous-sol système J. Hay, construite par M. Laurent.

Charrue sous-sol Clubb et Smith,

9, rue Fénelon, Paris.

Cet instrument, que la fig. 14 représente en perspective, est très-énergique et solidement construit; le corps, formé de deux étançons et du sep, est en fonte, le soc et le sous-sep sont en fer forgé, l'age et les mancherons sont en bois. Cette charrue est munie d'un *avant-train support* qui lui donne beaucoup de stabilité et en facilite la conduite; la profondeur se règle au moyen d'une vis fixée verticalement entre les montants du support qui sont assemblés par quatre entretoises, et forment ainsi un bâti solide qui est muni à la base d'une petite roue en fonte; des doubles chaînes d'attelage fixent solidement l'age au support, l'extrémité des chaînes est munie d'une crémaillère horizontale dans les crans de laquelle on place le crochet d'attelage.

La partie antérieure de l'age est garnie d'une pièce de fer double à l'extrémité de laquelle est un écrou dans lequel on fait fonctionner la vis au moyen d'une manivelle pour donner ou diminuer la profondeur.

Fig. 14. — Charrue sous-sol de Clubb et Smith.

La maison Clubb et Smith fabrique deux numéros de ces charrues, un pour les terres fortes et l'autre pour les terres de consistance moyenne. Le prix à Londres est de 100 et de 125 francs; elles coûtent, prises au dépôt, à Paris, 120 et 150 francs.

Charrue sous-sol construite par M. Peltier,

45, rue des Marais-Saint-Martin, à Paris.

Cette charrue est une modification de celle de *Berg*; elle se compose d'un corps en fonte formé par deux étançons et un sep cylindrique à l'extrémité duquel on applique un soc en fer forgé en forme de fer de lance ; le soc est muni d'une douille et se fixe au sep au moyen d'un petit rivet. Ce corps est solidement attaché à l'age, qui est en bois, au moyen de trois boulons; l'age est traversé par un coutre dont une partie du dos est découpée en crémaillère; on le fixe à la hauteur voulue au moyen d'une clavette en faisant prendre une des dents de la crémaillère dans une platine en fer ; la chaîne de traction est attachée au corps de la charrue et traverse une tige en fer disposée à la partie antérieure de l'age entre deux plaques en fonte, de manière à pouvoir descendre et remonter. Cette disposition de la chaîne de traction rendant l'age presque indépendant de la résistance que l'instrument peut éprouver, a permis de faire cette partie plus légère sans nuire à la solidité Cet instrument est très-convenable, il est bien construit, et opère parfaitement dans les terres de consistance moyenne ou légère ; on l'a employé cette année avec succès pour l'arrachage des betteraves et des pommes de terre, au moyen d'une légère modification dans la forme du soc.

L'instrument que nous avons examiné à l'exposition était muni d'une chape et d'une petite roue de support ; cette disposition est très-utile pour les contrées où on n'a pas l'habitude de se servir de l'araire ; le soc nous a semblé trop faible pour résister longtemps ; de plus il était fait en fer doux ; nous

Fig. 15. — Charrue sous-sol Peltier.

croyons que cette pièce, qui est exposée à une grande fatigue et qui s'use vite, devrait être un peu plus forte et surtout aciérée. Le prix de cette charrue n'est que de 50 francs ; avec la roue elle coûte 70 francs.

Charrue sous-sol de M. F. Clamageran.

Cet instrument se compose : 1° d'un corps en fonte d'une seule pièce comprenant l'étançon postérieur, le sep, l'étançon antérieur qui présente une partie tenant lieu de coutre ; cet étançon porte dans toute sa longueur une rainure dans laquelle vient s'appliquer un prisme triangulaire et tranchant en fer forgé et aciéré. Cet appendice qui supporte les chocs et les résistances auxquels la fonte seule serait imprudemment exposée est de plus fixé par deux boulons qui traversent la fonte et qui sont taraudés dans le fer ; le bas de cet étançon antérieur, à son point de jonction avec le sep et dans sa partie la plus large, est percé d'un trou dans lequel s'engage la queue d'un soc triangulaire aciéré ; une simple clavette sert à maintenir cette queue fixe dans le trou où elle passe ;

l'étançon postérieur ne présente rien de particulier. La longueur du sep est réduite autant que possible, et, pour diminuer le frottement, la surface inférieure est légèrement courbe dans le sens de la hauteur ;

2° D'un age en bois de frêne ou d'acacia qui reçoit les deux tenons des étançons et se trouve relié à eux par deux boulons qui le traversent et qui sont taraudés dans les embases des tenons ; l'age est terminé à l'arrière par deux mancherons ; il porte en outre un crochet où s'adapte la chaîne de tirage, terminée par une tringle et un crochet d'attelage. La tringle passe dans un

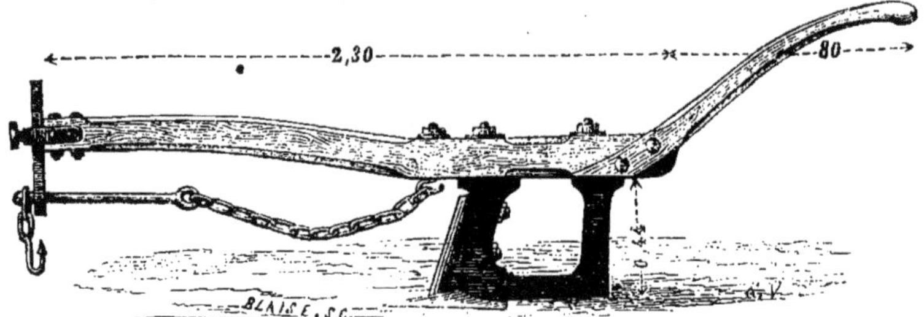

Fig. 16. — Charrue sous-sol de M. F. Clamageran.

trou du régulateur américain de profondeur fixé à la charrue. Le prix de cet instrument est de 65 francs.

Employé dans des terrains tenaces qui contiennent de 60 à 65 0/0 d'argile, cet araire fait de son chef une raie de 0^{m},35 de profondeur avec un attelage de deux paires de bœufs : ainsi donc, avec une première charrue faisant 0^{m},20 on peut défoncer le sol à 0^{m},55 de profondeur.

Dans la Dordogne, cette charrue est très-employée pour préparer le terrain pour la plantation de la vigne.

Charrue sous-sol de M. G. Hamoir.

Nous avons vu fonctionner cette charrue sous-sol dans des terres de moyenne consistance et donner d'aussi bons résultats qu'on pouvait le désirer. Cet instrument se compose du corps de charrue proprement dit, formé par le sep appliqué sur une espèce de plaque de fonte unie du côté gauche, et sur le côté droit

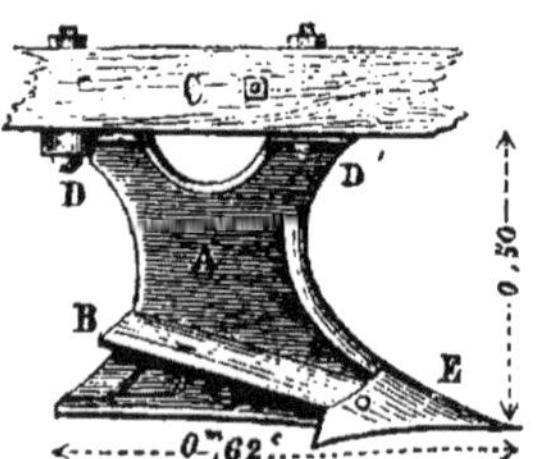

Fig. 17. — Corps de la charrue sous-sol de M. G. Hamoir.

duquel s'adapte un soc qui peut se changer facilement et une aile peu large, munie d'une coulisse qui permet de modifier son angle d'inclinaison et d'ameublir plus ou moins la terre fouillée. Ce corps est attaché à un age en bois qui a 1m,45 de longueur; au moyen de deux forts boulons la partie antérieure de l'age porte un patin pour support maintenu par un étrier américain, et un régulateur horizontal composé d'une pièce de fer sur laquelle glisse une bague, dans laquelle passe la tige de traction, et que l'on fixe au moyen d'une vis de pression; la profondeur s'obtient au moyen du patin. Cette charrue n'exige qu'un faible tirage; elle est parfaitement construite, bien équilibrée, et partant facile à conduire.

La fig. 17 représente le corps de la charrue sous-sol de M. Gustave Hamoir vu du côté droit. A est le corps fondu d'une seule pièce et formant ainsi l'étançon, l'avant-corps et le sep; B, l'aile, dont l'inclinaison peut être modifiée; C, une partie de l'age, sur lequel on voit l'écrou qui fixe le crochet de la tige de traction; DD', les boulons qui fixent le corps à l'age; E, le soc. Le prix de cet instrument est de 45 francs, prix à Saultain, près Valenciennes (Nord).

Charrues Fouilleuses.

Les fouilleuses sont principalement destinées à ameublir un sol qui a déjà précédemment été attaqué par la charrue, et sont la consistance ne présente pas une trop grande résistance. La plupart de ces instruments se composent d'un corps en bois ou en fer portant deux ou trois pieds en fer; ils sont, comme les charrues sous-sol, destinés à augmenter l'épaisseur de la couche arable, et doivent être précédés par une charrue ordinaire qui ouvre la raie au fond de laquelle on les fait agir. Les plus répandus dans la culture sont :

Charrue fouilleuse Bodin.

L'age et les mancherons sont en bois; les dents sont soutenues par des arcs-boutants qui leur donnent une grande solidité; elles sont disposées sur deux lignes, de manière à remuer tout le fond de la raie.

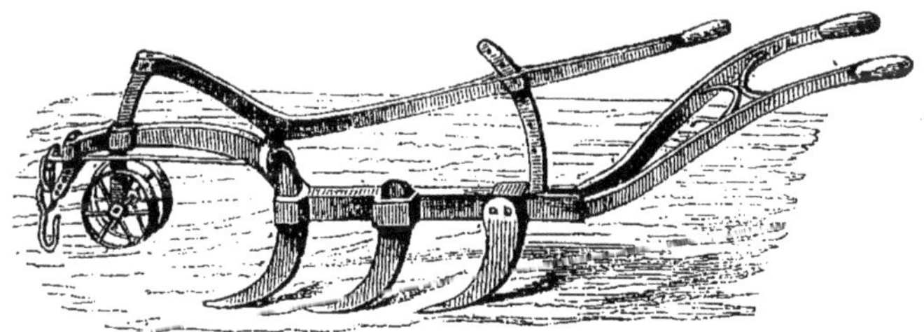

Fig. 18. — Fouilleuse en fer de M. Bodin.

Cette fouilleuse est pourvue d'une chape à roulettes qui glisse dans une mortaise ménagée dans l'age, et que l'on fixe au moyen d'une goupille, ainsi qu'un régulateur à crémaillère. Le prix est de 80 francs.

Le modèle tout en fer que représente la figure 18 est plus énergique ; il peut se régler pendant la marche sans arrêter l'attelage au moyen d'un levier, dont le point d'appui est placé sur l'age en avant des pieds, avec la poignée placée à portée de la main du laboureur ; l'extrémité antérieure est fixée à une tige verticale qui traverse l'age, et à l'extrémité de laquelle sont adaptées deux petites roues. Les pieds de cette fouilleuse ne sont pas munis d'arcs-boutants, mais ils sont très-larges et fixés à l'age par de fortes pièces en fer.

Cette fouilleuse a de plus un régulateur, les mancherons sont très-longs, et sa forme élégante rappelle celle des instruments anglais. Le prix est de 190 francs.

Plusieurs fabricants d'instruments agricole construisent des charrues fouilleuses, mais presque tous ces instruments se ressemblent ; les différences qui existent entre ceux des différentes fabriques consistent dans des dispositions de détail des pièces accessoires, dans la forme des pieds et leur disposition, etc. Ces différences ne modifient d'ailleurs en rien leurs dispositions générales et ne changent pas leur manière d'agir.

Charrues spéciales pour la culture de la vigne.

Le besoin rend industrieux ; dès qu'il se manifeste, on s'ingénie bien vite pour parer aux inconvénients qu'il fait surgir ; alors les esprits se tendent vers un même but, et bientôt on découvre des moyens propres à se tirer d'embarras. C'est ainsi que le manque de bras et les besoins de la consommation qui se sont fait sentir en Angleterre il y a un demi-siècle, ont développé l'agriculture et ont forcé les agriculteurs anglais à imaginer des machines pour remplacer les bras qui leur faisaient défaut précisément au moment où la culture en avait le plus besoin ; de là l'invention d'une quantité d'instruments qui ont si fort étonné nos agriculteurs lors du concours universel de 1856. La plupart de ces machines étaient considérées par eux comme des objets de luxe qui ne devaient jamais avoir leur place dans la culture française ; en effet, à quoi bon des faneuses lorsqu'on a des bras à profusion et à très-bas prix ? à quoi bon tous ces engins destinés à la préparation de la nourriture des animaux, à la culture et à la rentrée des produits ? Ces machines accélèrent le travail et le font mieux, dit-on, c'est possible ; mais puisque nous cultivons et que nous récoltons sans cela, nous nous en passerons. Tel était le raisonnement de beaucoup de cultivateurs.

Viennent la rareté des bras, l'augmentation des salaires et des fermages, et ces machines tant dédaignées seront reçues avec empressement ; car alors il faudra non-seulement des machines pour suppléer aux bras qui font défaut, mais il faudra encore employer tous les moyens pour produire plus, et plus économiquement surtout, sous peine de succomber. Les cultivateurs n'ont donc pas à balancer, l'emploi des moyens de production économique est pour eux une question de vie ou de mort.

C'est cette situation qui s'est manifestée en France depuis quelques années, et qui va toujours en s'aggravant, qui a forcé les agriculteurs à recourir aux machines perfectionnées, qu'ils ne considèrent plus aujourd'hui du même œil qu'il y a cinq ans; ainsi, en 1856 on ne comptait que quelques rares machines à vapeur dans l'agriculture ; aujourd'hui elle emploie déjà plus de quatre mille locomobiles, et c'est à peine si les constructeurs suffisent aux demandes. Il en est de même pour les machines à battre, les faneuses, les râteaux, etc., comme il en sera de même avant peu pour les moissonneuses et les faucheuses.

Les viticulteurs n'ont pas été exempts de l'embarras que le manque de bras crée à l'agriculture. Le prix de la main-d'œuvre est augmenté dans une proportion exorbitante, et les propriétaires de vignobles voient arriver le moment où les bras faisant complétement défaut, ils ne pourront plus faire travailler

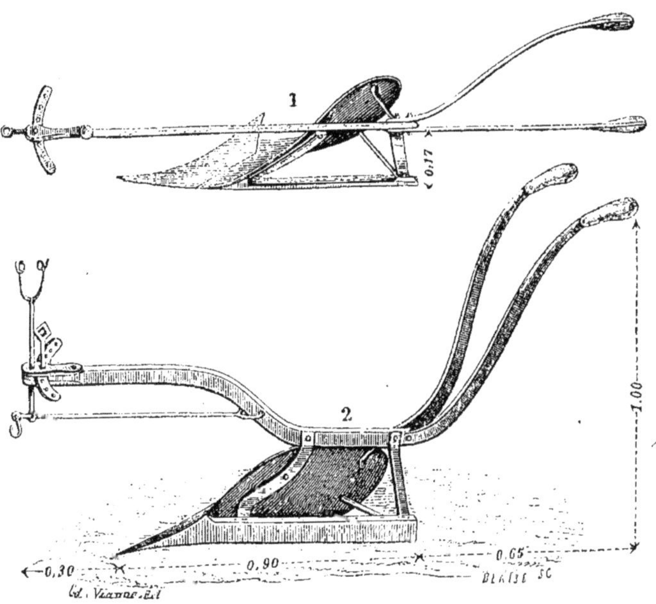

Fig. 19 et 20. — Charrue vigneronne.

leurs vignes ; cette nécessité les force de recourir aux moyens mécaniques qui, tout en étant plus économiques, leur permettront de faire les travaux en temps utile.

L'emploi de la charrue pour la culture de la vigne deviendra forcément général avant peu d'années ; déjà, dans une grande partie du Charentais, la charrue a remplacé le bêchage à bras d'hommes ; en Bourgogne, la charrue, dont on ne voulait à aucun prix il y a quelques années, commence à se répandre, et ceux qui l'emploient sont unanimes pour reconnaître que ce nouveau mode de culture vaut au moins l'ancien, et que, de plus, il présente une grande économie sur la dépense.

Ce qui manquait jusqu'à ce jour, c'était de bonnes charrues permettant d'exécuter les labours avec facilité, et surtout disposées de manière à ne pas occasionner de dégâts en blessant les ceps. Il fallait aussi que ces instruments fussent assez légers pour être conduits par un seul cheval, et néanmoins assez solides pour résister au choc qu'ils éprouvent fréquemment par la rencontre des racines.

Comme nous le disions au commencement de cet article, dès que le besoin s'est fait sentir, l'industrie est venue à son secours, et de modifications en modifications on est arrivé à produire des instruments remplissant toutes les conditions désirables.

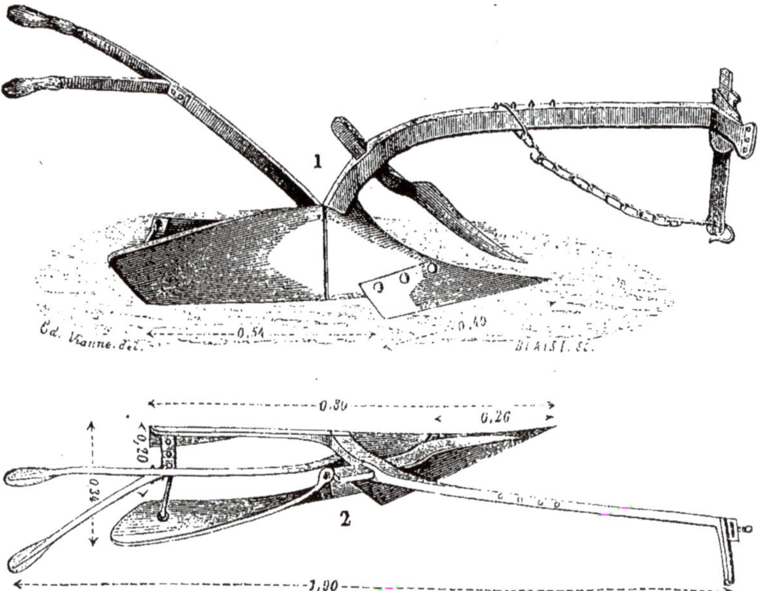

Fig. 21 et 22. — Charrue vigneronne de M. du Seutre, 1er prix du Concours général de 1860.

Au concours général de Paris de 1860, il n'y avait pas moins de quinze modèles de charrues spéciales pour la culture de la vigne.

Les *charrues vigneronnes* sont construites sur deux principes différents. Les unes sont des petits scarificateurs à trois ou cinq pieds dont la forme varie suivant la nature des travaux à exécuter. Parmi les plus remarquables nous citerons celle exposée par M. le comte de la Loyère, à Savigny, dont l'age prolongé et recourbé en col de cygne passe sur le dos du cheval et s'attache par la sellette. Cet instrument est employé dans l'Yonne ; on en dit grand bien.

Le second système ne diffère des charrues ordinaires que par la disposition de l'age qui, au lieu de s'élever verticalement au-dessus du sep, est rejeté vers la droite de manière à pouvoir passer très-près des ceps de vigne. Les fig. 19 et 20 donnent une représentation très-exacte de la *charrue vigneronne* fabriquée par M. Renault-Gouin, à Sainte-Maure (Indre-et-Loire), pour laquelle le jury lui a décerné une médaille d'argent.

Cette charrue, qui ne coûte que 65 francs, est construite tout en fer; elle est munie d'un régulateur très-simple, imité des charrues anglaises; la tige verticale qui porte le crochet de traction est surmontée d'un porte-guides; les mancherons sont très-relevés afin d'occuper le moins de place possible, condition très-essentielle pour la culture de la vigne. Le soc est en fer aciéré, très-facile à placer; la pointe est rejetée vers la droite afin de pouvoir frôler pour ainsi dire les ceps sans craindre de les blesser. Cette disposition doit rendre la conduite de l'instrument un peu plus difficile; mais on peut y remédier facilement en reportant la tige de traction un peu vers la droite au moyen du régulateur.

Cette charrue, quoique très-légère, est néanmoins solidement établie ; toutes ses parties sont bien entendues et parfaitement assemblées ; elle est même élégante.

La *charrue vigneronne* de M. du Seutre, à Corme-Royal (Charente-Inférieure), a, par sa forme générale, beaucoup de rapport avec la précédente, mais elle en diffère essentiellement par ses détails.

Elle est construite tout en fer d'un échantillon plus fort que celle dont nous venons de donner la description; l'age est également rejeté vers la droite; mais au lieu de se continuer et de se terminer par les mancherons comme dans la plupart des charrues, il se courbe immédiatement après la gorge et s'adapte au sep; un seul mancheron part de l'avant-corps, ce mancheron se divise vers la moitié de sa longueur en deux parties et se termine par deux poignées en bois. Le versoir a une bonne forme, il est allongé et à charnière de manière à être écarté ou rapproché, selon que l'on veut prendre plus ou moins de raie; le soc est fixé sur l'avant-corps au moyen de trois boulons; un régulateur à coulisse simple et solide permet de régler l'instrument. Cette charrue est en outre pourvue d'un fort coutre ; elle est disposée de manière à pouvoir être employée à toute espèce de labours autres que ceux de la vigne pour laquelle elle est spécialement construite.

M. du Seutre construit quatre modèles de charrues à age recourbé, savoir : n° 1, propre aux terres fortes et aux labours profonds, 75 fr.; n° 2, pour les labours ordinaires en terres tenaces, 65 fr.; n° 3, pour les sols légers, 50 fr.; n° 4, renforcée spécialement pour la culture de la vigne, 58 fr. C'est pour cette dernière charrue que le jury lui a accordé le premier prix au concours général de Paris de 1860.

La fig. 21 représente très-exactement cette charrue vue en perspective, et la fig. 22 vue en plan.

LES HERSES.

Parmi les nombreux instruments dont on se sert pour la culture des terres, la herse est un des plus importants et sans doute le plus utile; il est pourtant un de ceux dont la construction est la plus négligée, et c'est à peine si de loin en loin on rencontre, même dans les exploitations les mieux dirigées, quelques-uns de ces instruments construits dans des conditions convenables.

Lorsque pour tout instrument servant à la division des terres, l'agriculture en était réduite à la charrue et à la herse, cette dernière avait une plus grande importance qu'aujourd'hui. La charrue soulevait et renversait la terre, mais ne pouvait pas l'ameublir; il fallait que ce travail se fît avec des herses très-lourdes. Aujourd'hui, cette opération se fait plus vite et plus économiquement avec des scarificateurs qui sont beaucoup plus énergiques que les plus lourdes herses; mais quoiqu'il y ait actuellement des instruments plus convenables que la herse pour succéder aux charrues dans les terres lourdes, cet instrument n'est pas moins très-important, et reste toujours celui dont les cultivateurs se servent le plus fréquemment.

La herse sert à ameublir la couche de terre superficielle, afin de la mettre à même de profiter des influences atmosphériques et de la rendre apte à s'assimiler les principes gazeux contenus dans l'air, et qui, plus tard, devront concourir à la nutrition des plantes.

Elle sert à préparer le sol pour recevoir les semences, de manière que la jeune plante se trouve en contact avec de la terre meuble dans laquelle ses radicelles pourront facilement trouver leur alimentation.

Elle sert aussi à arracher les herbes traçantes et à les détruire en les ramenant à la surface du sol.

Enfin elle sert à recouvrir ou à enfouir les semences.

Cette diversité de travaux que l'on exige de ces instruments nécessite une variété dans leurs dispositions d'ensemble et dans les détails ; il s'ensuit que suivant les climats, les modes de culture, la nature des terres et les espèces de semences, il faut qu'ils soient *lourds*, *énergiques*, *moyens* ou *légers*, qu'ils aient des dents en fer ou en bois, longues ou courtes, droites ou courbes.

Pour ameublir la terre, les dents doivent pénétrer dans le sol, y tracer des petits sillons en émiettant la terre. Cette opération exige ordinairement plusieurs passages de l'intrument en long et en travers; en alternant avec le rouleau qui, par son poids, écrase les mottes de terre que la herse a arrachées et qui ont résisté aux chocs successifs des dents, l'émiettage s'obtient mieux et plus promptement.

L'ameublissement du sol a lieu d'autant mieux et plus facilement que la herse marche plus rapidement, et que les dents présentent une arête plus tranchante.

Pour nettoyer la terre en arrachant ou mettant à découvert les mauvaises herbes, et principalement celles à racine traçante, on se sert d'une herse légère à dents légèrement recourbées afin de ramener à la surface du sol les racines qui y sont un peu enterrées ; on les abandonne ensuite à l'action du soleil et de l'air qui les fait périr, puis on les ramasse en tas et on les brûle.

Pour recouvrir les semences on se sert, suivant la nature du sol et surtout son état de préparation, de herses moyennes ou légères que l'on fait entrer profondément en terre selon que l'exige la nature des semences : les céréales doivent être enfouies de 7 à 8 centimètres, tandis que les graines fines doivent à peine être recouvertes.

Pour travailler convenablement, la herse doit marcher parallèlement au sol, sans que l'avant ou l'arrière tende à baisser. La pénétration égale des dents s'obtient au moyen des traits qui servent de régulateur; lorsque la ligne de tirage est trop horizontale, ce qui a lieu lorsque les traits sont trop longs, la herse pique, c'est-à-dire que l'avant tend à s'enfoncer, et que par conséquent les dents de l'arrière sortent de terre ; cela a lieu parce que la ligne de traction ne passe pas au centre de gravité de l'ensemble des dents ; la herse pourrait même se renverser en avant si la force résultant de son poids n'agissait suffisamment en sens contraire aussitôt qu'elle se soulève. On obvie à cet inconvénient en raccourcissant les traits ; si le contraire a lieu, on les allonge.

Plus une herse est lourde et longue, plus les traits peuvent être allongés ; elle produit d'ailleurs d'autant moins d'effet que la ligne de tirage est plus oblique. Donc, avant de charger une herse d'un poids supplémentaire pour la faire pénétrer dans le sol, il est urgent d'allonger les traits ; cette précaution rend même quelquefois inutile la charge supplémentaire.

Pour arriver à un ameublissement uniforme sur toute la longueur embrassée par la herse dans son parcours et employer le moins de force de traction possible, *chaque dent doit tracer un sillon équidistant.*

On satisfait à cette condition avec plusieurs formes de herses que nous examinerons successivement.

Le hersage devant être plus ou moins énergique suivant la nature du travail à exécuter, la herse doit être disposée de telle manière que l'on puisse *avec le même instrument herser plus ou moins serré* pour obtenir un ameublissement plus ou moins grand.

La disposition des dents doit être établie de manière *que les mottes de terre puissent recevoir successivement le choc de plusieurs dents.*

Il faut encore que les dents soient assez espacées pour que l'*engorgement ne soit pas trop fréquent.*

Ainsi les herses doivent remplir quatre conditions principales, savoir :

1° Tracer des sillons également espacés;

2° Faculté de varier l'espacement des sillons ;

3° Disposition des dents de telle sorte que chaque motte de terre reçoive plusieurs chocs successifs ;

4° Eloignement convenable des dents, afin d'éviter les engorgements trop fréquents.

Elle doit encore présenter une stabilité assez grande pendant le travail pour que toutes les dents puissent fonctionner également.

La première condition est facile à obtenir, le râteau la remplit complétement ; il suffirait donc pour tracer des sillons également distants d'implanter des dents dans une pièce de bois, d'établir un point d'attache au milieu de la longueur et de la traîner sur le sol en la maintenant perpendiculairement à la traction. Ce genre de herse se rencontre dans les contrées pauvres et arriérées du centre de la France. Elle peut fonctionner sur un sol meuble et uni ; mais dès qu'elle rencontre des mottes de terre, des pierres ou des racines, les dents qui sont très-rapprochées la font bourrer, et elle rebrousse devant elle la terre en bourrelet ; de plus, elle ne présente aucune stabilité.

On obtient encore la régularité des dents en les plaçant sur les rangs obliques d'un châssis triangulaire en forme de Δ. On peut même satisfaire à la seconde condition en établissant une charnière à la partie antérieure et une traverse graduée à la partie postérieure qui permette de l'ouvrir ou de la fermer ; mais dans ce système, les dents seront forcément trop rapprochées, et les mottes de terre qui se rencontreront vers le bas des côtés, ne recevront pas suffisamment de chocs pour s'émietter convenablement. On peut, il est vrai, obvier à ces inconvénients en plaçant une partie des dents dans des traverses établies dans l'intérieur du bâti triangulaire, et alors on obtient la herse triangulaire qui est le plus généralement employée dans le Nord pour les hersages énergiques.

Ce système de herse, lorsqu'il est bien établi, fait un bon travail et se manœuvre avec facilité ; mais il ne permet pas de varier l'espacement des sillons.

On se sert aussi dans beaucoup de localités de herses trapézoïdales. Ces deux systèmes de herses sont inférieurs à la herse parallélogrammatique, à laquelle on donne aussi les noms de herse *oblique* en *losange*, *de Valcourt*, *de Dombasle*, etc., fig. 23. Elle présente plusieurs avantages sur les autres systèmes ; chaque dent agissant obliquement, elle fait un travail plus parfait que lorsque la traction est directe ; la pratique a reconnu qu'elle s'engorge moins que les autres ; de plus, elle divise mieux la terre qu'aucune autre, et l'examen de sa disposition en fait reconnaître immédiatement la raison. En effet, elle présente en avant trois ouvertures et même quatre lorsqu'on l'accouple, desquelles les mottes de terre qui y sont engagées ne peuvent sortir qu'après avoir reçu le choc successif de plusieurs dents. Cependant, malgré tous ces avantages, qui sont irrécusables, la herse parallélogrammatique n'est pas aussi employée qu'elle devrait l'être ; cela tient probablement à ce qu'elle n'agit réellement bien que lorsqu'elle est bien attelée, et que souvent, par défaut d'attention, on l'attelle mal, et cela d'autant plus qu'il faut nécessairement changer le point d'attelage toutes les fois qu'on change de pièces de terre.

Avec cette herse on peut obtenir un hersage plus ou moins serré suivant qu'on fait varier la position du point d'attelage. La fig. 23, qui est une représentation exacte d'une herse ordinaire à vingt-quatre dents, laisse voir clairement les variations que l'on peut obtenir : ainsi, si on place le point de traction dans le prolongement de la ligne A B, environ au tiers de la chaîne vers l'angle obtus, on obtiendra vingt-quatre sillons également distants de 55 millimètres : c'est la position normale de l'instrument. Si on retourne la chaîne et qu'on reporte le point de traction vers l'angle aigu, on aura encore vingt-quatre sillons équidistants, mais ils ne seront plus qu'à environ 5 centimètres d'intervalle. En portant le point de tirage au milieu entre les deux limons dans le prolongement de la ligne D E, on n'obtiendra plus que quatre sillons, tandis que si on le fait partir du crochet de l'angle obtus dans le prolongement de

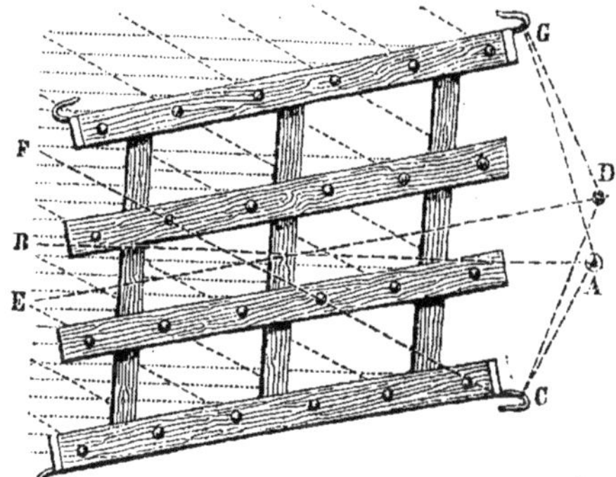

Fig. 23. — Herse parallélogrammatique avec indication des points d'attache.

la ligne C F, on obtiendra douze sillons distants de 15 centimètres, soit un hersage sur 1m,65 de largeur ; mais la résistance résultant du nombre des dents n'étant pas égale des deux côtés de la ligne de traction, la herse éprouvera des mouvements d'oscillation continuels, et on ne fera en réalité qu'un hersage peu énergique, les sillons étant trop espacés. C'est ce qui arrive le plus souvent avec des ouvriers qui, ne comprenant pas l'utilité du point d'attache, accrochent simplement le palonnier à un des crochets, et alors on se plaint avec raison de l'inefficacité de l'instrument.

En Angleterre, où on ne se sert que de herses parallélogrammatiques plus ou moins modifiées, on a obvié à l'inconvénient que présente le changement du point d'attelage, en accouplant plusieurs herses, suivant le besoin du travail, et en adoptant un point d'attelage fixe.

Cette méthode a l'avantage de ne pas avoir à craindre que le charretier dérange le point d'attelage, d'éviter les accidents qui arrivent dans les tournées au bout de la *hersée*, surtout lorsque l'on herse avec plusieurs herses détachées, conduites chacune par un cheval; d'être certain d'opérer un bon travail; enfin, de rendre le travail plus expéditif, les herses n'ayant pas besoin de doubler les sillons pour reprendre la ligne.

L'accouplement des herses parallélogrammatiques est des plus simple, et il est étonnant qu'il ne soit pas plus employé, car il est évident qu'avec deux herses accouplées, on fait presque autant d'ouvrage qu'avec trois herses marchant séparément. La fig. 24 fera très-bien comprendre l'accouplement de deux herses; quelques personnes relient les deux herses par des tringles en fer, nous préférons des chaînettes comme nous l'avons indiqué dans la figure; elles laissent plus de jeu aux herses pour se prêter aux inégalités du sol.

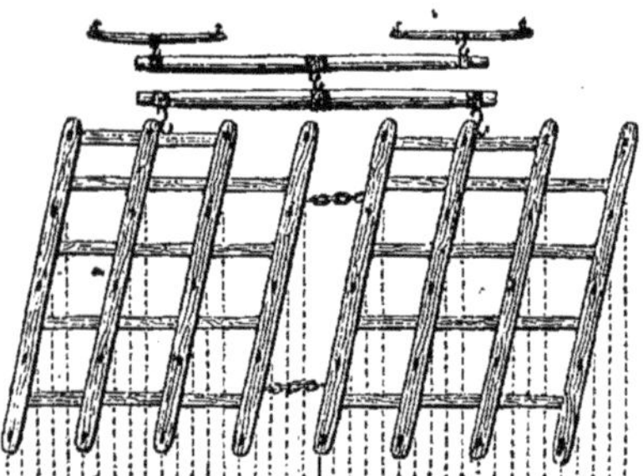

Fig. 24. — Herses parallélogrammatiques accouplées.

Construction de la herse parallélogrammatique.

La fig. 23 représente très-exactement la disposition d'une herse pour deux chevaux; elle est composée :

de 4 limons	de 1m,50 de longueur,	0m,10 de largeur et	0m,08 d'épaisseur;
de 3 traverses	1m,10 —	0m,08 —	0m,02 —
de 2 patins	1m,35 —	0m,08 —	0m,08 —

(Les patins ne sont pas tracés sur la fig. 23; on peut voir leur disposition sur les figures suivantes.)

L'écartement entre les limons est de 0m,33 de milieu en milieu, mesuré dans le sens de la direction des traverses.

L'écartement des dents sur les limons est de 0m,25.

Les dents ont 0m,30 de longueur totale et 0m,22 de saillies; leur épaisseur prise au carré à la partie supérieure des limons est de 0m,03.

Lorsque la traction part du point A, qui est à peu près au tiers de la longueur de la chaîne vers l'angle obtus, elle trace vingt-quatre sillons équidistants de 0m,055, et elle fait un hersage sur 1m,265 de largeur.

Avec ces données, il sera facile de faire établir une herse dans de bonnes conditions par n'importe quel charron; on pourra la rendre plus légère en diminuant les dimensions des bois, ainsi que la longueur et l'épaisseur des dents.

Forme et disposition des dents.

La section des dents est le plus généralement un carré présentant une des arêtes en avant, ou un cylindre (dents en bois) ; elle est plus rarement ovale ou triangulaire et exceptionnellement tranchante ; ces dernières conviennent dans les terres non pierreuses.

Lorsque le bâti est en bois, elles s'implantent sur les limons et les traverses, soit perpendiculairement, soit suivant une ligne modérément inclinée dans le sens de la marche de l'instrument ; on peut alors faire fonctionner la herse en *accrochant*, c'est-à-dire en faisant marcher la pointe des dents en avant, ou en *décrochant*, c'est-à-dire en tournant la pointe des dents en arrière ; chacun de ces modes d'emploi convient dans des cas particuliers que la pratique fait bien vite connaître.

Lorsque les dents sont droites (fig. 25), et qu'au lieu d'être perpendiculaires au bâti elles sont inclinées, elles tendent à pénétrer davantage en terre ; mais il résulte de cette disposition que les herbes montent sur les dents et se réunissent dans l'angle aigu formé au point d'intersection de la dent et du bâti (fig. 27), et cela d'autant plus que l'inclinaison est plus grande ; il en résulte que la herse bourre, c'est-à-dire qu'elle ne peut fonctionner.

Fig. 25, 26, 27, 28, 29. — Forme et disposition des dents de herse.

On peut éviter cet inconvénient tout en conservant l'avantage de l'entrure en adoptant des dents courbes sur toute leur longueur (fig. 26), ou seulement vers la partie antérieure (fig. 28) ; cette dernière forme donne une grande tendance à pénétrer en terre, à arracher les racines et à soulever les mottes qui bientôt rencontrent l'angle de la partie droite contre lequel elles se brisent.

Une meilleure forme à employer serait celle qui présenterait une contre-courbure (fig. 29), telle que les herbes arrachées tendent à retomber.

Les dents sont le plus ordinairement fixées dans les bâtis en bois en les enfonçant à coups de marteau dans des trous percés à l'avance ; le frottement seul les retient ensuite en place. Ce mode de fixation est suffisamment solide pour les herses légères, mais il est insuffisant pour celles qui doivent agir énergiquement.

MM. de Meixmoron-Dombasle fils et N. Noël, qui continuent dans leur usine à Nancy la fabrication des bons instruments inventés ou perfectionnés par Mathieu de Dombasle, ont adopté, pour fixer les dents dans un bâti en bois, un système très-simple qui présente toutes les conditions de solidité et que nous décrivons plus loin.

Dans les bâtis en fer, les dents sont fixées au moyen d'écrous ou de clavettes, et pour éviter que les oscillations continues de l'instrument parviennent à desserrer les écrous, les bons constructeurs font passer une goupille en travers du pas de vis, au-dessus de l'écrou, ou bien interposent entre le bâti et l'écrou une petite plaque triangulaire en tôle ; ils rabattent deux pointes sur le bâti et relèvent la troisième contre l'écrou, qui par ce moyen ne peut plus se desserrer.

Herse parallélogrammatique de Dombasle.

MM. de Meixmoron Dombasle fils et N. Noël, à Nancy, construisent deux herses de la même forme et de mêmes dimensions ; elles portent chacune vingt-quatre dents traçant sur le sol vingt-quatre sillons équidistants de 0,053 mill., et embrassant par conséquent une largeur de $1^{m},25$. Une de ces herses est destinée pour les gros hersages dans les terres lourdes ; elle pèse 61 kilog. ; les dents ont 19 centimètres de saillie ; elle exige deux chevaux ; l'autre herse, quoique ayant les mêmes dimensions, ne pèse que 31 kilog. ; les dents sont plus faibles et n'ont que 16 centimètres de saillie ; elle est faite pour les hersages légers.

Les dents de ces herses, au lieu d'être chassées dans le bois, comme le font la plupart des constructeurs, sont maintenues par un petit boulon qui traverse en même temps le limon et la dent et qui est serré latéralement par un écrou ; ce mode donne une grande facilité pour démonter et replacer la dent ; de plus, ces six boulons qui traversent chaque limon augmentent leur durée, en empêchant les gerçures du bois.

Le prix de la herse lourde, avec chaîne et crochet, est de 42 francs.

Celui de la herse légère, également avec chaîne et crochet, est de 32 francs.

La fabrique de Nancy construit aussi les mêmes herses avec dents aciérées ; le prix est de 5 fr. en plus.

Herse parallélogrammatique de Bodin.

Les herses de M. Bodin n'offrent rien de particulièrement remarquable ; elles sont solidement construites, et leur prix est très-bas.

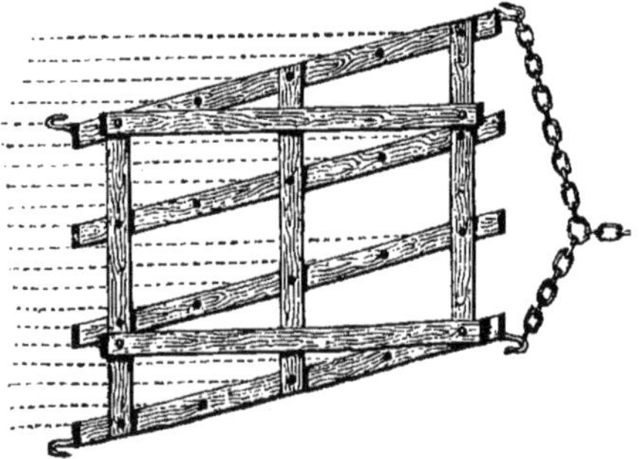

Fig. 30. — Herse parallélogrammatique légère de M. Bodin.

La fabrique de Rennes construit quatre numéros de ces instruments : le n° 1, pour les hersages énergiques, prix, 40 francs; le n° 2, pour les hersages en terres lourdes, 30 francs; le n° 3, pour les hersages légers, 25 francs; le n° 4,

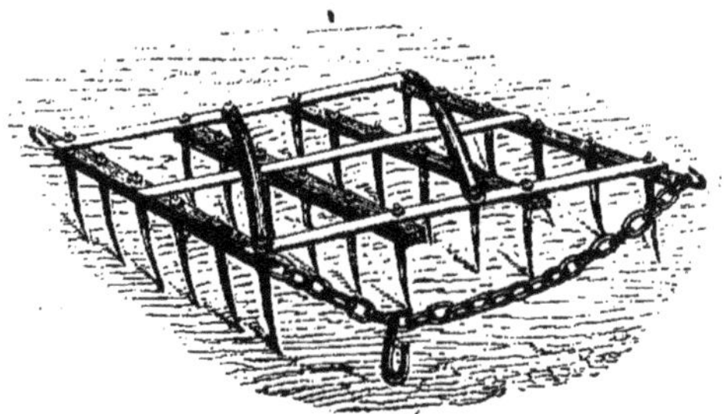

Fig. 31.— Herse parallélogrammatique bâti en fer avec lames tranchantes, de M. Bodin.

représenté par la fig. 30, qui est employé pour l'enfouissement des petites graines, 15 francs.

Les mêmes modèles, avec bâti en fer, coûtent 80, 65, 50 et 30 fr. La fig. 31 représente une de ces herses avec dents tranchantes; cet instrument fait un excellent travail dans les terres compactes non pierreuses.

Herse parallélogrammatique de M. Laurent.

M. Laurent, 26, rue du Château-d'Eau, à Paris, fabrique plusieurs numéros de herses parallélogrammatiques; elles diffèrent de celles que nous venons de décrire en ce qu'elles n'ont que trois limons, et que, par conséquent, une partie des dents sont implantées dans les traverses; elles sont très-solidement et très-bien établies. La fig. 32 représente la grosse herse. Les prix varient suivant le poids de l'instrument : la herse pour un cheval coûte 50 francs, et celle pour deux chevaux, 70 francs.

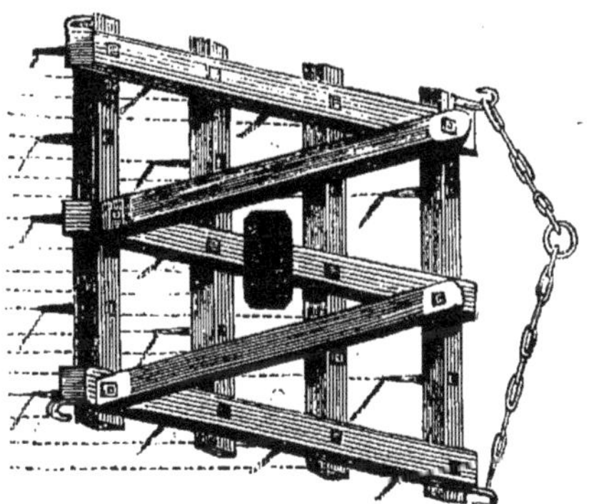

Fig. 32. — Herse parallélogrammatique de M. Laurent.

Herses anglaises en zigzag.

Le bas prix du fer en Angleterre est cause qu'on l'emploie beaucoup plus fréquemment qu'en France, où il est d'un prix plus élevé, et où, par contre, le bois est relativement à bas prix.

Il résulte donc de la différence du prix de la matière première dans les deux pays, que ce serait une erreur de vouloir copier servilement les instruments anglais, et qu'en France il y a presque toujours économie d'employer le bois conjointement avec le fer.

Les herses anglaises, dites en zigzag, sont entièrement en fer ; ce ne sont,

Fig. 33. — Herse en zigzag de M. Laurent.

en réalité, que des herses parallélogrammatiques accouplées. Toutefois, les constructeurs anglais y ont apporté un grand perfectionnement, en supprimant la dent de l'angle aigu et la portant à l'angle obtus ; cette modification qui a équilibré la herse, a nécessité l'emploi de limons formant une ligne brisée aux extrémités. Les dents sont disposées de telle manière, que les sillons qu'ils ouvrent sont équidistants. Ces herses travaillent parfaitement, et remplissent toutes les conditions exigées des bonnes herses.

Ces instruments sont aujourd'hui parfaitement fabriqués en France ; leurs dispositions sont toutes les mêmes, et elles ne diffèrent entre elles que par quelques différences de détails, et principalement par les moyens d'attache et d'accouplement. Celle construite par M. Laurent, 26, rue du Château-d'Eau, fig. 33, est une copie de la herse Howard, qui a obtenu le premier prix au concours universel de 1856. Chaque herse se compose de quatre limons brisés portant chacun six dents. Les traverses extrêmes sont munies de charnières qui permettent de diviser les limons par couple pour herser les billons, ou de les rendre rigides et fixes par quatre ; pour le hersage des terres cultivées à plat, on accouple deux ou trois herses, suivant le travail à faire et le nombre de bêtes dont on dispose. Le plus ordinairement, on en met trois sur un palonnier, qui est muni d'un régulateur ; ce qui permet de porter le crochet d'attelage à droite ou à gauche, et d'équilibrer la herse suivant la force des animaux. M. Laurent vend cette herse 130 à 200 francs.

Celle construite par M. Peltier jeune, 45, rue des Marais-Saint-Martin, qui a

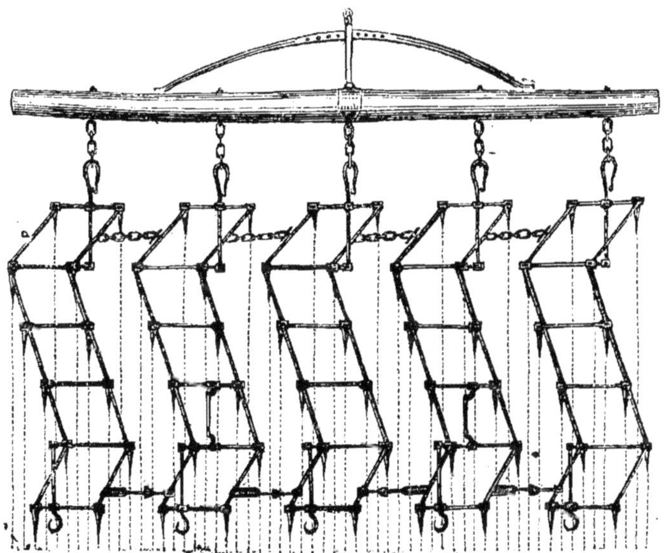

Fig. 34. — Herse en zigzag de M. Peltier jeune, 1er prix du concours général de 1860.

obtenu le premier prix au concours général de 1860, est composée de parties distinctes de deux limons ; on en réunit ensemble trois, quatre ou cinq, suivant que l'on dispose de deux, trois ou quatre chevaux. M. Peltier en construit de plusieurs forces : le prix varie de 80 à 130 francs.

Les herses en zigzag construites par M. Pernollet, 79, rue Saint-Maur-Popincourt, à Paris, méritent une mention toute particulière pour le soin que ce constructeur apporte à leur fabrication. Celles de grande force, à charnières ou articulations avec dents aciérées, le jeu se composant de trois herses avec un palonnier pour trois ou quatre chevaux, coûtent 210 francs. — Celles de moyenne force, même conditionnement que les précédentes, 160 francs. La suppression des charnières ou articulations diminue le prix de 10 francs.

Chaque herse se vend séparément : la forte, 75 francs, et la moyenne 60 francs.

Nous devons aussi citer celles de MM. Clubb et Smith, 9, rue Fénelon, à Paris, qui sont fabriquées en Angleterre avec beaucoup de soin, et qu'ils vendent, prises à Paris, de 60 à 100 francs, suivant la force.

M. Legendre, à Saint-Jean-d'Angély (Charente-Inférieure), fabrique en grand les herses anglaises. Dans celles qui figuraient à l'exposition générale de 1860, nous en avons remarqué plusieurs très-bien fabriquées et qui étaient cotées à un prix relativement bas.

Les herses en zigzag sont munies de glissières qui permettent de les transporter d'un endroit à un autre avec la plus grande facilité.

Herse brisée de M. Auguste Millet (Fig. 35).

La difficulté que rencontre la propagation de cet instrument est un exemple des plus frappants de la force de la routine chez les cultivateurs.

Fig. 35. — Herse trapézoïdale brisée et accouplée.

Cette herse a été imaginée pour remplacer la petite herse trapézoïdale qui est en usage dans une partie de la Brie, et avec laquelle on ne couvre guère que le tiers de la largeur des planches de labour qui ont environ 2m,30 ; on est donc obligé de reprendre à trois fois pour herser la largeur de la planche ; on fait ainsi parcourir à l'homme et au cheval de grandes distances pour effectuer peu de besogne ; de plus, quand la petite herse trapézoïdale fonctionne sur les bords de la planche, un des côtés reste en l'air, et alors on n'obtient qu'un travail incomplet. C'est en vue d'obvier à ces inconvénients que M. Auguste Millet a fait construire une herse pouvant prendre d'une seule fois toute la largeur de la planche et se prêtant aux inégalités de la surface des sillons.

Cette herse est formée de trois parties offrant ensemble 1m,60 de longueur, 1m,75 de largeur en tête et 2m,50 à l'arrière ; de sorte qu'elle embrasse toute la largeur de la planche. Les trois parties sont égales en largeur, à l'avant ; à l'arrière, les deux parties latérales ont 0m,87 de largeur et celle du milieu seulement 0m,76 ; les deux parties latérales sont plus lourdes que la partie centrale, ce qui permet de bien rabattre les rives du sillon et de bomber la planche uniformément.

Les dents des trois parties réunies sont au nombre de soixante, et placées de manière à former des sillons bien distincts ; elles sont en bois et mesurent environ $0^{m},27$ de longueur.

Les trois parties sont reliées par six pitons à mailles ou anneaux qui laissent à l'instrument tout le jeu nécessaire pour accomplir un bon travail.

Cette herse s'établit dans le pays pour 37 à 40 francs, et cependant malgré son bas prix et les avantages incontestables qu'elle présente sur l'instrument du *pays*, elle ne se propage que très-lentement.

Herse à couvrir de M. Bodin.

Cet instrument est principalement destiné à couvrir les semences des céréales. Dans les terres labourées à plat ou en larges planches, il tient le milieu entre les herses et les scarificateurs, et peut même remplacer jusqu'à un certain point ce dernier instrument dans les terres légères.

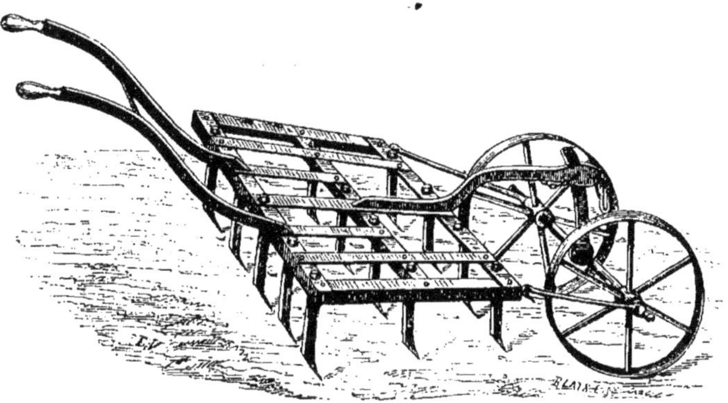

Fig. 36. — Herse à couvrir de M. Bodin.

Il se compose d'un bâti trapézoïdal en fer, formé par deux longerons et trois traverses dans lesquelles sont implantées treize dents en fer, disposées de manière que chacune trace une raie équidistante ; sur le bâti est appliqué un age terminé par un crochet, auquel on attache le palonnier des chevaux. L'extrémité de l'age est traversée par une mortaise dans laquelle passe une plate-bande de fer percée de trous, véritable régulateur vertical qui permet de régler l'entrure et de maintenir la distance entre l'age et l'essieu des roues au moyen d'une cheville retenue par une petite chaînette. Cette plate-bande est soudée sur un essieu qui porte deux roues, ce qui forme un avant-train.

Pour augmenter la solidité de l'avant-train et empêcher la torsion du régulateur, deux tringles en fer boulonnées sur la herse viennent, au moyen de deux anneaux, se placer aux extrémités de l'essieu et le fixent.

Pour obtenir un bon résultat, il est essentiel de faire marcher cette herse bien d'aplomb, c'est-à-dire que les dents de la partie antérieure n'entrent pas plus en terre que celles de la partie postérieure, et réciproquement.

Si l'instrument tend à plonger de l'avant et que pour ramener l'équilibre le conducteur soit obligé d'appuyer fortement sur les mancherons, il devra relever le bout de l'age, c'est-à-dire augmenter la distance entre l'age et l'essieu des roues. Si le contraire a lieu et que ce soit la partie postérieure qui tende à *piquer* en terre, il rapprochera l'age de l'essieu.

A l'aide des mancherons, le conducteur peut soulever avec facilité la herse et la débarrasser des herbes, mottes de terre ou pierres qui seraient arrêtées dans les dents.

Avec la herse à couvrir on peut enterrer les semences de 7 à 8 centimètres de profondeur, et les recouvrir de plus de terre meuble qu'avec aucune autre herse.

Son emploi permet de faire les semailles en temps convenable, car il dispense souvent de labourer de nouveau les terres qui ont reçu un labour d'automne ou d'hiver et que l'on veut ensemencer en céréales de printemps. Cette méthode a encore l'avantage de conserver à la surface du sol la terre ameublie par la gelée et d'être très-expéditive.

Cet instrument exige deux chevaux et coûte, avec bâti en fer, 150 francs; bâti en bois, 90 francs; le n° 2, pour les terres légères, ne coûte que 70 francs.

Herse à mailles et herse d'épines.

Les cultivateurs ont reconnu qu'une grande partie des graines fines qu'ils sèment à la volée sur le sol ne lèvent pas, surtout quand elles sont enterrées à la herse, parce que la herse les enfouit à une trop grande profondeur : le roulage a été, par suite, substitué au hersage. Cette opération réussit très-bien quand le temps est humide et que le rouleau, en écrasant les mottes, recouvre les graines d'un peu de terre ; mais elle laisse beaucoup à désirer lorsque le sol est très-sec, ce qui est assez fréquent à l'époque des semailles pour prairies artificielles. C'est pour obvier à cet inconvénient que M. Smith a imaginé de construire un instrument composé de mailles, qui, traîné sur le sol, recouvre légèrement les graines et presse en même temps suffisamment la terre pour favoriser leur germination.

Cet instrument assurant beaucoup mieux la levée des graines permet de n'en employer qu'une bien moins grande quantité, et c'est là certainement son principal mérite.

Malheureusement son prix, qui est très-élevé, le rend inaccessible à la plupart des cultivateurs. Celui qui figurait au concours général de 1860, et qui a obtenu le premier prix des herses légères, était coté 172 francs.

On peut fabriquer dans toutes les exploitations une herse beaucoup plus économique et qui rendra à très-peu près les mêmes services ; elle consiste en un cadre en bois composé de deux limons et de deux traverses d'environ $0^m,08$ d'équarrissage, plus une traverse intérieure de $0^m,04$ d'épaisseur. Dans ce cadre, on entrelace des épines, et on attache derrière la herse une bille de bois circulaire formant rouleau : cet engin fera presque un aussi bon effet que la herse à mailles et ne coûtera pas 10 francs.

Herse norwégienne.

Nous avons encore à citer un instrument d'une forme particulière, qui a reçu le nom de herse norwégienne, quoique à proprement parler ce soit plutôt un brise-mottes qu'une herse.

Comme brise-mottes, cet instrument est moins puissant que le rouleau Crosskill ; il est néanmoins préférable dans quelques cas, parce que, tout en brisant les mottes, il ne plombe pas les terres, ce qui est un très-grand inconvénient, principalement dans les terres fortes et humides.

La herse norwégienne se compose d'un châssis pentagonal, qui surmonte un autre châssis portant trois axes parallèles sur lesquels sont enfilées un nombre de molettes (ordinairement de vingt à vingt-cinq par axe) indépendantes ayant chacune cinq ou six dents rayonnantes d'environ 15 centimètres de longueur, qui s'enchevêtrent les unes dans les autres et se nettoient elles-mêmes en cas d'engorgement.

Le bâti supérieur est porté par trois roues qui peuvent se lever ou se baisser simultanément au moyen d'une manivelle placée à la portée de la main du conducteur, qui peut ainsi, sans quitter l'instrument et sans l'arrêter, augmenter ou diminuer l'entrure, et même le déterrer complétement.

Cette machine émiette et pulvérise le sol à une grande profondeur, sans le traîner comme la herse ; elle donne à la terre une préparation très-efficace, surtout pour recevoir les graines de céréales, parce qu'elle *affermit* le sol en même temps qu'elle le pulvérise.

Cet instrument figurait au concours général de Paris : il était exposé par M. Legendre, de Saint-Jean-d'Angély ; son prix est de 250 francs.

Cette herse, notablement modifiée toutefois, est très-employée dans le Midi, et principalement dans la Haute-Garonne, où on la construit très-économiquement. Elle se compose simplement d'un châssis en bois servant de limons à un et quelquefois deux rouleaux en bois, ayant de 16 à 20 centimètres de diamètre, dans lesquels sont implantées cinq ou six rangées de dents un peu courbées ayant de 11 à 15 centimètres de longueur sur autant de distance, et placées hélicoïdalement autour de la circonférence. Pour transporter l'instrument, on y ajoute deux ou trois roues, que l'on ôte une fois arrivé dans le champ où il doit fonctionner.

Pour augmenter son poids, on surmonte le châssis d'une plate-forme sur laquelle le conducteur s'assied.

LES ROULEAUX.

Tous les agriculteurs reconnaissent et apprécient les bons effets que produit l'emploi du rouleau, et cependant il est encore des contrées où cet instrument est presque inconnu, et dans la plupart des exploitations, même dans les pays les plus avancés en culture, il est trop peu employé.

Ce qui probablement a contribué à tenir cet instrument en dehors du matériel usuel même des grandes fermes, c'est moins l'ignorance des heureux effets que produit un roulage fait à propos, que l'imperfection des instruments présentés aux agriculteurs jusqu'en ces dernières années, et surtout le prix élevé des rouleaux perfectionnés. Ils ont reculé la plupart du temps devant la dépense d'un instrument dont l'emploi est forcément borné, et ont préféré se contenter du rouleau cylindrique en bois, quoique reconnaissant ses imperfections et son insuffisance.

Le rouleau sert soit pour briser par la compression les mottes de terre que la herse n'a pu émietter, ce qui a lieu plus particulièrement lorsque le labour se fait par un temps humide et que la terre est argileuse, et alors le rouleau doit fonctionner entre deux hersages ; soit pour raffermir le sol soulevé par les gelées, et empêcher les jeunes plantes de se *déchausser ;* soit encore pour tasser la terre sur les graines fines afin de faciliter leur germination.

Lorsque après les semailles d'automne et de printemps, il survient des sécheresses et des hâles qui dessèchent la terre et qu'il se forme à la surface une croûte dure que les jeunes plantes ne peuvent percer qu'avec difficulté, beaucoup périssent, et le restant lève inégalement. Un coup de rouleau énergique raffermit la terre, brise la surface durcie et favorise la levée des graines.

Lorsqu'on est forcé par le temps de semer sur un labour frais, c'est-à-dire immédiatement après qu'il est terminé, il est bon de rouler préalablement la terre afin de la tasser ; cette opération ferme les interstices qui existent entre les bandes de terre soulevées par la charrue et assure la levée régulière des semences.

Après le hersage, un coup de rouleau favorise le développement des plantes adventices, et permet de les détruire ensuite plus facilement.

Enfin, le roulage des prairies est une opération reconnue très-utile, sinon indispensable ; elle développe les plantes et facilite la fauchaison.

En somme, les rouleaux servent en agriculture pour ameublir, tasser, et pour niveler la surface du sol.

Cependant, malgré ces emplois variés et les avantages qui résultent du roulage fait à propos et avec de bons instruments, il y en a peu qui laissent autant à désirer sous le rapport de la construction.

Sur la plus grande partie des exploitations rurales, les rouleaux consistent tout simplement en des cylindres en bois, maintenus dans un cadre en bois au moyen de deux goujons en fer ; presque toujours ces rouleaux sont trop longs et d'un diamètre trop faible. Or, le rouleau ne fonctionnant bien qu'autant qu'il a un grand nombre de points en contact avec la terre, il s'ensuit que ces longs cylindres, qui ne peuvent se prêter aux inégalités du sol, en écrasent à peine la partie la plus superficielle sans exercer la pression convenable pour opérer le tassement, et que souvent, lorsque la surface est inégale, ils rebroussent la terre devant eux. En général, un rouleau fonctionne d'autant mieux, à poids égal toutefois, qu'il est plus court et d'un plus grand diamètre.

L'administration supérieure, qui préside à la coordination des concours, aux encouragements à l'agriculture, voulons-nous dire, a parfaitement compris les besoins des agriculteurs. Aussi lorsqu'elle a institué ces grands concours où elle convie tout le monde industriel s'occupant des intérêts agricoles, ne s'est-elle pas contentée de fonder un prix unique pour ce genre d'instruments. Avec une parfaite connaissance des besoins agricoles, elle a créé plusieurs subdivisions et fondé pour chacune d'elles un prix égal. Pas plus que la grande culture, la petite culture n'a été oubliée, et c'est même à l'examen des rouleaux de petite exploitation que nous consacrerons plus volontiers notre attention.

Du moment en effet qu'un instrument est conçu dans un seul but ; dans l'espèce, par exemple, celui d'obtenir une action plus énergique sur le sol, sans faire entrer en ligne de compte le prix d'achat et la force nécessaire pour mettre en œuvre, le problème n'est pas difficile à résoudre, et nous savons même tous qu'il est résolu. Le rouleau Croskill, avec ou sans les petites modifications qu'on y a apportées, a une très-puissante action sur les mottes de terre, dans des *conditions déterminées* (nous allons tout à l'heure motiver notre réserve) ; c'est le plus énergique des rouleaux brise-mottes.

Mais l'intérêt, pour nous, gît dans la question d'obtenir à la fois une action suffisamment énergique sur le sol, de l'avoir à peu de frais, de dépense et d'efforts, et de joindre à cela la faculté d'emplois variés du même instrument, autant que peut en avoir besoin le cultivateur : ici pour rouler une prairie, là pour rouler des blés de printemps, une autre fois pour presser la terre en l'émiettant sur des semis de grosses graines en lignes ; dans une autre occasion, pour enterrer à une profondeur régulière et sans risque de bourrer, du colza, de la moutarde, du sarrasin, ou toute autre graine fine semée à la volée. C'est là, pour nous, qu'était l'intérêt réel de l'étude que nous avons voulu faire des rouleaux présentés à l'exposition dernière.

Le programme du concours général de 1860 divisait les rouleaux en trois catégories : 1° rouleaux ou instruments propres à briser les mottes (pour grandes exploitations) ; 2° rouleaux propres à briser les mottes (pour petites exploitations) ; 3° rouleaux propres à rouler les terres ensemencées et les prairies.

Cette distinction entre les grandes et les petites exploitations est très-utile sans doute, mais elle ne nous semble pas assez définie, car les conditions de travail à exécuter par les brise-mottes étant absolument les mêmes, que l'exploitation soit grande ou petite, il ne peut y avoir de différence entre les bons rouleaux des deux catégories que dans le prix de l'instrument ou dans les conditions économiques de l'exécution du travail ; ainsi il est admis que le rouleau Crosskill est le meilleur brise-mottes, mais le prix de cet instrument est assez élevé, et, de plus, il ne peut guère servir que pour des roulages énergiques.

Considérer comme le meilleur rouleau, pour petites exploitations, un rouleau Crosskill de petite dimension, nous semble un non-sens, car alors on n'obtiendra plus les mêmes résultats ; et si cet instrument est excellent parce qu'il est très-énergique, il perd en réalité de sa valeur lorsque, pour l'appliquer aux petites exploitations, on diminue le nombre et le diamètre des cylindres. S'il faut pour les petites cultures chercher l'économie dans le prix d'achat des instruments, il ne faut pas que ce soit aux dépens de l'énergie et de la rapidité du travail.

Les rouleaux système Crosskill étaient présentés dans les trois catégories; plusieurs offraient, selon les fabricants, des perfectionnements que nous n'avons pas toujours pu découvrir.

C'eût été à l'œuvre seule qu'on eût pu juger du mérite de l'idée et de la réalité de ces prétendus perfectionnements. Cela nous eût intéressé particulièrement au point de vue des rouleaux de petite exploitation, condition de culture dans laquelle, jusqu'ici, nous comprenons peu l'admission du Crosskill, qui ne peut fonctionner que dans des circonstances restreintes, et qui exige inévitablement le concours d'autres rouleaux, si l'on veut rouler dans toutes les occasions où cette opération est profitable et presque indispensable même.

Cependant il paraît que tel n'a pas été l'avis du jury au concours national de 1860, puisque le premier prix des rouleaux de petite exploitation a été donné à un petit Crosskill, et le deuxième prix à un autre petit Crosskill.

Les prix pour les rouleaux propres à rouler les terres ensemencées et les prairies, ont été donnés à deux rouleaux cylindriques ; il est cependant reconnu que ces rouleaux n'atteignent pas toujours suffisamment ce but, et qu'alors, faute de mieux, on se sert du Crosskill.

Nous n'avons remarqué de différence entre les rouleaux dits pour grande exploitation, et ceux dits pour petite exploitation, que dans le nombre et le diamètre des disques.

Nous l'avons déjà dit et nous le répétons volontiers, nous avons pour le rouleau Crosskill toute l'estime que mérite cet instrument énergique, indispensable dans certaines terres, mais comme instrument de grande ferme, et lorsque l'importance de l'exploitation permet d'avoir plusieurs autres rouleaux utilisables suivant les besoins de la culture. — Mais quand l'exploitation interdit les frais d'un matériel varié, complet, nous ne pouvons en conscience admettre le Crosskill, si réduit qu'on le fasse, comme *rouleau type* de petite exploitation.

Ce serait, nous le répétons, un non-sens ; et nous sommes bien certain de ne pas être contredit par les fermiers de petite et de moyenne culture.

Ce n'est point une critique systématique des récompenses données et des actes du jury que nous entreprenons ici. Qu'on ne nous prête pas cette pensée qui est fort loin de notre esprit. Nous nous sommes déjà antérieurement expliqué à cet égard. Mais dans l'étude que nous avons faite pour notre propre compte et pour l'intérêt de chacun de nos lecteurs qui n'ont pu visiter cette belle exposition, nous pouvons différer de manière de voir avec la commission des récompenses, et nous donnons nos motifs. Et définitivement, puisqu'il était matériellement impossible au jury de la troisième section d'examiner et apprécier en trois ou quatre heures les six cent cinquante instruments que le programme du 16 juin soumettait à son jugement, il faut bien que chacun reconnaisse les grandes chances d'erreur qu'on a couru bénévolement en acceptant pareille tâche. Des instruments agricoles, en outre de cela, ne peuvent guère être jugés sur place, et quelques-uns d'entre eux ont besoin de l'explication des inventeurs. — Qui veut la fin veut les moyens.

Il y avait cependant, à notre avis du moins, et nos lecteurs jugeront si nous sommes dans le vrai, des rouleaux de petite exploitation dans l'exposition. Nous citerons ceux qui nous semblent devoir fixer particulièrement l'attention des cultivateurs.

Rouleau Derrien (Fig. 37).

Cet instrument n'était pas complétement nouveau pour nous. Nous nous rappelons très-bien l'avoir vu au concours universel de 1856, où il obtint la première récompense accordée aux instruments de cette catégorie. Il est vrai que cette fois c'était au champ d'épreuve qu'il remportait la victoire sur ses concurrents nationaux et étrangers. Sans doute que le jury de 1860 ignorait ce fait, car il n'eût pas laissé dans l'ombre ce modeste et pacifique vainqueur, d'autant plus que depuis lors il a été considérablement amélioré. C'est du rouleau de M. Derrien que nous voulons parler. Nous l'avons revu avec intérêt, et nous avons été frappé surtout des heureuses dispositions nouvelles et de sa bonne fabrication qui, il y a cinq ans, laissait peut-être à désirer.

Comme il l'a fait pour ses engrais artificiels, M. Derrien a donné son nom à son rouleau. Nous goûtons assez en général ce mode de dénomination de produits ou instruments nouveaux. Pour nous, c'est quelque chose qui parle en faveur de l'objet. Il y a là tout au moins une grande conviction de la part de l'auteur, puisqu'il attache son nom à son invention ; et si le nom est déjà honorablement connu, c'est pour nous un motif très-plausible de porter toute notre attention à l'examen de l'œuvre si favorablement désignée.

Aussi avons-nous examiné avec soin le rouleau Derrien ; et de cette étude il résulte pour nous que c'est là le rouleau de petite et moyenne exploitation.

En effet, si nous cherchons tout d'abord à savoir quelle dépense de force exige la mise en marche de cet instrument, nous voyons qu'elle est réduite aux dernières limites. Pour s'en servir toute une journée, un cheval de moyenne taille ou une paire de vaches suffit. — N'est-ce pas là l'attelage de la petite exploitation ?

Mais comment, nous dira-t-on, ce fait peut-il être admis pour un rouleau du poids de 5 à 600 kilos ? Et si cela est reconnu exact pour le rouleau Derrien, pourquoi n'en serait-il pas de même des autres, du rouleau Crosskill, par exemple, de même pesanteur ?

A cette dernière question nous répondrons : essayez ; et quant au doute émis sur le fait énoncé, nous pourrions y répondre de la façon du philosophe à qui son contradicteur niait le mouvement ; et nous renverrions en outre aux épreuves du concours universel de 1856, à Villiers, et du concours régional d'Orléans, 1857.

Du reste, le doute est détruit quand on examine avec soin le rouleau Derrien. Les disques alésés, le poids reporté autant que possible à la circonférence

Fig. 37. — Rouleau Derrien.

du disque, la complète indépendance de chacun, l'arbre tourné dans toute sa longueur, sa liberté sur ses portées, l'ajustage de tout l'appareil, l'impossibilité de tout engorgement, la stabilité de l'appareil en marche, toutes ces causes expliquent parfaitement l'heureux résultat obtenu, et nous ne les rencontrons dans aucun autre rouleau à notre connaissance.

Il y a des personnes qui taxent de luxe inutile ce soin apporté à la confection d'un instrument aussi modeste que le rouleau émotteur. M. Derrien ne le pense pas, paraît-il, car tout cela ne s'obtient pas sans dépenses pour le fabricant. Nous sommes de son avis ; et le résultat donne raison à cette opinion.

Après la question de dépense de force pour la mise en œuvre, se présente celle de l'emploi sous ses diverses formes.

Nous venons de dire que l'instrument ne pouvait pas s'engorger : c'est une grande condition pour être souvent et économiquement utilisé. Et si nous rappelons nos souvenirs des épreuves de Villiers, M. Derrien y prouva de la manière la plus irréfragable la supériorité de son rouleau sous ce point de vue. Le rouleau Derrien fut le seul en effet qui ne s'engorgea pas, et continua à fonctionner avec un seul cheval, quand ses concurrents ne formaient plus, après six ou sept révolutions, qu'un cylindre de terre que les efforts de *deux* ou *trois* chevaux ne parvenaient qu'à grand'peine à sortir de la raie séparant deux planches de labour.

Sans doute que le terrain était humide, mais pas trop cependant pour qu'on n'y pût labourer, puisqu'on y avait essayé les charrues, et pas un cultivateur n'eût suspendu ses semailles dans une terre en cet état, pour cause d'humidité. Il est vrai aussi que pas un n'eût voulu semer sur un pareil sol, sans l'avoir préalablement roulé.

La puissance du rouleau Derrien est très-grande; il pèse d'abord 550 kilos, puis tous les points de contact étant aigus, doivent inévitablement exercer une grande pression sur la terre. Ensuite la double caisse de charge, l'une en avant, l'autre en arrière des disques, qu'a fort ingénieusement établie, le premier, M. Derrien, et qu'on peut remplir de pierres, de sable ou de terre, de manière à doubler presque le poids de l'instrument, sans nuire à sa stabilité, est d'un grand secours à l'occasion. Ce surcroît économique de poids double l'effet utile sur un terrain résistant, et n'exige pas pour cela une augmentation de dépense de force en rapport avec la différence de poids.

Et ce n'est pas un mince avantage pour le cultivateur que de pouvoir, suivant ses besoins, varier aussi considérablement et aussi économiquement le poids de son instrument, et par conséquent son énergie et son mode d'action.

Le rouleau Derrien est le seul instrument figurant au concours qui eût des caissons ou tables de charge, permettant parfaitement et très-facilement d'équilibrer la charge, ce qui fait que la charge additionnelle n'est, en aucun cas, par suite des oscillations de la marche sur un terrain résistant et inégal, un fardeau écrasant pour le cheval en limon ou les animaux au joug. Or, cet inconvénient est inévitable avec toutes les tables de charge placées au-dessus de l'instrument.

Enfin, le rouleau Derrien réalise pour nous le rouleau de petite et moyenne exploitation, parce qu'il est utilisable dans une foule de cas. C'est un excellent instrument pour enterrer toutes les graines fines dans un sol bien préparé; avec lui il n'y a pas à craindre d'engorgement, et par suite l'agglomération des graines sur un point avec des espaces vides à côté; la profondeur s'obtient avec une régularité qu'il est impossible d'obtenir régulièrement avec la herse, qui de plus est sujette à bourrer, et dont l'effet pour l'enfouissement des graines fines n'est pas du tout le même qu'avec le rouleau. Sur les blés, au printemps, et sur les jeunes gazons, l'effet de ce rouleau est encore aussi satisfaisant que possible.

Il nous reste à examiner son prix, question d'une haute importance en regard des petits budgets. Eh bien! lorsque pour 260 fr. on a un instrument aussi bien conçu et établi, pesant plus de 550 kilos, nous n'hésitons pas à penser et à dire que le fabricant ne réalise pas un gros bénéfice, et que le cultivateur qui l'achète fait une bonne acquisition.

Rouleau squelette construit par M. Eug. Rouot (Fig 38), à Châtillon-sur-Seine (Côte-d'Or).

Ce rouleau est très-utile pour la préparation des terres sèches légères ou de moyenne consistance. Il se compose de deux parties formées chacune par deux roues en fonte ou en fer, sur lesquelles sont disposés trente-deux barreaux de fer carrés, de façon qu'une des arêtes vienne appuyer sur le sol ; ces deux

Fig. 38. — Rouleau squelette suédois de M. Rouot.

cylindres sont mobiles autour d'un essieu et forment un rouleau de $1^m,70$ de longueur, qui porte un châssis en bois sur lequel s'attachent les limons. On s'en sert très-avantageusement pour la préparation des terres destinées à recevoir des graines fines, telles que luzerne, trèfle, lupuline, colza, cameline, pavot, etc. Le prix de cet instrument est de 85 centimes le kilog.; il pèse de 5 à 700 kilog.

Rouleaux unis ou rouleaux plombeurs.

Les rouleaux à surface unie se font en bois, en fer ou en pierre. Nous avons déjà dit que les rouleaux en bois, dont les cultivateurs se servent le plus généralement, sont trop longs et d'un trop faible diamètre, et qu'un pareil instrument ne plombe pas la terre, n'atteint pas les fonds, et par conséquent ne saurait donner au sol le tassement régulier que l'on cherche à obtenir par le roulage, parce qu'il n'écrase que les parties qui font saillie.

Pour obtenir un bon travail, on ne doit pas dépasser 1 mètre de longueur pour les rouleaux destinés aux terrains argileux, et l'on ne peut en aucun cas obtenir de bons résultats avec un rouleau de $1^m,80$ à 2 mètres de longueur sur 20 à 25 centimètres de diamètre ; cependant nous reconnaissons que plus un rouleau est long, plus il embrasse de surface, et que dans la saison où se font les principaux roulages, le cultivateur est souvent accablé de travail, et qu'il lui importe beaucoup d'opérer promptement.

Pour obvier à la trop grande longueur que présentent les rouleaux, sans diminuer la quantité de travail, on a pensé à les diviser en plusieurs segments montés sur un même axe, de manière à rendre leurs mouvements indépendants.

Nous en avons remarqué plusieurs modèles au concours général de Paris de 1860. Ces rouleaux, quoiqu'ils ne soient pas assez énergiques pour ameublir complétement les terres fortes, rendent néanmoins de grands services et sont d'un bon emploi sur les terres de consistance moyenne, et principalement pour le roulage des céréales et des prairies.

Rouleaux brisés et articulés (Fig 39).

Les rouleaux brisés, présentés au concours par MM. Legendre, de Saint-Jean-d'Angély; Jacquet-Robillard, d'Arras, et Bruel frères, de Moulins (Allier), Gustave Hamoir de Saultain, étaient composés d'un cylindre en fonte divisé en plusieurs segments; chaque partie forme un tambour dont les extrémités sont pourvues d'un croisillon reliant la circonférence. Ce croisillon est renforcé au

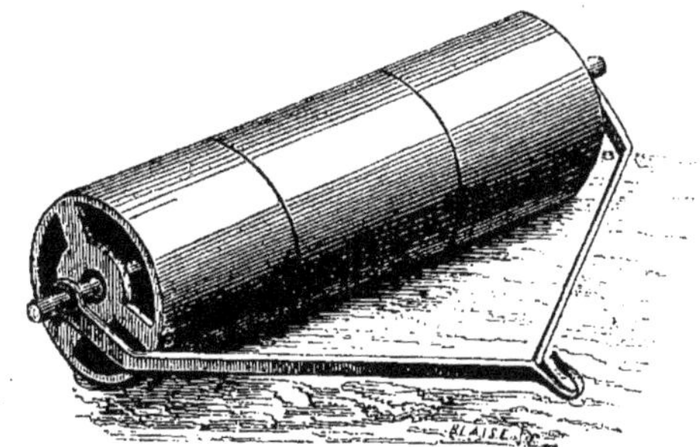

Fig. 39. — Rouleau brisé en fonte.

entre et percé d'une ouverture beaucoup plus grande que le diamètre de l'axe qui relie les segments. Il résulte de cette disposition que le rouleau suit toutes les inflexions du terrain, et que toute la surface du sol se trouve également roulée, ce qui n'aurait pas lieu si le cylindre était formé d'une seule pièce. La fig. 39 représente exactement un rouleau en fonte à trois segments. On peut les faire plus ou moins longs, et au lieu de trois segments en mettre quatre ou cinq.

Le prix de ces rouleaux est en rapport avec leur poids. Celui exposé par M. Legendre, de Saint-Jean-d'Angély, qui a obtenu le premier prix comme rouleau propre au roulage des terres ensemencées et des prairies, était coté 100 francs; celui de M. Jacquet-Robillard coûte 350 francs. Ce prix nous semble très-élevé. Enfin le rouleau de MM. Bruel frères coûte 150 francs.

En résumé, ces prix n'indiquent rien, puisqu'ils doivent être en rapport avec le poids de l'instrument, et que ce poids n'a pas été spécifié par les constructeurs; nous pensons que les rouleaux brisés avec axe et bâti en fer peuvent être construits aux prix de 40 à 45 francs les 100 kilogrammes.

Rouleau articulé (Fig. 40).

La fig. 40 représente un rouleau brisé formé par deux cylindres en pierre ayant chacun de 75 centimètres de longueur sur 35 centimètres de diamètre. Chaque cylindre porte à une extrémité un goujon en fer scellé dans la pierre ; dans l'autre extrémité on a pratiqué au centre un trou sur environ 12 centimètres de profondeur et 8 centimètres de diamètre, et on l'a fermé en partie par une virole dont l'*œil* a 5 centimètres de diamètre; cette virole, qui doit remplir l'office de coussinet, est scellée dans la pierre à fleur de la surface. Le complément du rouleau consiste en un bâti à timon portant deux coussinets A B et un petit axe en T. Pour monter le rouleau, on fait entrer les goujons des cylindres dans les coussinets du bâti, et les branches du petit axe en T figuré en C, fig. 40, n° 2, dans les viroles-coussinets des cylindres ; on attache ensuite ce petit axe qui porte une tige rigide et une charnière à maille dans la traverse du bâti, on le dispose au moyen de l'écrou à ailes D qui ter-

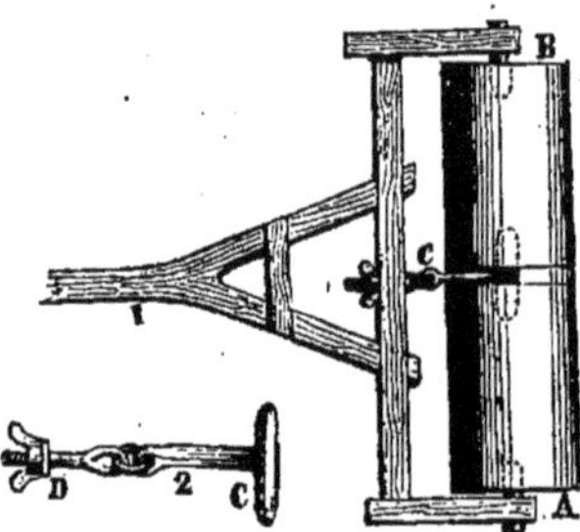

Fig. 40. — Rouleau brisé et articulé en pierres.

mine la tige du petit axe, de manière que le rouleau forme une ligne bien droite. Ce rouleau suit toutes les ondulations du sol comme s'il n'avait que $0^m,75$ de longueur. Il est énergique et peut être employé très-avantageusement dans les terres silico-argileuses pour ameublir et tasser le sol, et dans les terres fortes pour rouler les jeunes céréales au printemps et les prairies.

On peut construire un semblable rouleau très-économiquement dans toutes les localités; il suffit pour cela d'avoir deux morceaux de pierre dure de $0^m,75$ de longueur sur $0^m,35$ à $0^m,40$ de diamètre; il n'est pas un charron et un maréchal qui ne puissent faire le reste. Afin d'éviter l'usure du petit axe, on remplit de graisse la cavité derrière la virole; de cette manière le petit axe est toujours graissé et le rouleau fonctionne mieux.

Rouleau Pasquier (Fig. 41).

Ce rouleau diffère par la disposition des segments de ceux que nous venons de décrire : il se compose de trois cylindres en fonte creux, traversés chacun par un axe en fer. Ces cylindres pourraient être tout aussi bien en bois ou en pierre, comme dans les rouleaux plombeurs que nous avons décrits. Les boîtes des essieux ont un plus grand diamètre que ceux-ci, de manière à laisser du jeu aux cylindres, et leur permettre de prendre une inclinaison variable, indépendamment les uns des autres.

Les deux rouleaux de devant sont maintenus chacun par un axe, dont une des extrémités passe dans le bâti, et l'autre, dans une pièce en fer fixée à la traverse antérieure du bâti par une articulation. Le troisième rouleau est maintenu sur un axe qui est pris des deux côtés dans le bâti ; une traverse en fer est posée entre les deux séries de rouleaux ; le conducteur peut y introduire une pièce de bois qui sert de frein pour ralentir la marche dans les descentes.

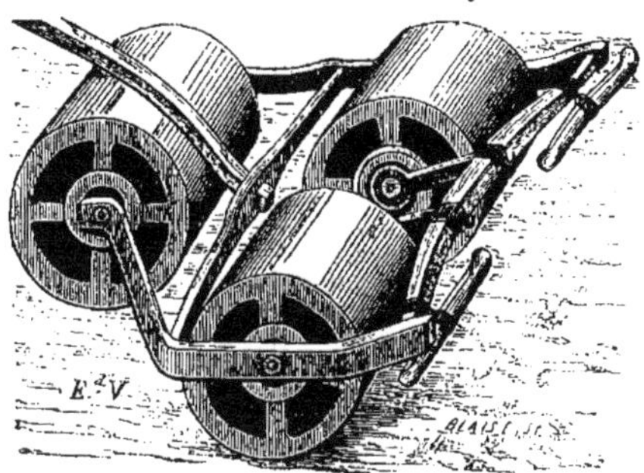

Fig. 40. — Rouleau articulé.

Dans le rouleau Pasquier, les segments cylindriques sont espacés de telle sorte que lorsque les rouleaux de devant sont sur le dos du billon, celui d'arrière est dans la rayure, et réciproquement. Cette disposition ingénieuse rend le travail de traction moins fatigant ; toutefois elle n'a de valeur réelle que dans les localités où la culture en billons étroits a persisté.

Rouleau brise-mottes, dit Crosskill.

Le brise-mottes *Crosskill* est certainement un instrument des plus utiles et même indispensable pour la culture des terres fortes : c'est le rouleau le plus énergique qui soit employé, et les mottes de terre, quelle que soit leur dureté, ne peuvent résister à l'action de ses dents.

Depuis sa première apparition, le rouleau Crosskill a reçu de notables perfectionnements, et il ne reste plus guère de l'ancien système que les disques.

Un grand nombre de constructeurs français construisent aujourd'hui ces rouleaux ; nous ne mentionnerons toutefois que ceux qui ont reçu les meilleurs perfectionnements, et en première ligne nous placerons celui qui se construit à Grignon.

Il se compose d'une série de disques (ordinairement de douze à quinze) fig. 42, dont le pourtour est armé de dents crochues qui brisent les mottes dans la direction du mouvement de progression des chevaux, et de dents perpendiculaires à celles du pourtour qui coupent la terre dans le sens transversal. Ces deux systèmes de dents agissant simultanément exercent le plus grand effet possible sur les mottes de terre.

Les disques sont disposés sur un même axe sur lequel ils tournent librement : ils sont alternativement à grand œil et à petit œil ; néanmoins le petit œil est toujours d'un diamètre plns grand que celui de l'axe. De cette disposition naît, pendant la marche, un mouvement d'oscillation, de frottement des disques l'un contre l'autre, qui a pour effet d'empêcher la terre de s'attacher aux disques, car ils se nettoient pour ainsi dire l'un par l'autre.

Un des plus grands et des plus utiles perfectionnements qu'ait subi cet instrument consiste dans l'application de deux roues qui permettent de le manœuvrer et de le transporter sans embarras et sans dangers. Dans le rouleau de Grignon, les roues sont d'un diamètre un peu plus grand que celui des disques; leur axe est placé un peu au-dessous de celui des disques, de sorte que dans cette position les disques ne posent pas à terre; il suffit, pour que le contraire

Fig. 42, 43. — Disque du rouleau Crosskill.

ait lieu et que l'instrument soit prêt à fonctionner, de faire faire un demi-tour aux brancards en attachant le palonnier d'un des chevaux aux anneaux qui se trouvent à leur extrémité : cette manœuvre est facile et ne présente aucun danger pour celui qui la fait exécuter.

Ce rouleau est malheureusement d'un prix trop élevé; cela dépend probablement des conditions peu économiques dans lesquelles se trouve placée cette fabrique, principalement lorsqu'il s'agit d'instruments qui exigent beaucoup de matière première et peu de main-d'œuvre.

Le rouleau construit par M. Legendre, à Saint-Jean-d'Angély, a une très-grande analogie avec celui de Grignon. Nous n'y avons trouvé qu'une différence que nous aimons à signaler : c'est que son prix est *notablement* plus bas. M. Legendre ne vend ses rouleaux que 36 francs les 100 kilog., tout compris.

Parmi les nombreux rouleaux Crosskill qui figuraient au concours général de 1860, nous avons encore tout particulièrement remarqué ceux présentés par MM. Clubb et Smith, Bruel frères, Lefebvre, Peltier jeune, Laurent, etc.

Rouleau tranche-gazon inventé par S. A. la princesse Baciocchi.

S. A. Mme la princesse Baciocchi, toujours préoccupée des progrès à faire dans la culture des landes de la Bretagne, où elle exploite avec plein succès une grande propriété qu'elle a créée dans une contrée pauvre dont le sol rebelle nécessite l'emploi d'instruments énergiques, a imaginé un rouleau à disques qu'elle a fait construire dans les ateliers de M. Bodin, de Rennes. Cet instrument, qui figurait au concours général, était classé parmi les rouleaux; c'est plutôt, selon nous, un tranche-gazon très-énergique qu'un rouleau, puisqu'il est destiné à couper soit les bandes, soit les mottes de landes retournées par la charrue, et non à les presser. Le travail de ce tranche-gazon doit faciliter la désagrégation des racines de bruyères et mettre la terre plus tôt en bon état de culture. Il est composé de cinq forts disques en fonte de 1 mètre de diamètre; les extrémités de l'arbre ou essieu qui porte les disques sont maintenues dans des glissières qui supportent le timon d'attelage et dans lesquelles passent de fortes vis qui sont fixées aux roues et qui permettent de donner plus ou moins d'entrure.

Cet instrument paraît devoir faire un bon travail ; on nous assure qu'il atteint parfaitement le but pour lequel il a été imaginé. C'est sans doute pour cela, et avec connaissance de cause, que le jury l'a distingué et a accordé à Mme la princesse Baciocchi une médaille d'argent.

Rouleau arroseur de M. Pernollet (Fig. 44).

L'aspect général de l'arroseuse est celui d'un rouleau à comprimer les pelouses. Il est, comme cet outil, maintenu dans un cadre en fer K, auquel tient le timon B, à l'aide duquel il est mis en mouvement. Seulement, au côté du cadre opposé à celui d'où part le timon, il porte, et c'est ce qui le caractérise, un réservoir R percé de trous pour la projection de l'eau.

Le principe mécanique dominant de cet instrument est le transport d'un fardeau par le simple roulement. La facilité avec laquelle on déplace un tonneau rempli de liquide peut donner une idée assez approchée de la puissance de ce moyen.

L'organisation intérieure de ce rouleau a été, de la part de M. Pernollet, l'objet de combinaisons fort bien étudiées; elle offre assez d'analogie avec la disposition intérieure d'une tête de pavot. En effet, vue en dedans, la tonne présente des cloisons planes, soudées sur trois côtés à l'enveloppe cylindrique et aux deux fonds planes, et aboutissant, comme dans le pavot, dans l'axe, par le quatrième côté. Si maintenant on échancre largement cette rive de la cloison suivant une courbure allongée, et qu'à cette rive courbe on adapte un rebord élevé, formant avec la cloison un T très-prononcé, on aura une idée juste de la construction intérieure de l'arroseuse.

L'effet immédiat de l'instrument se manifeste par un mode de projection d'eau en pluie, semblable, sauf les proportions, à celui qui se pratique sur nos voies publiques.

Le système intérieur est combiné de telle manière que le cylindre se vidè complétement.

Le cylindre étant rempli par la bonde M, communique par chacune de ses extrémités et autour de son axe avec le tuyau d'arrosement, l'alimentant ainsi d'une manière uniforme dans toute son étendue. Deux tampons opposés et obéissant ensemble à un même levier fixé sur la limonière permettent ou suspendent l'écoulement du liquide dont la sortie a lieu par des ouvertures placées circulairement autour de l'essieu du cylindre.

D'après ce qui vient d'être dit, on pourrait supposer que ce tonneau, qu'il fût en repos ou en marche, ne laisserait écouler le liquide que jusqu'au niveau de l'ouverture qui se trouve au-dessus de l'essieu; il n'en est pas ainsi, et il se vide entièrement sans que la vitesse de projection de l'eau diminue.

Fig. 44. — Rouleau arroseur de M. Pernollet.

C'est en cela que consiste la valeur des combinaisons, fort bien entendues, qu'a conçues M. Pernollet.

L'organisation des cloisons intérieures du cylindre et particulièrement des rebords en T de ces cloisons, forme de véritables augets qui, entraînés dans le mouvement de rotation du rouleau, remontent toujours l'eau d'une très-petite quantité au-dessus de l'axe, de sorte que, à mesure que la cloison s'élève, il se forme en sa partie la plus haute un point de partage pour son écoulement, et qu'elle chemine par sa pesanteur jusqu'à ce que, traversant les trous placés autour de l'essieu, elle soit parvenue dans de petits réservoirs de forme appropriée R. Placés à chaque bout de l'essieu, entre le cadre en fer et le cylindre, ils reçoivent l'eau versée par les augets, et la transmettent au tuyau d'arrosement, contribuant ainsi, par la masse d'eau qu'ils contiennent, à l'uniformité de l'écoulement.

Au point de vue simplement agricole, l'arroseuse inventée par M. Pernollet est un instrument qui jouit de la propriété de comprimer le sol proportionnellement au poids de l'eau qu'il contient, et en même temps de l'arroser uniformément. Ces opérations, qui se font simultanément quant au temps, sont soumises à un ordre de succession quant au sol qui les reçoit. Ainsi l'arroseuse peut précéder aussi bien qu'elle peut suivre le moteur. Dans le premier cas, le sol est humecté avant d'être comprimé ; dans le second, il est comprimé avant d'être arrosé. Cette faculté alternative ne peut manquer d'être utilisée par les agriculteurs.

Ce mode de transport d'un liquide est très-avantageux, au point de vue de l'économie de la force motrice. Il est vrai qu'il faut admettre que l'action des augets s'exerçant sur le liquide, dont une partie se trouve inutilement remontée, cause une perte évidente de force, mais cette action, en partie perdue, quand il s'agit de simple arrosement, devient d'une utilité capitale quand il s'agit de répandre du purin. En effet, l'agitation produite dans le liquide a pour résultat de diviser les matières demi-solides qui s'y trouvent mêlées en grande quantité et de les distribuer uniformément.

Aussi, l'inventeur, comprenant toute l'importance de ce résultat, a appliqué des organes d'une disposition telle, que le liquide est versé en lames, dont on règle l'épaisseur à volonté.

Comme moyen de simple arrosement, le rouleau compresseur a des avantages sur l'emploi du tonneau monté sur roues.

De plus, étant construit dans de plus amples dimensions, il peut être utilisé dans la grande culture pour la compression des prés, joint à l'arrosement par le purin, amené à un état de division mieux assuré que par aucun moyen usité; nous l'avons vu employé avec grand succès chez M. Ménard, à la ferme d'Huppemeau.

Le prix du rouleau varie, suivant sa capacité, de 225 francs pour celui contenant 150 litres d'eau, à 700 francs pour celui de 700 litres.

SCARIFICATEURS,

Déchaumeurs, Extirpateurs, Cultivateurs.

Après la charrue, la herse et le rouleau, il n'y a, sans contredit, pas d'instrument plus utile pour la culture que le scarificateur. Il tient le milieu entre la charrue et la herse, et sert toujours utilement et souvent très-économiquement à faire les préparations intermédiaires.

L'usage de cet instrument s'est beaucoup répandu depuis quelques années et se répandra de plus en plus à mesure qu'on le connaîtra mieux ; ce qu'il y a de bien certain, c'est qu'il n'y a pas un seul cultivateur qui, après s'en être servi, l'ait abandonné.

M. de Dombasle le considérait comme le plus précieux des instruments de culture après la charrue, et « telle est, dit John Sinclair, l'utilité de cet instrument par l'économie qu'il procure sur les labours, et par la facilité qu'il donne de débarrasser les terres des mauvaises plantes, qu'on le regarde comme ayant ajouté beaucoup à la valeur des fermes sur lesquelles il a été introduit. »

Le scarificateur s'emploie au printemps pour ouvrir les terres qui ont été labourées avant l'hiver et qui sont trop durcies pour que la herse puisse les ameublir convenablement pour recevoir la semence. Il épargne un second labour, des hersages et des roulages qui non-seulement coûteraient le double et qui demanderaient trois fois autant de temps, mais on fait encore un meilleur travail.

Il remplace avantageusement la herse pour les hersages profonds, lorsqu'on veut extraire les racines pivotantes ou traînantes des plantes vivaces.

Il sert aussi à enterrer les engrais pulvérulents et les grosses graines telles que les pois, les fèves dans les terres de moyenne consistance ou dans celles qui ne sont pas parfaitement préparées ; il enfouit mieux et recouvre plus régulièrement les semences de céréales que la herse. Beaucoup de cultivateurs de la Brie n'opèrent plus différemment ; ils ont reconnu que les graines levaient mieux et plus uniformément.

C'est l'instrument par excellence pour déchaumer. Après une récolte qui laisse beaucoup de mauvaises graines sur le sol, le meilleur moyen pour s'en débarrasser est de provoquer la germination ; pour cela il est nécessaire de les enfouir légèrement. Si on laboure avec la charrue, une grande partie des graines sera enfouie à une trop grande profondeur ; elles ne germeront pas immédiatement, resteront en réserve et ne lèveront que lorsqu'un autre labour les aura rapprochées de la surface du sol. Il en résultera que le terrain sera infesté pour longtemps de mauvaises plantes ; il vaut donc mieux ne pas labourer et écroûter seulement le sol au moyen d'un coup de scarificateur pour enterrer légèrement les graines. Si on complète cette opération par un coup de rouleau, les résultats seront encore meilleurs, car la germination des graines sera activée ; ces deux opérations ne demanderont pas la moitié du temps qu'on emploierait à donner un labour, même superficiel, avec une charrue.

Un coup de scarificateur donné sur le chaume prépare convenablement la terre pour la culture du trèfle incarnat : ce procédé est même préférable au labour, quelque léger qu'il soit.

Le scarificateur est aussi le meilleur instrument pour détruire les herbes adventices; enfin il convient mieux que la charrue pour donner les labours intermédiaires sur les jachères et les tenir bien nettes et bien ameublies.

C'est un instrument inappréciable pour la préparation de la sole des racines ; Le but à atteindre dans ce cas étant un parfait ameublissement et un nettoyage complet du sol, on ne peut y parvenir aussi promptement et conséquemment aussi économiquement avec aucun autre instrument. Voici comment on opère : au printemps, après le dernier labour, on fait passer le scarificateur une première fois en travers les bandes et ensuite une seconde fois dans le sens des bandes, puis le rouleau et la herse sont employés de la façon ordinaire pour terminer l'ameublissement et le nettoyage.

Ce mode de préparation des terres pour la sole des racines par le scarificateur est préférable à celui dont les façons sont données par la charrue, parce que la terre est mieux émiettée et surtout parce qu'elle reste plus fraîche; en effet, la charrue ramenant à la surface la terre du fond qui est plus humide, l'expose aux causes d'évaporation ; la couche arable abandonnée à l'action du soleil et des hâles, se dessèche plus promptement et manque de fraîcheur au moment où les jeunes plantes en ont le plus besoin, tandis que le scarificateur laisse la terre du fond à sa place tout en l'aérant et la divisant. Il en résulte que non-seulement la fraîcheur intérieure se conserve, mais que la terre est encore rendue plus apte à absorber de la nouvelle humidité.

Une seconde raison qui doit faire préférer le scarificateur à la charrue c'est l'économie de temps et d'argent qui résulte de son emploi : en effet, avec un scarificateur on avance au moins trois fois plus vite qu'avec la charrue, et l'hectare de labour ne revient guère qu'à 5 ou 6 francs, tandis que le labour à la charrue coûte de 14 à 20 francs.

Il n'y a donc pas à hésiter, et, en résumé, le scarificateur est l'instrument par excellence de la culture économique.

On distingue dans les scarificateurs les *pièces travaillantes*, les appareils de *règlement* et de *direction*, et les pièces *d'assemblage* ou de liaison. Cet instrument doit être examiné au point de vue de *la solidité*, de *la bonne répartition des pièces travaillantes*, de *la facilité de la manœuvre*, des *réparations qu'il exige*, enfin du *prix qu'il coûte de premier achat*.

Les pièces travaillantes sont les *pieds* ou *dents ;* la forme doit varier suivant le travail qu'on veut obtenir. Dans les instruments perfectionnés, les dents sont composées de deux pièces, dont l'une que nous appellerons le pied, A, fig. 45, est fixée au bâti du scarificateur, tandis que la seconde partie, qui est une lame aciérée, B, se change et se remplace par une pièce d'une forme en rapport avec le travail que l'on veut obtenir. Dans les anciens instruments, les dents sont formées d'une seule pièce, et il faut les renouveler complétement ou avoir plusieurs instruments pour exécuter convenablement les divers travaux que la culture exige. La forme la plus généralement adoptée par les constructeurs français est celle représentée par les fig. 45 et 46 : c'est celle de

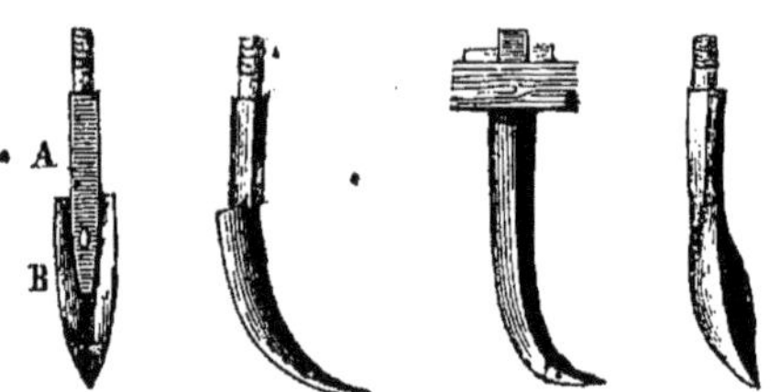

Fig. 45, 46, 47, 48. — Dents de scarificateur.

la *herse-Bataille*, qui jouit d'une grande faveur dans les départements au nord-est de Paris; c'est aussi celle de la plupart des scarificateurs. On transforme le scarificateur en extirpateur en appliquant des dents à tranchants horizontaux, espèce de petits socs qui coupent toutes les racines à une certaine profondeur au-dessous de la surface du sol, fig. 49 et 50. On ajoute encore quelquefois aux pieds un petit corps de buttoir, fig. 51, qui rejette la terre des deux côtés et ouvre un sillon; par ce moyen et en espaçant convenablement les pieds, on transforme l'instrument en rayonneur. Enfin, on peut armer les dents d'un sabot en fonte destiné à remuer souterrainement le sol tandis que le pied le remue verticalement fig. 52.

Avec les formes de dents que nous venons d'indiquer, le même instrument peut *ouvrir*, *couper*, *remuer*, *fouiller*, *billonner* le sol et *arracher* les racines.

Les fig. 45 et 46 représentent une dent de scarificateur vue par derrière et de profil. Cette disposition de dents est assez généralement adoptée par les constructeurs français; le pied est en fer et la lame en acier; elle est fixée au pied au moyen d'un boulon à écrou, et elle rentre par sa partie supérieure dans une petite rainure. On change la forme de la lame suivant l'emploi que l'on veut faire de l'instrument.

La fig. 47 représente le pied nu d'une dent de scarificateur anglais. On applique à l'extrémité soit une lame en forme de langue de bœuf pour *scarifier*, soit un soc plat et tranchant pour *extirper*, soit un sabot pour *fouiller*. On pourrait même se servir du pied *nu* pour herser ; mais l'extrémité s'userait assez promptement, et alors on ne pourrait plus y appliquer de soc. C'est donc à tort, selon nous, qu'on a conseillé de s'en servir pour le hersage.

La fig. 48 représente une dent ordinaire formant corps avec le pied.

Les fig. 50, 51, 52 sont plus particulièrement adoptées par les constructeurs anglais.

La grande variété de façons que ces instruments peuvent opérer permet de leur donner le nom de *cultivateur ;* cependant, on les désigne plus ordinairement sous le double nom de *scarificateur-extirpateur*, de leurs deux plus importants effets, qui sont : *ouvrir* ou *scarifier* le sol, et *arracher* les racines.

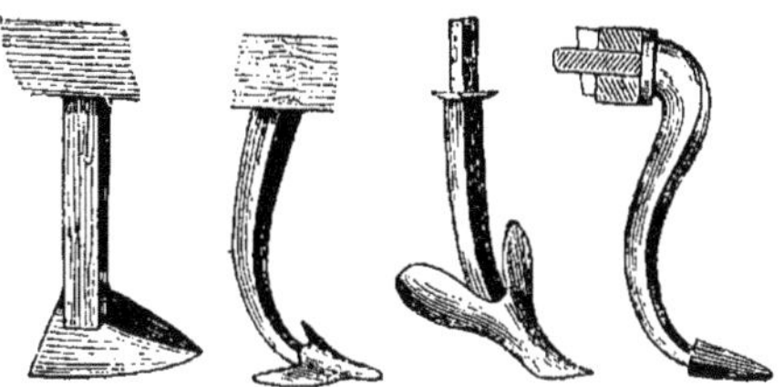

Fig. 49, 50, 51, 52. — Dents de scarificateur.

Les dents doivent être disposées de manière à tracer des sillons équidistants ; pour les scarificateurs de force ordinaire, la distance la plus généralement adoptée varie de 16 à 20 centimètres ; elles doivent être assez éloignées les unes des autres pour diminuer autant que possible les chances d'engorgement.

Le mécanisme de règlement est une des parties des plus essentielles d'un scarificateur ; il doit être simple, solide et puissant. Le conducteur doit pouvoir à volonté *déterrer* les dents de l'instrument sans être obligé d'employer une trop grande force et sans quitter la direction. Les dents doivent, étant déterrées, prendre une position telle qu'elles puissent se dégorger seules sans le secours du conducteur.

Nous ne saurions trop insister sur la solidité de ces instruments qui sont destinés à de grandes fatigues ; les constructeurs sont trop portés à les affaiblir, et cela pour diminuer un peu leur prix. C'est là une grave erreur et une grande faute contre lesquelles nous ne saurions trop engager les agriculteurs de se mettre en garde. Pour quelques francs de diminution sur le prix d'achat, on a souvent un instrument imparfait, qui nécessite de fréquentes réparations.

Ces observations posées, nous allons passer en revue quelques-uns des meilleurs scarificateurs.

Déchaumeur de Bentall (Fig. 53).

Tous les fabricants d'instruments prétendent que leurs scarificateurs sont d'excellents déchaumeurs ; cela est possible lorsque après la moisson les pluies ramollissent la croûte superficielle du sol ; mais dans les années de sécheresse et dans les terres fortes, il faut pour entamer le sol des instruments plus énergiques que des scarificateurs ordinaires. Le meilleur instrument, spécialement affecté au déchaumage des terres, est le déchaumeur de Bentall (*broad-share*). Il se compose de trois ou cinq pieds courbes très-forts, auxquels sont adaptés horizontalement des socs plats en acier ou en fer aciéré, destinés à couper les racines que le pied soulève ensuite; on peut toutefois y adapter des socs d'une autre forme.

La fig. 53 représente cet instrument monté pour fonctionner comme déchaumeur : il est muni de trois pieds. Le pied central A, qui est un véritable corps de charrue sans versoir, est boulonné à un age droit, qui porte à sa partie

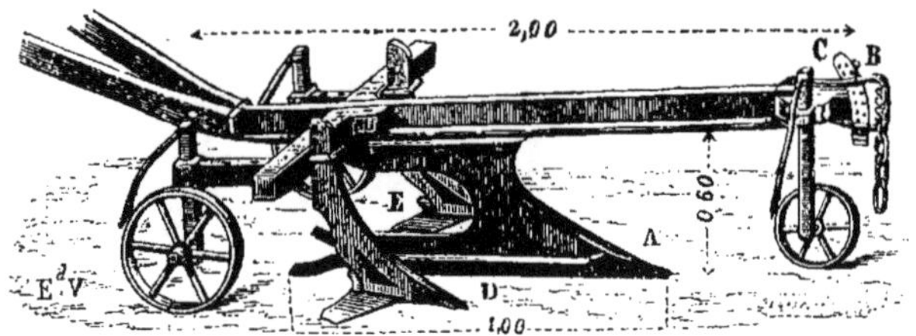

Fig. 53. — Déchaumeur Bentall.

antérieure une petite roue avec décrottoir, et un régulateur double B, C. Les deux pieds D, E, sont garnis de larges socs; ils sont fixés au moyen d'un étrier contre une forte traverse perpendiculaire à l'age; cette traverse porte encore deux petites roues avec décrottoirs. En enlevant les pieds latéraux et les deux petites roues, et ne laissant que le pied central, le déchaumeur Bentall peut agir comme charrue sous-sol.

Le poids de cet instrument en rend la manœuvre et la conduite un peu difficiles; cet inconvénient, joint à son prix, qui est assez élevé, est cause qu'il ne s'est pas généralisé comme il mérite de l'être. Il coûte de 150 à 175 francs.

Scarificateur-extirpateur Collman.

Comme disposition d'ensemble, répartition et variété d'action des dents, mécanisme de soulèvement, le scarificateur-extirpateur inventé par M. Collman-Richard, de Chelmsford, comté d'Essex, est un des plus parfaits que l'on connaisse. Les dents sont disposées sur deux traverses parallèles et tournent autour d'un boulon-axe horizontal; elles subissent l'action d'un grand levier, qui est fixé sur un fort cylindre en fonte armé d'oreilles et commandant des petites bielles qui agissent sur l'extrémité supérieure des dents; le cylindre porte autant d'oreilles armées de bielles qu'il y a de dents. Si donc on abaisse le grand levier, toutes les dents tournent en même temps et s'élèvent hors terre, ce qui permet d'exécuter la tournée. Lorsqu'on veut reprendre une nouvelle piste, il suffit d'abandonner peu à peu le levier à lui-même, les dents tombent de leur propre poids, et, une fois qu'elles ont mordu au sol, elles tendent à y pénétrer de plus en plus jusqu'à ce que les roues, portant sur le sol, arrêtent cette pénétration. On peut régler la profondeur d'entrure des dents au moyen du levier, en le fixant par une cheville dans un demi-cercle-guide formé par deux lames entre lesquelles il glisse.

La limite d'entrure se règle par l'élévation plus ou moins grande des roues par rapport au châssis, et se fait simultanément ou séparément pour chacune des roues au moyen de leviers portant à l'extrémité de leurs petits bras l'axe des roues; chaque levier se fixe par une cheville dans un quart de cercle-guide qu'il parcourt; de sorte que si le terrain présente une pente sensible ou des dérayures, on peut élever inégalement les roues, et par conséquent exécuter un travail uniforme, malgré l'inégalité de la surface.

Ce scarificateur porte encore un régulateur pour le point d'attache des traits; on peut par son moyen établir la ligne de traction le plus possible dans la direction même de la résistance, et éviter une perte de force de traction souvent considérable.

La répartition des dents est bien comprise et faite de manière à éviter autant que possible les engorgements.

Ce scarificateur est fabriqué en France par plusieurs constructeurs, et entre autres par M. Pillier, à Lieusaint, et M. Laurent, à Paris; le prix en est d'environ 300 francs.

Scarificateur-extirpateur de Grignon.

Le scarificateur-extirpateur de Grignon se compose d'un châssis en fer, formé par la réunion de deux pièces courbes fixées ensemble à l'avant par deux boulons, et réunies à l'arrière par une traverse droite rivée aux pièces courbes.

Les côtés du châssis portent des paliers sur lesquels reposent les tourillons de deux arbres en fer parallèles sur lesquels sont fixées cinq dents; l'arbre postérieur se prolonge en dehors du châssis, et sur ses extrémités sont fixées deux manivelles, portant à leur extrémité inférieure les roues; un levier soudé en un point de cet arbre et qui glisse entre deux lames formant à l'arrière un quart de cercle percé de trous de distance en distance, et se prolongeant sur un des limons sur lesquels elles sont boulonnées, sert à lever ou à abaisser les roues et les dents. Les deux arbres portent de plus chacun une oreille et sont reliés ensemble par une bielle, de sorte que lorsque au moyen du levier on communique un mouvement à l'arbre postérieur, ce mouvement se transmet immédiatement à l'arbre antérieur.

Ce mécanisme de soulèvement sert à déterrer les dents lorsqu'on doit tourner pour prendre un nouveau train ou qu'on veut transporter l'instrument d'un endroit à un autre. La position du levier règle l'entrure des dents et par suite la profondeur du labour, mais seulement à l'arrière; il faut donc, en commençant le travail, régler la hauteur de la roue d'avant, qui est maintenue dans une chape terminée par une tige glissant dans une douille que l'on arrête à la hauteur voulue par une vis de pression; la roue peut tourner dans le plan horizontal et peut être haussée ou baissée à volonté.

Un régulateur permet de fixer le point d'attache de telle sorte que la traction soit autant que possible directement opposée à la résultante des résistances, c'est-à-dire que l'instrument ne tende ni à sortir de terre à l'avant ni à s'enterrer; dans le premier cas le travail se ferait mal, et dans le second on augmenterait inutilement la résistance de l'instrument.

Le scarificateur-extirpateur de Grignon est un bon instrument. Il est construit tout en fer, sauf les socs et les roues qui sont en fonte; les socs sont à douille et retenus par une simple goupille sur les dents; on peut remplacer les socs ordinaires par des socs de formes et de largeurs différentes et en rapport avec les différents travaux que l'on veut exécuter. — Le prix de cet instrument est de 250 francs.

Scarificateur Dombasle (Fig. 54).

La fabrique de Nancy, créée par M. de Dombasle, et actuellement continuée par M. C. de Meixmoron-Dombasle fils et N. Noël, construit tous les ans un grand

Fig. 54. — Projection verticale du nouveau scarificateur Dombasle.

nombre de scarificateurs. Le modèle nouvellement perfectionné que nous représentons en projection verticale, fig. 54, est presque le seul qui soit en usage dans les départements de l'Est.

Le *scarificateur Dombasle* a pris naissance à Roville en 1835. En construisant cet instrument, M. de Dombasle avait principalement pour but de donner une culture plus promptement qu'avec la charrue, plus profondément et plus énergiquement qu'avec la herse. Cet instrument a été successivement modifié et perfectionné, et tel qu'il est livré aujourd'hui il peut être considéré comme un des meilleurs scarificateurs.

Le nouveau scarificateur Dombasle se compose d'un châssis trapézoïdal portant sept ou neuf fortes dents disposées de façon à tracer des sillons équidistants de $0^{m},167$ (6 pouces); par conséquent l'espace embrassé par les deux pieds extrêmes est de 1 mètre pour les scarificateurs à sept dents, et $0^{m},133$ pour ceux à neuf dents, ces dents solidements fixées sur le bâti au moyen d'écrous.

La forme des dents pourrait varier à l'infini, mais la fabrique de Nancy s'est restreinte à trois formes de pieds : les pieds de scarificateurs proprement dits, les pieds d'extirpateurs, et les pieds droits ou dents de herse. Ils ont chacun leur mode d'action et peuvent être substitués les uns aux autres sur le même cadre.

Les premiers donnent une culture très-énergique ; ils sont droits à partir du châssis sur à peu près la moitié de leur longueur, recourbés vers le bas et terminés en forme de fer de lance ; les ailes du fer de lance ont de 9 à 10 centimètres de largeur. Cette forme leur donne une grande aptitude à pénétrer en terre et diminue la fréquence des engorgements, surtout lorsque la terre est sale ou couverte d'engrais pailleux ; elle est la plus convenable pour enfouir les semences des céréales.

Les pieds d'extirpateur sont formés d'un montant ou pied en fer solidement implanté dans une plaque triangulaire d'acier, dont les deux côtés formant ailes tranchantes portent à plat sur le fond du terrain, tandis que le milieu est légèrement bombé afin d'éviter le frottement et le roulement qui les feraient sortir de terre s'ils appuyaient sur toute leur surface. Ces pieds conviennent particulièrement pour nettoyer les terres infestées de plantes à racines pivotantes ; ils tranchent la terre à une profondeur qu'on règle à volonté et qui varie le plus ordinairement de 8 à 12 centimètres, sur environ 20 centimètres de largeur. Il en résulte que la couche supérieure du sol est complétement tranchée de la couche inférieure et que toutes les racines ont été coupées sans exception.

C'est même cette opération, qui ne peut se faire complétement avec aucune autre espèce de dents, qui forme la distinction fondamentale entre les scarificateurs et les extirpateurs. Les premiers remuent bien le sol, mais les racines pivotantes peuvent échapper à leur action, tandis que les seconds les tranchent complétement, et il suffit après d'un coup de herse ordinaire pour les ramener à la surface du sol, où elles périssent sous l'action de l'air et du soleil.

Les pieds droits ou dents de herse dont on peut armer le scarificateur font un travail moins énergique que ceux en fer de lance, mais ils exigent moins de tirage et sont fort utiles pour ameublir la terre, la tenir propre et ramener les mauvaises herbes, surtout le chiendent, à la surface.

L'entrure de l'instrument se donne antérieurement au moyen d'une vis qui fait monter ou baisser l'avant-train, et à l'arrière au moyen de deux vis passant dans des douilles et portant les roues. En les élevant ou en les baissant, le châssis porte-dents se rapproche ou s'éloigne du sol et permet aux dents d'entrer en terre jusqu'à ce que les roues s'appuient sur le sol.

Ce qui caractérise surtout le *scarificateur Dombasle*, c'est un levier ou bascule ayant pour effet de produire le soulèvement des pieds hors de terre presque sans efforts. Ce levier a un double avantage : lorsqu'il est relevé, le châssis jouit de toute sa mobilité et les pieds entrent en terre de toute la profondeur pour laquelle on a réglé l'instrument ; lorsque le levier est baissé, le châssis est soulevé, et par conséquent les pieds restent hors de terre sans qu'il soit besoin de maintenir le levier, jusqu'au moment où on juge à propos de le relever pour que les pieds redescendent sur le sol.

Cet instrument est très-énergique et solidement construit; il coûte, pris à Nancy, avec sept pieds, 260 francs; avec neuf pieds, 280 francs; le pied ordinaire de rechange coûte 5 fr. 50 c.; celui d'extirpateur, 9 francs, et celui en dent de herse, 6 fr. 50.

Scarificateur (Herse-Bataille),

Construit par Quentin-Durand fils, mécanicien, n° 117, grande rue de la Chapelle-Saint-Denis, à Paris.

Cet instrument se compose de deux parties: 1° d'un avant-train triangulaire supporté par trois roues; 2° d'un arrière-train armé de deux rangs de socs dont la forme peut varier suivant le travail qu'on se propose d'exécuter. L'avant-train a la forme d'un triangle équilatéral dont la base est parallèle à l'arrière-train, et s'y réunit au moyen d'une forte tringle en fer sous laquelle

Fig. 55. — Herse-Bataille de Quentin-Durand.

sont pratiqués des trous au travers de deux fortes poupées en fonte, boulonnées sur l'avant-train. Cette tringle traverse ainsi les deux mancherons solidement frettés et fixés sur l'arrière-train; les trous des poupées sont distancés de façon à pouvoir donner plus ou moins d'entrure aux socs, en élevant ou abaissant la tringle, laquelle peut aussi servir de charnière soit pour renverser la herse sur l'avant-train et la conduire au champ, soit pour faire un quasi-labour dans un terrain pierreux. Pour scarifier la terre compacte on peut rendre solidaires les deux parties de l'instrument à l'aide de deux autres poupées en fer forgé, boulonnées sur l'arrière-train et garnies de broches suspendues à des chaînettes. Ces poupées sont percées chacune de trois rangs de trous perpendiculairement espacés, et alternés de façon à pouvoir varier l'entrure des socs.

Travail de l'instrument. — L'entrure des socs doit être progressive et proportionnée à la force de l'attelage et à la dureté de la terre; la pratique en est bientôt acquise. Dans les terrains difficiles, il est prudent de ne pénétrer à la première passe qu'à 6 ou 7 centimètres de profondeur; à la seconde passe, qui doit croiser la première, on pourra augmenter l'entrure et même la doubler. Si la terre est peu résistante, on pourra pénétrer à 10 et 12 centimètres et doubler à la seconde fois.

La herse-Bataille, à onze socs, avec roues en fer forgé, pèse 350 kil., et coûte 350 francs : celle à neuf socs, pesant 330 kil., 320 francs ; celle à sept socs, de 300 kil., 300 francs.

Scarificateur Verlier (Fig. 56).

Cet instrument, qui est construit par M. Peltier, 45, rue des Marais-Saint-Martin, à Paris, est formé d'un cadre triangulaire en bois garni de lames en fer, portant deux traverses, dans lesquelles se fixent, au moyen d'écrous, sept, neuf ou onze fortes dents.

Fig. 56. — Scarificateur Verlier.

Chaque dent est composée de deux pièces : le pied, qui est fixé au bâti, et la partie *tranchante*, qui est boulonnée sur la première, de façon à être remplacée facilement sans avoir à changer le pied ; suivant l'exigence du travail, on peut établir un jeu de lames minces, en forme de v, pour parer ou peler le sol ; un jeu de dents courbes en forme de langue de bœuf courbée dans le sens de la longueur, ou enfin des sabots en fonte pour fouiller le sol sans le retourner.

Avec ses dents ordinaires, cet instrument fait une espèce de piochage dont on règle la profondeur à volonté, et qui peut remplacer un second labour, rompre un chaume, recouvrir des engrais et surtout enfouir les semences.

Ses dents ordinaires sont courbes transversalement. Il y aurait probablement avantage à modifier un peu cette forme, de façon à présenter une arête, qui diviserait mieux la terre. Cette modification, que nous avons proposée au constructeur, n'occasionnerait aucun surcroît de dépenses, et par conséquent n'élèverait pas le prix de l'instrument.

Le sommet du triangle qui forme le corps du scarificateur est traversé par une forte tige en fer, montée sur un avant-train mobile; une seconde tige porte le crochet d'attelle ; elles sont reliées en haut à l'extrémité d'un grand levier en bois, que le conducteur peut manœuvrer sans quitter les mancherons qui font l'office de leviers. Ces mancherons sont placés sur l'axe prolongé d'une des roues de derrière; ils font monter ou baisser ces roues, suivant qu'on les lève ou qu'on les baisse, et permettent d'enterrer ou de déterrer les dents de derrière.

On règle l'entrure en levant ou baissant le grand levier, et lorsque l'instrument est au point convenable, on fixe le levier, qui est traversé par un arc de cercle gradué, au moyen d'une petite cheville. Les roues de derrière peuvent être levées ou baissées indépendamment l'une de l'autre, ce qui permet de faire un travail uniforme, même dans les terrains cultivés en billons.

Cet instrument, qui est très-solidement et même élégamment construit, a plusieurs fois été primé dans les concours; il convient tout particulièrement pour les terres siliceuses ou de consistance moyenne, et coûte 170, 220 ou 240 francs, selon qu'il est à sept, neuf ou onze dents.

Scarificateur Depoix (Fig. 57).

Ce scarificateur a sur la herse-Bataille l'avantage d'être plus commode à conduire, à déterrer et à régler. Il est construit tout en fer.

Les dents, au nombre de sept ou de neuf, sont solidement fixées dans les traverses du bâti au moyen d'écrous; elles sont formées de deux pièces : 1° la

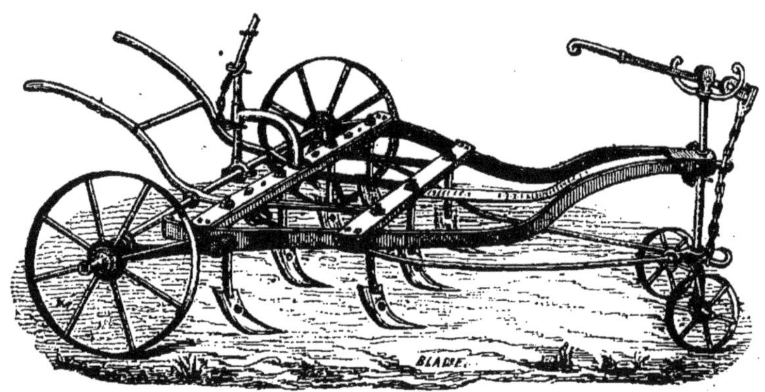

Fig. 57. — Scarificateur Depoix.

tige ; 2° la plaque travaillante qui est appliquée sur la tige et fixée par un boulon à écrou. On peut varier la forme de la plaque suivant la nature du travail à exécuter.

Les deux roues d'arrière sont réunies ensemble par une barre ronde, et placées chacune à l'extrémité d'un bras dont le point de rotation est sur le côté du bâti porte-dents. Les mancherons s'appuient sur la traverse qui réunit les roues, et ils ont un centre de rotation sous le châssis, de sorte que, si on abaisse les mancherons, l'arrière du châssis se soulève, et les deux grandes roues s'abaissent; donc, on déterre les dents.

Une tige, passant dans une douille, permet de tenir le châssis à la hauteur voulue ; au moyen d'un levier que l'on voit à l'avant sur la figure, on soulève l'avant-train pour régler l'entrure antérieure. On peut donc régler à volonté ce scarificateur à l'avant par le petit levier, et à l'arrière par les mancherons.

Le prix est de 1 fr. 30 c. le kilogramme; ce qui établit le prix moyen pour celui à neuf dents à environ 300 francs, et de 230 à 240 francs pour celui à sept dents.

Scarificateur Portal de Moux (Fig. 58).

Ce scarificateur, que la fig. 58 représente très-exactement, est un instrument mixte qui, au concours général de Paris de 1860, était placé dans la série des houes à cheval (on lui a même décerné le premier prix); comme tous les ins-

Fig. 58. — Scarificateur Portal de Moux.

truments mixtes, il ne peut remplir complétement les conditions que l'on exige d'un instrument spécial. Ainsi, comme scarificateur on lui reprochera entre autres imperfections, de ne pas avoir de régulateurs ni de moyen de déterrage; il en résulte que dans les tournées le conducteur doit forcément soulever et porter sur ses bras l'instrument en l'appuyant sur la roulette placée à l'avant.

Comme houe à cheval, il est trop-lourd pour être mené par un seul cheval, et ne peut biner que sur trois largeurs différentes et fixes, et encore faut-il pour cela démonter les pieds. A part ces observations, cet instrument est simple et solide; il peut être très-utile dans les cultures du Midi, surtout pour le binage du maïs et des vignes ; mais nous ne croyons pas qu'il puisse rendre les mêmes services dans les cultures plus variées du Nord, dont les interlignes changent suivant le genre de culture et la nature de chaque pièce de terre.

Il se compose d'un age sur lequel sont fixés les mancherons et qui porte à sa partie antérieure une douille avec une vis de pression dans laquelle glisse une tige percée de trous distants de quelques centimètres, que l'on fixe à la hauteur convenable au moyen de la vis de pression; cette tige se termine par une chape dans laquelle passe une petite roue en fonte munie d'un décrottoir qui est rivé au bas de la tige. Perpendiculairement à l'age sont placées trois traverses d'inégale longueur portant chacune deux dents; le bâti est consolidé par deux limons. La première traverse a 30 centimètres de longueur; la seconde, 50 centimètres, et la troisième, 70 centimètres. L'instrument est complété par deux dents fixées contre l'age.

Il résulte de la disposition des dents sur le bâti que, muni de ses huit dents, ce scarificateur trace huit sillons également distants de 8 centimètres d'axe en en axe. Lorsque l'on veut s'en servir pour biner des plantes en lignes moins espacées, on supprime la troisième traverse et on la remplace par la seconde, alors l'instrument ne nettoie plus que sur $0^m,50$ de largeur. On peut même ne laisser que les deux pieds placés sur la première traverse et les deux qui sont accolés contre l'age, et alors l'instrument ne fonctionnera plus que sur 30 centimètres.

Dans les localités où la culture est peu variée et où l'on a l'habitude de placer les lignes de telle ou telle plante à une distance invariable, et cela sans égard à la nature du sol, cet instrument peut rendre de bons services à cause de sa simplicité et de sa solidité. Nous l'avons figuré avec les pieds qu'il portait au concours général: ce sont des espèces de pelles disposées pour biner le sol. Cette forme n'est pas très-rationnelle; elle peut convenir pour ratisser la surface du sol, surtout lorsqu'il est sec et dur; mais dans les terres légèrement humides, il est probable que les dents fonctionneraient tout aussi bien si elles étaient plus tranchantes et triangulaires; elles exigeraient toutefois une moins grande force de traction.

Cet instrument a en sa faveur la bonne disposition de ses dents, sa simplicité, sa solidité et surtout son bas prix, car il ne coûte que 100 francs. Tous ces avantages le rendent recommandable aux cultivateurs. On nous a assuré qu'il était très-employé dans le Midi et que les cultivateurs s'en servaient comme scarificateur et comme bineur.

Extirpateur Hamoir.

Cet instrument, tout en fer, se compose d'un châssis trianguliforme A B C, relié par une barre transversale et trois traverses longitudinales, dont la plus forte, celle du milieu, se prolonge en forme de timon jusqu'en F. Sur ce cadre sont placés, à des distances régulières, sept pieds fixés au moyen d'un écrou, de manière à pouvoir facilement être démontés. Ces dents, suivant les terrains et le travail qu'on leur impose, affectent une forme plus ou moins foulante ou tranchante. Le changement s'en opère avec autant de facilité que dans les meilleurs extirpateurs à lames multiples.

La fig. 59 représente l'instrument en repos, prêt à se rendre aux champs, les dents relevées à 0m,40 du sol et pouvant ainsi éviter tous les obstacles. Pour le mettre en fonction, il suffit de manœuvrer, au moyen des deux poignées G H, une vis qui se trouve contenue dans l'arbre I J et garantie par cela même de tout contact de terre et d'ordure. Cette vis, en tournant, fait descendre un écrou qui est solidaire du manchon F et de la clef d'attache L M munie de son crochet. Le manchon F, en s'abaissant, entraîne avec lui tout le châssis A B C, y compris le point fixe N qui supporte le balancier dans son milieu : celui-ci agit à son tour par son extrémité O au moyen de la bielle O P sur l'extrémité P d'un levier qui commande l'essieu Q R, force l'extrémité de ce levier à s'abaisser et par suite les roues à s'écarter en arrière, les bras S Q et T R étant assujettis d'une manière fixe aux extrémités Q et R de l'essieu.

Dans ce mouvement, les extrémités des dents se meuvent toutes dans un plan parfaitement horizontal, et une seule main suffit pour commander l'instrument.

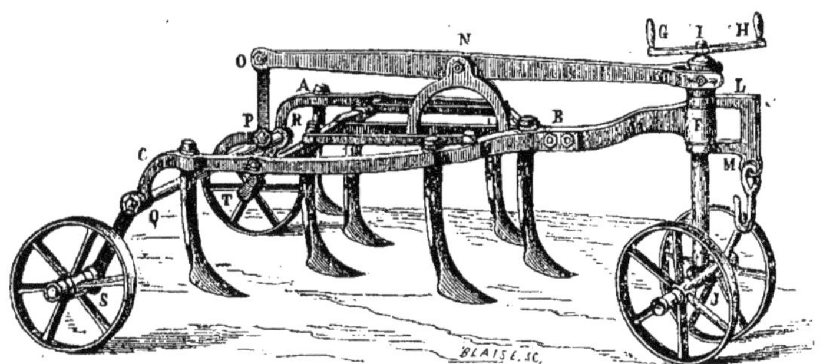

Fig. 59. — Extirpateur Hamoir.

On comprend de quelle importance est cette facilité d'entrure, que l'homme peut, à chaque moment de son travail, augmenter ou diminuer, sans effort et de la manière la plus prompte.

Deux roues formant avant-train et placées sur un essieu relié lui-même à la tige I J par un mouvement à charnière, terminent tout l'appareil. Cet avant-train est commandé par la clef d'attache L M qui l'oblige à suivre toutes les inclinaisons de l'attelage.

Dans les travaux un peu durs, on est amené à le faire traîner par quatre chevaux ou plus utilement par trois ou quatre bœufs, dont le caractère calme s'accommode mieux du travail du sol et s'irrite moins de sa résistance soutenue.

Cet extirpateur pèse 275 kilog. environ et coûte 270 francs.

Scarificateur Hamoir.

Le scarificateur, aussi tout en fer, a beaucoup d'analogie avec l'extirpateur ; seulement il est plus spécial que lui dans ses effets. Ses fonctions se bornent à relever les labourages d'hiver et à soulager le travail de la herse pour la division du sol, lorsque celui-ci est trop compacte et difficile à réduire ; ses lames sont plus étroites, plus longues et moins espacées.

Sa construction a aussi beaucoup de rapport avec l'extirpateur ; il est composé d'un châssis plus léger qui supporte les lames sur deux rangs. Ce châssis se termine par un timon muni d'un manchon ; ce timon est commandé par une vis qui l'oblige à descendre et à monter le long de la tige qui supporte l'avant-train ; seulement, au lieu d'un balancier, c'est une chaîne passant sur deux petites poulies qui commande les roues de derrière. Dans le mouvement de relever, elle rappelle les roues sous l'instrument ; dans le mouvement de baisser, elle leur permet de s'écarter en arrière et de laisser pénétrer les dents dans le sol. Ces dents se meuvent ainsi dans un plan parfaitement horizontal.

Cet instrument, quoique plus léger que l'extirpateur, coûte aussi 270 francs, à cause du travail plus délicat qu'il exige.

Du nivellement des terrains. — Ravale culbuteuse.

Une des premières conditions pour obtenir un bon travail des instruments est que la surface du terrain soit bien nivelée, car alors ils opèrent régulièrement et fonctionnent convenablement, tandis que lorsque le sol présente des hausses et des fonds, ils entament la terre par ricochets, exigent plus de force de traction et font un travail incomplet ; de plus, lorsque la surface du terrain est

Fig. 60. — Ravale pour le transport des terres.

bien plane, l'assainissement s'obtient facilement lors même que la pente est faible, tandis que lorsque la surface est ondulée et présente des obstacles à l'écoulement des eaux, il reste des parties où elle séjourne et donne naissance à des plantes adventices nuisibles, aux dépens des végétaux utiles. Il est donc essentiel de niveler la surface des terres, et c'est ce que comprennent fort bien les agriculteurs du nord de la France ; aussi portent-ils toute leur attention et font-ils des frais assez considérables pour conserver aux pièces de terre une pente uniforme sans arrêts.

Les cultivateurs négligent trop le nivelage des terres ; il est vrai que cette opération est toujours très-coûteuse, et soit qu'on déplace la terre à jet de pelle, soit qu'on la transporte à petites distances à la brouette, ou à plus longues distances au moyen de tombereaux, la dépense n'en est pas moins toujours considérable ; afin de diminuer les frais de cette opération on a inventé une foule d'instruments plus ou moins convenables. Celui qui nous semble présenter le plus d'avantages, est la *ravale culbuteuse* inventée par M. Hallié, de Bordeaux. L'emploi de cet instrument, qui n'exige qu'un homme et un cheval, permet d'opérer promptement et économiquement.

La ravale se compose d'un bac ou forte pelle en fer, muni de deux tourillons auxquels viennent s'adapter deux mancherons à coulisse, et deux tiges de traction qui portent un crochet qui sert à tenir le palonnier. Lorsque l'on veut

Fig. 61. — Ravale culbutée.

enlever de la terre, on pousse les mancherons au fond des glissières et on les soulève un peu de manière à faire mordre le tranchant et forcer la terre à s'introduire dans la pelle ; lorsqu'elle est suffisamment chargée, on pèse sur les mancherons, et le cheval ou les bœufs continuent d'avancer, en faisant glisser la machine comme un traîneau ; arrivé au lieu de décharge, on tire sur les mancherons et on fait échapper les pitons qui maintenaient l'instrument, et au moyen d'une légère secousse on le fait culbuter; l'attelage continuant à marcher le conducteur n'a qu'à maintenir les mancherons pour forcer la ravale à se retourner; il repousse ensuite les mancherons au fond des glissières, et l'instrument est prêt à prendre une nouvelle charge.

Il est essentiel que la terre soit préalablement ameublie par la charrue ou le scarificateur.

La fig. 60 représente la ravale prête à prendre charge, et la fig. 61 une ravale culbutée et prête à se retourner. Cet instrument se construit à Paris, chez M. Laurent, rue du Château-d'Eau ; il coûte de 125 à 150 francs suivant la force.

ASSAINISSEMENT DU SOL.

Machines pour la fabrication des tuyaux et instruments à main pour l'exécution du drainage.

Depuis l'introduction en France de la nouvelle méthode d'assainissement au moyen de tuyaux en terre cuite juxtaposés dans des tranchées, on a proposé une foule de modifications et de méthodes nouvelles qui, toutes, suivant les inventeurs, devaient atteindre mieux le but proposé, et surtout présenter une économie d'exécution; cependant, toutes ces méthodes, après avoir été essayées, ont été successivemment abandonnées, et on est revenu à la méthode première qui consiste à ouvrir, au moyen d'outils appropriés, une tranchée étroite dans laquelle on place une file de tuyaux juxtaposés en laissant le moins d'ouverture possible, les rugosités que présente la terre aux extrémités étant plus que suffisantes pour l'introduction de l'eau dans le tuyau.

Les années de sécheresse (1858 et 1859) avaient presque fait oublier le drainage dont on avait été engoué au point qu'il eût fallu, pour complaire à certains enthousiastes, drainer toutes les terres indistinctement. Cette pratique a-t-elle donc perdu de son importance? Non, le drainage produit aujourd'hui autant d'effet qu'il y a dix ans : lorsqu'on l'applique convenablement, c'est-à-dire dans les terres compactes, ou qui souffrent d'un excès d'humidité, il présente toujours les mêmes avantages, son utilité est incontestable et c'est une des premières opérations qu'on devrait entreprendre ; mais les cultivateurs sont ainsi faits, ils ne prévoient pas le mal, ils l'attendent, et ne songent à s'en débarrasser que lorsqu'ils en sont accablés et qu'ils ont éprouvé des pertes.

Dans ces derniers temps le drainage a eu des détracteurs, même parmi ceux qui avaient été ses plus chauds partisans; il ne procurait pas, disait-on, les avantages qu'on en avait espérés; on citait même quelques cas où il n'avait pas produit d'effets, et d'autres, très-rares il est vrai, où il avait été nuisible. Cela prouve que pour le drainage comme pour toute chose, il faut avant de l'entreprendre se rendre compte de son opportunité, de l'urgence plus ou moins grande de son application, ensuite il faut encore qu'il soit bien exécuté. Mais au lieu de cela on s'est dit : à quoi bon payer un ingénieur, un conducteur? à quoi servent les plans, les nivellements, puisque les livres apprennent que le drainage consiste à faire des tranchées de $1^m,20$ de profondeur, et à y poser des tuyaux, puis à remblayer? Faisons des tranchées, posons des tuyaux et le terrain sera drainé.

Oui, le terrain sera drainé, et en opérant ainsi, il se peut même qu'on réussisse, surtout si l'on opère dans un terrain ferme et ayant une pente convenable; mais il n'en sera pas toujours ainsi ; et comme on suit invariablement la même méthode, sans tenir plus compte de la nature des terres que de leur disposition, on doit nécessairement échouer quelquefois. C'est précisément ce qui est arrivé, et alors on s'en est pris à l'opération tandis que la faute provenait des opérateurs.

Nous avons fait exécuter environ 5,000 hectares de drainage; de plus, nous connaissons un grand nombre de drainages exécutés par nos confrères, et il n'est pas à notre connaissance qu'une seule opération bien faite ait donné des résultats négatifs.

Cependant il faut bien reconnaître que pendant la période de sécheresse que nous venons de traverser, les résultats n'ont pas été aussi importants qu'ils le seront pendant les années humides; mais cette année les cultivateurs sont unanimes pour reconnaître que dans les terres drainées les récoltes ont été plus abondantes et les produits meilleurs que dans celles qui ne l'étaient pas.

Aussi en est-il résulté que le drainage, oublié pendant deux ans, reprend avec plus d'activité que jamais, et cela d'autant plus que l'expérience a prononcé, et qu'il est reconnu aujourd'hui que les effets du drainage se font mieux sentir après quelques années, c'est-à-dire lorsque la canalisation intérieure s'est établie, et que les fissures de la terre sont plus en rapport avec les tuyaux qu'immédiatement après l'exécution.

Au concours général de Paris de 1860, on a retrouvé les machines et les instruments que la pratique a sanctionnés; on a fait justice de toutes ces inventions qui ne figurent que dans les concours et les notices et qui ne sont jamais appliquées sur le terrain; on s'en tient actuellement, comme nous l'avons dit, au drainage fait à bras d'homme, et on a grandement raison.

La reprise des travaux de drainage nécessitera indubitablement la création de nouvelles fabriques de tuyaux; nous allons donc indiquer les machines pour le malaxage des terres et l'étirage des tuyaux qui nous ont paru recommandables.

Machine Brethon, de Tours.

Cette machine a obtenu, il y a deux ans, une médaille d'or au concours régional tenu à Versailles; elle malaxe les terres, les épure, et fait les tuyaux simultanément.

La terre est jetée sans préparation aucune dans un tonneau en fonte au centre duquel tourne un arbre armé de couteaux obliques qui divisent et malaxent la terre ; elle est soumise ensuite à l'action de deux hélices qui la compriment et la forcent de passer à travers un crible épurateur percé de trous coniques dont la petite ouverture correspond à la face supérieure ; un couteau recourbé rase cette surface du crible, et repousse constamment les pierres et les matières dures que la terre peut contenir dans deux renflements latéraux du tonneau malaxeur d'où on les retire en ouvrant l'appareil.

La disposition conique adoptée pour les trous du crible est fort ingénieuse ; il en résulte que ces trous ne s'obstruent pas et que la terre passe avec plus de facilité. Le couteau chasse-pierre doit être tenu constamment en contact avec la face supérieure du crible, il empêche la terre d'y adhérer et de durcir ; des vis de rappel faciles à manier permettent de le tenir toujours appuyé sur la plaque.

La terre, après avoir traversé le crible, est saisie par deux nouvelles hélices qui la compriment et la font passer en travers les filières ; deux systèmes d'ailettes placées de chaque côté de l'appareil arrêtent la terre et l'empêchent de continuer le mouvement de rotation communiqué par l'axe et les hélices, et permettent un étirage très-ferme.

La force nécessaire pour la mise en mouvement de cette machine varie suivant la nature de la terre et son degré d'humidité ; elle peut être évaluée en moyenne à trois chevaux-vapeur. Lorsque la terre est de bonne nature, c'est-à-dire homogène et pas trop compacte, on peut étirer de douze à quinze cents tuyaux par heure de travail.

Le prix de cette machine, montée avec engrenage et poulie, disposés pour être mis en mouvement par une machine à vapeur, est de 1,800 francs.

On peut s'en servir pour fabriquer des briques creuses ou pleines ; pour compléter cette fabrication, M. Brethon a imaginé un presse-briques très-ingénieux.

Presse-briques Brethon.

Cette presse, que nous représentons fig. 62, est montée sur un bâti en bois muni de deux roues et de deux poignées en fer qui permettent de la déplacer avec facilité.

Elle se compose de deux montants fortement boulonnés à leur partie supérieure sur une pièce de fonte portant un moule. Cette pièce sert aussi de conduit aux tiges en fer qui supportent la partie supérieure du moule.

Les montants portent vers le quart de leur hauteur un arbre à excentrique, lequel est mis en mouvement par un levier qui passe dans une pièce en fonte munie de galets pour adoucir les frottements, et qui est tenue elle-même dans des glissières fixées contre les montants.

Le levier, en parcourant un quart de cercle, fait agir l'excentrique, qui entraîne la pièce à galets, de chaque côté de laquelle sont fixées des tiges en fer, lesquelles entraînent avec elles la plaque supérieure qui, en descendant, entre dans la boîte et presse l'objet qui s'y trouve placé.

En remontant le levier, la partie de dessous du moule remonte et fait sortir l'objet pressé.

Une lentille en contre-poids est adaptée au levier et en facilite la manœuvre ; cette lentille est à coulisse, ce qui permet de l'éloigner ou de la rapprocher, suivant qu'on veut augmenter ou diminuer le contre-poids.

La partie supérieure du moule est maintenue de chaque côté par un écrou qui permet de la rapprocher ou de l'éloigner à volonté du fond du moule, et par conséquent de donner plus ou moins d'épaisseur à l'objet à presser. Nous pouvons recommander cette machine en toute confiance pour l'avoir vue fonc-

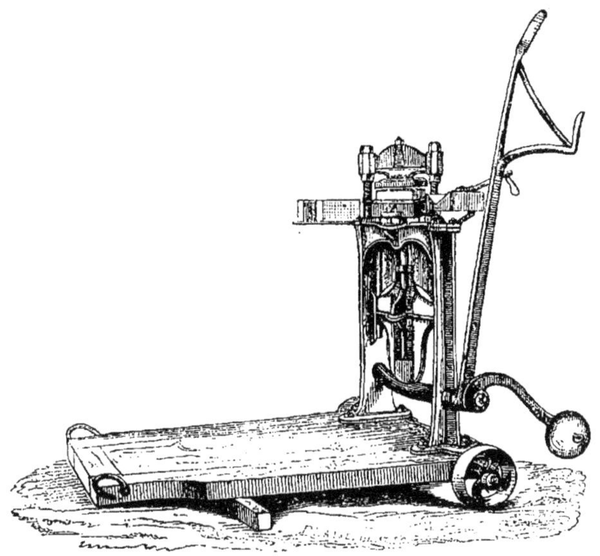

Fig. 62. — Presse-briques de M. Brethon, de Tours.

tionner chez plusieurs de nos amis, qui en sont très-satisfaits. Elle coûte, en gare à Tours, 350 francs.

Malaxeur-épurateur, de M. Brethon.

Cette machine, que nous représentons, fig. 63, est construite tout en fer; elle se compose d'un tonneau ou gros cylindre en fonte dans lequel est disposé un arbre qui porte quatre couteaux et deux hélices; pour diminuer le frottement, le collet de l'arbre porte à l'endroit du frottement supérieur un réservoir d'huile dans lequel les deux points de frottement sont constamment baignés.

Dans le tonneau sont fixés quatre couteaux, et deux autres couteaux en hélices sont appliqués au support supérieur; dans la marche ces deux couteaux empêchent la terre de suivre le mouvement de rotation communiqué à la masse par l'axe; ils forcent la terre à descendre et à s'engager dans les couteaux de l'arbre; la terre, étirée par les huit couteaux de l'axe et du tonneau, s'engage dans les hélices qui la forcent de descendre sur un crible percé de trous à ouverture différente comme ceux de la machine que nous avons décrite ci-dessus. Ce crible est placé vers le milieu de la boîte d'épuration, il est en contact immédiat avec un couteau chasse-pierres qui est mis en mouvement par l'axe de la machine. Ce couteau nettoie le crible et refoule les corps durs dans les côtés latéraux de la tonne.

Cette machine est fixée au moyen de forts boulons sur un bâti en bois ; elle pèse 650 kilog., et coûte 600 francs.

Fig. 63. — Malaxeur Brethon.

Un seul cheval suffit pour la mèttre en mouvement et peut malaxer un mètre cube de terre argileuse de consistance ordinaire par heure de travail.

Malaxeur Schlosser (Fig. 64).

Le malaxeur Schlosser se compose d'un tonneau en bois fortement bandé avec des cercles en fer, et surmonté d'un support en arc de cercle portant un collet et maintenant verticalement un arbre en fer forgé qui repose sur une crapaudine ; cet arbre est garni de huit bras portant chacun cinq couteaux ; les bras et les couteaux sont inclinés de manière à présenter une véritable hélice.

Deux couteaux racleurs également disposés en hélice, fixés au bas de l'arbre vertical, forcent la terre malaxée à sortir par deux orifices dont on règle l'ouverture suivant le degré du malaxage que l'on veut obtenir. Les malaxeurs de M. Schlosser sont aujourd'hui très-répandus, non-seulement dans les fabriques de tuyaux de drainage, mais encore dans les tuileries ; on s'en sert aussi pour la fabrication des mortiers et du béton.

Un bon cheval suffit pour malaxer, mais il vaut mieux se servir de deux chevaux de moyenne force, on obtient plus de travail et il se fait plus régulièrement. On peut, avec cette machine, malaxer par heure de travail un mètre cube

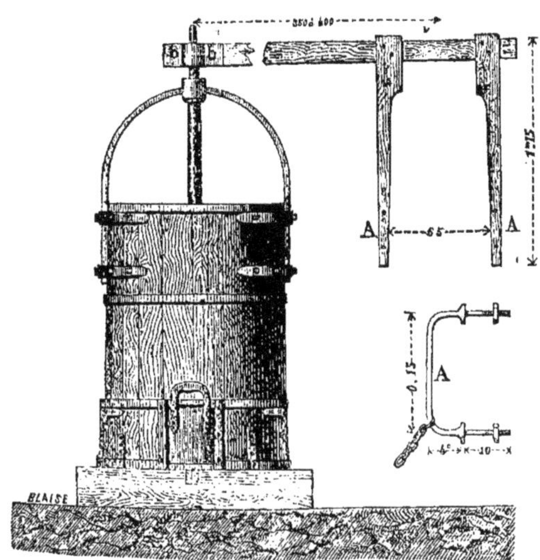

Fig. 64. — Malaxeur Schlosser.

de terre de consistance moyenne. Elle coûte, prise à Paris, 350 francs, non compris la barre d'attelage que nous avons représentée en détail, fig. 64.

M. Laurent, rue du Château-d'Eau, fabrique un malaxeur qui a beaucoup d'analogie avec celui que nous venons de décrire; il le vend 450 francs.

Machine à étirer les tuyaux, de M. Schlosser (Fig. 65).

La machine reproduite par la fig. 65 présente quelques dispositions qui lui sont particulières; elle est à double effet, et le corps, au lieu d'être composé d'une caisse rectangulaire dans laquelle on met la terre, est remplacé par des cylindres en forte tôle : ces cylindres peuvent se mettre en place et s'ôter avec la plus grande facilité; chaque machine est munie d'un cylindre supplémentaire que l'ouvrier remplit de terre pendant qu'un autre se vide, et il remet le cylindre plein à la place de celui qui est vide dès qu'il se dégage du piston. En avant de l'emplacement du cylindre, entre celui-ci et le piston, se trouve une pièce de fonte fixe qui porte à sa partie antérieure une filière. Cette pièce est disposée pour recevoir une grille d'épuration, et alors on peut fileter les tuyaux et épurer la terre en même temps; mais lorsque ces deux opérations se font simultanément, la manœuvre exige plus de force.

La machine porte deux appareils à filières, et deux pistons de 26 centimètres de diamètre placés aux extrémités d'une forte crémaillère en fer forgé ; lorsqu'on fait pénétrer un des pistons dans le cylindre, il refoule la terre qui sort forcément par la filière, et l'autre piston se dégage, de sorte qu'en communi-

Fig. 65. — Machine à étirer les tuyaux, système Schlosser.

quant un mouvement de va-et-vient à la crémaillère, et au moyen du cylindre supplémentaire, le travail n'éprouve aucune interruption.

Cette machine est solidement établie ; elle coûte 700 francs et peut faire de 4 à 5,000 tuyaux par jour.

Machine à étirer les tuyaux, de M. Laurent (Fig. 66).

M. Laurent, mécanicien, rue du Château-d'Eau, à Paris, est un des premiers constructeurs qui se soit occupé sérieusement des machines à tuyaux. D'abord elles laissaient à désirer sous le rapport de la solidité, mais aujourd'hui ses nouvelles machines sont transformées du tout au tout, et elles peuvent soutenir la concurrence avec les machines anglaises, tant sous le rapport de la solidité que de la bonne construction et de la modicité du prix. Le système adopté par M. Laurent a beaucoup d'analogie avec celui de Whitehead qui a été placé en première ligne au concours universel de 1856.

Ces machines sont à simple ou double effet, et elles peuvent être mues soit à bras d'homme, soit par un moteur hydraulique, à vapeur ou à manége.

Elles sont solides et présentent une ingénieuse disposition qui s'oppose à ce que l'on puisse exercer sur la crémaillère qui conduit le piston un effort au delà de l'extrémité de sa course. La caisse rectangulaire qui reçoit les terres est solide et le système de fermeture est simple.

Ces machines, dont le prix varie de 700 à 1,500 francs, suivant la force, peuvent servir à la fabrication des briques creuses ou pleines. La plus convenable, selon nous, pour une fabrique de tuyaux de drainage, est celle de force

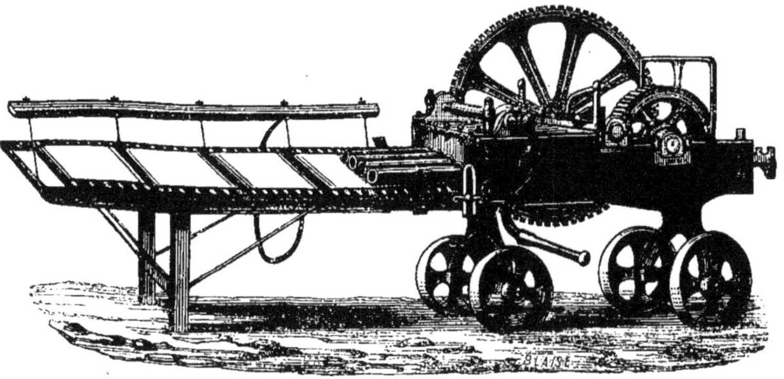

Fig. 66. — Machine à étirer les tuyaux, de M. Laurent.

moyenne, avec laquelle on peut étirer à la fois cinq ou six tuyaux de petit diamètre.

Machine à étirer les tuyaux, de M. Fauconnier (Fig. 67).

Les machines construites par M. Fauconnier, mécanicien, 15, avenue Parmentier, à Paris, sont solidement établies ; elles sont munies de la plaque automo-

Fig. 67. — Machine à étirer les tuyaux, de M. Fauconnier.

bile imaginée par M. Salomon, qui permet de faire des tuyaux avec manchons. Le mécanisme de cet appareil consiste en une disposition du noyau central de la filière et de la plaque qui permet de modifier le diamètre du tuyau. Quoique nous ne soyons pas de l'avis des ingénieurs qui se servent des tuyaux à manchons ou des colliers *quand même*, il est néanmoins des cas où leur emploi est très-utile, et alors nous considérons les tuyaux à manchons fixes de beaucoup préférables aux colliers, dont l'emploi exige des soins particuliers et minutieux que l'on n'obtient pas toujours des ouvriers. Avec cette machine munie de l'appareil pour faire les manchons, deux hommes aidés par deux enfants peuvent faire, par jour, 2,500 tuyaux. Avec la même machine, sans l'appareil, les mêmes ouvriers feraient de 4,500 à 5,000 tuyaux simples.

Machine à étirer les tuyaux, de M. F. Calla.

M. F. Calla, mécanicien, 11, rue Lafayette, à Paris, a adopté et perfectionné les modèles qu'une longue expérience a fait préférer en France et en Angleterre; il a déjà livré plus de cinq cents de ces machines à l'agriculture. Les machines Calla ressemblent pour la forme à celle que nous représentons fig. 66; elles se composent d'une caisse rectangulaire fermée à la partie supérieure par un couvercle, portant sur une des faces une glissière dans laquelle on fixe une filière, et ouverte à la face postérieure de manière à laisser pénétrer le piston destiné à refouler les terres que la pression force à se fileter. Le mouvement est communiqué à la crémaillère qui porte le piston par un système d'engrenages composé de deux roues et de deux pignons. Ce mécanicien construit quatre modèles différents:

N° 1.	A simple effet.............	525 francs.
2.	A double effet.............	750
3.	A simple effet.............	900
4.	A double effet.............	1650

Ces prix comprennent tous les accessoires, qui consistent en: un tablier à toile sans fin, un crible, deux filières, deux fourchettes ou peignes, un pilon pour charger le coffre, deux curettes pour nettoyer la machine, un crochet pour dégager les filières, deux rouleaux pour les tuyaux, et une clef à écrous.

M. Calla ne livre ses machines qu'après qu'elles ont été essayées dans ses ateliers, et qu'elles ont donné des résultats satisfaisants. C'est un moyen de contenter les acheteurs que nous désirerions voir adopté par tous les mécaniciens.

Les machines n° 4 sont très-puissantes ; elles sont disposées pour marcher soit à la main à l'aide d'une manivelle, soit par poulie au moyen d'une courroie recevant son mouvement d'un manége, d'une roue hydraulique ou d'une machine à vapeur.

Mues à la main et servies par deux hommes, elles produisent une grande quantité de briques ou de tuyaux, tant à cause de la grande capacité des coffres que de la combinaison du double effet, qui rend la marche presque continue; ce numéro convient spécialement aux grandes fabriques.

Les quatre modèles servent indistinctement à fabriquer des briques pleines ou creuses, et des tuyaux; elles peuvent aussi, en moins de cinq minutes, être transformées en machines préparatoires pour purger la terre de tous les corps étrangers.

Séchoirs.

Les fabriques de tuyaux de drainage s'établissent le plus souvent dans d'anciennes tuileries; pour éviter les frais qu'occasionne l'établissement d'étagères ou séchoirs fixes, on les remplace avec avantage par des séchoirs mobiles (fig. 68).

Un séchoir mobile a de $0^m,70$ à $0^m,75$ de longueur. Il peut contenir de douze à quatorze tuyaux de petit diamètre, et se compose de quatre tasseaux de $0^m,80$ de longueur sur $0^m,003$ d'équarrissage, deux tasseaux de $0^m,30$ de

Fig. 68. — Séchoir mobile.

longueur, deux autres de $0^m,10$ de longueur et deux planchettes de $0^m,30$ de longueur sur $0^m,12$ de hauteur; la fig. 68 fait bien comprendre l'assemblage de ces pièces. A mesure que les tuyaux sont étirés, on les enlève au moyen de fourchettes en bois et on les pose sur les séchoirs, que l'on superpose pour les faire sécher, et si on ne les met pas à l'abri sous un hangar, on les couvre avec des paillassons. Leur emploi est très-avantageux et fait gagner beaucoup de temps; il est même indispensable lorsqu'on veut fabriquer à l'arrière-saison.

Four à cuire les tuyaux de drainage.

Le concours général de 1860 présentait plusieurs systèmes de fours continus, entre autres celui inventé par M. Barbier, et un autre par M. Vandœuvre. Ces fours doivent, d'après ce que disent les inventeurs, présenter de nombreux avantages sur les anciens systèmes; toutefois, avant de les recommander, nous attendrons qu'on ait mis ces inventions en pratique.

Tous les fours de potiers et même les fours à chaux peuvent servir à la cuisson des tuyaux de drainage; mais généralement ces fours sont mal construits, consomment une énorme quantité de combustible, perdent beaucoup de calorique et cuisent irrégulièrement. Quand on a un four on s'en sert, cependant il y aurait souvent avantage à l'abattre pour en construire un plus convenable et mieux entendu.

Selon l'importance de la fabrication et surtout de sa durée probable, on construit des fours temporaires ou des fours permanents.

Les fours temporaires, appelés aussi fours de campagne, se construisent à bon marché ; ils ont été conseillés par plusieurs ingénieurs, et entre autres par M. Law-Hodges, qui s'est beaucoup occupé de leur propagation.

Pour construire un four de campagne on opère de la manière suivante : dans un terrain que l'on choisit de préférence argileux on trace un cercle de $1^m,20$ de diamètre, on laisse ce noyau qui doit servir de base au four, on le découvre sur $1^m,20$ de hauteur et on y perce jusqu'au centre trois ou quatre conduits de chaleur ; on élève autour du noyau, en laissant un intervalle de $1^m,20$, une muraille en terre humide fortement foulée à laquelle on donne $1^m,20$ d'épaisseur à la base, et seulement $0^m,60$ au sommet, sur $2^m,20$ de hauteur ; la paroi intérieure doit être élevée verticalement. Il résulte de la différence d'épaisseur que le mur est oblique à l'extérieur ; les deux parois doivent être revêtues d'un enduit en terre glaise bien corroyée.

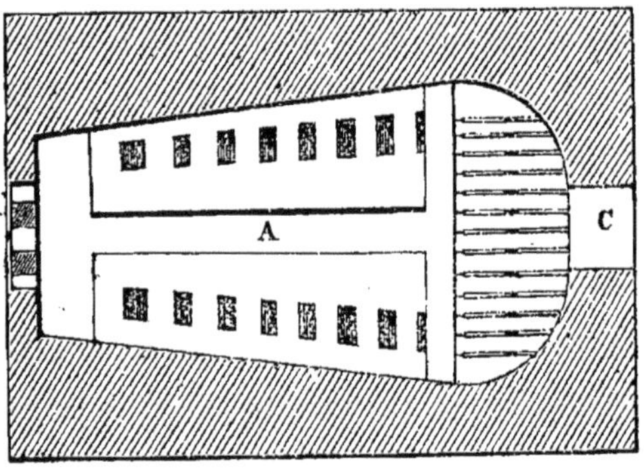

Fig. 69. — Plan d'un four.

Les alandiers et les carneaux se font en briques, et lorsqu'on veut brûler de la houille, on établit des grilles au moyen de quelques barres de fer.

On ménage une porte pour l'enfournement et le défournement ; cette porte se ferme lors de la cuisson avec de la terre ou mieux par un léger mur en briques, et on établit autour du four des carneaux qui permettent de suivre la marche de la cuisson, et de diriger le tirage.

On recouvre ordinairement ces fours par une toiture en planches pour les préserver de la pluie, et on enlève cette couverture pendant la cuisson.

Selon les soins que l'on apporte à sa construction, le prix des matériaux et de la main-d'œuvre, un semblable four coûte de 175 à 350 francs.

Nous avons fait construire dans plusieurs fabriques que nous avons organisées un système de four très-simple, d'un prix peu élevé, et qui procure une cuisson aussi parfaite que possible. Les fig. 69 et 70 en donnent une idée très-exacte : le tirage se règle à volonté par des carneaux qui sont disposés à la base de la cheminée. A, fig. 69, est le plan horizontal du four pris à la hauteur des fourneaux ; B, fig. 70, la coupe en élévation ; C, la porte du fourneau et du cendrier ; D, la cheminée ; E, les carneaux régulateurs au moyen desquels on active ou on modère le tirage et on régularise la cuisson. Indépendamment des carneaux, qui sont formés simplement au moyen de jours laissés dans la fermeture en briques faite après l'enfournement, le four est clos par une porte en tôle. Les fig. 69 et 70 sont représentées à l'échelle exacte de 0^{m},015 pour un mètre.

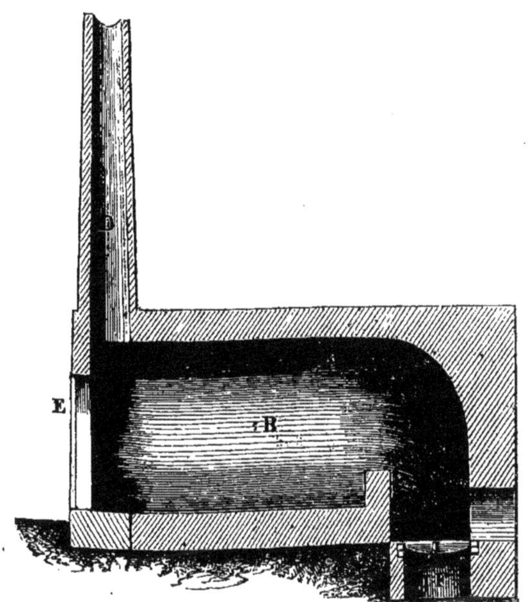

Fig. 70. — Coupe verticale d'un four à cuire les tuyaux.

Au sujet d'un de ces fours voici ce que nous écrivait un de nos employés : « On a cuit hier la deuxième fournée : la première a réussi complétement, et la cuisson a été très-régulière. Le four contient 8,000 tuyaux de 0^{m},03 de diamètre ; on chauffe pendant seize heures, et on ne brûle que 10 hectolitres combles de charbon anglais, qui est de très-bonne qualité, etc. »

On peut faire construire un semblable four pour 5 à 600 francs ; il n'y aurait aucun inconvénient à le faire plus grand ; nous pensons toutefois que pour lui conserver tous ses avantages il ne faudrait pas qu'il dépassât la contenance de 12,000 tuyaux. Nous ne croyons pas qu'il soit bon d'employer des fours

8

contenant 30 à 40,000 tuyaux; ils consomment, proportion gardée, plus de combustible que les petits, demandent plus de temps pour la cuisson, et présentent plus de risques et de chances de non-réussite.

Ouverture des tranchées de drainage.

Dans les concours le nombre et le brillant en imposent toujours; aussi voit-on rarement distinguer par une récompense les instruments simples, sans poli, tels enfin qu'ils doivent être livrés à l'ouvrier, lorsqu'à côté se trouve une collection composée d'un grand nombre d'outils admirablemunt polis, bien arrangés, mais plus ou moins bons.

Selon nous, la meilleure collection d'*instruments de drainage à main* est celle qui coûte le meilleur marché, et qui permet d'exécuter le travail le plus économiquement; il paraît que tel n'est pas l'avis des jurys, puisque depuis plusieurs années nous voyons distinguer par des récompenses des collections *magnifiques*, il est vrai, mais que les draineurs de profession se gardent bien d'employer. Ce sont cependant les meilleurs appréciateurs des outils dont ils font un usage journalier, et ils ont intérêt à se servir de ceux qui leur sont le plus avantageux.

La plupart des outils de drainage présentés dans les concours ne sont que des reproductions plus ou moins réussies des outils anglais importés lors de l'introduction du drainage; depuis lors les draineurs anglais ont modifié leurs outils, tandis qu'en France on les a conservés tels quels. Les outils employés en France sont généralement trop lourds, ils fatiguent inutilement l'ouvrier, qui par cela fait moins de besogne; il en résulte que le prix de revient du travail est plus élevé qu'il pourrait et devrait l'être.

Pour les nombreux travaux de drainage que nous avons fait exécuter nous avons essayé de tous les systèmes d'outils, et ce n'est qu'après avoir reconnu leurs défauts que nous avons rejeté ceux qui ne nous convenaient pas, pour nous en tenir à ceux qui nous présentaient le plus d'avantages.

On a aussi beaucoup trop compliqué le nombre d'outils nécessaires pour drainer; en terre ordinaire, c'est-à-dire pouvant s'enlever à la bêche, une série d'outils pour une brigade de trois ouvriers se compose de

2 bêches plates à 10 francs. . .	20 francs.
1 bêche creuse	10 »
1 drague	8 »
1 écope	8 »
1 broche pour poser les tuyaux.	4 »
Coût de la série. . .	50 francs.

Lorsqu'on doit opérer dans des terrains pierreux, on doit joindre à ces outils des pelles et des pioches; mais tous les ouvriers ont ces outils, qui ne doivent pas être comptés comme outils spéciaux de drainage. Nous employons encore quelques autres instruments qui procurent de l'économie lorsque les travaux ont une certaine importance, mais ils ne sont pas indispensables; on peut d'ailleurs les faire exécuter d'après les modèles que nous donnons ci-après par le premier maréchal venu.

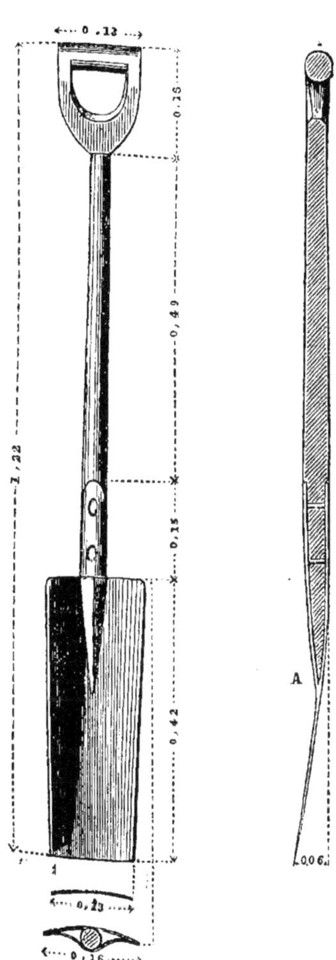

Fig. 71. — Bêche plate.

Nous divisons ordinairement nos ateliers par brigade de trois hommes pour les drainages en terrains ordinaires. Dans une terre franche sans pierres, un drain de 1^{m},20 de profondeur peut être poussé à fond, par des ouvriers habiles, en trois levées de terre; les ouvriers ordinaires le font en quatre levées, et alors la brigade composée de trois ouvriers draineurs s'adjoint un quatrième ouvrier moins fort qui enlève la superficie du sol sur 20 à 25 centimètres de profondeur.

Cette méthode de division des ateliers par brigade de trois hommes n'a rien d'absolu; la nature du sol que l'on rencontre, l'importance des ouvrages à exécuter et les ressources dont on dispose peuvent modifier jusqu'à un certain point cette organisation; quelques ouvriers préfèrent travailler seuls, d'autres se mettent en atelier commun et chargent l'un d'entre eux de terminer le fond des tranchées. On doit donc laisser les ouvriers libres de s'arranger comme ils l'entendent; il est toutefois utile de leur faire comprendre qu'ils ont avantage à se former par brigade de trois ou quatre hommes.

Voici comment nous opérons généralement : supposons un terrain ordinaire à drainer par une brigade de trois hommes : l'axe du drain à ouvrir étant indiqué par une ligne de jalons, on place un cordeau à 0^{m},20 environ du jalon pour indiquer l'arête de la tranchée à ouvrir; le premier ouvrier trace la tranchée et enlève la couche de terre végétale qu'il dépose à 20 centimètres du bord; le second ouvrier suit immédiatement et enlève avec une pelle les miettes de terre qu'il place sur les terres enlevées par son camarade ; ce curage de fond demandant peu de temps, le même ouvrier procède à la levée d'une seconde prise de terre sur environ 0m,40 de profondeur, et il a soin de mettre ses terres du côté opposé à celles du premier, de régulariser les faces latérales de la tranchée et de ne laisser aucune partie de terre détachée ; le troisième ouvrier cure le fond et prend avec la bêche creuse que nous décrivons plus loin la dernière levée de terre qu'il dépose sur celles enlevées par l'ouvrier qui le précède. Cette troisième prise de terre doit atteindre la profondeur de la tranchée, *moins* 0m,05 qui s'enlèvent avec l'écope. Une fois le travail en train, chaque ouvrier cure lui-même le fond de la tranchée à la profondeur où il se trouve; pour ce curage le premier se sert d'une pelle ordinaire,

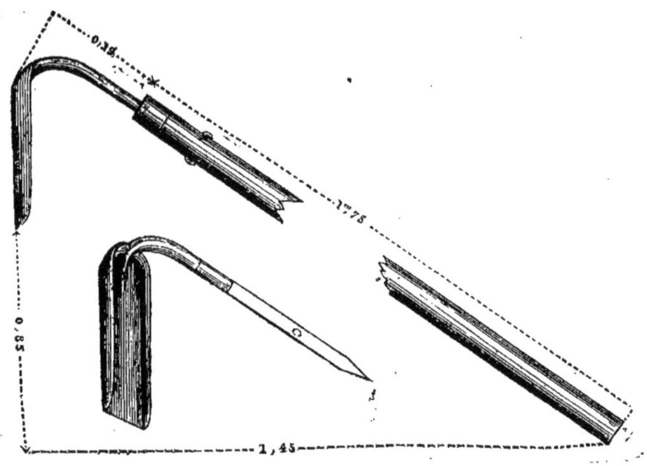

Fig. 72. — Drague; projection verticale et vue en perspective.

le second d'une drague spéciale, et le troisième le fait avec l'écope ou curette, et il prépare en même temps le lit pour poser les tuyaux.

Les bêches dont nous nous servons et que nous représentons de face et en coupe, fig. 71, diffèrent notablement de celles figurées dans la plupart des traités de drainage; elles sont plus légères, plus maniables et cependant susceptibles d'une très-grande résistance ; la lame a de 0m,42 à 0m,46 de longueur, 0m,16 de largeur à la douille, et 0m,13 à l'extrémité inférieure; elle est légèrement concave, a le taillant très-fin et ne pèse que 2k,600. On doit pouvoir couper sans trop d'efforts une racine de 0m,04 de diamètre d'un seul coup de bêche ; la lame est polie afin de présenter moins de résistance et d'empêcher l'adhérence de la terre sur l'outil.

La longueur totale de la bêche est de 1m,18 à 1m,25 ; elle sert pour enlever les deux premières prises de terre.

La seconde levée de terre mettant la tranchée de $0^m,65$ à $0^m,75$ de profondeur, l'ouvrier pourrait difficilement enlever les miettes de terre échappées de la bêche, et curer le fond avec une pelle ordinaire; pour cette opération nous avons toujours trouvé avantage de nous servir d'un outil que nous appelons *drague*, et que la fig. 72 représente très-exactement en projection verticale et en perspective, et la fig. 73 en plan. Avec les détails que nous donnons de cet instrument on pourra le faire exécuter partout.

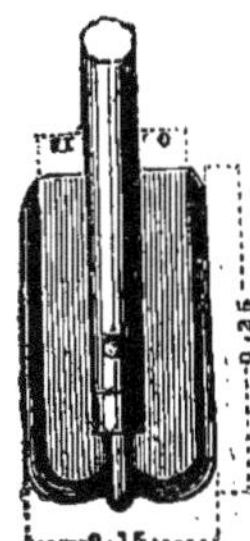

Fig. 73. — Drague (plan).

Il est bien entendu que la drague ne doit servir qu'à enlever la terre attaquée par la bêche et non à l'entamer; l'ouvrier s'en sert en l'attirant à lui. Cet outil est très-avantagex et rend de grands services; on s'en sert aussi pour enlever les terres éboulées et les boues dans les terrains marécageux.

Pour prendre la troisième levée de terre on se sert d'une bêche spéciale nommée *bêche creuse*, que nous représentons vue de face et en coupe fig. 74; elle ne diffère de la bêche ordinaire qu'en ce qu'elle est encore plus légère et que le creux de la lame comprend environ un tiers de cercle; elle pèse moins de 2 kilog. Un ouvrier adroit peut, avec cet outil, enlever des tranches de 40 à 50 centimètres de hauteur; il doit enlever la terre et avancer dans la tranchée en tenant son outil de côté et en prenant alternativement à droite et à gauche, et il doit faire en sorte que le fond n'ait que la largeur nécessaire pour poser le tuyau.

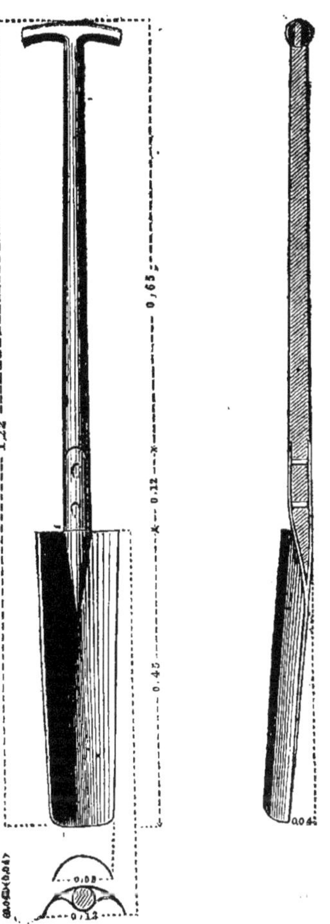

Fig. 74. — Bêche creuse vue de face et en coupe.

Il reste à terminer le fond de la tranchée et à préparer le lit pour le tuyau;

pour cela on se sert d'un outil qu'on nomme *curette* ou *écope* et que nous représentons fig. 75.

C'est l'ouvrier chargé de prendre la dernière levée de terre qui régularise le fond de la tranchée; il met, comme nous l'avons déjà dit, la tranchée à la profondeur voulue, moins 5 centimètres qu'il enlève avec l'écope.

Cet outil ne se manœuvre pas du bord de la tranchée comme plusieurs auteurs l'ont indiqué, mais bien de l'intérieur de la tranchée. Voici comment l'ouvrier opère : lorsqu'il a enlevé avec la bêche creuse la terre sur la longueur de 1 mètre environ, il régularise le fond au moyen de l'écope et cela sans quitter sa position ; il doit avoir près de lui une baguette pour mesurer la profondeur, et une ligne de niveau pour le guider et suivre régulièrement la pente.

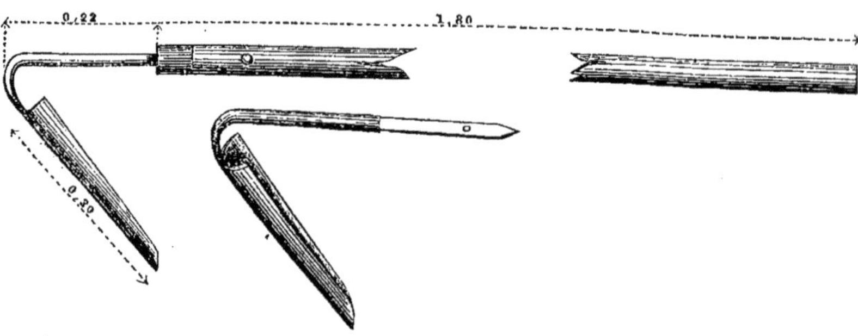

Fig. 75. — Écope de drainage.

Le maniement de la curette est facile, et les ouvriers un peu adroits en acquièrent promptement l'habitude ; elle se manœuvre comme la drague, en l'attirant vers soi. Ce mode est de beaucoup préférable à celui qui consiste à agir en poussant comme avec une pelle ordinaire.

Pose des tuyaux.

Lorsque la tranchée est terminée et que le nivellement du fond de la tranchée a été vérifié, il reste à poser les tuyaux.

Cette opération ne présente pas de difficultés lorsque le fond de la tranchée est bien régulier, que le terrain est solide, et que les tuyaux sont bien faits ; mais il arrive souvent qu'on rencontre au fond des tranchées un terrain graveleux ou pierreux, et le plus souvent encore la difficulté provient de la mauvaise conformation des tuyaux, qui sont mal coupés et plus ou moins courbes ou ovales. Dans ces cas, qui sont fréquents, le poseur doit déployer de l'intelligence, et il doit, avant de poser définitivement un tuyau, l'essayer dans différents sens afin de le fixer solidement et de laisser le moins d'intervalle possible entre deux tuyaux.

On pose les tuyaux et on les recouvre simplement avec la terre provenant de la tranchée; on en emploie pour recouvrir les joints et empêcher la terre de pénétrer dans le tuyau des couvre-joints ou demi-colliers, et même des colliers (manchons). On emploie encore des tuyaux avec manchon fixe ; nous avons indiqué précédemment l'invention de M. Salomon qui permet de les faire promptement et économiquement.

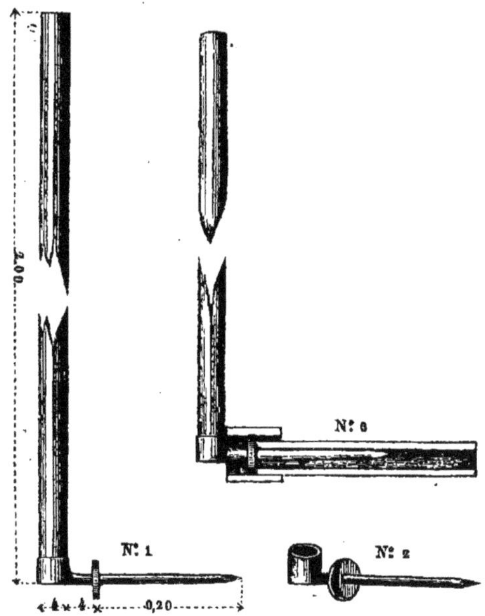

Fig. 76. — Broche pose-tuyau.

Plusieurs auteurs, et même des praticiens du plus grand mérite, ont vanté ces différents systèmes, et chacun a voulu faire adopter le sien à l'exclusion des autres ; nous ne sommes pas si exclusif, et nous employons chacun des systèmes

Fig. 77. — Pince à éclisses.

suivant les circonstances dans lesquelles nous nous trouvons, chacun d'eux présentant des avantages dont il faut profiter, et des inconvénients qu'il faut éviter.

Lorsque l'on opère dans une terre argileuse et que le fond est solide, l'emploi des manchons et même des couvre-joints présente peu d'utilité et occasionne une grande dépense. Si la terre est assez solide pour qu'on n'ait pas d'éboulement à craindre, on ne posera les tuyaux que lorsque la tranchée sera terminée, en commençant par le haut ; on fait déposer par un enfant les tuyaux le long de la tranchée sur le déblai ; *en les posant il doit examiner l'intérieur et s'assurer s'ils ne sont pas obstrués.* Cette précaution est très-essentielle et ne doit jamais être négligée.

Fig. 78. — Tuyau de raccordement.

Les tuyaux se posent de dessus la tranchée au moyen d'une *broche* que nous représentons fig. 76, n° 1 et 2.

Lorsque tout a été disposé comme il est décrit ci-dessus, l'ouvrier poseur va

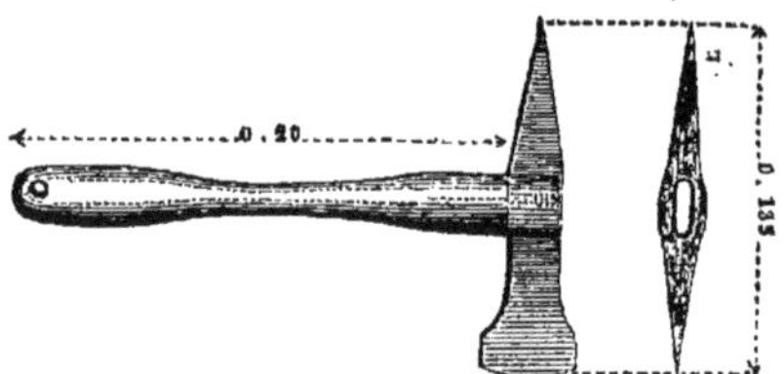

Fig. 79. — Marteau de raccord.

à l'extrémité haute du drain à poser, et il commence par mettre au fond d la tranchée une pierre assez grande pour fermer le bout du premier tuyau. Se

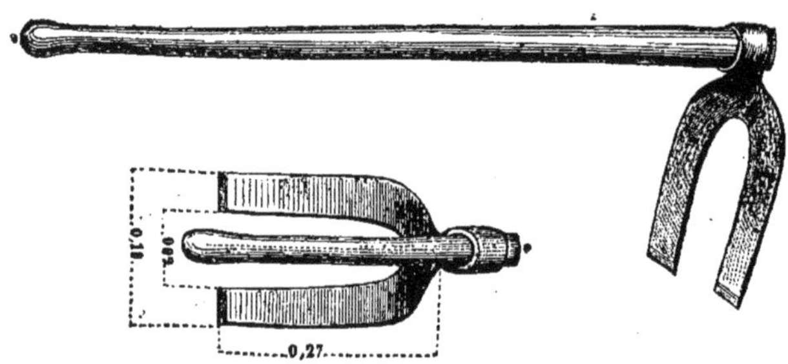

Fig. 80. — Houe à dents.

mettant ensuite à califourchon sur la tranchée, la face tournée vers l'extrémité nférieure du drain, il prend avec sa broche un tuyau et il le pose solidement contre la pierre ; il place ensuite un second tuyau contre le premier et il continue jusqu'à la fin.

Les tuyaux doivent être posés solidement, et toutes les fois que la tranchée est plus large que le tuyau et qu'il y a possibilité qu'il se dérange, le poseur doit le caler *immédiatement*.

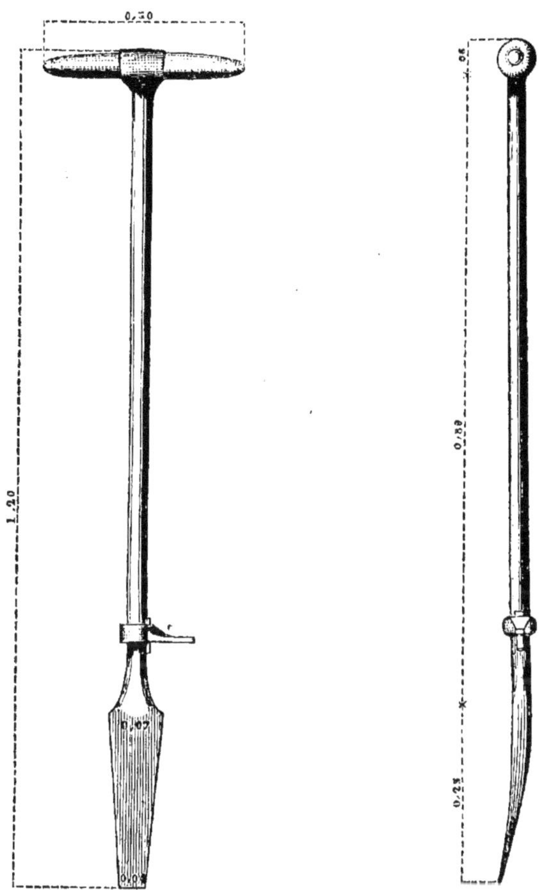

Fig. 81. — Pic à pédale vu de face. Fig. 82. — Id. vu de côté.

Dans de bonnes conditions, un ouvrier habitué peut poser en moyenne 75 mètres courants de tuyaux par heure.

Lorsque l'on veut couvrir les joints par des éclisses ou des demi-manchons, on fait faire ce travail par un enfant; pour le faire plus promptement, nous employons une pince en bois, fig. 77, au moyen de laquelle le travail se fait non-seulement plus vite, mais encore bien plus régulièrement.

La broche pose-tuyau porte à $0^{m},04$ de la hampe une rondelle ou épaulement qui permet de poser les manchons ; la fig. 76, n° 3, indique clairement comment cette opération se pratique.

Les lignes de petits drains doivent s'emmancher dans le drain collecteur comme l'indique la fig. 78 ; pour cela on pratique dans le tuyau émissaire une

Fig. 83. — Pioche.

ouverture au moyen du marteau de raccord, fig. 79. Le petit tuyau doit se raccorder avec le collecteur le plus exactement possible : pour cela on le coupe en sifflet, et pour le consolider on le cale fortement avec des pierres ou des éclisses.

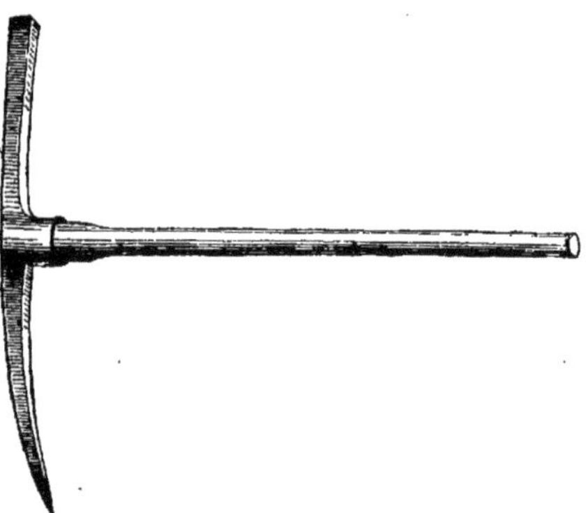

Fig. 84. — Pic à marteau.

Lorsque le raccord doit se faire entre deux tuyaux d'égal diamètre, il convient d'employer un plus grand tuyau en forme de manchon comme l'indique la fig. 78. Cette manière d'agir offre beaucoup plus de sécurité et facilite l'opération.

Pour remplir les tranchées nous nous servons avec succès d'une espèce de houe à deux dents dont nous donnons un dessin exact, fig. 80. Au moyen de cet outil le remplissage des tranchées est plus commode qu'avec la pelle; il se fait mieux et plus promptement.

Dans les terres qui présentent une certaine dureté ou qui contiennent des

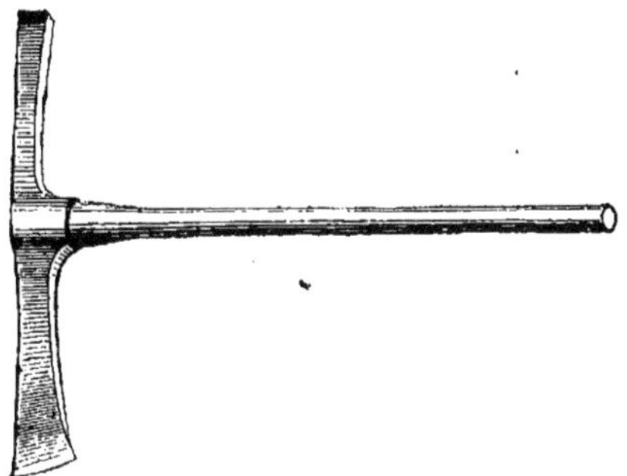

Fig. 85. — Hache à marteau.

pierres et dans lesquelles on ne peut se servir couramment de la bêche, on est obligé d'employer d'autres outils et on doit ouvrir des tranchées plus larges.

On se sert avantageusement dans ces cas du pic à pédale, fig. 81 et 82. Cet outil désagrège le sol, mais ne l'enlève pas; l'enlèvement se fait à la pelle ou à la drague, suivant que la tranchée est plus ou moins profonde.

Quand le terrain est trop pierreux ou trop dur, qu'il résiste à la bêche et au

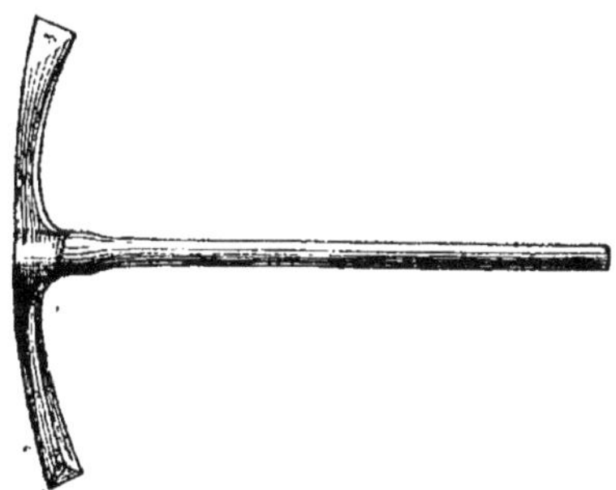

Fig. 86. — Hache à pioche.

pic à pédale, on doit employer la pioche ou tournée, fig. 83. Cet outil ne diffère des pioches ordinaires que par sa force et la plus grande longueur des branches et du manche.

Lorsque dans la terre il se trouve des pierres éparses qui peuvent se briser sans trop de difficultés, on emploie le pic à marteau, fig. 84. Cet outil porte d'un côté un marteau et de l'autre un pic qui sert à piocher la terre. Dans les terrains qui renferment des racines d'arbres, il est quelquefois avantageux de remplacer le pic par une hache étroite, fig. 85.

Dans les terres dures non pierreuses et pour enlever les racines des arbres, on se sert avec avantage de la hache à pioche. Cet instrument, que nous représentons fig. 86, porte d'un côté une lame perpendiculaire au manche, et de l'autre une forte hache. C'est un excellent outil pour l'arrachage des arbres.

Fig. 87. — Pic à gorge.

Lorsque le fond de la tranchée est trop dur ou graveleux et qu'on ne peut le régulariser avec la curette, on se sert du pic à gouge, fig. 87. C'est un outil précieux dans les terrains tufeux.

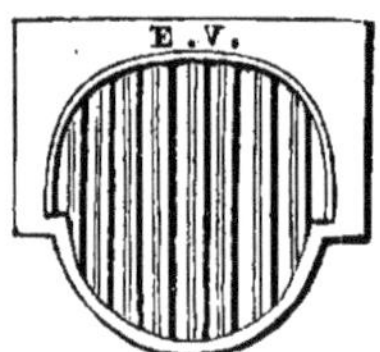

Fig. 88. — Grille.

Lorsque le drainage est terminé, on garantit les débouchés par une tête en maçonnerie devant laquelle on place une petite grille, fig. 88. Cette grille doit être posée au moins à $0^{m},06$ de l'extrémité du tuyau, et elle doit pouvoir glisser librement entre deux coulisses en pierres ou en briques, afin de donner plus ou moins d'ouverture selon la quantité d'eau que le drain aura à débiter.

Tous les outils de drainage que nous venons d'indiquer se trouvent au dépôt d'instruments agricoles de M. Peltier jeune, 45, rue des Marais-Saint-Martin, à Paris.

Nous terminerons la revue des outils employés pour le drainage, en signalant un instrument imaginé par M. Marc, de Mantes, et auquel le jury a décerné une médaille d'argent. — Cet instrument est une espèce de rabot qui *servira*, d'après l'inventeur, à niveler le fond des tranchées. Nous devons avouer que nous n'avons pu comprendre ni l'utilité ni l'emploi judicieux de cet instrument; nous avons cherché à nous renseigner près de l'inventeur, qui nous a répondu qu'il n'était pas étonné de nos observations puisque tous les draineurs lui en avaient dit autant, que tous critiquaient son invention, mais qu'il était d'autant plus persuadé avoir créé un outil utile et destiné à rendre de grands services, que le jury, composé d'hommes très-compétents en fait de drainage, l'avait récompensé en lui accordant une médaille d'argent. — Ainsi soit-il!

ENSEMENCEMENTS.

Land-Presser, plantoirs, semoirs, rayonneurs.

L'ensemencement est la partie la plus intéressante et la plus importante des travaux agricoles, c'est aussi celle sur laquelle le cultivateur pourrait réaliser le plus d'économies, et cependant, jusqu'à ce jour, c'est celle dont on s'est le moins préoccupé. On sème encore aujourd'hui dans la plus grande partie de la France, comme on le faisait il y a des siècles, à la main et à la volée, et les semoirs sont presque généralement considérés comme des instruments de luxe, très-coûteux, et d'un emploi difficile. A quelle cause doit-on donc attribuer cette indifférence des cultivateurs pour un instrument aussi précieux?

Les semoirs sont-ils si chers et si difficiles à manier qu'on se l'est imaginé? Non, ces instruments, comme toutes les machines agricoles nouvelles, ont été de prime abord repoussés par les agriculteurs, parce qu'ils ne les connaissent pas, qu'ils ne se rendent pas compte des avantages qu'ils procurent, et parce qu'ils ne se sont pas donné la peine de les étudier; il est en effet plus facile de dire qu'un instrument est mauvais que de l'essayer et de l'étudier.

Tous les agriculteurs reconnaissent cependant que pour emblaver convenablement une terre, ils emploient une quantité de graines infiniment plus grande que le nombre des plantes nécessaires, et cela parce que la plus grande partie des semences est soumise à des causes de destruction, d'abord, par l'emploi de semences mal épurées, inconvénient qui existe pour les semoirs comme pour les semis à la main; ensuite, parce que, avec le système de semis à la main et à la volée, la graine se distribue mal et que la herse la recouvrant plus ou moins uniformément, il en résulte qu'une partie des semences tombe dans les creux du terrain, qu'une autre partie se trouve enterrée trop profondément, pourrit en terre; enfin qu'une partie reste sur la terre et devient la proie des oiseaux.

Or, comme il n'y a guère plus d'un tiers des graines d'utilisées, il en résulte une perte énorme pour l'agriculture, perte qui pourrait être évitée par un meilleur système de semis.

On reproche aux semoirs d'exiger un terrain ameubli, débarrassé des mauvaises herbes, des pierres, du fumier pailleux, et surtout de nécessiter un conducteur intelligent et soigneux. Mais ces conditions sont également exigées pour les semis faits à la main, et, en admettant que le semis au semoir exige une meilleure préparation de la terre, la récolte en sera mieux assurée et les frais seront plus que compensés par l'économie résultant de l'emploi d'une moins grande quantité de semence, par une plus grande facilité pour opérer les binages et par un excédant de produits.

Pour que chaque plante puisse prendre son entier développement, il est nécessaire qu'elle occupe une certaine surface du sol Si la place est trop resserrée, elle ne se développera pas complétement ; si au contraire la place est trop grande, il y aura perte dans le produit. Il est donc urgent de répartir régulièrement les semences sur le sol, afin qu'il n'y ait pas de place perdue et que les plantes ne soient pas trop serrées. Tous les jardiniers reconnaissent l'utilité de ce principe, aussi les voit-on espacer leurs plantes régulièrement, afin d'obtenir le plus grand produit en leur accordant un emplacement en rapport avec leur développement supposé. Or, si cette méthode est reconnue bonne en jardinage, pourquoi ne serait-elle pas imitée par le cultivateur?

Un bon semis doit satisfaire à quatre conditions principales :

1° L'espacement de chaque plante doit être régulier et proportionné à son développement, à la nature du sol et à sa fertilité.

2° L'enfouissement en terre doit être régulier et en rapport avec la nature de la graine ; il suffit en effet qu'une graine fine soit enterrée de quelques millimètres de trop pour l'empêcher de germer.

3° Il faut que la terre qui recouvre la semence soit suffisamment pressée pour qu'il ne reste aucun vide autour de la graine.

4° L'ensemencement doit être fait en lignes régulières, afin de permettre le nettoyage du sol et la destruction des mauvaises herbes, au moyen d'instruments.

Il est encore souvent très-utile de répandre de l'engrais en même temps que la semence, et précisément aux lieux où doivent se développer les racines. Cet engrais, pour être soustrait aux influences atmosphériques et éviter la déperdition des principes fertilisants, doit être recouvert uniformément d'une légère couche de terre.

Ces conditions ne peuvent être obtenues que par l'emploi de semoirs mécaniques assez compliqués. Toutefois on a, selon nous, beaucoup exagéré l'importance de certaines parties, dont la suppression diminue de beaucoup le prix de ces instruments, en même temps qu'elle les simplifie.

Un bon semoir doit :

1° Répartir uniformément sur la surface du champ une quantité donnée de semence ou d'engrais ;

2° Être établi de manière à pouvoir varier l'écartement des lignes et des graines ;

3° Enfouir les graines ou l'engrais régulièrement et à une profondeur donnée, quelle que soit la disposition du terrain ;

4° Recouvrir immédiatement toutes les graines ou l'engrais de terre meuble ;

5° Affermir suffisamment la terre sur la semence pour empêcher le contact de l'air et pour faciliter la germination ;

6° Enfin, il faut que l'instrument soit d'une conduite et d'un règlement faciles, que le mécanisme soit simple et non sujet à des dérangements fréquents, qu'il puisse opérer même sur des terrains irréguliers, et en pente, et que le prix le rende accessible aux cultivateurs.

Ces conditions ne peuvent être accomplies que par des instruments compliqués, et par conséquent d'un prix assez élevé.

Pour remplir la première condition, il faut que le *distributeur* soit établi de manière à prendre toujours un nombre exact de graines. On a employé, pour obtenir ce résultat, plusieurs modes de distribution, dont les principaux sont *les cuillers* ou godets, *les palerons* ou ailettes, les *roues à alvéoles*, les *brosses*, etc. Les cuillers ou godets de capacités différentes, suivant la grosseur des graines, semblent remplir le mieux le but proposé ; néanmoins, parmi les semoirs français, dont nous donnons plus loin la description et qui jouissent d'une réputation justement méritée, il y en a plusieurs qui distribuent la graine au moyen de palerons ; théoriquement, la distribution ne peut pas être aussi rigoureusement exacte qu'avec les cuillers; cependant, en pratique, cette différence n'est pas appréciable, et les résultats que l'on obtient avec ces semoirs sont tout à fait satisfaisants. Les alvéoles présentent l'inconvénient d'écraser quelquefois les graines, de plus, ils s'emplissent de poussière, et si le conducteur n'a pas la précaution de les nettoyer de temps en temps, leur capacité diminue et le semis est irrégulier. Les brosses s'usent assez rapidement ; aussi n'emploie-t-on plus guère ce mode que pour les petits semoirs.

La facilité de pouvoir écarter ou rapprocher les lignes et de distancer les graines existe dans la plupart des semoirs. La propriété d'enfouir régulièrement les graines, *quelle que soit la disposition du terrain*, est une condition de bonne exécution du semis, qui n'a pas assez préoccupé les constructeurs français. Elle s'obtient dans les semoirs anglais au moyen de socs indépendants et mobiles, munis d'un contre-poids, que l'on augmente à volonté, suivant la profondeur que l'on veut obtenir et l'état de la terre. Il résulte de cette disposition que, lorsque la surface du sol est inégale, les socs montent et descendent, en suivant les inégalités, et déposent toujours la graine à la même profondeur.

Cette condition est certainement d'une grande importance ; cependant l'emploi du semoir n'ayant lieu que sur des terres généralement bien préparées, l'inconvénient des socs rigides n'est pas aussi grand en pratique qu'on pourrait le supposer, et c'est pour cela que les bons constructeurs de semoirs, dans le Nord, conservent les socs rigides, quoiqu'ils reconnaissent que la mobilité et l'indépendance des socs est avantageuse ; malheureusement, cette modification complique et élève de beaucoup la dépense de l'instrument.

Dans la plupart des semoirs, le soc qui ouvre le sillon est creux, et sert de conducteur à la graine, qui est recouverte immédiatement par la terre qui s'échappe sur les côtés du soc ; quelques-uns sont munis de râteaux, qui couvrent mieux et plus régulièrement.

L'affermissement de la terre sur la graine est trop souvent négligé ; c'est, selon nous, une des causes de la non-réussite des semis. Plusieurs constructeurs, d'après l'avis des agriculteurs, font suivre les socs par des roues ou des petits rouleaux en fonte.

On comprend que plus un instrument doit remplir de conditions, plus le mécanisme doit être compliqué, et que son prix suit nécessairement la même progression.

On peut envisager les semoirs sous différents points de vue : d'abord d'après le travail qu'ils effectuent ; ensuite, selon leur système de construction.

Ils sèment à la volée, en lignes continues ou discontinues, par paquets, ou enfin par graine unique.

Ils sèment encore l'engrais pulvérulent en même tems que la graine.

Ils sèment plusieurs lignes à la fois, et ils sont alors destinés à être conduits par des chevaux; ou bien ils ne sèment qu'une seule ligne à la fois, et ils sont alors généralement montés sur un bâti maintenu par une roue qui sert à transmettre le mouvement au mécanisme; ou bien ce sont simplement des outils manuels.

Nous allons indiquer successivement ceux de ces instruments qui sont le plus généralement employés, ou qui nous semblent présenter des dispositions recommandables.

Des rayonneurs.

Une des principales conditions à remplir pour les binages et les sarclages, surtout lorsque ces travaux doivent se faire au moyen des instruments, c'est de placer les plantes sur des lignes parallèles régulièrement distancées. Dans les semoirs qui sèment plusieurs lignes à la fois, le rayonneur et le semoir sont combinés en un seul instrument ; mais lorsqu'on veut employer le semoir à brouette, qui ne sème qu'une ligne à la fois, ou les plantoirs, on doit forcément indiquer la direction des lignes.

L'emploi du rayonneur ne doit se faire que sur une terre bien préparée, meuble et parfaitement hersée. Suivant l'importance du travail que l'on a à faire, on emploie un rayonneur spécial, ou on en fait faire un par le charron ; pour cela, on prend une pièce de bois de 10 à 15 centimètres d'équarrissage et de 2 à 3 mètres de longueur, et l'on implante, à la distance voulue, de fortes chevilles en bois ; on ajoute un limon et deux mancherons ; pour rendre la conduite plus facile, on fixe le limon sur un avant-train de charrue.

Lorsque la culture est assez importante pour permettre la dépense d'un instrument spécial, on fait construire un bâti, dans lequel on fixe des pieds en fer, en forme de socs, et on les dispose de manière à pouvoir à volonté faire varier l'espacement. Plusieurs fabricants d'instruments construisent des rayonneurs ; cependant les cultivateurs les font faire généralement par le charron.

Rayonneur Dombasle (Fig. 89).

Cet instrument se compose d'un bâti en bois portant un age et deux mancherons. Dans la fig. 89, il est représenté adapté à l'avant-train Dombasle ; mais il peut tout aussi bien être adapté sur tout autre avant-train de charrue, et pour cela il suffit d'allonger l'age.

A la traverse postérieure, qui a $1^{m},50$ de largeur et qui est percée de soixante-seize trous, disposés sur deux lignes, sont adaptés des pieds en fonte, fixés à la traverse au moyen de trois boulons à écrous : l'instrument porte ordinairement 6 pieds. On peut augmenter le nombre ou le diminuer selon l'écartement que l'on veut donner aux raies.

Avec ce rayonneur, on peut façonner trois hectares par jour ; on l'emploie, soit pour ouvrir les raies dans lesquelles on veut répandre les semences, soit pour tracer les lignes le long desquelles on opère le repiquage des plantes à l'aide du plantoir. Cet instrument coûte, pris à Nancy, 54 francs ; le pied de rechange, avec les boulons, 4 fr. 50 c.

Fig. 89. — Rayonneur Dombasle.

Rayonneur Porquet (Fig. 90).

M. Porquet, cultivateur à Bourbourg (Nord), dont on a admiré les magnifiques produits aux expositions universelles et au concours général, a inventé pour son usage un rayonneur, fig. 90, qu'il emploie particulièrement pour les cultures des céréales, qu'il fait semer à la main et à la volée. Par l'emploi de cet instrument, il économise un tiers de la semence, et rend le sarclage beaucoup plus facile ; car, le rayonnage étant fait avant le semis, la plus grande partie de la semence tombe au fond de la raie, et en la recouvrant avec la herse, elle se trouve disposée en lignes.

Ce rayonneur se compose : d'un age en bois A, sur lequel sont fixées deux traverses, également en bois, B B, reliées par deux arcs de cercle en fer C C. Une traverse porte-pieds D est attachée sous l'age par un boulon tourillon ; cette traverse porte six pieds E, garnis de socs coniques et munis d'arcs-boutants E, fixés sur une traverse H, parallèle à la traverse D. L'instrument se complète par deux mancherons en fer, et par une chape à roulette L.

La traverse porte-pieds joue librement sous l'age et peut obliquer de manière à faire varier la distance des socs de 30 centimètres, lorsque la traverse est perpendiculaire à l'age, à 20 centimètres, lorsqu'elle est placée obliquement de manière à toucher les traverses B B ; on peut donc, en obliquant plus ou moins la traverse porte-pieds, varier la distance entre 20 à 30 centimètres ; les sillons s'ouvrent aussi profondément qu'on le désire. Dans une terre meuble, il suffit d'un cheval et d'un homme pour faire fonctionner cet instrument ; dans les terres lourdes, il exige deux chevaux. Ce rayonneur est simple et d'une manœuvre facile.

Nous pensons qu'on pourrait le modifier avantageusement en disposant les dents par nombre impair; il suffirait alors d'ôter une dent entre deux pour tracer des raies variant de 0m,40 à 0m,60 de distance ; cette disposition généraliserait l'emploi de l'instrument qui, tel qu'il est actuellement, ne peut être employé que pour les plantes exigeant moins de 0m,30 d'écartement.

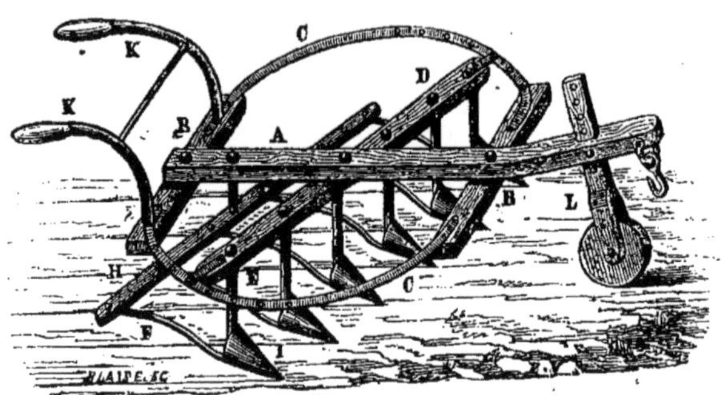

Fig. 90. — Rayonneur Porquet.

Land-Presser (Fig. 91).

On a remarqué que les céréales faites sur labour frais, surtout dans les terres argileuses ou calcaires, sont plus sujettes à être déchaussées par les gelées et les dégels, que lorsque le labour a précédé de quelque temps les semailles et que la terre a eu le temps de se tasser ; et qu'au printemps, lorsque les semailles se font sur labour frais, une grande partie des plantes périssent ou languissent jusqu'à ce que la terre se soit affermie.

On a aussi observé que partout où une voiture avait passé, la trace des roues se faisait remarquer par une végétation plus vigoureuse. Ces observations pratiques ont donné lieu à l'invention d'une espèce de rouleau très-employé en Ecosse, où on le désigne sous le nom de *land-presser*. Cet appareil, fig. 91, se compose d'un bâti en bois portant un essieu en fer carré sur lequel sont montés plusieurs disques en fonte qui peuvent être distancés suivant les nécessités de la culture. L'instrument que nous figurons porte trois disques; on peut en mettre davantage, selon la nature des plantes et la force qu'on emploie pour faire mouvoir l'instrument. Le *land-presser* opère avec avantage sur les terres nouvellement labourées et trace à leur surface des sillons de 0m,08 à 0m,12 de profondeur ; on peut ensuite semer à la volée et recouvrir à la herse ; le sillon ouvert étant presque triangulaire la plus grande partie des graines y tombera, et sera placée sur une terre bien pressée dans de bonnes conditions de végétation.

Cet instrument est encore peu employé en France; le prix varie en raison du poids: il est à Paris de 250 à 300 francs, chez MM. Clubb et Smith, 9, rue Fénelon.

Fig. 91. — Land-Presser.

Plantoir flamand pour le repiquage du colza (Fig. 92).

Dans beaucoup de localités on se contente d'ouvrir la terre à la charrue, de poser le plant contre la tranche de terre renversée et de le couvrir par une nouvelle tranche de terre. Nous n'avons pas besoin d'insister sur ce que cette méthode a de vicieux, tous les cultivateurs le reconnaissent ; et s'ils continuent à opérer ainsi, c'est parce que le moyen paraît économique et surtout parce qu'il est expéditif.

En Flandre on calcule mieux et on cherche avant tout à favoriser la végétation afin d'augmenter le produit. C'est pour cette raison que pour le repiquage du colza, choux, rutabagas, etc., au lieu d'opérer avec la charrue et d'enterrer tant bien que mal les plantes, on emploie le plantoir double, fig. 92.

Cet outil se compose de deux tiges en bois garnies d'un sabot triangulaire en fer, assemblés dans une traverse que l'ouvrier tient par les extrémités; lorsqu'il est un peu habitué à la manœuvre du plantoir, il marche très-vite et peut planter plus d'un hectare par jour; il est suivi par plusieurs femmes ou enfants qui posent le plant et referment le trou.

Il est très-essentiel que la terre soit meuble et bien hersée.

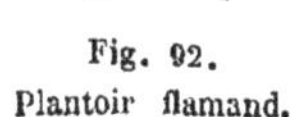

Fig. 92.
Plantoir flamand.

Cette méthode de repiquage tend à se propager ; elle favorise la reprise des plantes et facilite le sarclage.

Plantoir modifié par M. Portal de Moux, pour le semis du maïs (Fig 93).

Cet instrument est le plantoir ordinaire dont se servent les jardiniers ; la modification apportée par M. Portal de Moux consiste en une garniture en cuivre à base concave et percée de plusieurs trous distancés entre eux de quelques centimètres. Cet outil ainsi modifié sert dans le Midi pour la plantation du maïs, qui a besoin pour germer d'être enfoncé dans le sol jusqu'à la couche fraîche, qui varie de profondeur suivant l'état de siccité de la terre. On comprend en effet que la graine ne peut s'échapper de la cavité du plantoir, et qu'au moyen d'une cheville que l'on passe dans un des trous, la profondeur d'enterrage est toujours régulière. M. Portal de Moux nous a assuré que cette modification rend l'opération plus prompte, plus facile et surtout beaucoup plus régulière.

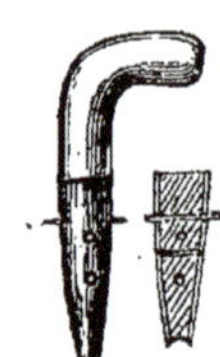
Fig. 93. — Plantoir Portal de Moux.

Nous avons figuré ce petit instrument en projection verticale et en coupe, afin que l'on comprenne bien sa disposition.

Plantoir ou semoir-tube pour le semage en place de graines et d'engrais pulvérulent.

Le modeste instrument que nous figurons ci-contre est appelé à rendre plus de services à la petite culture et au jardinage que la plupart des semoirs compliqués et chers qui figurent dans les concours.

Avec le semoir-tube on sème en place et à la profondeur voulue, et on économise 75 0/0 de la semence.

Il épargne au semeur la peine de se baisser ; il le préserve donc de courbatures douloureuses, courbatures qui donnent lieu parfois à des interruptions de travail, et des compressions intestinales, qui causent fréquemment des hernies. — Avec cet instrument on sème en trous ou poquets trois fois plus vite qu'à la main, et on peut semer même durant les grands vents.

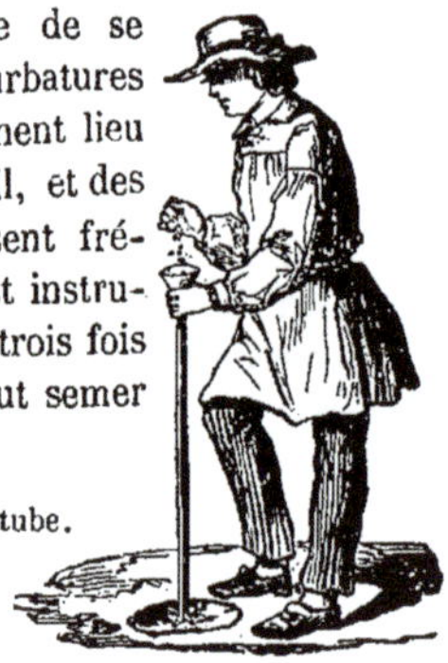

Fig. 94 et 95. — Emploi du Semoir-tube.

Le semage au semoir-tube permettant de distancer régulièrement les plantes et de leur laisser l'espace qu'elles réclament, fait obtenir de plus beaux et de plus nombreux produits que ceux que procurent le semage à la volée et celui en ligne continue.

Enfin, le semoir-tube peut servir à répandre, au-dessus de la semence ou aux places que l'on doit ensemencer, soit des cendres, de la chaux éteinte, du plâtre, du phosphate de chaux, du noir animal, du sablon, de la charrée, de la colombine, de la poudrette, du guano, de la poudre de crottin, etc.

Son emploi fait économiser sur le temps consacré au binage et à l'éclaircissage.

Cet instrument se trouve chez M. F. Ouin, place de la Bourse, 4, à Paris. Son prix est de 5 francs pour les graines et de 6 francs pour les engrais pulvérulents.

Semoirs à brouette.

Les semoirs à une seule ligne ou à brouette n'ouvrant pas la raie dans laquelle la semence doit tomber, il est donc nécessaire que le sillon soit tracé préalablement au moyen d'un rayonneur. On fait alors passer la roue de la brouette dans la raie et on obtient une ligne régulière en même temps qu'on tasse la terre qui doit servir de lit à la graine. L'emploi du semoir à brouette étant fatigant et retardant la marche du semeur, on a presque toujours intérêt à le faire aider par un enfant qui tire la brouette. Cela n'augmente pas notablement la dépense, et le semeur se fatigue moins et opère mieux parce qu'il a ses mouvements plus libres.

L'emploi de cet instrument diminue de plus en plus pour faire place au grand semoir; cependant, comme toutes les cultures ne sont pas assez étendues pour employer les semoirs multiples, nous mentionnerons quelques semoirs à brouette dont on se sert avec avantage.

Semoir à brouette de Dombasle (Fig. 96 et 97).

Cet instrument se compose d'un corps de brouette portant une grande roue contre l'essieu de laquelle est accolée une poulie à triple gorge qui, au moyen

Fig. 96. — Semoir à brouette Dombasle.

d'une courroie, communique l'impulsion qu'elle reçoit par la roue à une petite poulie qui la transmet au distributeur. La fig. 96 représente cet instrument dans son ensemble.

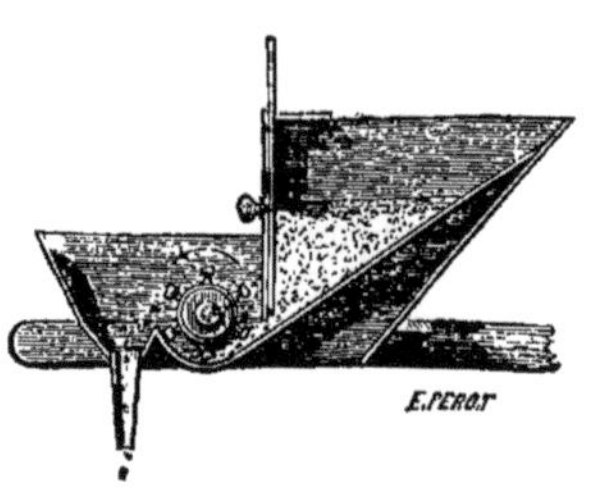

Fig. 97. — Distribution du semoir à brouette de Dombasle.

La fig. 97 est une coupe de l'appareil semeur ; on voit la trémie dans laquelle se met la graine, laquelle glisse sur un plan incliné et communique avec la roue à godets ; l'ouverture de la trémie qui livre passage à la graine se règle au moyen d'une vanne, que la figure fait voir en coupe; quand la roue à godets reçoit un mouvement de rotation, chaque godet s'emplit de graine, qui se déverse dans le tube conducteur qu'elle traverse pour tomber dans le sillon préparé pour la recevoir.

On augmente la vitesse de la roue à godets en posant la courroie sur les gorges d'un plus grand diamètre de la poulie commanderesse ; on change aussi les godets suivant la grosseur de la graine que l'on veut semer.

M. de Meixmoron-Dombasle, à Nancy, vend ce semoir 60 francs ; il pèse 51 kilog.; chaque cuiller de rechange avec sa clavette coûte 60 centimes.

Semoir à brouette de M. Bodin.

Dans cet instrument, qui est d'une extrême simplicité et dont la construction ne laisse rien à désirer, la distribution des graines se fait au moyen d'une brosse circulaire mise en mouvement par une poulie fixée sur l'essieu de la roue de la brouette. Bien que ce système ne permette pas une distribution très-régulière, ce désavantage est compensé par la simplicité et la rusticité de l'instrument. Il coûte 45 francs pris à Rennes.

Semoir à poquets de Redier.

RÉPANDANT LA SEMENCE ET L'ENGRAIS EN MÊME TEMPS.

L'ensemble de ce semoir à bras d'homme consiste en un bâti de brouette en bois ou en fer surmonté d'une caisse à deux compartiments, l'un pour la semence, l'autre pour l'engrais ou pour deux semences différentes.

En avant de la caisse se trouvent deux réservoirs en métal, dans lesquels deux poulies à gorge armées de godets puisent la semence et l'engrais pour les déverser dans l'entonnoir, celui-ci fixé sur une clanche en suit les mouvements, et son orifice inférieur se trouvant alternativement ouvert et fermé par le passage des lames de la grande roue, le poquet se forme pour la seconde fois dans chaque compartiment.

La grande roue de $0^m,33$ de diamètre est coupée par une gorge de $0^m,10$ de profondeur et de $0^m,05$ de largeur dans laquelle se trouvent les compartiments formés par les cloisons mobiles ou cames, et l'écartement facultatif de celle-ci doit être en raison de la distance à laquelle on désire répandre les poquets.

On sème à jet continu en supprimant les cames.

Une chaîne sans fin communique le mouvement de l'axe de la came à celui des godets.

Les godets, par leurs dispositions particulières, ont la faculté de conserver l'engrais ou la semence, même dans la position verticale, et ne se vident que lorsque leur orifice se présente à l'entonnoir.

Un système de désembrayage sert à arrêter le mouvement pendant la marche. — Prix, 45 francs.

Fig. 98. — Semoir à poquet de M. Redier.

Le semoir à brouette ne recouvrant pas la graine, il est donc nécessaire, après que le semis est fait, de couvrir la semence par un coup de herse en long, c'est-à-dire dans le sens des lignes, *et non en travers*.

On comprend que cette opération, qui est plus ou moins régulière suivant la disposition et la préparation de la terre, laisse souvent à désirer; M. de Dombasle a obvié à cet inconvénient en se servant, au lieu de la herse, d'une espèce

Fig. 99. — Râteau à couvrir.

de râteau oblique qu'il a nommé *râteau couvreur* (fig. 99). Le râtelier est remplacé par une bande de fer de 0m,47 de longueur sur 0m,05 de largeur et 0m,005 d'épaisseur; le manche a environ 2 mètres de longueur. L'ouvrier, en marchant à côté de la ligne qu'il veut couvrir, tire ou pousse la terre meuble sur les semences, et avec un peu d'attention, il lui est facile de les enfouir à une profondeur à peu près uniforme. Ce procédé est expéditif; deux femmes suffisent généralement pour suivre la marche d'un semoir qui ensemence environ 1 hectare 1/2 par jour, les lignes étant espacées de 0m,65 à 0m,75. Ce procédé convient bien aux semailles de betteraves.

Semoirs à cheval.

Les semoirs exigent pour fonctionner convenablement que le sol soit meuble et bien préparé, que la marche du cheval ou des chevaux soit régulière, ni trop vive ni trop lente ; ils réclament aussi une attention continue de la part du conducteur, et c'est pour remplir cette condition avec plus de commodité que les cultivateurs prisent beaucoup les semoirs desquels le conducteur voit tomber la graine.

L'emploi du semoir à cheval économise du temps et du travail puisque l'opération entière des semailles se trouve réduite à une seule manipulation ; elle économise une grande partie des semences et augmente notablement les produits ; enfin, par l'emploi de ces instruments on résout le problème économique de *semer le moins pour récolter le plus.*

Il figurait au concours général de Paris de 1860 un grand nombre de semoirs de systèmes différents ; quelques-uns étaient déjà favorablement connus des agriculteurs, et ce sont de ceux-là que nous nous occuperons plus particulièrement ; d'autres présentaient des dispositions nouvelles, mais sur la valeur desquels la pratique ne s'est pas encore prononcée ; d'autres enfin, et c'était le plus grand nombre, ne sont pas destinés à vivre.

Parmi les semoirs que nous connaissons, soit pour les avoir vus fonctionner chez des cultivateurs, soit pour les avoir étudiés dans les concours, nous mentionnerons tout particulièrement les suivants.

Semoir Dombasle (Fig. 100).

Ce semoir, tel qu'il est livré actuellement aux agriculteurs, doit être classé parmi les semoirs français les mieux entendus et les plus perfectionnés.

La distribution des graines se fait au moyen de cuillers en cuivre disposées en forme de rayons autour de petits disques ajustés sur un arbre mis en mouvement par un engrenage placé sur l'une des roues. Les cuillers sont mobiles et l'on peut en placer sur chaque disque, deux, trois, quatre ou six selon la quantité de graines que l'on veut répandre ; elles portent deux godets d'inégale grandeur, de sorte qu'il suffit de les retourner lorsque l'on veut changer de graines.

Les lignes peuvent être espacées de 25, 33, 50, 66 et 75 centimètres ; à ces diverses distances, les roues du semoir se trouvent éloignées du dernier pied de chaque côté, soit de la distance entière des lignes entre elles, soit de la demi-distance, de sorte qu'au retour il suffit, pour tenir le parallélisme entre les lignes, de faire passer un des socs dans la trace laissée par la roue lorsque la distance est entière, ou de faire passer l'autre roue dans la trace lorsque la distance est de la moitié de l'espacement des socs rayonneurs.

Le rayonneur est mobile, et son mouvement est indépendant de ceux des autres parties de l'instrument, en sorte qu'il se prête aux irrégularités du sol, et ouvre les raies à la profondeur pour laquelle il a été réglé, quelle que soit la position que prenne l'instrument; cette disposition permet de faire usage de ce semoir même dans les sols qui n'ont reçu qu'une préparation imparfaite. Le rayonneur porte deux mancherons au moyen desquels l'ouvrier peut, lorsque le besoin l'exige, le soulever, lui faire prendre plus de profondeur ou même l'incliner à droite ou à gauche, indépendamment de la marche du semoir porté sur les deux roues.

Fig. 100. — Semoir Dombasle.

Un mécanisme placé près de la main de l'ouvrier permet d'arrêter instantanément la chute de la graine sans arrêter la marche de l'instrument; pour le transporter on soulève le rayonneur et on le fixe au moyen de deux crochets de manière que les pieds ne portent plus à terre.

Le prix de ce semoir à cinq pieds mobiles embrassant une largeur de $1^m,33$ à $1^m,50$, est de 280 francs, pris à Nancy ; il pèse 306 kilogrammes.

Semoir Hamoir (Fig. 101).

Ce semoir se compose d'un châssis rectangulaire en bois doublé en fer, relié par une traverse et consolidé encore par les deux mancherons. Ce châssis porte le coffre à la graine, à travers lequel passe l'essieu, muni à l'intérieur de cinq roues à palettes qui passent, en tournant, à 5 millimètres d'orifices que la graine traverse, pour s'écouler par des tubes en tôle G. Dans les sillons qu'ont tracés les socs H, des dents de herse en fer, adaptées d'une manière mobile sur la traverse postérieure du châssis, tracent une raie dans chaque intervalle des socs et recouvrent la semence.

L'ouverture des orifices se produit simultanément au moyen d'un levier qui prend son point d'appui sur la barre transversale du châssis. Le diamètre de ces orifices est donné par un régulateur des plus simples, qui se trouve placé sur la barre J qui unit les deux mancherons ; il peut être modifié instantanément, suivant la volonté du conducteur.

Le jeu des orifices est produit par deux plaques de tôle mince, percées de trous ovales parfaitement calibrés et régulièrement espacés ; ces deux plaques glissant l'une sur l'autre, au moment de la juxtaposition des trous les orifices sont à leur plus grande ouverture ; si l'une des deux plaques fait un mouvement, les orifices se resserrent progressivement jusqu'à ce que les ouvertures soient complétement masquées. Le régulateur peut fixer la plaque mouvante dans toutes les positions successives, à 1/4 de millimètre d'intervalle, c'est-à-dire qu'il peut satisfaire aux désirs les plus exigeants.

Une planche mobile supporte ce système de distribution ; le semoir en possède deux : l'une, pour les betteraves, les céréales, les colzas, le trèfle ; l'autre, pour les graines de forte dimension, telles que féveroles, lupins, etc.

Deux tiges de fer rond K L, repliées en équerre et qui sont fixées dans le bâti ainsi que les mancherons, servent de point d'appui au semeur pour guider l'instrument dans sa marche.

Une limonière, fixée par deux charnières sur le devant du châssis, sert à atteler le cheval destiné à traîner le semoir. Cette limonière articulée est la grosse raison de la somme considérable de travail qu'on obtient de cet instrument. Par le jeu d'une simple chaîne, que nous allons expliquer, le semoir est toujours prêt à fonctionner ou à cesser son travail pour aller entamer un autre champ.

Supposons qu'un cheval soit attelé, la limonière conserve son point fixe dans le harnais ; une chaîne partant du point M, où elle passe dans un anneau, va saisir l'endroit O des mancherons qu'on a relevés d'une main ; elle oblige le semoir de se tenir dans une position oblique ; les dents des socs sont alors situées à 25 ou 30 centimètres du sol et l'instrument peut voyager sans encombre. Si l'on veut le mettre en fonctions, un petit mouvement imprimé à l'anneau qui se trouve à l'extrémité de la chaîne l'oblige à descendre tout le long d'une tringle O P, et le semoir est alors prêt à manœuvrer ; la chaîne, en passant sur l'arête du coffre, se tend et empêche les dents de herse d'entrer trop profondément dans le sol ; si l'on veut augmenter l'entrure, on l'allonge de quelques mailles au moyen du crochet placé en Q ; le contraire a lieu en la raccourcissant.

Dans la marche, un jeune garçon conduit le cheval par la bride, un homme reste à l'arrière et surveille la direction et l'exécution du travail ; à chaque extrémité du sillon il relève, avec une seule main, les mancherons, de l'autre il ferme les orifices pour empêcher l'épanchement de la semence ; l'évolution faite, le semeur laisse retomber les mancherons, donne un nouveau coup de main sur le levier régulateur et reprend sa marche. Pour permettre au mouvement de retour de s'opérer facilement, les deux roues ont été rendues indépendantes : une seule est fixe avec l'essieu, l'autre est garnie d'une boîte à graisse.

Les socs qui tracent les sillons, comme les dents en fer qui recouvrent la semence, sont mobiles, et peuvent se hausser ou se baisser suivant le degré d'entrure qu'on désire leur donner.

Des grilles en toile métallique sont disposées sous le coffre pour laisser échapper la poussière des semences ou la chaux mélangée au froment par le chaulage.

Le dôme du coffre s'ouvre de S en T sur environ moitié de sa longueur ; on peut ainsi voir en marchant l'état de la graine et la renouveler suivant le besoin.

Ce semoir présente :

Une grande facilité de surveillance du travail ; le semeur voit parfaitement couler la graine, et si un obstacle quelconque bouche un orifice, il s'en aperçoit de suite ;

Une distribution excellente, régulière, et pouvant se varier à l'infini;

Son application à toutes espèces de graines ; la disposition est telle que, le semoir étant équipé pour les céréales, si on enlève deux socs et que l'on ferme deux orifices, au moyen de deux petites portes en tôle placées exprès sur la planchette mobile, il se trouve disposé pour semer la betterave.

Fig. 101. — Semoir Hamoir.

Avec le modèle représenté par la fig. 101, les betteraves se sèment à 45 centimètres et les céréales à 225 millimètres. Ces distances sont généralement adoptées dans le Nord ; on peut néanmoins les varier.

Sa légèreté et sa facilité de mise en train permettent d'en obtenir un travail considérable et en font, sous une apparence modeste, l'instrument des plus grandes cultures. On a semé, dans la ferme de Saultain, jusqu'à 7 hectares de betteraves en une journée de travail, avec un seul cheval et deux hommes menant la besogne. Il n'est guère de besoins qui puissent dépasser cette exigence.

Il joint une grande solidité à une grande rusticité de construction; il n'est pas de maréchal de campagne, aussi peu intelligent qu'il soit, qui ne puisse le raccommoder. Un exemple frappant de sa durée, c'est que le premier modèle que M. Hamoir a construit et qui date de 1850, existe encore et qu'il est dans un excellent état, et cependant il a emblavé, depuis dix ans, au moins 100 hectares par saison, et a de plus fréquenté les plus importants concours.

Ce semoir est applicable à toutes les graines; il sème également bien les féveroles, les rutabagas, les betteraves, les froments, l'avoine, le seigle et la graine de trèfle dans l'intervalle des lignes du blé.

Son prix n'est que de 250 francs: aussi peut-on, à juste titre, le considérer comme le semoir de la grande et de la toute moyenne culture.

Aux expériences de Trappes, en 1855, il a été placé le sixième dans le résultat des essais, et le premier des instruments français. Il a obtenu le troisième prix au concours universel agricole en 1856.

Semoir Bodin.

Cet instrument est recommandable par sa simplicité et sa commodité ; il ne remplit pas à la vérité toutes les conditions que l'on exige des instruments chers et compliqués, mais tel qu'il est il a son utilité. Dans ce semoir, la distribution de la graine se fait au moyen de brosses circulaires mises en mouvement par une roue spéciale.

Les brosses donnant plus ou moins de graine, suivant qu'elles sont plus ou moins usées, on remédie en partie à cet inconvénient en rapprochant l'orifice de distribution à mesure de l'usure des brosses. Toutefois cet inconvénient n'est pas aussi important en pratique qu'on serait porté à le croire d'après les données théoriques.

Le conducteur voit les graines tomber dans les tubes ; il peut ainsi se rendre compte à chaque instant du fonctionnement régulier de l'instrument et remédier promptement aux obstructions ou aux irrégularités qui se produiraient pendant le travail.

L'écartement des pieds est maintenu par des vis de pression qui les fixent sur des tringles en fer : ils peuvent s'éloigner ou se rapprocher à volonté.

A la base des boîtes sont placées des rondelles en fer-blanc percées de trous de différentes grandeurs, suivant la grosseur des semences, ce qui permet de semer plus ou moins épais ; ce moyen de distribution laisse néanmoins à désirer et ne permet pas une grande régularité, surtout lorsque les graines sont rugueuses ou humides.

L'entrure des socs se règle avec la plus grande facilité au moyen des deux roues de devant qui sont montées sur un essieu coudé.

Quand on veut cesser de semer, on relève la grande roue motrice qui fait mouvoir les brosses, et on la renverse sur les boîtes.

Ce mode d'*embrayage* et de *désembrayage* est d'une très-grande simplicité et plus durable que les engrenages.

Les deux petites roues doivent être placées, par rapport au semoir, à la moitié de la distance des pieds entre eux ; de cette manière, la roue sert de rayonneur, et à chaque retour, en faisant passer la roue dans la voie tracée, les raies de semis conservent un écartement régulier.

Le semoir Bodin sème sur trois lignes et coûte 120 francs.

Semoir Jacquet-Robillard (Fig. 102).

Ce semoir est un des plus répandus dans le Nord pour la culture des plantes sarclées ; il est simple, d'une conduite facile et très-solidement construit.

Il se compose d'une grande trémie, fixée sur un bâti porté par trois roues.

La distribution se fait au moyen de disques à ailettes, qui chassent la semence, à travers des orifices dont l'ouverture se règle à volonté, dans des tubes conducteurs qui communiquent avec des socs triangulaires et évidés ; la terre est ensuite ramenée sur la graine par des sabots en fonte qui suivent les rayonneurs.

Fig. 102. — Semoir Jacquet-Robillard.

Chaque orifice distributeur (fig. 103) est formé par une plaque fixe en cuivre, au bas de laquelle on a ménagé une ouverture en forme de cœur d'un diamètre un peu plus fort que la plus grosse graine que l'on peut avoir à semer ; cette plaque porte deux coulisses sur les côtés et forme écrou dans le haut ; une seconde plaque est appliquée sur la première ; elle est maintenue dans les coulisses, et porte aussi une ouverture cordée qui est placée en sens contraire de la première : cette seconde plaque se dirige de haut en bas et réciproquement au moyen d'une vis à œillet qui est prise dans l'écrou de la première, en communiquant un mouvement doux.

Le règlement se faisant séparément pour chaque orifice, des traits de repère ont été marqués sur le bord de chacune d'elles afin d'avoir un débit égal.

Cette combinaison est simple et ingénieuse ; elle permet au conducteur, qui voit toujours tomber la graine, de régler les ouvertures, même sans arrêter la marche de l'instrument.

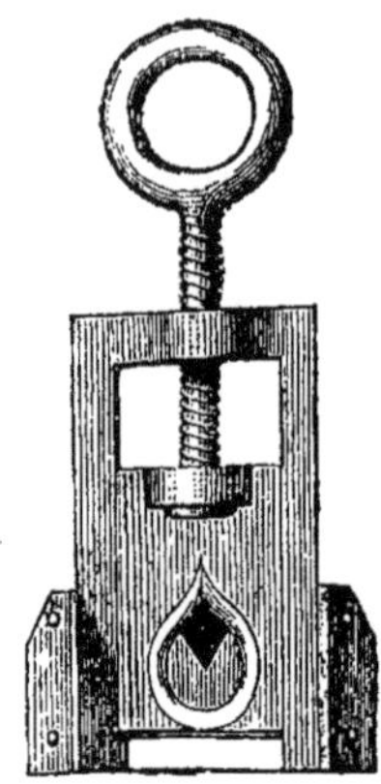

Fig. 103. — Distributeur du semoir Jacquet-Robillard.

Ce semoir n'a ni courroies ni engrenages; le mouvement est communiqué à l'appareil semeur au moyen de deux bielles A B, reliées par une tringle en fer; la bielle A est fixée sur l'essieu de la roue d'avant, dont elle suit le mouvement pour le transmettre, par la bielle B, à un axe horizontal sur lequel sont fixés les disques à ailettes qui correspondent très-exactement à l'ouverture des orifices distributeurs.

On désembraye avec un levier en bois très-rustique, en le faisant basculer sous la pression; un crochet qui suit le mouvement du rouleau le maintient dans la position qu'on lui donne; les extrémités du rouleau portent des couteaux décrotteurs.

Cet instrument, qui d'ailleurs fonctionne très-bien et qui a valu à son inventeur de nombreuses récompenses, gagnerait encore si les rayonneurs étaient mobiles et indépendants; cette observation peut s'appliquer au plus grand nombre des semoirs français.

M. Jacquet-Robillard fabrique aussi des semoirs spéciaux pour les engrais pulvérulents et pour la plantation des féveroles; ces derniers sont montés sur un binot; ils sillonnent et sèment en même temps.

Le prix de ces instruments, pris à Arras, est de :

Semoir à toutes graines à cinq socs.	250	francs.
Semoir à toutes graines à sept socs.	280	—
Semoir à engrais pulvérulents	175	—
Semoir pour féveroles sillonnant et semant en même temps. .	110	—

Semoir billonneur Echard.

Le semoir pour lequel MM. Echard et Cie ont obtenu le deuxième prix au concours général de 1860 est, sous le rapport de l'émission des graines, comme celui de M. Hamoir et de M. Jacquet-Robillard, du système de semoir écossais.

Il distribue les graines par des agitateurs rotatifs à ailettes en fer, tournant dans une trémie en bois, laquelle est pourvue à l'arrière d'orifices d'émission s'agrandissant à volonté, pour donner issue aux diverses graines.

Il est caractérisé par l'emploi de cinq ou sept rayonneurs en forme de socs d'extirpateurs pour relever la terre en billons dans les entre-lignes semées, de manière à placer les graines au fond d'un sillon où elles sont recouvertes par une ratissoire fourchue fixée à chaque rayonneur. Cette ratissoire ne fait tomber qu'une petite partie de la terre relevée, afin que les plantes lèvent dans le fond d'un grand sillon et que le billon reste relevé dans l'entre-ligne.

Cette disposition a été prise par l'inventeur dans le but principal d'appliquer cet instrument au système de culture imaginé par M. Leseur, qui consiste à déposer la graine au fond d'un sillon.

M. Leseur, qui est jardinier, après plusieurs essais à la main dans un jardin en terrain siliceux qui lui donnèrent de bons résultats, par la raison que les plantes recevaient plus de fraîcheur et qu'elles profitaient de toute la pluie, préconisa son système et trouva des associés pour exploiter ce procédé pour lequel on inventa, collectivement, un semoir atteignant ce but.

Malheureusement M. Leseur et ses associés, n'étant pas agriculteurs, ignoraient que ce semoir, si avantageux en terrain siliceux, deviendrait très-nuisible en terrain argileux, surtout pendant les années humides.

Ce semoir a l'inconvénient d'être lourd et de s'embarrasser de terre, d'herbes et de fumier ; il ne peut être utile que dans les sols secs et légers. Il coûte 350 francs à cinq rayonneurs, et 425 francs à sept rayonneurs.

Semoir Saint-Joannis.

Ce semoir a subi, depuis quelques années, d'importantes améliorations, et tel qu'il est construit actuellement il doit figurer parmi les meilleurs semoirs français à toutes graines ; il se compose d'un bâti formé de deux brancards réunis par des entretoises, posé sur deux roues bandées en fer ; le bâti porte un coffre divisé en deux compartiments par une cloison qui est munie d'autant d'ouvertures que l'on veut semer de lignes à la fois : ces ouvertures sont pourvues de petites vannes que l'on soulève plus ou moins pour laisser passage à la semence qui coule dans le deuxième compartiment, dans lequel sont disposés des disques qui portent sur leur circonférence et verticalement un nombre de cuillers en rapport avec la quantité de graines que l'on veut semer.

Les graines sont jetées par les cuillers dans des tubes articulés qui communiquent avec les coutres rayonneurs ; les côtés des coutres sont prolongés en ailes, de sorte que la graine tombe au fond du sillon ouvert avant que la terre ait pu s'échapper. La graine est ensuite recouverte par des griffes à deux dents indépendantes, ce qui les empêche de *bourrer* lorsqu'elles rencontrent des mottes de terre.

Les coutres rayonneurs sont indépendants, et leur entrure se règle au moyen de contre-poids ; on les déterre au moyen d'une manivelle fixée à un pignon qui fait mouvoir une roue d'engrenage placée à l'extrémité d'un rouleau en bois sur lequel s'enroulent des chaînettes qui supportent les coutres.

Le mouvement est communiqué à l'appareil semeur au moyen de deux poulies reliées par une courroie. Une des poulies est formée par le moyeu d'une des roues, et l'autre est fixée à l'extrémité de l'essieu porte-disques.

Avec cet instrument, le semis se fait en lignes à distances variables, suivant l'espèce de graines à semer, la nature de la terre et son état de fertilité.

On sème toute espèce de graines, depuis la plus petite jusqu'à celle qui présente le plus gros volume.

On varie la quantité de graines à semer, et quelle que soit la quantité que l'on veut employer, la répartition se fait toujours régulièrement.

Les corps étrangers et de gros volume qui se trouvent mélangés à la graine ne sont jamais un obstacle à la marche régulière de l'instrument.

Le conducteur de la machine voit constamment tomber la graine dans le sillon et peut se convaincre par elle-même qu'elle fonctionne, ou remédier immédiatement si un des coutres s'obstruait.

La semence est recouverte dès qu'elle est confiée à la terre, sans qu'il soit besoin d'un nouvel hersage.

Au gré de la personne qui dirige la machine, on peut, tout en continuant la marche, arrêter instantanément, en totalité ou en partie, la distribution des graines.

Les cuillers sont numérotées de 3 à 8 ; elles peuvent être changées à volonté ; celles n° 3 ne prennent qu'un seul grain de blé, celles n° 8 peuvent en contenir de vingt à vingt-cinq. Pour semer les haricots, on emploie les cuillers n° 7 ou 8.

Le n° 5 convient le mieux pour semer le blé dans les terres ordinaires.

On peut varier les cuillers ; ainsi on peut, par exemple, sur les seize cuillers de chaque disque distributeur, mettre huit du n° 5 et huit du n° 6 ; on peut aussi en diminuer le nombre et obtenir ainsi diverses distances dans l'ensemencement.

Pour connaître ces distances, il est bon de savoir que les seize cuillers n° 3 étant placées sur le distributeur, la distance entre chaque graine sera de $0^{m},07\ 1/2$; si on n'en mettait que huit, la distance serait de $0^{m},15$: quatre cuillers donneraient par conséquent une distance de $0^{m},30$ entre chaque graine. Toutefois nous devons faire observer que ces distances ne peuvent être mathématiquement régulières et qu'elles ne sont exactes que prises dans l'ensemble.

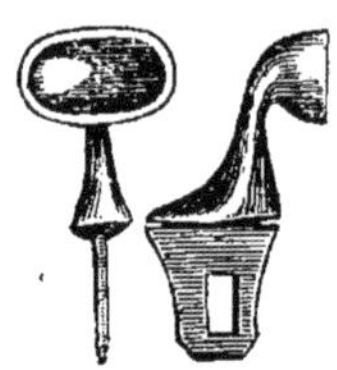

Fig. 104. — Cuiller du semoir Saint-Joannis.

M. Saint-Joannis s'est efforcé de rendre ses appareils très-légers pour en diminuer autant que possible le prix. Il construit des semoirs à trois, quatre, cinq, six, sept ou huit lignes ; ils coûtent de 180 à 330 francs, et sèment des largeurs de $0^{m},70$ à $1^{m},60$.

La fig. 104 représente une cuiller de rechange n° 8, et la fig. 105, une cuiller en place sur le disque et maintenue par sa clavette.

Fig. 105. — Cuiller du semoir Saint-Joannis en place

Semoir de Colbiac.

Le semoir que fait construire M. Alphonse de Colbiac, propriétaire à Casteljaloux (Lot-et-Garonne), et qu'il a perfectionné, a été inventé par son oncle, M. de Laville-Monbazon. Cet instrument est surtout remarquable par sa simplicité. Il sème toute espèce de graines, et n'a ni roues dentées, ni chaînes, ni leviers coudés, ni excentriques, ni courroies. La chute des graines dans les tubes conducteurs est obtenue par le mouvement de va-et-vient d'une barre d'acier. Ce mouvement est déterminé par une roulette placée à l'extrémité de gauche de la barre, qui rencontre successivement les rayons d'un disque à plans ondulés, adapté contre l'une des roues de l'instrument, et tournant avec cette roue ; un ressort placé à droite repousse la barre.

La roulette passant alternativement sur les proéminences et dans les creux de la surface ondulée, il en résulte que la barre d'acier est poussée successivement de droite à gauche.

Les tubes rayonneurs peuvent se hausser ou se baisser à volonté. Il résulte de cette disposition qu'on peut semer même les terres cultivées en billons ; il faudrait cependant, pour obtenir un ensemencement régulier, que les billons fussent mathématiquement établis, tant en largeur qu'en hauteur, ce qui n'est guère possible.

Un avantage que présente encore cet instrument est la commodité pour le conducteur de surveiller le passage de la graine qui coule sous ses yeux dans les tubes.

Ce semoir, qui est employé depuis une quinzaine d'années chez l'inventeur et chez quelques-uns de ses voisins, ne s'est pas encore répandu hors du rayon où il a été inventé. Malgré sa simplicité, il coûte 250 francs.

Semoir Clément (Fig. 106).

Ce semoir, qui est établi sur un principe nouveau et très-rationnel, n'a pas encore fait ses preuves dans la pratique ; néanmoins tout porte à croire qu'il atteindra le but auquel on le destine, sinon mieux, au moins tout aussi bien que les meilleurs semoirs. Il se compose de six trémies A, supportées par une

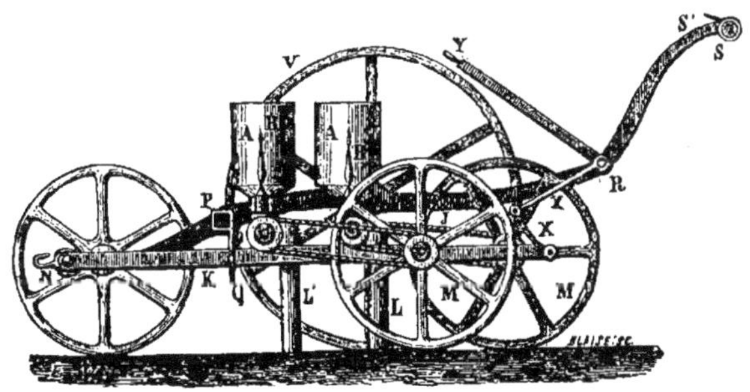

Fig. 106. — Semoir Clément.

boîte cylindrique, qui a un orifice pour l'émission de la graine, dont l'ouverture se règle par un guichet mobile percé d'un orifice semblable, de sorte qu'en descendant le guichet, on diminue l'orifice, et réciproquement.

Le guichet porte à son sommet une section de spire, qui le fait monter ou descendre lorsqu'on tourne à droite ou à gauche un anneau hélicoïdal dont il est pourvu, et à l'intérieur duquel se trouve une spire semblable. A cet anneau est fixée une aiguille B, indiquant sur la trémie le point où on doit cesser de le tourner; lorsque cette aiguille est arrivée sur un des noms de graine inscrits sur la circonférence de la trémie, l'orifice se trouve ouvert de la quantité nécessaire pour l'ensemencement avec la graine indiquée ; ce système évite les tâtonnements et les incertitudes ordinaires à chaque changement de graines.

Dans l'intérieur de la boîte cylindrique se trouve un cône cannelé, qui tourne verticalement et chasse les graines par l'orifice dans un entonnoir, qui surmonte les tubes rayonneurs L'.

Ces tubes sont très-étroits ; ils ouvrent le sillon dans lequel tombe la graine, qui est recouverte immédiatement par la terre qui s'échappe sur les côtés du tube rayonneur.

Des roues en fonte M passent derrière les tubes, et par leur poids compriment la terre sur la graine sans la plomber. Chaque roue supporte l'arrière de l'age K, et imprime un mouvement de rotation aux poulies et chaînes J.

Les ages K, qui sont munis d'une douille N, sont fixés par leur extrémité antérieure sur une barre ronde ; ils sont mobiles et se prêtent aux ondulations du sol. Leur disposition est telle que les ages K et les roues M peuvent agir indépendamment les uns des autres, ce qui donne à ce semoir une marche très-régulière, même lorsqu'on opère sur des terrains accidentés.

Le bâti, en forme de carré, est tout en fer, il est supporté par quatre roues V V. Les côtés sont réunis par trois entretoises en fer, une quatrième entretoise S, qui est en bois, relie les deux prolongements du bâti, et sert d'appui au conducteur pour diriger l'instrument.

L'entretoise P porte des moufles, maintenues par des alidades Q, qui empêchent les ages de dévier, tout en leur laissant la liberté de s'élever ou de s'abaisser, et de suivre les inégalités du sol.

Les ages K se soulèvent et se déterrent au moyen de petits leviers et de petites chaînes X. En soulevant les ages, on arrête instantanément l'émission de la graine.

On soulève tout l'appareil semeur et on empêche l'instrument de fonctionner en attirant le grand levier Y, et le fixant au crochet S. Le semoir est alors prêt à tourner au bout du champ, ou à être transporté sur une autre pièce de terre. Les grands et petits leviers sont fixés sur l'entretoise R.

La traction de cet instrument est très-légère ; un seul cheval de force moyenne suffit pour le faire fonctionner convenablement. Sa largeur étant de $1^{m},20$ à $1^{m},50$, on peut ensemencer de 40 à 50 ares par heure, quelles que soient la graine et la disposition du terrain.

Ce semoir est très-solidement et très-élégamment construit. Nous ne doutons pas que, ce genre d'instrument se propageant, on le verra bientôt figurer parmi les meilleurs.

Les semoirs anglais.

Les semoirs de Garrett, Hornsby, Dray, Smith et fils, qui sont connus en Angleterre sous la dénomination de semoirs du Suffolk, sont tous construits sur le même principe. Ils distribuent les semences au moyen de cuillers placées horizontalement sur le côté de disques fixés sur un arbre horizontal qui traverse la trémie, et qui reçoit le mouvement par un système d'engrenage commandé par une des roues de la machine.

Ils diffèrent encore des semoirs français, ceux de MM. Saint-Joannis et Clément exceptés, par la mobilité et l'indépendance des coutres rayonneurs.

Ils remplissent plus complétement que les semoirs français toutes les conditions exigées pour obtenir un parfait ensemencement. Malheureusement, ils sont d'un prix très-élevé et généralement très-compliqués ; c'est pour ces raisons que, malgré leur supériorité bien évidente, en France on préfère les semoirs plus simples, qui atteignent sinon aussi parfaitement, au moins convenablement le but désiré.

Les semoirs de MM. J. Smith et fils, de Peasenhall, près Hoxfort (Suffolk), sont les plus connus en France, grâce surtout à l'active propagande faite pour le développement de la culture en ligne, par M. Piednue, cultivateur à Dieppe. Ces machines ont subi, depuis soixante ans que MM. Smith s'occupent spécialement de leur fabrication, diverses modifications qui les rendent tout particulièrement recommandables ; entre autres améliorations, ils ont ajouté à leurs semoirs un organe particulier qui permet de changer la roue dentée motrice des cylindres, et par conséquent de varier le débit des graines suivant les exigences.

Les semoirs anglais sont, en réalité, moins compliqués qu'ils le paraissent. M. Fauchet, membre de la Société d'agriculture de la Seine-Inférieure, ardent propagateur de la culture des céréales en lignes, a donné des instructions très-développées sur l'emploi de ces semoirs. « J'ai acquis, dit-il, la certitude que les semoirs du système anglais, c'est-à-dire à socs montés sur des leviers mobiles, sont les seuls qui puissent fonctionner convenablement dans des terres, soit enherbées, soit fumées avec du fumier pailleux, soit dans des défrichements de trèfle et de luzerne, alors surtout que les terres sont humides, sans que la marche de l'instrument se trouve arrêtée par l'oblitération des socs qui servent à la fois à ouvrir le sillon et à couvrir la semence. »

« On a reproché, dit-il plus loin, aux semoirs anglais leur complication apparente ; ce reproche n'est pas mérité, et ne peut être fait que par quelqu'un qui n'a pas fait usage de ces instruments. Quant à moi, je n'y vois aucune pièce à retrancher, et leur construction est telle, que j'ai la certitude qu'ils ne doivent presque jamais avoir besoin de réparation, etc. »

Les semoirs Smith sèment, sur une largeur de 1^{m},28, huit rangs ; à 2^{m},10, treize rangs. Ils coûtent, rendus en gare à Dieppe, de 640 à 840 francs.

Ces constructeurs, en vue de propager leurs instruments en France, ont construit un semoir plus petit. Il n'a que cinq coutres, et coûte, avec le baril à blé et une bascule compresseur, 470 francs.

Presque tous les semoirs anglais sont munis d'une double trémie, disposée de manière à semer l'engrais pulvérulent en même temps que la graine.

Distributeur d'engrais.

Les engrais pulvérulents, tels que guano, noir animal, poudrette, sang sec, etc., ont besoin d'être répandus très-uniformément sur le sol pour produire leur maximum d'effet, et ils doivent aussi être mélangés à la couche végétale pour éviter la déperdition de leurs principes fertilisants.

Pour faire cette opération très-régulièrement, les constructeurs anglais ont imaginé un instrument particulier : c'est le *distributeur d'engrais*.

Plusieurs constructeurs français en fabriquent aujourd'hui ; ils ont plus ou moins modifié le système anglais, et simplifié l'instrument afin d'en diminuer le prix.

Parmi les meilleurs nous mentionnerons celui de M. Pillier, à Lieusaint, qui se vend 250 francs, et celui de M. Jacquet-Robillard, à Arras. Ces instruments sont très-peu répandus en France, où on ne les emploie que très-exceptionnellement ; c'est un grand tort, qui disparaîtra, nous l'espérons, lorsqu'ils seront mieux connus et que l'on aura apprécié les avantages qui résultent de leur emploi.

BINAGES, SARCLAGES ET BUTTAGES.

Il ne suffit pas de préparer la terre par de nombreuses façons, de l'amender et de l'ensemencer convenablement pour obtenir des produits rémunérateurs des nombreux travaux et dépenses qu'ils ont occasionnés, il faut encore, pendant la croissance des plantes, donner des façons à la terre, afin de l'aérer et de la disposer à s'approprier les principes nutritifs contenus dans l'atmosphère et détruire les plantes nuisibles qui vivent aux dépens des végétaux utiles.

Pour exécuter les divers travaux que nécessitent l'aération de la terre et la destruction des mauvaises herbes, tels que les binages, sarclages, ratissages, buttages, on ne s'est servi pendant longtemps que d'outils à main; ces outils sont même encore très-employés dans les petites fermes du nord de la France, où la culture est portée au plus haut degré de perfection, et où la population, qui est essentiellement agricole, ne fait pas défaut. Dans les exploitations plus étendues, et surtout depuis le grand développement de la culture des plantes sarclées, on a dû avoir recours à des instruments plus expéditifs et d'un emploi plus économique. Ce sont ces instruments que nous voulons indiquer après avoir dit quelques mots des outils à main.

Outils à main servant au nettoyage des récoltes.

L'arrondissement de Dunkerque (Nord) est un de ceux où la petite culture est la plus prospère. On y obtient des produits qui passeraient pour fabuleux dans les contrées arriérées du centre de la France. C'est que dans cette contrée privilégiée au point de vue cultural, non-seulement la terre est fertile, mais la population est laborieuse et habile. On y exécute sans trop de dépenses des travaux qu'il serait impossible de faire entreprendre ailleurs n'importe à quel prix. Ainsi, toutes les céréales s'y sèment à la volée, et cependant elles sont toujours binées et sarclées; pour ce travail on se sert d'une petite *binette*, fig. 107. Cet outil est d'un usage général dans le Nord; on s'en sert indistinctement pour tous les petits binages, mais on l'emploie principalement pour celui des céréales et des plantes semées à la volée; la lame a de 0m,06 à 0m,08 de largeur. On emploie aussi, mais plus rarement,

Fig. 107. Binette.

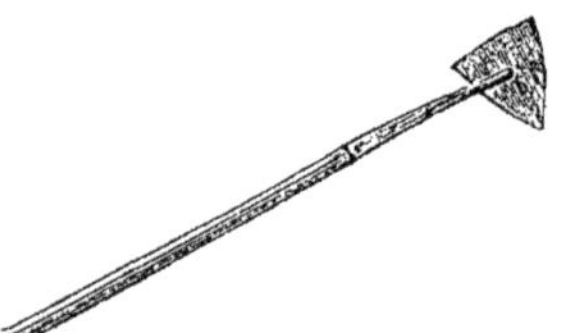

Fig. 108. — Binette triangulaire.

une binette triangulaire que la fig. 108 laisse voir en perspective et la fig. 109 en coupe à une échelle double. On désigne cette espèce de binette sous le nom de passe-partout; l'ouvrier l'emploie debout, tandis que pour se servir de la petite binette, fig. 107, il s'accroupit ou travaille à genoux.

Fig. 109. Vue en coupe

La fig. 110 représente deux houlettes ; la lame du plus petit modèle a 0m,10 de longueur sur 0m,035 de largeur. Elle sert pour couper les plantes fortement enracinées, et principalement le pas-d'âne (*tussilago farfara*). La plus grande

Fig. 110. — Houlettes.

est une houlette à sarcler dont la lame a 0m,15 de longueur sur 0m,055 de largeur.

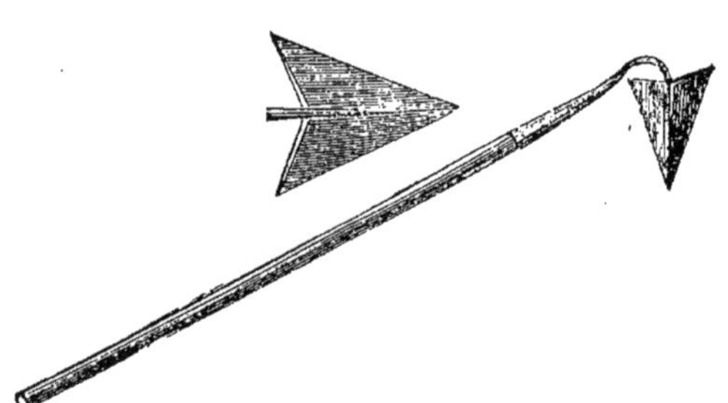

Fig. 111. — Rayonneurs.

La fig. 111 représente un rayonneur. Cet instrument n'est employé que pour des cultures très-restreintes, principalement pour les cultures d'essais et lors-

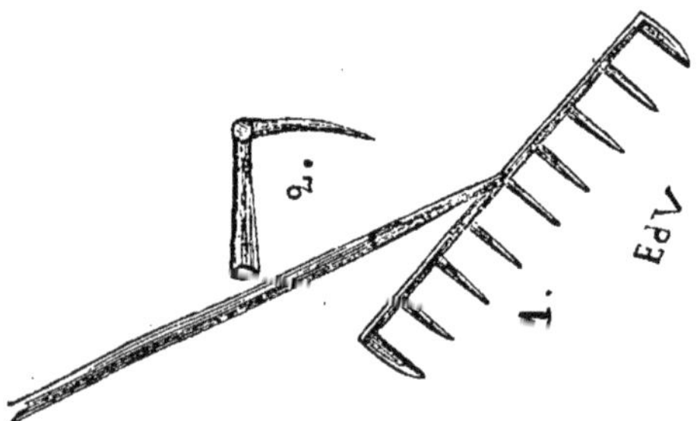

Fig. 112. — Râteau.

qu'on ne peut disposer que d'une petite quantité de graines qui réclament des soins particuliers.

La fig. 112, nos 1 et 2, représente un râteau perfectionné. Il sert pour ratisser les céréales après le binage ; le râtelier est en acier et la douille est en fer. Il a 0m,42 de longueur ; les dents ont 0m,10 de longueur, et les deux dents extérieures sont aplaties et tranchantes, ce qui permet de couper avec facilité les mauvaises herbes qui n'auraient pas été enlevées par le sarclage. Le no 1 représente le râteau, et le n° 2 est une coupe par le milieu du même râteau laissant voir la forme des dents.

Fig. 113.
Binette ordinaire.

La binette ordinaire, fig. 113, sert indistinctement pour les travaux de binage et de sarclage ; elle est très-employée pour le sarclage des betteraves, carottes, etc. Il est essentiel qu'elle soit toujours bien coupante.

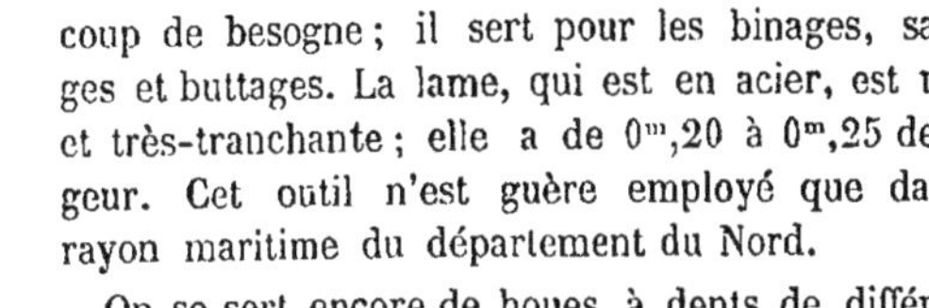

La grande houe à main, fig. 114, est très-employée pour la culture des pommes de terre. Avec cet outil les ouvriers adroits et forts expédient beaucoup de besogne ; il sert pour les binages, sarclages et buttages. La lame, qui est en acier, est mince et très-tranchante ; elle a de 0m,20 à 0m,25 de largeur. Cet outil n'est guère employé que dans le rayon maritime du département du Nord.

Fig. 114.
Grande houe à main.

On se sert encore de houes à dents de différentes formes ; mais ces outils se trouvant dans toutes les localités, nous n'avons pas à nous en occuper.

Instruments mus par des chevaux servant au nettoyage des récoltes.

Les instruments qui servent au nettoyage des récoltes peuvent être divisés en deux sections, suivant qu'ils nettoient plusieurs lignes à la fois ou qu'ils opèrent seulement entre deux lignes de plantes ; on désigne les premiers sous le nom de bineuses, et les seconds sous celui de houes à cheval.

Les bineuses.

Ces instruments, principalement lorsqu'ils sont destinés au nettoyage des céréales, exigent une grande précision de construction et doivent être munis d'appareils de direction prompts et énergiques, la moindre déviation de l'instrument pouvant détruire des lignes entières de plantes à sarcler ; de plus il est essentiel que les couteaux sarcleurs soient indépendants et qu'ils pénètrent dans la terre chacun séparément en vertu de son propre poids, de façon que, quelles que soient les inégalités du sol, les couteaux pénètrent toujours de la même profondeur, en admettant toutefois que la terre ait la même contexture et la même consistance. Ces instruments sont très-employés en Angleterre ; en France, où les terres sont moins bien préparées, leur usage n'est pas apprécié comme il devrait l'être. On commence cependant à s'en servir pour la culture des plantes sarclées.

Bineuse Garrett.

Cet instrument est incontestablement le meilleur et le plus complet que l'on connaisse pour le binage des céréales. Il nettoie sur une largeur de 1m,40 à 2m,40, et peut être disposé pour le nettoyage des plantes sarclées autres que les céréales ; mais ce nettoyage, qui exige moins de précision, peut être obtenu avec des instruments beaucoup plus simples et par conséquent d'un prix moins élevé. Cette bineuse, jusqu'à présent sans rivale, convient tout particulièrement aux grandes exploitations qui veulent adopter la culture des céréales en lignes.

Bineuse de M. W. Smith.

Cet instrument, quoique moins parfait que le précédent, n'est pas moins très-apprécié, même en Angleterre ; les couteaux sont solidaires et fixés entre deux barres horizontales et parallèles, qui sont divisées en crémaillères à crans égaux, dans lesquels entrent en partie les tiges porte-couteaux qui sont fixées au moyen d'étriers à vis de pression. Cette bineuse n'opérant que sur 1m20, à 1m,30 de largeur et ne devant fonctionner que sur une terre bien préparée, l'inconvénient résultant de la rigidité des couteaux est moins grand que dans les

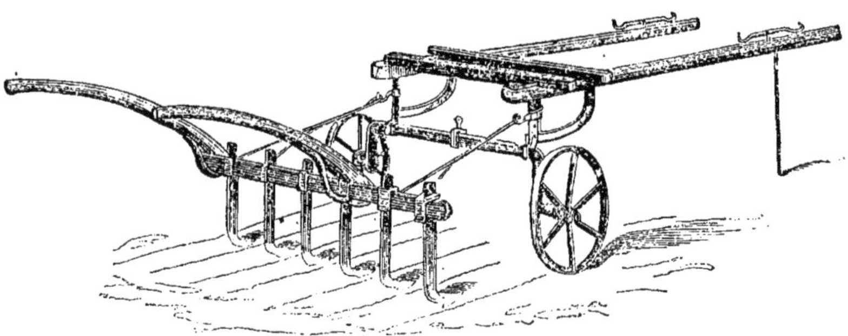

Fig. 115. — Bineuse Smith, construite par M. Laurent.

instruments plus larges. De plus, cette disposition des pieds fixés sur des traverses augmente sa stabilité.

L'avant-train qui porte les brancards, et qui est monté sur deux roues, est relié à l'arrière-train qui porte les couteaux au moyen de deux tiges obliques portées sur des crochets, de sorte que l'appareil bineur jouit d'une grande mobilité.

Cette bineuse, particulièrement destinée au binage des céréales, peut, au moyen d'un changement facile, servir à celui de toutes les autres plantes semées en lignes.

Elle figurait au concours général de 1860, présentée par M. Piednue, de Dieppe, et coûte 550 francs.

M. Laurent, à Paris, construit une bineuse (fig. 115) fondée sur le même principe quant à l'attache de l'arrière-train à l'avant-train, mais qui ne porte qu'un rang de couteaux. Cette simplicité doit nuire à la bonté du travail, qui ne peut pas être complet. Cette bineuse se vend 200 francs.

Bineuse Hamoir (Fig 116).

La houe à cheval, ou bineuse de M. Gustave Hamoir, se compose d'une limonière en bois, terminée par un châssis A B C D qui repose sur un essieu garni de ses roues. Aux deux points E et F de l'essieu sont placés deux tourillons à charnière, permettant un mouvement vertical et un horizontal. Les deux bielles parallèles qui y sont fixées par une extrémité et dont les autres bouts en se prolongeant, forment les mancherons, supportent la barre d'attache I J, qui est aussi garnie de deux boulons qui permettent à cette barre un mouvement horizontal, tout en la maintenant toujours parallèle à l'axe de l'essieu. Ces quatre parties, l'essieu, les deux bielles E et F et la barre d'attache, forment

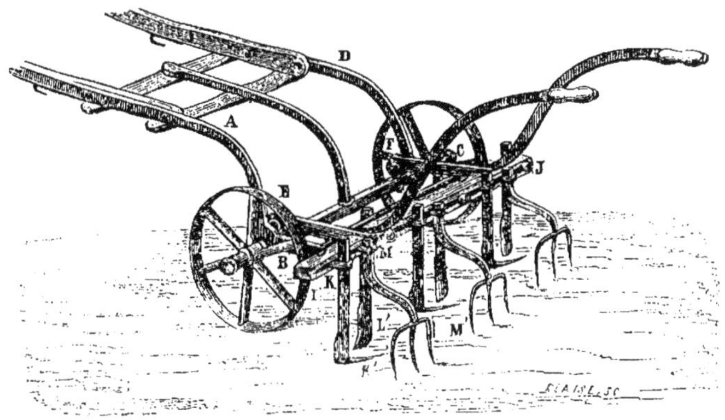

Fig. 116. — Bineuse Hamoir.

ainsi un parallélogramme mobile, qui permet de faire opérer à toutes les lames un mouvement rectiligne de droite à gauche et de gauche à droite de $0^m,30$ à $0^m,40$.

La barre d'attache se compose de deux pièces parallèles, laissant entre elles un espace vide dans lequel se meuvent des boulons à lunette qui saisissent la tige des outils qu'on veut y placer et les maintiennent fixes à l'écartement qu'on veut leur donner. Ces outils peuvent être, comme dans la figure ci-dessus, des lames de fer recourbées qui coupent la racine des mauvaises herbes à $0^m,01$ ou $0^m,02$ de la surface du sol. Chaque série, composée de deux lames K' L', embrasse toute la largeur d'une route; elles sont suivies d'un trident M', destiné à ramener à la surface du sol les herbes coupées. On peut les remplacer par des petites dents de scarificateurs ou même de butteurs, suivant les fonctions qu'on veut leur faire remplir.

Dans la fig. 116 l'instrument est disposé pour le binage des betteraves; pour les céréales, on ne laisse habituellement qu'une lame par route et on donne l'écartement nécessaire pour que la plante passe entre deux. On peut faire suivre chaque lame d'une dent ou d'un bident, suivant la largeur des routes, pour déplacer l'herbe coupée.

L'entrure des dents dans le sol est limitée par la partie B C du châssis qui supporte les deux bielles E G et F H. La résistance qu'oppose ce léger frottement et la résistance du sol sont les seules forces à vaincre pour produire le mouvement; c'est assez dire qu'elles sont insignifiantes; aussi, la plupart du temps, l'homme manœuvre-t-il l'instrument d'une seule main.

On comprend que par ce mouvement de parallélogramme, les outils fonctionnant sont rendus indépendants des écarts du cheval. De plus, le mouvement de charnière double de l'essieu permet, pour le cas où une pierre ou un embarras de telle nature que ce soit se présente, de relever tout le système et de suspendre le fonctionnement.

Ce mouvement permet encore de renverser la barre d'attache et de la poser sur la partie courbe du châssis. Ainsi disposé, l'instrument se rend au champ sans avoir à craindre le moindre inconvénient des pierres ou des mauvais chemins.

Un petit cheval, un bardeau, un âne même suffit pour la traction de cet instrument; un enfant conduit l'animal par la bride et un homme dirige le travail. Dans sa construction actuelle il embrasse $1^{m},40$ de largeur de terrain, et peut biner le nombre de routes que l'on voudra placer dans cet espace.

Les roues sont en fonte; le moyeu, plus saillant de $0^{m},05$ d'un côté que de l'autre, permet, en le retournant, de déplacer la trace qui pourrait approcher la plante que l'on bine.

Cet instrument peut travailler de 3 à 4 hectares de terre avec un homme exercé et un cheval marchant bon pas. Il est très-léger, peu encombrant, d'une conduite facile, ne demandant de la part du cheval ou de la part de l'homme que très-peu d'efforts. Il coûte 140 francs. Ce prix est extrêmement minime en comparaison de celui des bonnes houes anglaises qui coûtent de 7 à 800 francs et demandent deux chevaux. Avec la houe Hamoir on peut faire autant de travail qu'avec les instruments anglais qui sont extrêmement compliqués et on l'égale en perfection.

Elle s'est beaucoup répandue depuis quelques années, et bon nombre de personnes qui en ont fait usage nous ont témoigné leur satisfaction.

Cette houe à cheval, qui a été placée au premier rang dans l'appréciation du jury de l'exposition universelle de 1855, a obtenu un troisième prix à l'exposition générale agricole, en 1856, et le deuxième prix en 1860.

Bineuse Redier (Fig. 117).

Cet instrument peut, au moyen des modifications qu'il reçoit par la disposition différente des parties qui le composent, servir alternativement de bineur, de scarificateur, de rayonneur, etc.; il est aussi d'un bon emploi pour la plantation des pommes de terre, et outre l'économie de temps que l'on réalise, il permet de planter à une profondeur égale et telle qu'on la désire.

Le bineur inventé par M. Redier, et que nous représentons fig. 117, se compose des pièces suivantes :

1. Châssis en fer plat et d'une seule pièce sur lequel vient se relier tout l'ensemble de l'instrument.

A, l'entretoise ; A', les décrottoirs.

Fig. 117. — Bineur Redier.

2. Brancards en bois fixés au châssis par des boulons B; ils se relèvent ou se baissent au moyen de la coulisse des oreilles C, ce qui permet de donner plus ou moins d'entrure aux socs. C', chevilles en fer auxquelles on suspend les socs de rechange et clefs pour serrer les écrous.

3. Le train, composé de deux roues D, en fer, et leur essieu E; celui-ci ne tient à l'instrument que par les deux bras mobiles du levier; sur chacune des extrémités de l'essieu se trouvent trois rondelles F, qui, suivant qu'elles sont placées en dehors ou en dedans des roues, servent à les écarter ou à les rapprocher entre elles.

4. Le levier est composé de deux bras G, d'une traverse H qui les relie, et

d'un grand bras en forme de col de cygne I terminé par une poignée, qui sert à relever l'instrument pour le conduire aux champs et, pendant le travail, lorsqu'on veut tourner ou que l'on a besoin de nettoyer les socs. Articulée sur le grand châssis au moyen de la tringle J, son extrémité K monte et descend le long du porte-fouet et se fixe à la hauteur que l'on désire au moyen de la cheville L.

5. Porte-fouet; il est percé, dans sa longueur, de trous destinés à recevoir la cheville sur laquelle le levier doit venir se reposer.

6. A droite du porte-fouet, à proximité de la main du laboureur, se trouve une gaîne destinée à porter la curette.

7. Becs de corbin, au nombre de quatre, servant à tenir le châssis mobile sur le grand bâti.

8. Parallélogramme en fer, carré, formant le châssis mobile sur lequel viennent se fixer, au moyen de chapes N, les tiges du porte-soc M, et les mancherons au moyen des pivots O, qui sont eux-mêmes fixés sur l'entretoise P du châssis mobile.

9. Mancherons qui sont fixés par leur extrémité inférieure au moyen des pivots Q rivés au grand châssis; ils prennent en O un point d'appui sur le châssis mobile, et suivant qu'on les appuie à droite ou à gauche, le châssis mobile et les socs glissent du même côté. Les mancherons, outre qu'ils sont un point d'appui pour le laboureur, servent à fixer les cordeaux dans leurs anneaux R.

L'instrument se complète par quatre porte-socs, et par des socs de diverses formes et dimensions en rapport avec le genre de travail que l'on veut exécuter. La fig. 117 représente l'instrument installé pour le déchaumage; pour le transformer en rigoleuse, on supprime des dents et on place celles qui doivent former la raie à l'écartement voulu. Pour biner, on remplace les dents étroites et fortes du déchaumeur par des plaques triangulaires ne coupant que d'un seul côté, et on les dispose de manière à laisser libre la ligne des plantes. Pour la plantation des pommes de terre, on ajoute au porte-soc qui ouvre la terre un tube évasé en tôle dans lequel il suffit de jeter la pomme de terre qui tombe dans la raie ouverte par le soc, et qui est aussitôt couverte par la terre que soulèvent deux socs latéraux qui sont munis de versoirs.

Avec cet instrument attelé d'un seul cheval, un homme et une femme plantent un hectare de pommes de terre par jour.

On peut se servir du même instrument pour le buttage; pour le transformer en butteur, on supprime le soc du milieu et on règle ensuite la distance des socs munis de versoir suivant l'écartement des lignes.

Il suffit d'ailleurs de voir l'instrument pour comprendre immédiatement toutes les ressources qu'il offre pour les cultures légères, telles que buttages, binages, etc. Le prix du modèle de moyenne dimension, et c'est le seul que nous conseillons, est de 250 francs.

Houes à cheval.

Les houes à cheval proprement dites ne diffèrent des bineuses, que l'on nomme aussi houes à cheval, qu'en ce qu'elles ne nettoient qu'une seule ligne à la fois. Leur construction est plus simple, elles exigent moins d'attention pour leur direction, et peuvent fonctionner convenablement dans des terres moins bien préparées; elles conviennent pour la moyenne et la petite culture, et elles sont pour ainsi dire le complément obligatoire de toute bonne culture, et indispensables dans un assolement où les plantes sarclées ont une large part.

Ces instruments servent comme les bineuses à remplacer le travail de la main pour le binage des plantes sarclées; ils n'exigent qu'un seul cheval, et celui-ci s'accoutume bientôt à marcher entre les lignes des plantes.

La précaution la plus importante pour la réussite des cultures avec la houe à cheval consiste à l'employer à propos, c'est-à-dire lorsque les herbes que l'on veut détruire sont encore petites et que la terre n'est pas trop desséchée.

Lorsque la terre est trop dure ou que les herbes sont trop longues et trop enracinées, l'instrument fonctionne mal et irrégulièrement, et l'on n'obtient plus qu'un mauvais travail. Il est donc important de saisir le moment propice pour employer la houe à cheval, le cultivateur attentif et intelligent saura toujours en profiter; et comme on peut expédier 1 hectare et 1/2 par jour avec un seu cheval, il suffit de peu de temps pour cultiver une grande partie de terrain.

Lorsque la surface de la terre a été ameublie par un premier binage, elle ne se durcit plus aussi facilement; s'il survient de la pluie, on doit veiller à ce qu'il ne se forme pas une nouvelle croûte, ce qu'on empêche en donnant une nouvelle culture. On doit éviter toutefois de toucher à la terre pendant qu'elle est trop humide, car alors on ferait plus de mal que de bien; on a reconnu aussi que les binages sont d'autant plus favorables qu'ils sont donnés en terrain plus sec, sans néanmoins attendre, comme nous l'avons déjà dit, que le terrain soit complétement desséché, car alors l'instrument ne pourrait plus fonctionner.

La houe à cheval accomplit un travail plus énergique que la houe à main parce que les lames pénètrent plus profondément; pourtant son action doit être complétée par un sarclage à la main pour arracher les plantes là où l'instrument n'a pu les atteindre; mais alors le travail est infiniment moins long, l'instrument pouvant, lorsqu'il est bien conduit, faire les trois quarts de la besogne.

Pour conduire la houe à cheval le laboureur ne doit jamais s'engager entre les mancherons; il vaut mieux en être assez éloigné pour que la houe se soulève instantanément, en tirant sur les mancherons lorsqu'elle dévie trop et que l'on risquerait de couper les plantes que l'on bine. Le cheval tirant d'un côté et le conducteur de l'autre, on comprend que l'instrument sera soulevé et pourra, par un léger mouvement, être reporté au centre de la ligne.

Peu d'instruments sont aussi variés de formes que les houes à cheval. Les premières étaient de petites herses munies de mancherons pour les diriger; plus tard elles furent disposées de manière à pouvoir s'ouvrir et se fermer suivant l'écartement des lignes où elles devaient passer. Enfin les dents furent transformées en couteaux, en petits socs, en pieds d'extirpateur, etc.

Houe à cheval de Mathieu de Dombasle.

Elle est composée, comme on peut le voir dans la fig. 118, d'un age qui porte à l'une de ses extrémités le régulateur, et à l'autre un étrier à vis de pression dans lequel passent deux bandes de fer tenues aux *ailes*, ce qui permet de les écarter ou de les rapprocher et de les fixer. Les *ailes* sont attachées à l'age vers le milieu de sa longueur; elles portent les *pieds bineurs* et les *mancherons* au moyen desquels l'ouvrier dirige l'instrument. Il résulte de cette disposition que la houe peut donner des façons entre des lignes de plantes distancées de 0m,45 à 0m,85.

Fig. 118. — Houe à cheval Dombasle.

Dans son état ordinaire, la houe porte cinq pieds, savoir: un soc triangulaire placé sous l'age et quatre couteaux recourbés en forme d'équerre, les pointes dirigées vers l'intérieur de l'instrument, fixés sous les ailes; les deux couteaux qui sont placés en avant sont un peu plus courts que les deux autres. Lorsqu'on travaille entre des lignes distantes de moins de 0m,55, il suffit de laisser deux couteaux, un sur chaque aile; on enlève alors le premier sur une aile et le second sur l'autre. Par cette disposition on évite que les pointes placées vis-à-vis l'une de l'autre se croisent et s'engorgent.

Le régulateur se compose simplement d'une chape fixée à la tête de l'age par un boulon qui lui sert d'axe pour faire un mouvement de bascule, et d'un crochet auquel s'attache le palonnier ou la chaîne de tirage.

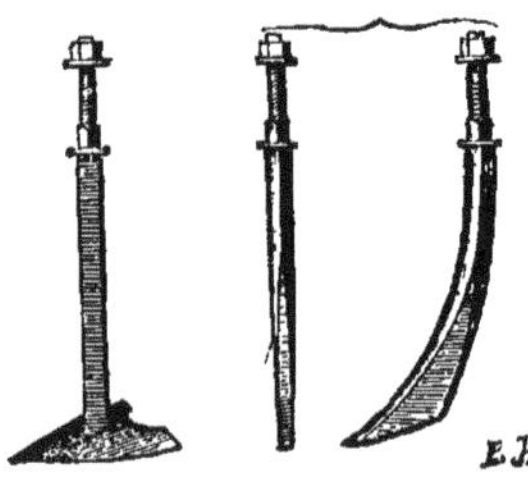

Fig. 119. — Dents de rechange de la houe à cheval Dombasle.

Cet instrument peut, au moyen de pieds de rechange en forme de pieds de scarificateur, mais plus petits (fig. 119), servir pour donner à la terre une façon plus énergique que le binage.

Pour transporter la houe à cheval d'un lieu à un autre, on la couche sur le côté et on la pose sur le traîneau qui sert au transport des charrues.

Cet instrument, avec cinq pieds et régulateur, pèse 4 kilog. et coûte 48 francs.

Le même, avec une petite roue appliquée sous l'age, pèse 60 kilog. et coûte 55 francs.

Les cinq pieds forme de scarificateur, pour les cultures profondes dans les sols durcis, pèsent 9 kilog., et coûtent 12 francs, pris à Nancy à la fabrique de MM. de Meixmoron-Dombasle fils et N. Noël.

Houe à cheval de M. Bodin (Fig. 120).

Cet instrument est construit sur le même principe que celui de M. de Dombasle ; il porte fixé sous l'age un soc triangulaire muni d'un arc-boutant, et quatre couteaux recourbés fixés aux ailes.

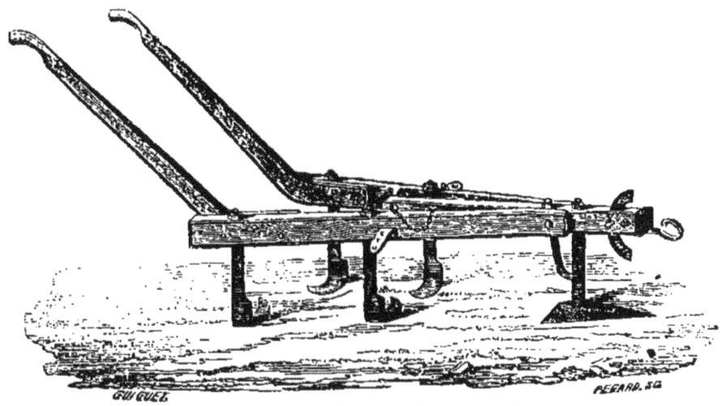

Fig. 120. — Houe à cheval Bodin.

M. Bodin construit aussi une houe à cheval entièrement en fer; elle ne diffère du reste de celle que nous figurons que par le bâti qui est en fer au lieu d'être en bois.

La houe à cheval avec bâti en bois coûte 45 francs.
Celle avec bâti en fer.................... 70

Nouvelle houe à cheval de M. Bodin (Fig. 121).

Le nouvel instrument dont vient de s'enrichir la collection d'instruments de M. J. Bodin, diffère, quant au principe, de la houe dite de Dombasle. Dans la nouvelle houe à cheval de M. Bodin, la largeur du bâti est invariable, le soc et les quatre couteaux sont fixés contre les entretoises du bâti au moyen d'étriers à vis de pression; le soc est composé d'un pied aciéré dans lequel on glisse une lame que l'on fixe au moyen d'une clavette ; cette disposition, que la fig. A fait comprendre, permet de changer la lame sans démonter le pied. Les deux pieds intermédiaires se terminent en forme de fer de lance, ils ouvrent le sol et facilitent le travail aux couteaux qui les suivent. La fig. B donne la forme de la partie tranchante des couteaux, et la fig. C celle des pieds intermédiaires; les pieds et les couteaux se fixent à l'écartement désiré.

Le bâti a $1^m,10$ de longueur sur $0^m,52$ de largeur à la partie postérieure. Il est muni à l'avant d'une roue qui augmente la stabilité de l'instrument, et d'un crochet d'attelage; il porte, attachés vers le milieu des côtés, deux mancherons qui sont de plus consolidés et maintenus par deux supports en arc de cercle.

Cet instrument ne peut biner que sur une largeur de moins de 0m,50, à moins de changer la disposition des couteaux en les posant la pointe de la lame en dehors; il faudrait alors mettre des couteaux intermédiaires, toutefois cette disposition serait mauvaise et ne saurait être recommandée. En simplifiant l'ins-

Fig. 121. — Nouvelle houe à cheval de M. Bodin.

trument, l'intention du constructeur ne peut avoir été que d'en diminuer le prix, en le laissant applicable dans le plus grand nombre des cas; il est rare en effet que dans la culture des plantes sarclées, surtout en petite et en moyenne exploitation, l'écartement des lignes dépasse 0m,65 d'axe en axe, ce qui laisserait au plus 0m,50 à biner.

Cette houe, qui est solidement construite, ne coûte que 55 francs prise à Rennes.

Houe à cheval, système Howard (Fig. 122).

Cet instrument, que nous représentons fig. 122, est construit tout en fer. Il se compose d'un châssis terminé par deux mancherons; ce châssis est traversé par un age relevé à la partie antérieure et à l'extrémité duquel est placée une barre de fer horizontale tournant librement autour d'un boulon vertical qui traverse l'age. Cette barre de fer porte deux tiges supportant deux roues; les tiges sont maintenues contre la barre transversale au moyen d'étriers et fixées par des vis de pression; elles peuvent se rapprocher ou s'écarter à volonté de manière à ne pas passer sur les lignes des plantes. Cette disposition donne une grande stabilité à cet instrument, et c'est la condition essentielle à rechercher dans les houes à cheval.

L'instrument est de plus muni d'un soc horizontal et tranchant fixé sur l'age, de deux pieds en forme de dents de scarificateur fixés sur une entretoise intermédiaire, et de deux couteaux à lame recourbée fixés contre l'entretoise postérieure.

A l'arrière, MM. Howard ont ajouté une herse traînante formée de deux traverses en double courbe assemblées au milieu de leur longueur par un boulon-axe auquel est attachée une chaîne suspendue à un levier dont le bout est placé entre les mancherons à portée de la main du conducteur. Chaque traverse porte quatre dents; cette herse peut s'élargir ou se rétrécir suivant les nécessités du travail, elle est destinée à ramener à la surface les plantes coupées par les couteaux ; lorsqu'elle est chargée d'herbes, le conducteur la débarrasse en la soulevant au moyen du levier.

Plusieurs constructeurs français fabriquent cet instrument : entre autres nous citerons M. Laurent, à Paris, qui le vend 120 francs, et M. Legendre, à Saint-Jean-d'Angély.

Fig. 122. — Houe à cheval Howard avec herse.

MM. Clubb et Smith, de Londres, qui ont un dépôt de leurs instruments à Paris, rue Fénelon, 9, construisent une houe à cheval établie sur le système Howard, mais ne portant qu'un soc, deux couteaux et une roue, qu'ils vendent 80 francs.

Au concours général de Paris de 1860 il figurait soixante-douze houes et buttoirs.

Nous pourrions donc encore en citer un grand nombre, mais toutes sont établies sur les mêmes principes.

Ce que l'agriculteur doit rechercher dans ces instruments, c'est la simplicité, la solidité, le bon ajustage des pièces travaillantes et surtout la stabilité de l'instrument.

Sarcloir pour la vigne (Fig. 123).

Ce sarcloir a été inventé par M. Cazalis-Allut pour le sarclage des vignes ; nous l'avons vu employer avec succès chez M. Sabatier d'Espeyran, près Saint-Gilles-du-Gard. La figure très-exacte que nous donnons de cet instrument le fera non-seulement comprendre, mais permettra de le faire construire partout où on trouve un charron et un maréchal. Il se compose d'une lame triangulaire tranchante dont les côtés ont $0^m,68$ de longueur, et le sommet $0^m,62$ d'ouverture; cette lame s'applique solidement sur un sep qui porte un étançon antérieur de $0^m,43$ de hauteur; l'étançon postérieur se prolonge en mancheron, et porte à environ $0^m,30$ de hauteur une plaque percée de trous; c'est sur cette plaque qui sert de régulateur que vient s'arrêter l'extrémité de l'age qui n'est autre que le prolongement des brancards. Cet instrument ne coûte que 35 francs.

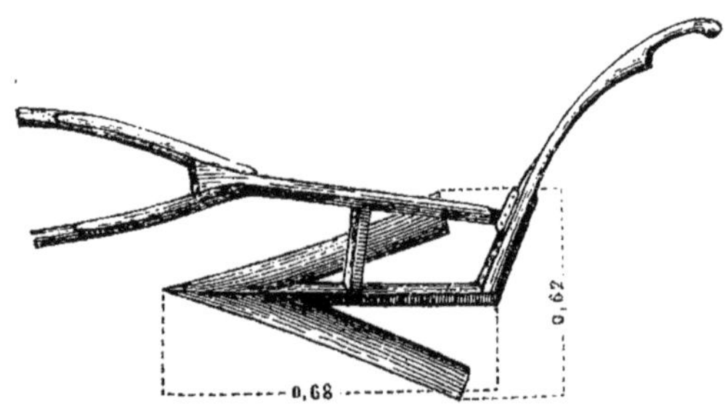

Fig. 123. — Sarcloir pour la vigne.

Des Butteurs ou Charrues à deux versoirs.

Malgré les avantages que présente l'emploi des butteurs, ces instruments ne paraissent pas prendre une grande extension ; pourtant ils ont leur raison d'être et rendent de véritables services lorsqu'ils sont employés convenablement.

En général, le butteur ne doit être employé que dans des terres déjà remuées par la charrue. Il est principalement destiné à amonceler la terre au pied de certaines plantes, telles que pommes de terre, maïs, choux, rutabagas, betteraves cultivées sur ados, colzas, etc. Avec cet instrument le buttage se fait presque aussi bien qu'à la main, il s'opère beaucoup plus promptement, surtout plus économiquement, et d'autant mieux que la terre est plus meuble; il est donc très-utile de le faire précéder par un binage à la houe à cheval si l'on veut obtenir un travail convenable.

Il sert à tracer des raies d'écoulement dans les champs emblavés; pour cette opération il est de beaucoup préférable aux charrues ordinaires dont on se sert le plus souvent, parce que la charrue ne peut rejeter la terre qu'elle soulève que d'un seul côté, et qu'alors cette terre forme un barrage et empêche l'eau d'arriver jusque dans la raie, tandis qu'avec le butteur ou charrue à deux versoirs la terre est également répartie des deux côtés de la raie et l'assainissement a lieu plus promptement. Il est vrai qu'il reste encore des deux côtés une petite éminence ou arête qui nuit à l'écoulement des eaux, et qui rassemble avec la terre relevée une assez grande quantité de semence, mais on peut parer complétement à ces inconvénients en ajoutant au buttoir le rabot de raies imaginé par M. de Dombasle, qui consiste en deux légères pièces de bois courbes réunies par deux entretoises disposées en croix de Saint-André, fig. 125 ; on attache le rabot aux oreilles du butteur par deux petites chaînettes, en ayant soin de laisser un peu plus de longueur aux chaînettes dans les terres fortes que dans celles qui sont sableuses, parce que dans le premier cas le rabot doit agir par son poids.

Avec cet appareil la terre sortie des raies est étendue très-régulièrement sur les deux côtés de la planche.

Quelques agriculteurs éminents, et entre autres Mathieu de Dombasle, ont regardé le buttage des pommes de terre comme inutile et même comme nuisible. Leur opinion est certainement d'un grand poids, et cependant il est prouvé par de nombreuses expériences que le buttage des pommes de terre, fait convenablement et en temps opportun, est une opération très-favorable au développement des tubercules. Cette contradiction apparente entre une longue pratique et l'opinion d'agriculteurs distingués, ne peut provenir que des conditions différentes dans lesquelles les expériences ont été faites. En effet, si dans un sol dur et mal préparé on enfonce profondément le butteur et qu'on ramène au pied des plantes de la terre en grande quantité et en mottes, les raies ouvertes par le butteur seront très-profondes, et les plantes resteront sur une élévation exposées aux ardeurs du soleil, emprisonnées dans un sol dur que la pluie ne pourra pénétrer. On comprend que dans de telles conditions le buttage soit une opération plutôt nuisible qu'utile. Mais si, au contraire, avant de butter, le sol a été ameubli et nettoyé avec la houe à cheval, et qu'ensuite on ramène de la terre meuble au pied des plantes, le billon sera accessible à l'air et à la pluie, les mauvaises herbes seront détruites, les racines profiteront de la fertilité de la nouvelle terre, les tubercules se développeront mieux, et l'arrachage des pommes de terre sera plus facile. Pratiqué dans ces conditions le buttage est extrêmement favorable et augmente notablement les produits, tandis que fait sans discernement il peut devenir nuisible.

Le butteur peut aussi être avantageusement employé à l'arrachage des pommes de terre ; alors il est nécessaire d'enlever le coutre, puis on fait passer la pointe du soc sous les lignes de pommes de terre, la terre se trouve rejetée des deux côtés par les versoirs, et la plus grande partie des tubercules est mise à nu ; il n'y a plus qu'à les ramasser et à donner un coup de crochet pour découvrir ceux qui restent sous la terre remuée. Ce moyen est employé avec succès et économie chez M. Bodin, à l'école d'agriculture des Trois-Croix ; pour faciliter le travail, on le fait d'abord de deux rangs l'un, puis les autres rangs sont repris lorsque les premiers sont entièrement terminés. On se sert encore du butteur pour chausser la vigne.

Les butteurs sont de véritables charrues araires ; ils ne peuvent être munis d'avant-trains puisque c'est, la plupart du temps, entre les lignes des plantes et au fond des raies qu'ils doivent fonctionner ; cependant quelques constructeurs ont ajouté sur le devant de l'age une petite roue qui sert de point d'appui et facilite la conduite de l'instrument.

Ils sont composés, comme les charrues, d'un age, d'un régulateur, d'un avant-corps disposé en gorge, d'un étançon, d'un sep et d'un soc; ils ont deux versoirs, et ces versoirs sont munis de charnières de manière à pouvoir s'écarter ou se rapprocher et faire une raie plus ou moins large, Destiné à ouvrir une raie étroite au fond et large du haut, le soc doit être en forme de fer de lance arrondi à la surface et pas plus large que le fond de la raie qu'on veut ouvrir; la forme des versoirs doit être contournée, de manière à soulever et écarter la terre, et non à la renverser comme le font les charrues.

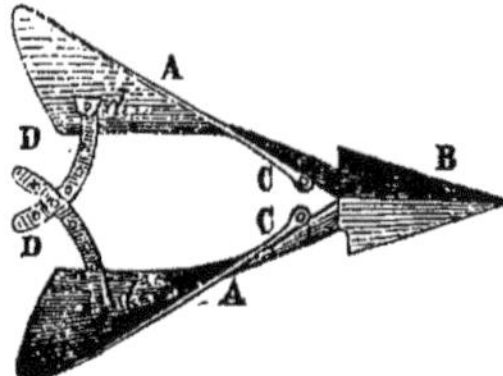

Fig. 124. — Corps du butteur.

De plus, afin de diminuer la résistance, les versoirs doivent être relevés inférieurement à la partie postérieure. La fig. 124 fait voir la disposition des versoirs et du soc. AA sont les deux versoirs rattachés à l'avant-corps par les charnières C; B est le soc et D les tiges libres qui entrent dans l'étançon et qui servent à élargir ou à rapprocher la partie postérieure des versoirs.

Au concours général de Paris il y avait peu de butteurs; nous avons tout particulièrement remarqué celui de M. Bodin, de Rennes, présenté par M. Peltier, de Paris, que nous représentons fig. 125.

Fig. 125. — Butteur avec rabot de raie, de M. Bodin, de Rennes.

Cet instrument est bien établi et de manière à exiger très-peu de tirage. Son prix n'est que de 45 francs; le rabot de raies coûte 12 francs.

Le butteur de M. Laurent, de Paris, est une bonne copie de celui construit par Howard en Angleterre, et qui avait obtenu le premier prix au concours universel de 1856. La partie inférieure des versoirs est moins relevée que dans le butteur de M. Bodin, ce qui doit augmenter un peu plus le tirage; le soc est plus plat, il n'a pas de coutre, mais il est muni d'une chape et d'une roue qui donne de la stabilité à l'instrument et facilite sa conduite, surtout dans les contrées où on se sert habituellement des charrues avec avant-train. Son prix est de 65 francs y compris la chape et la roue.

Nous pourrions encore citer les butteurs de M. de Meixmoron-Dombasle, dont les prix varient de 45 à 65 fr., suivant la force; celui de Clubb et Smith entièrement en fer, du prix de 90 francs; celui de Legendre, de 35 francs; celui de Rivaud, de 60 francs, et celui de Grignon, qui coûte 55 francs ; mais ces instruments n'offrent rien de particulier.

Nous devons encore mentionner un butteur destiné tout spécialement à couvrir les planches de garance à l'entrée de l'hiver. Cet instrument, que la figure 127 fera très-bien comprendre, a été inventé par M. le marquis de Balincourt, qui s'en sert avec grand profit depuis une douzaine d'années dans sa culture de garance située à Lamothe (Vaucluse).

Fig. 126.— Butteur avec roue et chape, de M. Laurent.

Il diffère des butteurs que nous avons décrits par la forme de ses versoirs et par deux râteaux destinés à égaliser les terres soulevées par les versoirs.

Les versoirs, au lieu d'être allongés et contournés en forme hélicoïdale, comme dans les butteurs et les charrues ordinaires, sont au contraire très-élevés en

Fig. 127.— Butteur pour la culture de la garance, inventé par M. le marquis de Balincourt.

forme de cœur, et présentent une courbure cycloïdale de manière à soulever la terre; l'extrémité supérieure est un peu réfléchie de façon à laisser échapper la terre ramenée à la hauteur de la planche à chausser; elle est ensuite égalisée par des râteaux qui sont placés dans deux traverses fixées sur l'age; on donne à ces râteaux plus ou moins de hauteur et d'écartement.

Une forte arête appliquée au point de division des versoirs oblige la terre à se diviser également ; le soc est très-fort et suit la même courbe que les versoirs.

Pour bien comprendre le travail de cet instrument, il est nécessaire de se rendre compte de la disposition de la culture de la garance.

Dans le département de Vaucluse, la garance est cultivée sur des planches de $0^m,60$ de largeur, divisées entre elles par un espace vide ou allée de $0^m,30$. A l'entrée de l'hiver, pour mettre les racines à l'abri de la gelée, on est obligé de couvrir les plantes, et pour cela on prend la terre des allées ; cette opération a pour résultat non-seulement de garantir les plantes du froid, mais encore de les assainir. Ce travail s'exécute généralement à bras d'homme et coûte au minimum 19 francs par hectare ; de plus, au moment où cette opération se pratique, les bras deviennent fort rares, et souvent on est obligé de la retarder, ce qui peut devenir dangereux. C'est cette position souvent difficile pour les grands propriétaires qui a suggéré à M. le marquis de Balincourt l'idée d'un instrument pouvant opérer plus promptement et surtout plus économiquement. Avec le butteur attelé de trois chevaux et avec deux hommes pour conduire l'attelage et l'instrument et un homme pour niveler et donner le dernier coup de main, ce qui représente une dépense de 15 francs, on peut chausser 3 hectares par jour ; c'est donc une économie de 75 0/0 de la dépense ; de plus, on ne craint pas d'être surpris par la gelée, et on a l'avantage non moins grand de faire exécuter l'opération par le personnel de la ferme.

DES INSTRUMENTS

propres à la récolte et à la rentrée des produits.

Faux. — Faucilles. — Instruments à battre les faux.

Par suite du développement que l'agriculture prend de jour en jour, de la rareté des bras, et de la nécessité d'opérer plus activement et plus économiquement, les agriculteurs reconnaissent que la faucille, la sape et la faux, seuls instruments employés jusqu'à ce jour à la récolte des céréales et des fourrages, sont devenues insuffisantes et doivent céder la place aux machines plus puissantes, qui activent le travail et l'exécutent plus économiquement. Cependant il ne faudrait pas en inférer que les nouvelles machines feront disparaître ces modestes et utiles instruments; on se servira toujours dans la petite culture de la faucille et de la faux, et même dans la grande culture on aura toujours des produits pour la récolte desquels il faudra indispensablement se servir de la faux.

Il ne nous semble donc pas oiseux d'entrer dans quelques détails sur la valeur de ces instruments et sur leur emploi. Pendant longtemps l'Allemagne, et surtout la Styrie, ont joui d'une célébrité qui leur assurait presque le monopole de la fabrication de ces outils. Aujourd'hui les fabriques françaises soutiennent la concurrence et disputent ce monopole; et ce n'est pas là un fait de minime importance pour notre industrie nationale, car la consommation des faux est beaucoup plus importante qu'on le suppose généralement; dans certaines années on en a introduit en France pour des sommes considérables; en 1845, par exemple, il est entré plus de douze cent mille faux, représentant une valeur d'environ 2,600,000 francs. Aujourd'hui l'importation des faux allemandes est tombée à un chiffre presque insignifiant.

Les faux portent des marques auxquelles on donne généralement une trop grande importance, car elles ne présentent aucun indice réel de leur valeur; les principales marques sont *le serpent*, *la foudre*, *le sapin*, *l'écrevisse*, etc. Ces marques, lorsqu'elles distinguaient les fabriques styriennes, pouvaient être consultées avec fruit; mais aujourd'hui qu'elles sont imitées indifféremment par les fabriques françaises, elles n'ont aucune valeur.

Quoique le choix d'une bonne faux soit difficile, il y a cependant des données générales qui, si elles ne servent pas toujours à distinguer avec certitude les bonnes, peuvent au moins empêcher d'en prendre une mauvaise. Il faut donc, lorsqu'on achète une faux, *l'essayer*. Une bonne faux doit, lorsqu'on la frappe avec un corps dur, en étant suspendue par le talon, rendre un son clair et uniforme; le tranchant doit être d'égales épaisseur et dureté sur toute la longueur de la lame; on s'assure de l'uniformité de la trempe, en promenant un morceau d'acier sur le tranchant.

La couleur de la lame et son poli sont des indices qu'on ne doit pas négliger; les couleurs jaune, rouge, gorge de pigeon, violet, bleu foncé, indiquent la dureté; le bleu clair et le gris cendré indiquent l'élasticité. Lorsque le tranchant de la faux est trop dur, elle s'ébrèche facilement; trop tendre, elle s'use trop vite et nécessite un fréquent aiguisage; l'essentiel, c'est d'arriver à un taillant uniformément fin et doux.

Il n'est pas d'outil qui demande autant d'entretien et de soins pour faire un travail convenable; ainsi entre le travail opéré par une bonne et une mauvaise faux il peut y avoir, non-seulement une différence de 4 à 500 kilogrammes de produit par hectare, mais encore avec une mauvaise faux l'ouvrier travaille moins vite et se fatigue beaucoup plus. Les faucheurs savent très-bien apprécier cette différence, et lorsqu'ils ont une bonne faux, ils la conservent précieusement et ne l'emploient que là où ils ne courent pas de risque de rencontrer des pierres.

L'entretien du taillant de la faux est une chose essentielle. On dit avec raison dans les campagnes *qu'un bon affût fait la moitié de la besogne;* aussi l'ouvrier faucheur aiguise-t-il fréquemment sa faux, et la bat-il au moins deux fois par jour.

Le battage de la faux exige non-seulement une bonne enclume et un marteau, mais encore une certaine adresse, sinon l'ouvrier perd beaucoup de temps, et court le risque de la détendre, de l'étoiler ou de la déformer, et une fois détendue, il n'est plus possible de la faire revenir.

Pour couper les herbes fortes, les foins durs, les prairies artificielles, le tranchant doit être court; on le fait long et affilé pour les herbes fines ou courtes.

La substitution des machines à faucher à la faux aura pour effet de supprimer les faucheurs de profession; il en résultera que l'on emploiera pour travailler avec la faux des journaliers qui, avec un peu de pratique, feront peut-être des faucheurs passables, mais qui certainement n'auront pas l'habileté nécessaire pour battre leur outil et perdront beaucoup de temps pour le faire, si mieux ils ne préfèrent se servir d'un instrument avec lequel ils feront peu et de mauvaise besogne.

Heureusement cet inconvénient a été prévu, et on possède actuellement des machines simples et ingénieuses par le moyen desquelles le premier ouvrier venu peut, après un essai de quelques minutes, battre sa faux sans craindre les fêlures, les gerçures, les dentelures, les torsions, etc.

Ces petites machines peuvent être divisées en deux systèmes : avec les unes on supprime le battage et on aiguise la faux; ce sont particulièrement le *rabot Adrien* et l'*aiguiseur africain;* les autres remplacent l'enclume et le marteau ordinaire et portent des guides qui dirigent la faux. Les meilleures sont l'*enchapleuse Rangod* et l'*enclume* inventée par M. *Ratel*; ce dernier instrument nous semble satisfaire à toutes les exigences. Nous l'employons nous-même avec beaucoup de succès, et les avantages qu'il présente sont tels, que plusieurs ouvriers faucheurs nous en ont demandé après l'avoir vu fonctionner.

Soit que l'on veuille se servir de l'un ou de l'autre de ces instruments, il faut, si la faux est neuve, la passer sur une meule pour amincir le taillant, et si elle a déjà servi, on doit régulariser le taillant par un coup de meule, en détruisant les creux et les bosses laissés par le martelage.

Le *rabot Adrien* consiste en un morceau de fonte, portant une poignée à l'une de ses extrémités; l'autre extrémité est divisée en deux parties d'inégale épaisseur; dans la plus épaisse est placée une lame d'acier, assujettie au moyen d'une vis; l'autre partie est plate et sillonnée dans toute sa longueur par une rainure.

Lorsqu'on veut se servir du rabot, le ciseau étant placé dans la mortaise de manière qu'une partie du taillant se cache dans la gorge du rabot, en ne laissant qu'un passage étroit pour la lame de la faux, on appuie la faux sans la démonter soit contre un mur, soit même à terre, et on la maintient avec le pied droit; ensuite on saisit le rabot de la main droite, en ayant soin d'appuyer le pouce et l'index contre la poignée dudit rabot, on introduit le taillant de la faux dans la partie restée vide entre le plan du rabot où se trouve la gorge et le ciseau, on promène le rabot à bras tendu, lentement et d'abord légèrement, du talon à la pointe de la faux, en ayant soin de la faire bien poser sur la partie plate, de faire couper le rabot de biais et d'appuyer. L'emploi de cet outil demande un peu d'habitude; il a été inventé par M. Adrien Henry, à Longvillers (Somme), et coûte 10 francs avec deux ciseaux, y compris l'emballage.

L'*aiguiseur africain* est tout simplement un morceau d'acier fin, de forme triangulaire, à vives arêtes, fixé dans un manche; pour s'en servir on appuie la faux sur sa tête, soit à terre, soit contre un mur, mais de manière qu'elle soit bien fixée et qu'elle ne puisse s'échapper; on la saisit alors par la pointe et on fait glisser l'aiguiseur sur la lame, en appuyant fortement et un peu obliquement un des angles de l'aiguiseur sur le tranchant.

Cet instrument est de beaucoup moins énergique que le précédent; il ne coûte que 1 fr. 50 c., y compris la gaîne, chez M. Peltier jeune, 45, rue des Marais-Saint-Martin, à Paris; il sert aussi à aiguiser toute espèce d'outil à taillant fin.

On peut fabriquer l'*aiguiseur africain* avec une vieille lime triangulaire; il suffit, pour cela, de la passer sur une meule de rémouleur pour enlever les dents.

L'enchapleuse Rangod se compose d'une espèce d'enclume, sur laquelle est disposée une étampe en acier fondu et trempé, dont l'extrémité inférieure est taillée en biseau arrondi; un régulateur, composé de deux galets en bois, permet de donner plus ou moins de largeur au biseau de la faux, selon la nature des fourrages à couper. Cet outil coûte 12 fr. L'inventeur a reçu, à titre d'encouragement, une médaille de bronze au concours national de Paris, en 1860.

L'enclume à battre les faux, inventée par M. Ratel, est, selon nous, de beaucoup préférable aux autres instruments employés, soit pour le battage, soit pour l'aiguisage des faux ou des faucilles; de plus, le fabricant l'a établie à un très-bas prix, eu égard à sa bonne fabrication.

Cette petite machine est aussi simple qu'ingénieuse, et a été conçue avec une parfaite connaissance du métier. Elle se compose : 1° d'une enclume portant une embase, et terminée par une pointe qui permet de la fixer dans la terre ou sur un billot; 2° d'une douille dans laquelle passe l'étampe ; cette douille se termine par une coulisse, qui permet de la fixer à l'enclume.

Quand on veut se servir de l'instrument, on fixe l'enclume en abaissant la douille, comme on le voit dans la fig. 128 ; ensuite, on fixe la douille, en la maintenant à l'enclume au moyen d'une broche en fer; on la rapproche plus ou

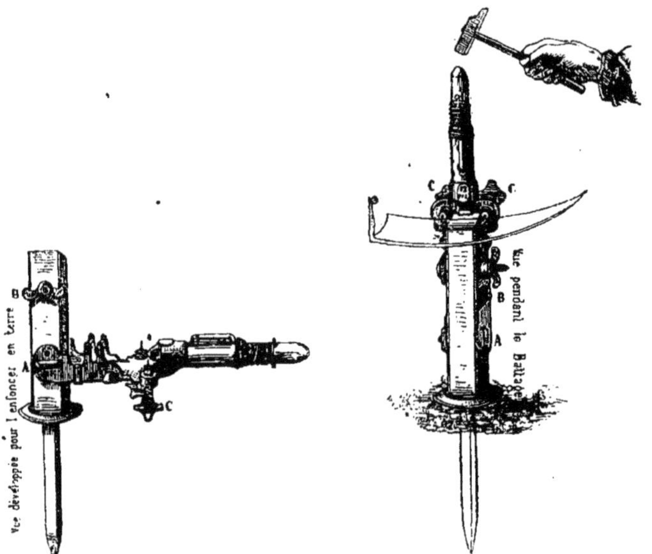

Fig. 128 et 129. — Enclume à battre les faux, inventée par M. Ratel.

moins, suivant que l'on veut un tranchant plat ou biais. Cette disposition permet donc de battre en étirant lorsque la faux est dure, et de raccourcir le taillant lorsqu'elle est tendre.

On règle la largeur du tranchant au moyen de deux régulateurs, que l'on voit figurés dans les fig. 128 et 129. Cette dernière figure représente l'outil vu de face pendant le battage. On obtient ainsi avec facilité un taillant bien égal sous un angle déterminé.

Pour battre la faux, l'ouvrier se place sur le sol, l'instrument devant lui, entre les jambes ; il tient la faux de la main gauche, et l'appuie contre les régulateurs. Il doit toujours commencer le battage par la tête, et non par le milieu de la lame, et lorsque le tranchant de l'instrument est inégal, il faut préalablement le passer à la meule ; ceci n'a lieu toutefois que pour les faux qui ont été battues par les anciens procédés.

Lorsque la faux est posée comme nous venons de le dire, il frappe avec un marteau pesant environ 500 grammes sur l'étampe, et fait glisser la faux jusqu'à la pointe ; un coup de pierre à aiguiser suffit ensuite pour adoucir le taillant.

Comme nous l'avons déjà dit, nous nous servons de cet instrument, et nos ouvriers en sont très-satisfaits. Le prix est de 12 francs, chez M. Ratel, 129, quai Valmy, à Paris, qui a obtenu une médaille d'argent pour cet outil au concours général de Paris, en 1860.

Comme on peut le voir par la description que nous venons de donner, le battage des faux, qui exigeait de la part des ouvriers une grande habitude, et qui faisait perdre beaucoup de temps, est réduit maintenant à une opération purement mécanique, et pourra être exécuté par l'ouvrier le plus ordinaire mieux que le faisait précédemment le faucheur le plus habile.

La faux sert à couper les fourrages naturels et artificiels et les céréales ; pour la coupe des fourrages, on l'emploie ordinairement *nue*. Elle se compose alors d'une lame, d'une hampe ou manche, et d'une ou plusieurs poignées.

Dans la lame, on distingue le tranchant, le dos, le talon, la queue, la tête et la pointe. Le tranchant ou taillant est la partie coupante de l'instrument ; le dos est la partie qui lui est opposée ; il est formé par une forte nervure qui donne de la rigidité à la lame ; le talon est la partie de la lame qui s'élargit du côté du tranchant ; la queue est la partie qui prolonge le dos et qui sert à la fixer sur la hampe ; la tête est l'extrémité de la lame à l'endroit où naît la queue, et la pointe est l'extrémité opposée formée par la réunion du tranchant et du dos.

La hampe (ou manche) est formée de la hampe proprement dite, de l'anneau en fer, d'un coin en bois dur ou en fer, qui sert à fixer la lame à la hampe ; la poignée est ordinairement un morceau de bois cylindrique bien uni, muni à l'une des extrémités d'un anneau en fer d'un diamètre un peu plus grand que celui de la hampe, afin qu'il puisse glisser le long du manche avec facilité ; il se fixe au manche à la hauteur de la hanche, au moyen d'un coin en bois. Dans quelques localités, la poignée est fixée à la hampe, mais ce moyen est défectueux ; car, l'ouvrier étant plus ou moins grand, la poignée doit évidemment pouvoir se lever ou se baisser pour qu'il puisse manœuvrer avec facilité.

La forme de la hampe varie : elle est droite ou courbe, courte ou longue. Lorsqu'elle est droite, l'ouvrier doit se courber pour faucher, tandis qu'il se tient droit lorsque le manche a une courbure convenable.

Dans le Nord, les faux sont montées sur des hampes très-longues ; pour faucher, l'ouvrier tient la poignée de la main droite, et la main gauche tient la hampe.

Dans le centre de la France, la hampe de la faux est courte et ne dépasse pas la hauteur de l'épaule du faucheur ; elle porte une béquille à l'extrémité ;

l'ouvrier tient alors la béquille de la main gauche et la poignée de la main droite.

Pour fixer la lame à la hampe on taille l'extrémité de cette dernière en biseau jusqu'au quart environ de son épaisseur, et on pratique à hauteur convenable une entaille pour recevoir le crochet de la queue de la faux ; on fixe celle-ci contre la hampe en ayant soin de mettre un morceau de cuir ou une lanière entre le fer et le bois ; ensuite on fait descendre l'anneau et on le *coince* fortement ; il faut également mettre du cuir entre la hampe, l'anneau et le coin, afin de pouvoir le fixer plus solidement.

Pour faucher les céréales on se sert généralement d'une faux garnie. La garniture d'une faux consiste en un bâti destiné à coucher doucement les parties coupées et permettant de les mettre en andain ; par ce moyen on évite l'égrenage. Le bâti se nomme *râteau, crochet, crocheton*, et varie de forme suivant les localités ; un des plus commodes est indiqué par la fig. 130. Il est formé d'une carcasse qui se compose : d'une barre C C placée perpendiculairement sur la hampe du côté opposé à la queue de la faux A, de trois crochets *e e e*, dirigés parallèlement à la lame, de deux baguettes *h h* parallèles à la barre, et qui servent à maintenir l'écartement des crochets, d'un porte-vis E E, d'un archet C E D qui reçoit la barre et le porte-vis, et qui se fixe dans la hampe B assez solidement pour qu'il puisse passer sans se déranger partout où la faux doit couper, enfin de trois vis *f f f* qui servent à rapprocher ou à éloigner les crochets.

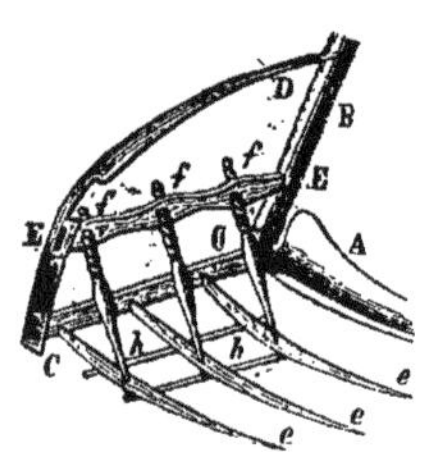

Fig. 130.
Râteau de faux.

On modifie ce râteau suivant la force et la hauteur des céréales qu'on doit couper. Pour les blés de force ordinaire, l'armature a trois crochets dont la longueur est à peu près des deux tiers de celle de la faux ; pour les avoines et les orges on se sert préférablement d'un râteau à quatre crochets. Plus les grains sont élevés, plus la barre doit être longue ; pour les blés, la longueur la plus convenable est de 50 à 60 centimètres.

Les plantes se rassemblent d'autant mieux sur le râteau que les crochets sont plus nombreux ; c'est pour cela que l'on emploie des armatures à quatre crochets pour l'avoine et l'orge, ou lorsque les récoltes sont versées et enchevêtrées.

La figure 131 représente une faux montée et armée pour faucher les céréales ; l'armature diffère un peu de celle que nous venons de décrire, elle est plus compliquée et se règle plus difficilement.

Une armature de faux vaut de 2 fr. 50 c. à 3 francs.

Il y en a un dépôt chez M. Peltier jeune, 45, rue des Marais-Saint-Martin, à Paris.

Quelquefois on se contente de remplacer l'armature par un morceau de bois recourbé dont on fixe les extrémités dans la hampe ; c'est ce que l'on appelle *pleyon*.

Le pleyon s'emploie dans les céréales couchées ou même versées ; avec cette monture les tiges ne sont rassemblées qu'imparfaitement, mais cependant on peut encore les disposer en andains.

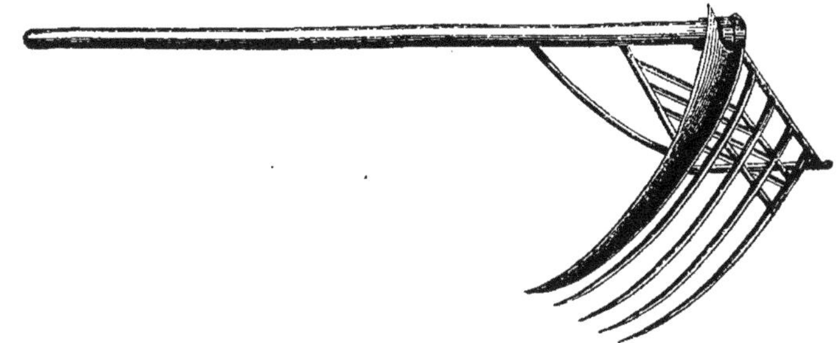

Fig. 131. — Faux montée et armée pour faucher les céréales.

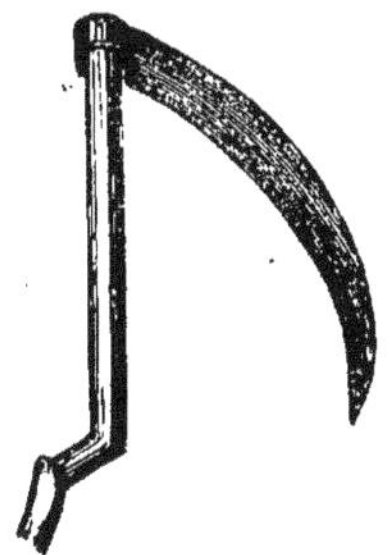

Fig. 132. Sape.

La *sape*, fig. 132, est l'intermédiaire entre la faux et la faucille; elle est moins expéditive que la faux; il faut pour la manier des ouvriers forts et habiles qu'on ne rencontre guère qu'en Flandre et en Belgique. Elle est préférable à la faux pour couper les récoltes drues, fortes, et celles qui sont couchées ou versées; elle fonctionne avantageusement partout où la faux passe difficilement, où les crochets s'engorgent; partout enfin où la mise en andains est difficile, parce qu'alors on perd beaucoup moins de temps et moins de grains qu'avec la faux.

L'ouvrier sapeur est armé d'un crochet, fig. 133, qu'il tient de la main gauche et avec lequel il appuie la partie qu'il veut attaquer sur celle qui reste debout; avec sa sape il rase le sol et coupe par un mouvement de percussion t en marchant à reculons; s'aidant ensuite du genou sur lequel il ramène ce qu'il vient de couper, à l'aide de son crochet il forme une javelle très-régulière. Lorsque les récoltes sont roulées, il attaque de biais et de manière à pouvoir relever le chaume sans l'égrener. On se sert de la sape dans la Flandre, la Belgique et une partie de l'Angleterre.

Fig. 133. — Crochet de sapeur.

La faucille est l'instrument primitif qui tend à disparaître chaque jour pour la moisson des céréales; elle n'a d'autres avantages que de pouvoir être mise entre les mains des femmes, des enfants et des vieillards, de permettre de mieux aligner les javelles et de laisser moins d'épis dans le pied ; mais ce dernier avantage n'existe même plus depuis qu'on se sert des machines à battre. La faucille est incommode, dangereuse à manier, et présente le désavantage de laisser une éteule très-longue.

Les faucilles sont dentées, fig. 134, ou coupantes, fig. 135, à la façon des faux; on se sert plus généralement de la seconde, que dans quelques localités on désigne sous le nom de *volant*, pour couper les céréales.

Fig. 134. — Faucille dentée.

Fig. 135. Faucille coupante.

Il faut en moyenne pour couper un hectare de blé dans de bonnes conditions:

5 journées d'ouvriers hommes ou femmes avec la faucille,
ou 2 1/2 » » sapeurs,
ou 1 1/2 » » faucheurs, ces derniers accompagnés d'une femme qui forme la javelle.

Avec la faux on rase davantage le sol qu'avec la sape, et avec la sape qu'avec la faucille.

FAUCHEUSES ET MOISSONNEUSES MÉCANIQUES.

Les difficultés énormes et toujours croissantes que les cultivateurs rencontrent pour se procurer les bras nécessaires à l'enlèvement des récoltes, et les pertes qu'ils éprouvent par suite des retards forcés qu'ils subissent par le manque de personnel aux époques des travaux de la fenaison et de la moisson, ont rendu de plus en plus indispensable l'emploi des machines destinées à hâter la récolte des fourrages et des céréales.

Ce n'est donc pas par simple curiosité que les agriculteurs suivent attentivement les progrès de la mécanique agricole; ils comprennent tous que les machines sont appelées à jouer le principal rôle dans la question de la production économique, qu'elles leur permettent d'opérer plus promptement, qu'elles diminuent les chances de pertes occasionnées par les mauvais temps, et que de plus elles leur procureront les moyens de se dispenser des ouvriers spéciaux, trop exigeants et que l'on est forcé de payer fort cher, surtout dans les années pluvieuses, alors que le travail devient plus difficile.

Depuis plusieurs années déjà l'emploi des faucheuses et des moissonneuses est général en Amérique et en Angleterre; en France les agriculteurs progressistes n'ont pas attendu que le perfectionnement de ces machines ait dit son dernier mot pour les employer, ils s'en sont servi telles qu'elles étaient, et ils ont fait des économies qui leur permettent aujourd'hui de se procurer de nouvelles machines perfectionnées avec une partie des bénéfices qu'ils ont réalisés par l'emploi des premières moissonneuses.

Les faucheuses et les moissonneuses ne sont pas d'un emploi aussi récent qu'on semble le croire en France. M. Thacheray, l'un des premiers promoteurs en France des instruments agricoles perfectionnés, cite une machine que M. Bell, de Carmylie, dans le Forfarshire, emploie avec un grand succès depuis 1829. M. Mac-Cormick, de Chicago (Illinois), dans les États d'Amérique, faisait connaître, en 1831, sa moisonneuse qui est encore employée sur une très-grande échelle, puisque de 1831 à 1855 il en a livré plus de trois mille à l'agriculture; depuis, un grand nombre de constructeurs et d'inventeurs se sont occupés de ces instruments et ont produit des systèmes plus ou moins rationnels dont la majeure partie n'a pu résister à l'épreuve pratique.

Au concours général de Paris de 1860, il a été présenté soixante-six moissonneuses et faucheuses destinées à être mues, soit à bras d'homme, soit par des animaux; et de ce nombre une dizaine seulement a pu fonctionner sur le terrain; toutefois, il est résulté des expériences qui ont été faites sérieusement, que l'on possède aujourd'hui des machines pour faucher et pour moissonner au moins aussi parfaites que le sont la charrue pour le labour, et la machine à battre pour l'égrenage des céréales.

Il nous semble urgent, avant de donner la description des principales machines, c'est-à-dire de celles qui ont fait leurs preuves chez les cultivateurs, d'examiner les conditions dans lesquelles elles doivent se présenter pour atteindre convenablement le but auquel on les destine.

Machines à bras.

Il est inutile de parler de ces machines qui ne peuvent opérer plus économiquement ni plus promptement que la faux ; nous ne les mentionnons que pour mémoire, et sans entrer dans des détails superflus et inutiles.

Machines mues par des bêtes de trait.

Systèmes d'attelages. — Les animaux sont attelés devant ou derrière la machine. Ce dernier système, aujourd'hui abandonné par tous les constructeurs, ne persiste que pour la machine *Bell*; son seul avantage serait de pouvoir attaquer la récolte sans être obligé de couper préalablement à la faux une piste pour le passage des animaux, soit par le milieu, soit par un des côtés de la pièce à faucher; mais la machine ainsi attelée est plus difficile à manœuvrer et exige un personnel plus considérable pour la conduire, les coins sont difficiles à couper et, *inconvénient très-grave*, les animaux marchent sur le grain coupé à chaque tournant.

Quand la traction s'opère par devant, les animaux sont attelés sur le côté de la machine; cette position de l'attelage, nécessaire pour éviter qu'ils foulent la récolte aux pieds, a l'inconvénient de donner une traction en biais, ce qui fait que dans certaines machines (Mac-Cormick, Burgess, etc.) où la traction s'opère surtout sur l'extrémité de l'axe transversal de l'instrument, le timon appuie sur l'épaule du cheval de gauche.

Ce défaut a été, sinon complétement évité, au moins considérablement diminué dans la machine *Manny*, en plaçant la roue motrice à l'extrémité de l'axe transversal. Le point de traction se trouvant ainsi *en dedans* de cette roue et rapproché autant que possible du milieu de la machine, la partie la plus lourde se trouve *en dehors* ou directement derrière l'attelage.

Section des tiges. — Pour couper les tiges on a imaginé une foule de systèmes, mais dans toutes les machines arrivées à l'état pratique on s'est arrêté à la scie animée d'un mouvement de va-et-vient latéral.

Ce système a deux modes bien distincts d'opérer qui n'ont pas été suffisamment remarqués par la plupart des personnes qui ont écrit sur les instruments qui nous ocupent; ces deux modes sont pourtant loin d'avoir le même mérite.

Dans certaines machines (Mac-Cormick, Burgess et Key, Mazier, etc.) l'appareil tranchant opère *réellement* par le mécanisme de la *scie ordinaire;* les dents de la scie sont plus ou moins éloignées de la surface correspondante des gardes, au-dessus et au-dessous desquelles elles agissent; dans ce cas les gardes ne servent qu'à diviser et à soutenir les tiges.

Ce système, qui opère convenablement dans les récoltes roides et résistantes, devient défectueux dans les récoltes vertes ou ramollies par l'humidité; c'est la principale raison pour laquelle les machines dans lesquelles ce système est appliqué sont mauvaises faucheuses pour les fourrages, et opèrent mal dans les céréales qui se trouvent dans les conditions que nous venons d'indiquer. Ce fait a été maintes fois constaté par les praticiens.

Dans l'autre système, on coupe par le mécanisme d'une série de cisailles dont une branche est fixe et l'autre mobile: la première est représentée par la garde et la seconde par les dents de la scie; dans ce système les dents *s'appliquent exactement* sur la surface supérieure des gardes avec lesquelles elles forment un véritable sécateur.

Il résulte de cette disposition que la machine coupe parfaitement les herbes les plus fines et qu'elle opère également bien dans les récoltes à tiges rigides, qu'elles soient sèches ou humides.

Ce système, imaginé par *Manny*, a été copié depuis par plusieurs constructeurs; il est appliqué à toutes les bonnes faucheuses.

Mobilité ou fixité de la scie, sa position par rapport à la roue ou aux roues motrices. — Dans certaines machines la hauteur de la scie est fixe, c'est-à-dire que placée à une certaine distance du sol, elle ne peut ni s'élever ni s'abaisser sans faire des changements qui nécessitent l'emploi d'outils, et dans tous les cas le déplacement ne peut se faire que dans des limites très-restreintes: telles sont les machines de Mac-Cormick, de Mazier, de Hussey, de Legendre, de Cuthbert, etc.; cette dernière n'est toutefois qu'une modification de celle de Hussey.

La fixité de la scie est une conséquence de celle de la charpente de la machine, fixité qui tient en général à la position des roues motrices ou de la roue motrice en *avant de la scie.*

Cette position est essentiellement vicieuse et elle a le très-grave inconvénient entre autres d'exposer la machine à des accidents très-fréquents, toutes les fois qu'on n'opère pas sur un terrain parfaitement uni, sans rigoles, dérayures, pierres, etc., etc. Ces machines ne pouvant bien opérer que là où la culture se fait tout à fait à plat, sont d'un emploi difficile dans les contrées où on cultive en planches, et impossible dans celles où elle se fait en ados; la scie, dans ces machines, ne pouvant se prêter aux inégalités du terrain.

Les machines de ce genre sont donc inacceptables dans une grande partie de la France, où la culture en petites planches ou billons est encore en vigueur.

Dans le système opposé, les roues se trouvent placées *en arrière* de la scie, et la charpente de la machine peut basculer sur les axes; il résulte de cette disposition que l'on peut élever ou abaisser la scie à volonté, et que ce mouvement de bascule lui permet de suivre spontanément les ondulations du terrain et d'opérer *même en travers* dans les champs cultivés en billons ou en planches étroites. De cette disposition résulte encore de pouvoir, sans temps d'arrêt, franchir les rigoles d'écoulement, pourvu toutefois qu'elles ne soient pas trop larges, et les dérayures.

Lorsque la machine rencontre une pierre, elle passe par-dessus, et pour aller de la ferme au champ on peut élever la scie et les gardes de façon à les mettre complétement à l'abri de tout accident dans les mauvaises routes.

Transport du conducteur et du javeleur. — Les machines dont la charpente est suspendue, portent deux roues d'un diamètre suffisant, placées de chaque côté du châssis de la machine ; elles ont pour résultat de permettre aux deux ouvriers, quand on travaille dans les céréales (le charretier et le javeleur), d'être portés par la machine. C'est là un avantage qu'on appréciera facilement pour peu qu'on ait suivi une moissonneuse en fonction pendant quelque temps.

Quand le charretier conduit le cheval à la main en marchant à côté de lui, il ne voit pas ce qui se passe du côté de la scie et, par suite, puisque c'est lui qui dirige la machine, la largeur de la coupe est irrégulière ; étant obligé pour conduire le cheval de le tenir par la bride, la position du bras qui est constamment élevé et écarté du corps est excessivement pénible et impossible à soutenir sans qu'il porte de tout son poids sur la bride, et alors il en résulte une grande gêne pour le cheval.

L'homme qui conduit à pied fait une marche très-longue qu'un bon marcheur seul peut soutenir tous les jours pendant toute une moisson ; de plus, puisqu'il ne voit pas la scie, le javeleur qui ne devrait avoir à s'occuper que de ses javelles, est obligé de surveiller la marche de la machine.

Quand le charretier est porté par la machine, surtout si la scie est placée *en avant des roues*, il surveille facilement le travail de celle-ci, et il dirige la machine sans que le javeleur ait à s'en préoccuper ; il peut aussi faciliter son travail en coupant sur une moins grande largeur quand la récolte est forte ; en ayant toujours l'œil sur la besogne, il presse un peu les chevaux quand ils ont besoin de vaincre une plus grande résistance, et il ne laisse rien à couper dans les tournants.

Ce ne sont point là des minuties, mais bien des avantages très-appréciables dans la pratique, et puisqu'il est facile d'éviter au conducteur une marche accélérée et prolongée, il est rationnel de le faire, même en laissant de côté les autres motifs.

La position d'une roue à chaque côté du tablier et par conséquent du châssis a encore le grand avantage de permettre de répartir le poids des hommes sur les deux roues, et de donner au javeleur la position qui lui rend le travail moins pénible.

Du javelage à bras d'homme. — On a dit que le javelage à la main était un travail impossible à maintenir pendant toute une journée. Ce travail est en effet extrêmement pénible quand le javeleur est placé d'une certaine façon qui contrarie ses mouvements, et lorsqu'il doit se tenir assis, car cette condition est très-défavorable au développement des efforts musculaires, et il est obligé d'élever et d'abaisser les bras qui seuls supportent toute la fatigue, et de les porter constamment en arrière et en avant ; dans les machines qui n'ont pas de volant, le travail du javeleur est encore augmenté.

Dans ces machines, l'effort est produit à peu près exclusivement par les muscles de l'épaule, de la poitrine et du dos ; il est évident qu'ici le travail est excessivement pénible et pour ainsi dire impossible, à moins que l'ouvrier n'ait une grande force et une grande habitude de ce genre de travail, car le poids seul du râteau à l'extrémité d'un long manche tenu de long est déjà une fatigue notable.

Lorsque les roues placées de chaque côté permettent au javeleur de se poser debout derrière sa besogne, en allongeant le bras de façon à tenir la fourche par le milieu du manche d'une main et par l'extrémité de l'autre, il agit avec un bras de levier d'autant plus court que l'homme est plus petit, il élève et abaisse très-peu les bras, et les muscles du tronc contribuent avec ceux des bras à exécuter la besogne. La pratique a démontré que, dans ces dernières conditions, le même homme peut très-bien faire le javelage pendant toute une moisson ; c'est ainsi que cela se pratique chez plusieurs cultivateurs, et entre autres chez M. Durand, à Bornel (Oise). Il a été constaté que dans un travail courant l'ouvrier n'avait à donner que dix coups de fourche par minute.

Largeur de la coupe. — Les machines peuvent être assez larges pour les rendre impossibles dans beaucoup de cas ; mais dans *de justes limites*, la largeur de la coupe est un avantage ; le contraire ne peut être soutenu que par des personnes qui n'ont pas étudié suffisamment la question. On peut couper sans doute avec certaines machines sur à peu près toute la longueur de la scie, mais dans la pratique la négligence des charretiers, les ondulations du terrain font bien perdre $0^m,20$. Or, en admettant que la scie ait 1 mètre de longueur, on ne couperait donc que sur $0^m,80$ de largeur, ce qui donnerait pour dix heures de travail, en admettant la moyenne pratique de 3,000 mètres à l'heure, 2 hectares 40 ares pour la journée. Si la machine avait $1^m,40$ de scie (longueur de scie des machines américaines à deux chevaux), on couperait sur $1^m,20$, et on ferait 3 hectares 60 ares ; or, la différence de dépense de ces deux machines n'est que la journée d'un cheval, soit 3 francs ; et en admettant même qu'il faille deux chevaux de plus, la différence resterait toujours en faveur de la machine coupant sur la plus grande largeur.

On dit que les machines réduites conviennent à la petite culture, ce qui veut dire que *la petite culture doit payer plus cher et opérer plus lentement* ; c'est le contraire qui est vrai. Le petit cultivateur a plus d'avantages que le grand à se servir d'une machine convenable, car après avoir ramassé sa moisson en quatre jours au lieu de six, il pourra entreprendre du travail chez son voisin. On ne doit pas oublier que dans les frais de la moisson par la machine, l'*intérêt* et l'*amortissement* portent sur le nombre de journées de travail, et que cette somme est d'autant moindre que la machine fera plus de besogne ; le petit cultivateur peut donc réaliser un notable bénéfice en entreprenant chez son voisin, tandis que le grand cultivateur n'a que l'économie de son propre travail.

Javelles et andains faits mécaniquement.

Le système du javelage est encore, selon nous, à résoudre; car jusqu'ici il n'y a encore rien de réellement pratique, puisque dans un grand nombre de cas on ne peut pas opérer convenablement.

La machine *Burgess* et *Key*, que l'on a selon nous trop prônée, *n'opère bien que dans les récoltes droites assez drues et assez élevées; dans les récoltes maigres ou versées, elle ne fait plus ni l'andain ni la javelle*: c'est ce qu'a prouvé la première expérience de Fouilleuse en 1860, où cette machine a échoué, lorsque dans les mêmes blés les machines rivales faisaient de belles javelles; elle ne peut donc servir ni pour les sarrasins, les orges, les avoines courtes, ni pour les blés clairs ou courts.

Quand les récoltes ne sont pas assez longues pour atteindre le troisième rouleau, le poids des épis les entraîne sous le second, de là engorgement et égrenage des épis.

Deux partisans de cette machine, MM. Heuzé et Barral, lui ont donné sans le vouloir un coup de massue tout en voulant la favoriser: le premier, à l'occasion du concours de Chartres de 1860, reconnaît dans un article publié dans la *Patrie* que la machine avait mal fonctionné dans des récoltes courtes, mais *que c'était la faute des récoltes et non de la machine!!!*. Le second, à propos des expériences à Fouilleuse, répond à un de ses correspondants que la machine avait fonctionné dans des récoltes *trop courtes* pour bien opérer. Puisqu'il faut des récoltes spéciales pour que cette machine puisse bien fonctionner, il faudrait donc vendre avec la machine le moyen de faire pousser les récoltes à la hauteur voulue.

Ainsi donc, ses plus chauds partisans reconnaissent qu'elle ne fonctionne bien que dans les récoltes longues et drues.

Dans ces conditions nous reconnaissons que la machine Burgess et Key fait merveille, et si elle pouvait opérer aussi bien dans les récoltes maigres ou versées, nous n'hésiterions pas un instant à la recommander comme la plus parfaite; malheureusement il n'en est pas ainsi, et dans les conditions actuelles de culture elle ne peut encore servir que dans les terres fertiles et les cultures avancées.

Il faut donc, jusqu'à présent, se contenter de l'organe intelligent de l'homme, c'est-à-dire des bras pour faire la javelle d'une manière *régulière et pratique*, dans des circonstances où la mécanique ne saurait rien faire de bien. La difficulté du problème à résoudre provient de la variété que présente l'état des récoltes, et pour lequel il faudrait chaque fois un mécanisme spécial.

Nous allons examiner successivement les faneuses et les moissonneuses qui ont obtenu le plus de suffrages, et qui sont aujourd'hui acceptées par les cultivateurs.

Faucheuse Wood (Fig. 136).

Cette machine a été inventée, ou plutôt perfectionnée par M. Walter Wood, mécanicien à Hoosick-Falls (État de New-York) ; elle n'offre pas d'organes qui lui soient particuliers, son principal mérite résulte de la bonne disposition des pièces mécaniques qui lui donnent beaucoup de stabilité. Sa construction en est élégante et paraît solide : c'est la seule machine qui puisse fonctionner réellement avec un seul cheval. Cependant nous ne pensons pas que le même cheval puisse travailler du matin au soir ; il faudrait donc en réalité pouvoir disposer de deux chevaux pour travailler dans de bonnes conditions.

Elle se compose de deux roues motrices de $0^m,70$ de diamètre sur $0^m,08$ de

Fig. 136. — Faucheuse américaine, système Wood, à deux chevaux.

largeur; ces roues présentent extérieurement des saillies qui leur donnent de l'adhérence sur le sol; intérieurement elles portent une couronne dentée, et elles sont traversées par un essieu sur lequel elles tournent librement; l'essieu porte un fort bâti en bois sur lequel sont appliqués des paliers portant un arbre muni à ses extrémités de pignons qui viennent s'engrener dans chaque couronne des roues motrices, par la disposition très-ingénieuse d'un rochet qui fait partie des pignons ; ils peuvent rouler librement dans la couronne ou bien s'y appuyer, et alors transmettre le mouvement à une roue d'engrenage que porte l'arbre de couche, et le communiquer à un pignon d'angle qui est fixé à l'extrémité d'un petit arbre perpendiculaire à l'essieu. Cet arbre porte à son extrémité une bielle qui donne le mouvement de va-et-vient à la scie. La scie et le porte-scie se démontent avec la plus grande facilité.

Il résulte de l'ingénieuse disposition de ces organes que les deux roues de la machine sont motrices lorsqu'elles marchent parallèlement, et lorsque la machine tourne ou pivote, la roue qui avance reste seule motrice.

Le porte-scie a 1 mètre de longueur; il est garni de treize supports portant des pointes chargées de pénétrer dans la récolte à couper; la scie est à larges dents ouvertes sous un angle de 60 degrés, le taillant est uni; elle reçoit environ trente mouvements par tour de roue.

Un petit versoir où patin couche l'herbe sur la prairie immédiatement derrière la scie en laissant une piste le long de l'herbe encore debout, laquelle sert de guide pour le conducteur de la machine.

Les timons sont libres et attachés à l'essieu des roues; cette disposition permet d'atteler des chevaux de différentes hauteurs sans avoir à changer la machine.

Le conducteur est assis sur un siége porté par la machine. D'une main il dirige son cheval et de l'autre il fait manœuvrer un levier avec lequel il relève ou abaisse la scie suivant qu'il veut couper plus ou moins rez terre. Sur un sol très-uni la scie rase le sol à $0^m,02$ de hauteur; la machine est assez petite et se manœuvre avec assez de facilité pour pouvoir tourner en tous les sens et couper les récoltes versées.

Cette expérience a été faite devant le jury, au concours de Vincennes, par M. Cranston, représentant à Londres de M. Wood. Il est vrai que M. Cranston a fait preuve d'une rare dextérité et que peu de conducteurs peuvent prétendre à une aussi grande habileté; cela prouve d'ailleurs que pour la faucheuse comme pour toute autre machine, même la plus simple, il faut une certaine étude et de la pratique.

M. Wood construit aussi des machines à deux chevaux; ces dernières obtiennent même des cultivateurs anglais une préférence marquée sur la première.

Nous pensons que lorsque les agriculteurs français auront l'habitude de se servir des faucheuses, ils seront de l'avis des Anglais.

Le dépôt des faucheuses Wood est à Paris, chez MM. Gilbert et Landouzy, 96, rue Lafayette, et MM Clubb et Smith, rue Fénelon, 9. Le prix de la machine à un cheval est de 500 francs, y compris trois lames et les pièces de rechange.

La faucheuse système Wood n'étant pas brevetée en France, tous les mécaniciens peuvent la fabriquer, et parmi ceux qui s'occupent de sa construction nous citerons M. Legendre à Saint-Jean-d'Angély; M. Cumming, à Orléans; M. Bodin, à Rennes, etc. Ces constructeurs ont baissé le prix de cette machine de 10 à 15 0/0. Nous les félicitons de la bonne idée qu'ils ont eue de mettre cet instrument au plus bas prix possible, c'est le plus sûr moyen de le propager et d'aider par cela même au progrès de l'agriculture.

Faucheuse Allen (Fig. 137).

Cette machine, qui a été inventée en Amérique par M. Allen, est exécutée par MM. Burgess et Key à Londres ; elle a été primée dans tous les concours

Fig. 137. — Faucheuse Allen au travail.

où elle a été présentée, et a été placée souvent en première ligne ; c'est auss une de celles qui sont le plus répandues dans la pratique.

Elle se compose d'un fort bâti quadrangulaire en bois dans le centre duquel passe une grande roue en fonte qui a $0^{m},80$ de diamètre, et qui est munie sur la circonférence d'arêtes qui augmentent son adhérence au sol; elle est dentée intérieurement et commande une série d'engrenages qui communiquent un mouvement de va-et-vient très-rapide à la scie; une autre roue également en fonte, mais d'un diamètre beaucoup plus petit, est placée en dehors du bâti : elle sert à donner de la stabilité à l'instrument.

Un siége pour le conducteur est fixé par deux tiges en fer sur le bâti en arrière de la grande roue; à droite et à portée de la main se trouve un levier qui permet d'éloigner ou de rapprocher la scie du sol, et par conséquent d'éviter les obstacles qui pourraient causer des accidents. Un autre levier placé à

Fig. 138. — Faucheuse Allen perfectionnée, vue en perspective.

gauche sur le bâti sert à embrayer ou à désembrayer la roue d'angle qui met la scie en mouvement. Le conducteur peut le manœuvrer avec son pied.

La scie a $1^{m},30$ de longueur : elle est formée par des plaques triangulaires en acier à coupant uni fixées au moyen de boulons sur une tringle en fer; elle est maintenue entre des gardes en fonte qui divisent les tiges à couper et font en même temps le service de seconde branche d'un sécateur.

Dans les expériences à Vincennes le travail de cette machine a été irréprochable.

La seule observation que nous ferons, c'est que lorsqu'elle fonctionnera dans un terrain détrempé, les dents de la grande roue pourront se remplir de terre, ce qui augmenterait le tirage et pourrait même occasionner des accidents; cependant il paraît que cet inconvénient n'est pas aussi grave qu'on pourrait le supposer au premier abord, puisque dans la pratique on ne s'en plaint pas.

La faucheuse Allen exige deux chevaux de force ordinaire; pour la faire fonctionner convenablement, la vitesse doit être moyenne, constante et régulière. Elle vient encore de recevoir quelques perfectionnements; on y a adapté entre autres une troisième roue qui permèt de la régler avec facilité.

Cette machine pèse 350 kilogrammes; elle est fabriquée en France par M. Laurent, rue du Château-d'Eau, à Paris, seul constructeur autorisé par MM. Burgess et Key. Son prix est de 750 francs.

Faucheuse Peltier (système Wood) (Fig. 139).

Le principe de la machine qne fabrique M. Peltier est celui de Wood, Elle

Fig. 139. — Faucheuse Peltier.

diffère de cette dernière par quelques modifications qui ont pour but do lui donner plus de solidité, de faciliter l'embrayage et le désembrayage et la conduite de l'instrument.

Il l'a entre autres munie de chaînes d'attelage, ce qui évite les traits qui sont souvent une cause d'ennui et toujours de perte de temps; un système d'embrayage et de désembrayage très simple permet d'arrêter instantanément la marche de la scie. Une autre modification qu'il a fait subir à la machine primitive consiste dans le prolongement des fusées de l'essieu et l'application de deux roues en fer d'u n diamètre plus grand que celui des roues motrices, lesquelles se trouvent alors suspendues et inactives. Cette disposition permet de faire voyager la machine sur tous les chemins sans craindre d'accidents et sans user inutilement les engrenages.

Le prix de cette machine avec une scie de rechange et les accessoires est de 600 francs.

Des faucheuses-moissonneuses et des moissonneuses.

Dès que les machines à moissonner ont marché avec quelque régularité, on a essayé de les appliquer à la coupe des fourrages. Mais des machines faites pour couper des tiges droites sèches et roides ne marchaient plus lorsqu'il s'agissait de couper des plantes molles, flexibles et ne présentant pas de résistance. Les scies s'engorgeaient, et bientôt ces engins s'arrêtaient impuissants ou faisaient un mauvais travail.

De plus, les moissonneuses ne coupant pas assez rez terre, laissaient une notable partie des fourrages, ce qui occasionnait une perte sensible et d'autant plus grande que la partie basse des herbes est généralement la plus fournie et la plus nutritive.

Ce sont ces raisons qui ont engagé les mécaniciens à s'occuper de la création de machines spéciales destinées uniquement à faucher les prairies. Nous avons vu qu'ils ont parfaitement réussi, et qu'aujourd'hui ces machines travaillent aussi bien qu'il est possible de le désirer.

Mais cela oblige les cultivateurs à acheter deux machines qui, en cas d'avaries, ne peuvent se remplacer l'une par l'autre.

C'est pour obvier à cet inconvénient, très-grand principalement pour le cultivateur français, qui ne dispose que d'un capital déjà trop restreint relativement à sa culture, que plusieurs constructeurs ont continué d'étudier la transformation des moissonneuses en faucheuses, et nous avons eu la satisfaction de constater que leurs études ont été couronnées de succès.

Nous regardons comme très-important d'avoir une machine à deux fins ; cela n'empêche pas d'avoir deux machines, lorsque l'importance de la culture le permet ; au moins s'il survient un accident à l'une d'elles, le travail ne se trouve pas complétement arrêté.

Parmi les machines aujourd'hui admises par les cultivateurs et donnant de bons résultats pratiques, nous mentionnerons particulièrement les suivantes :

Moissonneuse-faucheuse Manny-Roberts (Fig. 140 et 141).

Aux expériences de Vincennes, en 1860, la moissonneuse Manny-Roberts, transformée en faucheuse, a coupé 20 ares de prairies en vingt-six minutes, malgré un accident qui lui était arrivé la veille par la faute du charretier chargé de la conduire sur le champ des expériences ; le lendemain, lors des expériences publiques et alors que l'accident était réparé, elle a fonctionné d'une manière irréprochable.

Les agriculteurs qui se servent de cette machine depuis plusieurs années et lorsqu'elle n'avait pas encore subi les modifications qui l'ont notablement améliorée, sont unanimes pour reconnaître ses qualités ; le seul reproche que l'on pourrait lui adresser, si toutefois c'est là un défaut, c'est qu'elle est un peu plus lourde que les machines similaires.

Ce n'est certainement pas un inconvénient d'avoir une machine solide, c'est même la condition essentielle, et celle à laquelle le cultivateur doit attacher le plus d'importance, et en cela les agriculteurs seront d'accord avec nous, d'autant plus qu'on a constaté, par de nombreuses expériences, que le poids n'augmente pas sensiblement la traction ; on a même observé que les machines très-légères exigent plus de tirage, lorsqu'on les met en mouvement, que celles qui sont plus lourdes, et qui présentent plus de fixité et d'adhérence sur le sol.

La machine Manny-Roberts se compose d'un bâti en bois très-solide G ; une

Fig. 140. — Moissonneuse-faucheuse Manny-Roberts, vue en perspective.

forte pièce en bois de chêne, large de $0^{m},30$, qui forme le côté droit de la machine, porte le mécanisme qui se compose d'une grande roue A, garnie extérieurement de saillies transversales servant à augmenter l'adhérence sur le sol. Dans l'intérieur de cette roue, on a appliqué et fixé contre les rayons, au moyen de boulons, deux roues à dents d'un diamètre différent, dont on se sert suivant le travail à exécuter ; lorsqu'on emploie la roue du plus grand diamètre, le mouvement de la scie est très-accéléré et convenable pour la coupe des herbes molles et flexibles. Le diamètre de la petite accélère moins le mouvement de la scie, et convient pour la coupe des céréales. Ces roues s'engrènent avec un pignon solidaire de la roue d'angle, qui communique le mouvement qu'il reçoit de la grande roue à un pignon d'angle solidaire avec la bielle B, qui donne le mouvement de va-et-vient à la scie.

La scie a $1^{m},42$ de longueur; elle est composée de plaques triangulaires en acier, rivées sur une tringle en fer; elle est maintenue et pressée sur le support C, et glisse entre les gardes D. L'extrémité du montant du bâti opposé à la grande roue est garnie d'un sabot séparateur en fonte E ; une petite roue en fonte F supporte le côté du bâti opposé à la roue motrice et donne de la stabilité à l'instrument sans le rendre rigide ; un tablier léger H reçoit les produits coupés par la scie, et afin de faciliter l'action de la scie, les tiges sont maintenues et renversées sur le tablier par un volant à quatre branches K, que

Fig. 141. — Moissonneuse-faucheuse Manny-Roberts, détail de la roue motrice.

l'on fixe à la hauteur et à l'éloignement convenables, au moyen des supports gradués I I.

Pour la conduite de l'instrument, le charretier s'assied sur la sellette L, et, tout en conduisant l'attelage, il surveille le travail de la scie; l'ouvrier javeleur est porté par la machine, et afin de se maintenir plus facilement, il s'appuie contre le support M, dans lequel passe une courroie bouclée.

L'attelage, composé de deux chevaux, s'attache au timon N, qui est mobile, et se régularise par un levier O placé à portée. Il résulte de cette disposition que la scie peut suivre toutes les ondulations du terrain et éviter tous les obstacles qui pourraient l'endommager; le séparateur, ou aile de l'avant-train P, est destiné à empêcher les tiges de se prendre dans le mécanisme, et la poignée Q sert à embrayer ou à désembrayer.

La fig. 140 représente cette machine disposée en moissonneuse, avec son volant et son tablier; la scie est dentée; lorsqu'on veut la transformer en faucheuse, on retourne la roue motrice, et alors au lieu que le pignon soit commandé par l'engrenage intérieur, comme le représente la figure, il l'est par l'engrenage qui, dans la figure, est représenté extérieurement: la scie acquiert alors une vitesse beaucoup plus grande.

Pour le fauchage, la scie est composée de plaques unies, et au lieu d'être à dentelures comme pour moissonner.

La tranformation de cette moissonneuse en faucheuse s'opère en moins de cinq minutes.

Sauf le poids de l'instrument, qui comme faucheuse pourrait être un peu diminué, cette machine peut entrer en concurrence avec les meilleures; elle a fait ses preuves dans la pratique, et c'est pour nous une grande considération. Elle coûte 850 francs chez M. Roberts, 4, rue des Capucines, à Paris.

Le changement de vitesse que l'on obtient par le changement de côté de la roue motrice, permet d'employer pour cette machine des animaux à allures lentes et principalement des bœufs, qui sont encore les seuls animaux de travail employés dans une grande partie du centre et du midi de la France.

Faucheuse-moissonneuse Peltier (Fig. 142).

Nous avons dit que la faucheuse présentée aux expériences de Vincennes en 1860 par M. Peltier avait déjà subi quelques modifications qui lui avaient valu le prix d'honneur; depuis il a rendu cette machine moissonneuse, en ajoutant un tablier très-léger en bois; ce tablier est suspendu par une armature en fer sur le prolongement de la fusée de l'essieu. Ce système de prolongement a permis de supprimer le galet ou petite roue qui, dans la plupart des machines, supporte le tablier.

Pour empêcher les céréales coupées de se prendre dans la roue motrice ou dans les engrenages, ces organes ont été recouverts par une plaque convexe en tôle qui les préserve en même temps qu'elle oblige le blé à s'étendre sur le tablier. Un séparateur à trois branches divise le blé et rejette celui coupé sur la plate-forme; un volant à quatre branches incline les tiges vers la scie de manière à faciliter la coupe. Le volant est maintenu sur les brancards et reçoit le mouvement du côté opposé au porte-à-faux par une poulie appliquée contre la deuxième roue motrice.

La javelle se fait par un homme *assis* sur la sellette établie sur le bâti de la machine; il est à cet effet muni d'un râteau. Ce moyen, qui est excellent dans les récoltes faibles, présente quelques inconvénients dans celles qui sont épaisses et élevées.

Un second homme conduit le cheval par la bride.

Cette faucheuse, ainsi transformée en moissonneuse, a été essayée avec un

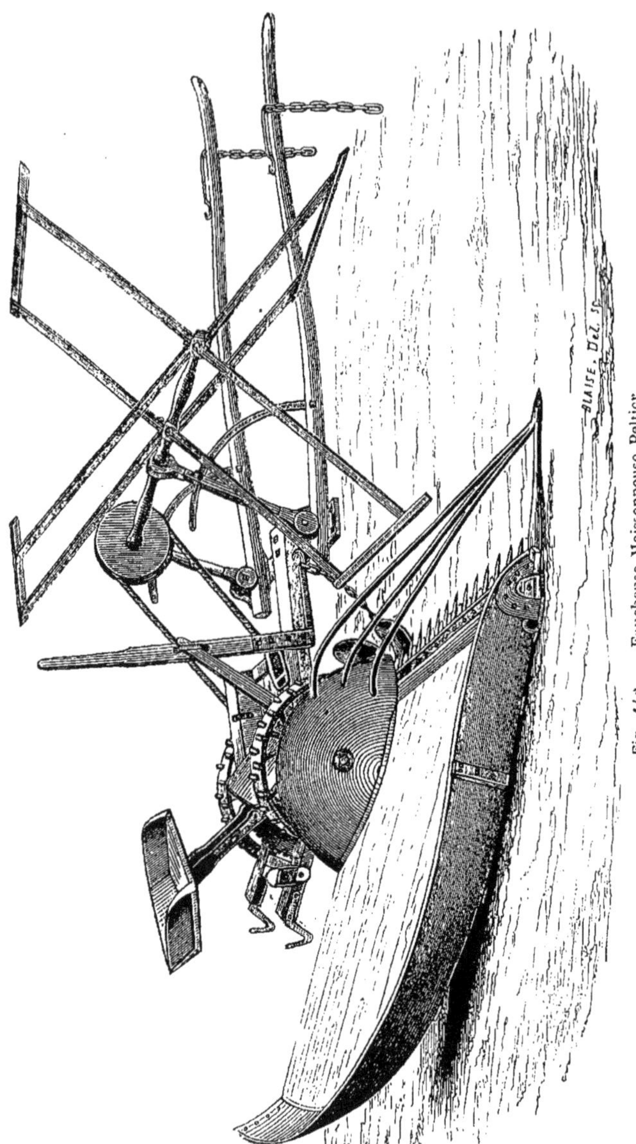

Fig. 142. — Faucheuse-Moissonneuse Peltier.

plein succès aux expériences faites sur les moissonneuses chez M. Pepin-Lehalleur. Dans ces expériences, attelée d'un seul cheval et conduite par deux hommes dont un faisait la javelle, elle a coupé une pièce d'avoine disposée en ados, suivant l'usage du pays, à la satisfaction des nombreux cultivateurs qui assistaient aux expériences; elle a produit en une heure de travail 35 ares 80 centiares, ce qui ferait pour une journée de dix heures 3 hectares 58 ares.

Toutefois nous ferons observer que cette surface ne saurait être prise comme base moyenne du travail à obtenir dans la pratique.

M. Peltier vend sa faucheuse-moissonneuse 800 francs, soit 600 francs pour la faucheuse et 200 francs pour les organes de la moissonneuse.

Moissonneuse-faucheuse Mazier (Fig. 143).

Cette machine, généralement connue sous le nom de *moissonneuse normande*, a été inventée par M. Mazier, de Laigle (Orne).

Comme dans la plupart des machines américaines, la scie se compose d'un nombre de plaques triangulaires en acier *glissant librement et sans appui* entre des gardes en fonte, ce qui l'empêche de couper lorsque les tiges sont humides. L'emmanchement de la scie présente un mode d'attache très-ingénieux qui permet en la relevant de la faire basculer et de couper alternativement à droite et à gauche, et par conséquent de moissonner en allant et en venant.

Nous avons vu fonctionner cette machine près d'Évreux; elle était attelée d'un seul cheval très-vigoureux qu'il fallait remplacer dans le courant de la journée. Le plus grand reproche qu'on lui faisait était que la scie s'engorgeait dès qu'il y avait un peu d'humidité, ce qui empêchait de travailler le matin par la rosée.

M. Mazier a reconnu lui-même que sa machine pouvait recevoir quelques heureuses modifications. A ce sujet il nous écrit :

« J'ai reconnu que mon engrenage d'angle était vicieux sous plusieurs rapports. Je vais adresser gratuitement à toutes les personnes qui ont acheté de mes machines, un nouvel engrenage que j'ai pu essayer dans les circonstances les plus difficiles, et dont je suis parfaitement sûr.

» Mes machines étaient à un cheval, et souvent en effet elles ont fonctionné ainsi. Je pourrais citer M. Loignon, le cultivateur le plus avancé du département d'Eure-et-Loir. M. Loignon a cette année encore coupé 20 hectares de blé sur sa terre du Boulay-Saint-Clair, près de la Ferté-Vidame, et jamais il n'a fait mettre qu'un seul cheval sur chaque machine.

» Dans d'autres parties de la France, il a fallu deux chevaux.

» Cette année donc je construis une machine plus légère; elle coupera un peu moins large que la première, mais elle ne coûtera que 700 francs. Je n'en ai pas moins une machine coupant sur une grande largeur et disposée pour deux chevaux. Le prix de cette dernière est de 800 francs, comme je l'ai annoncé dans mon prospectus de 1860. La faucheuse-moissonneuse coupe bien l'herbe, elle a obtenu le premier prix des machines *françaises* à Vincennes. Pour moi, je trouve qu'elle ne la coupe pas aussi bien qu'elle devrait le faire, et je construis une faucheuse qui ne fauchera que les prairies naturelles, mais qui les fauchera très-bien Le prix de cette machine, bien plus légère que les autres,

Fig. 143. — Moissonneuse-faucheuse Mazier.

sera de 600 francs quand elle sera traînée par un seul cheval, et de 700 francs quand elle sera disposée pour deux chevaux.

» La faucheuse-moissonneuse, également pour un ou deux chevaux, et de 700 ou 800 francs comme les moissonneuses, continuera à être employée pour les prairies artificielles et les récoltes ordinaires. Elle a toujours réussi sous ce double rapport, et si quelques pièces ont manqué de solidité, j'y ai bien vite remédié, ce qui était du reste excessivement facile.

» Beaucoup de propriétaires, particulièrement du Midi, m'ont demandé des machines à bœufs. Rien n'était plus simple, et je construis aujourd'hui des moissonneuses et des faucheuses moissonneuses à deux bœufs pour 800 francs, et des faucheuses pour l'herbe à 700 francs.

» Cette année encore, et plus que jamais, je renonce pour les moissonneuses à l'emploi d'un javelier mécanique. Ce javelier exige en effet un surveillant, souvent distrait, ce qui cause des accidents. Puis il m'est démontré mille fois pour une que faire la javelle est plus facile à apprendre qu'il ne l'est de se bien servir d'une faux ordinaire ; que, de plus, le travail de la faux est infiniment plus fatigant. Je parle de fatigue, mais je devrais ajouter qu'il n'est réellement un peu pénible de faire la javelle que dans le cas où l'emploi d'un mécanisme serait précisément impossible.

» J'ai donc, comme je vous l'ai dit, trois espèces d'instruments destinés à la moisson, et chacun de ces instruments est de trois numéros différents, suivant que l'on veut employer un cheval, deux chevaux ou deux bœufs. »

Moissonneuse-faucheuse Lallier,

Vénizel, près Soissons.

Cette machine, que nous avons vue fonctionner convenablement et faire un bon travail dans plusieurs concours, n'a pas aussi bien réussi aux expériences faites à Vincennes en 1860. Elle se compoe d'un bâti porté sur deux roues motrices. La scie a $1^{m},60$ de longueur ; un levier permet de l'élever et de l'abaisser de manière à pouvoir raser plus ou moins le sol.

Un système de rouleaux coniques est disposé sur une plate-forme suspendne sur des galets, de manière à faire l'andain mécaniquement : cette disposition a besoin encore de quelques modifications pour bien fonctionner, et n'est pas de nature à modifier notre opinion qu'il sera difficile sinon impossible de trouver un mécanisme *simple et pratique* qui puisse faire l'andain ou la javelle dans toutes les circonstances.

Pour transformer cette machine en faucheuse, on enlève la plate-forme qui porte les rouleaux.

Cette moissonneuse-faucheuse coûte 1,000 francs.

Moissonneuse-faucheuse Legendre,

A Saint-Jean-d'Angély.

Cette machine n'offre de particulièrement remarquable que le bas prix auquel elle est cotée ; elle est simple et rustique ; toutefois nous devons faire observer que le bon marché des machines n'est réellement une raison de recommandation que lorsqu'il n'est pas obtenu aux dépens de la bonne construction ; sous ce rapport, la machine Legendre, que nous avons examinée au concours général, laissait quelque peu à désirer ; nous voudrions que ce constructeur, qui est rempli de bon vouloir, soignât un peu plus l'ajustage et l'assemblage des pièces mécaniques, sauf à augmenter les prix. A part ces observations critiques que nous faisons dans l'intérêt de la propagation des bonnes machines, nous pensons que la moissonneuse-faucheuse Legendre peut rendre de bons services, lorsqu'elle fonctionne dans les conditions pour lesquelles elle a été fabriquée.

Le prix des moissonneuses Legendre est ainsi fixé : moissonneuse à chevaux pour terrains plats, 350 francs ; moissonneuse-faucheuse à chevaux ou à bœufs, 450 francs ; moissonneuse-faucheuse pour terrains plats et à billons fonctionnant avec des chevaux ou avec des bœufs, 550 francs.

Faucheuse-Moissonneuse Allen (Fig. 144).

Malgré le succès obtenu par MM. Burgess et Key avec leur grande moissonneuse, ces habiles constructeurs n'ont pas tardé à reconnaître que cette ma-

Fig. 144. — Faucheuse-moissonneuse Allen.

chine ne pourrait pas se généraliser en France, parce qu'elle était trop grande et trop lourde, et qu'une machine plus simple aurait plus de chances de succès. Aussi se sont-ils mis immédiatement à l'œuvre pour combiner une moissonneuse qui répondît mieux aux besoins de la culture française.

La nouvelle faucheuse-moissonneuse n'est autre que la faucheuse Allen que nous avons décrite précédemment. Cette machine a toutefois reçu quelques modifications qui l'ont encore simplifiée; on y a ajouté une troisième roue maintenue dans une chape courbe à axe mobile. Cette roue supporte une partie du poids du bâti, et dans les tournants, fonctionne sans opposer de résistance, et sert à régulariser l'instrument.

La largeur totale de la machine, lorsqu'elle est disposée pour manœuvrer, est de 2m,90; la scie peut se relever comme dans la machine Mazier; la largeur, lorsque la scie est dressée, n'est plus que de 1m,50, de sorte qu'elle peut passer dans les chemins les plus étroits.

Pour moissonner, on adapte une plate-forme à la pièce qui porte la scie et on ajoute une petite roue de support à l'extrémité de la gaîne. Les tiges coupées tombent sur la plate-forme et sont enlevées au moyen d'un râteau par un homme qui est porté par la machine ; un autre homme conduit le cheval par la bride.

Cette machine n'a pas de volant, elle exige deux chevaux, pèse 375 kilogrammes, et coûte, chez M. Laurent, rue du Château-d'Eau, à Paris, 850 francs.

Moissonneuse de Bell.

Cette moissonneuse est une des plus anciennes, et elle a servi de modèle à celles qui ont été imaginées depuis.

C'est la seule qui ait conservé le système de traction en poussant : nous avons déjà donné les raisons pour lesquelles ce système a été abandonné ; ces inconvénients ont d'ailleurs été généralement reconnus, puisque tous les constructeurs sans exception y ont renoncé.

A part les inconvénients inhérents au système de traction, le travail de cette moissonneuse est régulier ; l'andain se fait mécaniquement au moyen d'une toile sans fin qui entraîne les tiges coupées et les dépose en andains sur le côté de la machine.

Moissonneuse Mac-Cormick.

Dans la moissonneuse Mac-Cormick la scie est placée en arrière du mécanisme et du conducteur, et elle est fixe, c'est-à-dire qu'elle est placée à une distance invariable du sol.

Ces dispositions présentent des inconvénients que nous avons énumérés au commencement de cet article.

Le mode de transmission du mouvement de la roue à la scie a lieu au moyen d'une série d'engrenages ; cette disposition plus ou moins modifiée est aujourd'hui adoptée par presque tous les fabricants de moissonneuses.

Nous avons vu fonctionner cette machine chez M. Sabatier d'Espeyran, près de Saint-Gilles du Gard ; elle était attelée de quatre bœufs et coupait des roseaux, des joncs et des carex, qui forment un des principaux produits de la Camargue et des parties marécageuses situées sur la droite du petit Rhône où se trouve située la propriété de M. Sabatier.

Ces marais produisent en moyenne quatre mille gerbettes de 0m,30 de circonférence, pesant en moyenne, sèches, 1 kilogramme. On paie aux faucheurs, pour la coupe, 25 centimes par cent gerbettes, et on donne aux femmes 20 centimes pour les lier. Dans les marais qui ne produisent que des carex (qui sont em-

Fig. 145. — Moissonneuse Burgess et Key en travail.

ployés pour litière), on ne lie pas, et alors on paie aux ouvriers, pour la fauchaison seulement, 12 francs par hectare.

Avec la moissonneuse attelée de quatre bœufs travaillant six heures et relayés par quatre autres bœufs, un conducteur et un javeleur, on a coupé, par journée de douze heures de travail, 4 hectares 56 ares, et le prix de revient pour toute la campagne a été de 4 fr. 99 c. par hectare. C'est, comme on le voit, une économie de plus de moitié.

Moissonneuse Burgess et Key (Fig. 145).

Cette moissonneuse n'est autre que la machine Mac-Cormick perfectionnée, en ce sens qu'elle dispense de l'ouvrier javeleur. MM. Burgess et Key ont ingénieusement modifié cette machine en y ajoutant une plate-forme et trois rouleaux garnis de disques disposés en hélices. Les tiges une fois coupées par le pied tombent sur la plate-forme et sur les rouleaux, qui les entraînent et les déposent à terre, à côté de la machine, en un andain non interrompu. Un nouveau perfectionnement qui a été apporté consiste en un rouleau conique placé sur le côté de la machine du côté du grain non encore coupé, et dont le mouvement ramène en dedans tout le grain qu'elle touche, ce qui facilite notablement la mise en andains.

Nous l'avons déjà dit, cette machine fonctionne admirablement dans les récoltes droites et épaisses, surtout lorsque le sol est sec et assez solide pour porter la machine sans la laisser pénétrer trop profondément.

Quant à la disposition de l'appareil coupant, il présente les mêmes inconvénients que la Mac-Cormick.

La machine Burgess et Key, quoique faisant l'andain mécaniquement, ne doit pas moins être suivie par un homme armé d'une fourche, qui est chargé d'aider le déplacement des tiges sur les rouleaux afin de prévenir les engorgements, et de détacher à chaque tournant une chaîne placée à l'arrière de la machine et qui rend fixe pendant le travail un appareil qui lui permet de tourner avec plus de facilité.

Cette machine coupe sur une largeur de 1m,50 à 1m,65 ; elle peut, à la rigueur, fonctionner avec deux chevaux très-forts ; mais néanmoins deux chevaux, quelles que soient leur force et leur énergie, ne pourraient continuer longtemps le travail.

M. Laurent, rue du Château-d'Eau, à Paris, seul concessionnaire du brevet accordé à MM. Burgess et Key, livre à l'agriculture ces machines au même prix qu'elles se vendent à Londres, soit 1,062 francs. Un dépôt des machines fabriquées en Angleterre est établi chez MM. Clubb et Smith, rue Fénelon, 9, à Paris.

De l'emploi des machines à faucher et à moissonner.

Quoique plusieurs machines soient disposées aujourd'hui de manière à suivre les ondulations du terrain, et même à couper en travers les billons, il n'est pas moins préférable d'égaliser le plus possible la surface du sol et de l'épierrer ; cela permettra de couper plus rez terre, et préviendra les accidents que peut occasionner à la scie la rencontre des pierres.

Quand le terrain est dans une situation trop déclive, on doit couper, en suivant une ligne perpendiculaire à la pente, et non en montant ou en descendant; cependant, s'il arrivait que la position du champ fût telle que l'on dût couper en montant et en descendant, il faudrait dans les descentes prendre des précautions, et modérer la vitesse de l'attelage.

L'attelage doit être conduit de manière que la vitesse soit moyenne et surtout régulière ; il faut éviter les mouvements brusques.

Il faut mettre la machine en mouvement avant d'attaquer les tiges ; pour cela, on la reculera de $0^m,50$ ou 1 mètre, lorsque, pour une raison quelconque, on sera obligé d'arrêter pendant le travail.

On doit toujours maintenir les engrenages bien graissés et les arbres huilés ; les machines bien conditionnées doivent porter sur le chapeau des coussinets des réservoirs d'huile, que l'on emplit avant de commencer le travail, et dont on empêche le trop prompt écoulement au moyen d'une mèche en chanvre ou en coton.

A chaque reprise de travail, on doit examiner scrupuleusement toutes les pièces, visiter les écrous et les resserrer, s'il y a lieu.

La scie doit être maintenue bien tranchante, au moyen de l'affutoir (lime triangulaire en acier uni), et si elle s'ébrèche ou se rebrousse, on refait le taillant au moyen d'une petite lime également triangulaire.

Avant de travailler, il faut se rendre compte si toutes les pièces fonctionnent convenablement ; il suffit d'un coussinet trop serré pour augmenter sensiblement le tirage, ou trop lâche, pour occasionner des vibrations qui usent la machine et nuisent à la régularité de la marche.

En suivant ces simples instructions, on préviendra souvent des accidents et on évitera des réparations qui occasionnent des frais et des retards préjudiciables.

Des faneuses et des râteaux à cheval.

Les instruments propres à hâter la dessiccation des foins répondaient à un besoin tellement urgent, que, dès leur introduction en France, ils ont été acceptés sans contestation par les vrais agriculteurs, et se sont propagés avec rapidité, non-seulement parce que ces machines comblaient une lacune, mais aussi parce qu'elles se sont présentées dès l'abord dans de bonnes conditions.

En effet, les faneuses sont simples, solides et élégantes de construction, d'une conduite facile et n'exigeant aucun apprentissage. Un seul cheval suffit pour les traîner. Ces conditions étaient de nature à les faire accueillir favorablement, surtout en présence de la rareté de plus en plus grande des bras et de l'élévation croissante du prix à payer aux ouvriers.

La faneuse mécanique procure une économie de main-d'œuvre; elle fait le travail de seize à vingt hommes; son emploi fait gagner un ou même plusieurs jours dans le séchage du foin, économie très-importante, surtout dans les années pluvieuses. De plus, elle secoue et écarte le foin beaucoup mieux qu'on ne le ferait à la main.

Les faneuses mécaniques, avec leurs perfectionnements actuels, se composent de deux parties *indépendantes*, portant chacune huit râteaux, garnis de cinq ou six dents légèrement recourbées. Chaque râteau est fixé au moyen de plusieurs bras à une douille dans laquelle passe l'essieu; le mouvement est communiqué par les roues, dans l'intérieur desquelles est disposée une série d'engrenages.

Le mouvement des deux parties est solidaire ou indépendant; on peut aussi changer le sens du mouvement de rotation, ou rendre les parties complétement libres du mouvement des roues porteuses, et alors on transporte la machine sans avoir à redouter la rencontre d'obstacles.

Les cylindres qui portent les râteaux peuvent s'éloigner ou se rapprocher du sol; les râteaux doivent pouvoir se rabattre complétement, et être munis d'un ressort en arrière, qui leur permette de céder momentanément lorsqu'ils rencontrent un obstacle, puis ils doivent se remettre en place lorsque l'obstacle est franchi.

Tous les agriculteurs qui ont employé la faneuse reconnaissent que c'est un instrument excellent pour le fanage des herbes des prairies naturelles. Pour les prairies artificielles, les trèfles, minettes, luzernes, sainfoins, son action est un peu trop énergique, surtout lorsque les plantes ont éprouvé un commencement de dessiccation, parce qu'alors la grande vitesse avec laquelle les plantes sont lancées en l'air détache les feuilles, qui sont les parties les plus nutritives.

Lorsque ces plantes sont fraîchement coupées, on peut se servir de la faneuse, en faisant marcher le râteau dans le sens des roues et en modérant la vitesse du cheval. Par ce moyen, on les étendra suffisamment et l'impulsion ne sera pas assez forte pour détacher les feuilles.

Pour faire fonctionner la faneuse, on la fait passer au travers des andains, et on embraye la machine de manière à faire tourner les cylindres porte-râteaux dans le sens contraire des roues; l'herbe est ainsi lancée en l'air du dessous de la machine jusqu'en arrière en passant par-dessus.

Cette opération éparpille parfaitement l'herbe; quand on veut hâter la dessiccation, on passe une seconde fois l'instrument, en renversant la marche des râteaux et les faisant fonctionner dans le sens des roues; ce second épandage retourne et ventile le foin aussi bien que le premier, mais le secoue avec moins d'énergie.

Toutes les faneuses sont d'importation anglaise et construites d'après les mêmes principes; elles ne diffèrent entre elles que par la disposition des engrenages renfermés dans les boîtes des roues, du système d'embrayage et de désembrayage, et par quelques parties accessoires d'une moins grande importance. On signale, entre autres, pour sa solidité et sa simplicité, celle fabriquée par Nicholson, qui a obtenu plusieurs fois le premier prix dans les concours anglais et en France. Nous décrirons d'abord cet instrument, qui nous paraît mériter à tous égards la priorité.

Faneuse Nicholson (Fig. 146).

Dans la construction de cette faneuse, toutes les précautions ont été prises pour que le foin ne puisse s'enrouler autour des axes ou engorger la machine ; à ce point de vue, cette machine est aussi parfaite qu'on peut le désirer.

Fig. 146. — Faneuse Nicholson.

Fig. 147. — Détail d'une roue de la faneuse Nicholson.

Ce qui distingue surtout cette faneuse, c'est la roue d'engrenage à dents intérieures, fig. 147, qui permet de donner le mouvement en arrière d'une manière plus simple et plus directe que dans les autres machines de ce genre où il faut deux pignons (fig. 148).

Fig. 148. Roue à deux pignons.

La fig. 149 représente la petite roue figurée dans l'intérieur de la boîte de la fig. 147 avec le pignon qui sert à faire marcher les râteaux soit en avant soit en arrière, selon qu'on le fait commander par la petite roue ou par la roue à dentures intérieures (fig. 150).

Fig. 149. Roue à un pignon.

Fig. 150. — Roue à dentures intérieures.

La faneuse Nicholson est construite entièrement en fer, à l'exception de la boîte à engrenage des roues qui est en fonte.

Les brancards sont en fer tubulaire, ce qui ajoute à la solidité et présente une garantie de durée.

Le dépôt de cette faneuse est à Paris, chez M. Peltier jeune, 45, rue des Marais-Saint-Martin. Le modèle ordinaire à un cheval vaut 490 francs; elle pèse environ 530 kilogrammes; un deuxième modèle à grandes roues et disposé pour deux chevaux en limons, et travaillant sur une largeur de 2^{m},43, coûte 680 francs, et pèse environ 670 kilogrammes.

Faneuse Smith et Ashby (Fig. 151).

Cette machine se compose, comme la précédente, d'un bâti en fer porté par deux roues dans la boîte desquelles se trouve une série d'engrenages qui font mouvoir simultanément ou indépendamment, en avant ou en arrière, deux parties octogonales armées de râteaux, ayant chacune 1 mètre de longueur.

L'appareil se monte ou se descend suivant les besoins du travail au moyen d'une manivelle que l'on voit dans la figure contre le brancard à droite; cette

Fig. 151. — Faneuse Smith et Ashby.

manivelle correspond à un arbre qui fait mouvoir deux bielles auxquelles viennent aboutir des tiges en fer fixées dessus et dessous les boîtes qui contiennent les engrenages.

Cette machine, quoique fonctionnant très-bien, est néanmoins un peu plus compliquée que celle de Nicholson.

Elle est construite à Paris par M. Laurent, rue du Château-d'Eau, et coûte 575 francs.

Faneuse Clubb et Smith.

La faneuse construite par MM. Clubb et Smith, à Londres, dont le dépôt est à Paris, rue Fénelon, 9, a beaucoup de rapport avec celle de Smith et Ashby. Elle n'en diffère que par quelques modifications dans les détails ; elle est parfaitement construite et a été distinguée dans plusieurs concours. Elle coûte, à Paris, 430 francs.

Les râteaux à cheval.

Une conséquence de l'introduction des faucheuses dans la culture, a été l'emploi des râteaux à cheval; car il ne suffisait pas de faner vivement, il fallait encore mettre les récoltes le plus tôt possible à l'abri des intempéries, et pour cela il fallait un instrument qui opérât vite et bien. Cet instrument a été trouvé dans le râteau à cheval, qui est, comme la faneuse, une importation anglaise.

Avec le râteau à cheval le travail se fait aussi bien qu'avec le râteau à main, et il lui est supérieur dans les terres à surface inégale.

Au sujet du travail du râteau, M. Gustave Hamoir, un des cultivateurs les plus émérites du département du Nord, qui s'occupe avec succès du perfectionnement des instruments agricoles et qui est inventeur du râteau automoteur dont nous donnons plus loin la description, nous écrit:

« On peut, avec cet instrument, amasser le foin sur une étendue de 6 à 8 hectares en une journée de travail avec un cheval et un seul homme.

» En un moindre espace de temps on peut nettoyer un champ de même surface, et dans ces deux fonctions on supplée aux bras de huit à dix femmes.

» Dans ma culture, qui dépasse 200 hectares, le râteau a énormément à faire, partout où on a enlevé une récolte, il va se promener et me rapporte toujours beaucoup plus que le prix de sa journée.

» Les trèfles, les luzernes, les féveroles, les hyvernaches reçoivent le coup de râteau; sur la prairie il a en outre l'avantage de gratter le sol et d'en arracher la mousse et le chiendent.

» Quant à la qualité du travail que l'on obtient avec un bon râteau, j'ai fait cette expérience: une prairie dont le foin a été enlevé, passée au râteau de bois à main par des femmes bien surveillées, m'a encore rendu, au râteau, 40 kilogrammes de foin par hectare.

» Quand les agriculteurs auront pu apprécier la valeur du râteau, il n'est pas de culture d'une importance même moyenne qui n'aura le sien. Je le considère comme l'un des plus utiles parmi les instruments secondaires. »

Les râteaux à cheval système anglais se composent d'une série de dents courbes et indépendantes l'une de l'autre ; ces dents sont maintenues sur l'entretoise d'un bâti qui est porté sur deux roues.

Une entretoise mobile sert à arrêter la descente des dents et à régler la grandeur de l'andain ; un levier dont la petite branche est fixe sur le bâti et qui porte à l'extrémité opposée une poignée, sert à soulever toutes les

Fig. 152. — Râteau Howard.

dents à la fois et à décharger l'instrument sans arrêter la marche de l'attelage.

Les dents suivent les ondulations du sol, leur courbure doit être telle qu'elles ne piquent pas dans la terre, et elles doivent présenter la plus grande capacité possible.

On construit maintenant un grand nombre de modèles différents de râteaux dont la plupart ne diffèrent guère entre eux que par la disposition du levier.

Un bon râteau à cheval doit remplir les conditions suivantes :

1° Les dents doivent être indépendantes l'une de l'autre.

2° Elles doivent avoir une courbure telle qu'elles présentent la plus grande capacité possible sans piquer en terre.

3° Elles doivent être légères et résistantes, et c'est pour remplir cette condition, que quelques constructeurs les fabriquent maintenant en acier.

4° Le levier doit être disposé de telle manière que la grande branche puisse se régler à la taille du conducteur, et être assez énergique pour que l'instrument puisse se décharger promptement sans nécessiter trop d'efforts de la part du conducteur.

5° Le bâti doit être muni d'un régulateur qui empêche la descente des dents et qui permette de régler la grosseur de l'andain.

Fig. 153. — Râteau automoteur de M. Hamoir, en travail.

6o Enfin les brancards doivent être disposés de manière à pouvoir être réglés selon la taille du cheval.

Plusieurs râteaux remplissent ces conditions, et quelques-uns ont même subi des perfectionnements que nous allons indiquer.

Râteau Howard (Fig. 152).

Cet instrument remplit tous les conditions que nous venons d'énumérer ; les dents sont en acier, ce qui les rend plus légères, plus persistantes et empêche la déformation.

Une barre de fer placée à l'arrière du bâti et suspendue par deux arcs de cercle percés de trous permet de régler la hauteur des dents, de façon que celles-ci affleurent en grattant le sol ou qu'elles restent suspendues à une distance plus ou moins grande du sol.

Les fusées des essieux sont encapuchonnées, ce qui évite que le foin puisse s'enrouler autour.

Cet instrument se construit en France chez plusieurs fabricants, et entre autres chez M. Laurent, à Paris, et chez M. Legendre, à Saint-Jean-d'Angély ; il coûte de 250 à 275 francs.

Râteau Nicholson.

Ce râteau, qui se construit à Paris chez M. Peltier jeune, ne diffère du précédent que par quelques modifications dans les détails et par la disposition du levier qui facilite la manœuvre ; les dents sont montées sur des pièces en fonte au moyen de deux boulons à écrou. Cette disposition permet de les réparer au besoin une à une sans être obligé de les démonter toutes. Cet instrument coûte, à Paris, 225 à 250 francs.

Râteau Clubb et Smith.

Les râteaux construits par MM. Clubb et Smith sont du système Howard, avec quelques modifications dans les détails ; ils sont solides et parfaitement construits, et coûtent, à Paris, suivant le numéro, de 210 à 315 francs.

Râteau automoteur de M. Gustave Hamoir.

Le râteau automoteur inventé par M. Gustave Hamoir, agriculteur à Saultain, près Valenciennes (Nord), se distingue des râteaux que nous venons de décrire par son *levier automoteur* qui permet à l'instrument de se décharger seul, sans effort de la part du conducteur.

Le mécanisme que nous représentons (fig. 154) se compose d'un levier A B tournant en C sur un axe, et portant à son extrémité un pied B D mobile en B; si, par un mouvement imprimé en A par la main du conducteur, on porte l'extrémité D du pied en avant du système, cette partie rencontre le sol, où elle trouve un point d'arrêt qui imprime à la branche A C du levier un mouvement E C, et transporte le point F en G ; le point F est relié au levier H I par une chaîne F H.

Si maintenant on considère la différence de longueur des branches de levier H I et A G, on comprendra que par un mouvement assez faible opéré de F en G on puisse, au moyen de la pièce K, qui rend toutes les dents solidaires d'une pression opérée en H, les enlever toutes à la fois et leur faire décrire un quart de cercle, révolution suffisante pour opérer la décharge complète de l'instrument. Le levier automoteur peut s'appliquer à tous les râteaux moyennant une dépense d'environ 50 francs.

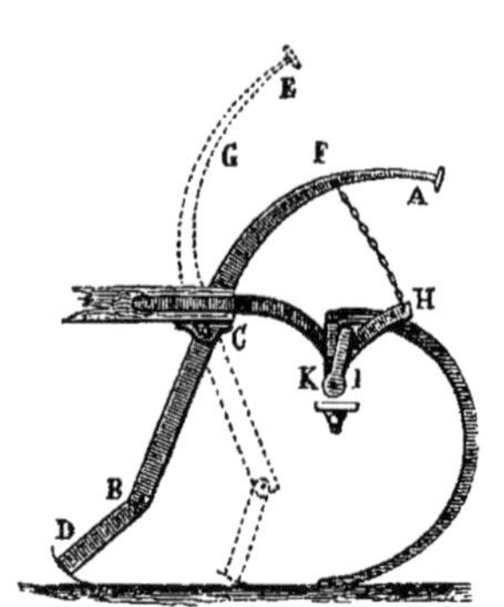

Fig. 154. — Détail du bras automoteur du râteau de M. Hamoir.

Le râteau Hamoir est un instrument pratique simple et solide ; les roues sont en bois montées sur moyeu en fonte d'un système inventé par M. Hamoir. Le râteau automoteur coûte 300 francs.

Râteau à cheval américain perfectionné (Fig. 155).

La construction de ce râteau est solide et tellement simple que le premier charron venu peut le construire. Employé à peine depuis deux ans en Beauce, il s'est déjà beaucoup répandu dans cette contrée, car, après l'enlèvement des gerbes de céréales, un coup de ce râteau ne laisse pas un seul épi sur le champ, et les cultivateurs ont reconnu que c'était là un bénéfice réel.

Rowsell a perfectionné le modèle américain en ajoutant des pointes cambrées en fer aux dents en bois ; ces pointes les consolident, les empêchent de butter et facilitent leur passage sur les obstacles qu'elles rencontrent.

M. Gaud a apporté quelques modifications importantes dans le montage ; les râteaux qu'il fait exécuter sont à deux fins : les dents sont placées à 15 centimètres d'axe en axe, et ramassent aussi bien et aussi parfaitement les fourrages de première coupe et les regains que les céréales ; ce râteau fonctionne avec un égal succès sur les fourrages naturels ou artificiels.

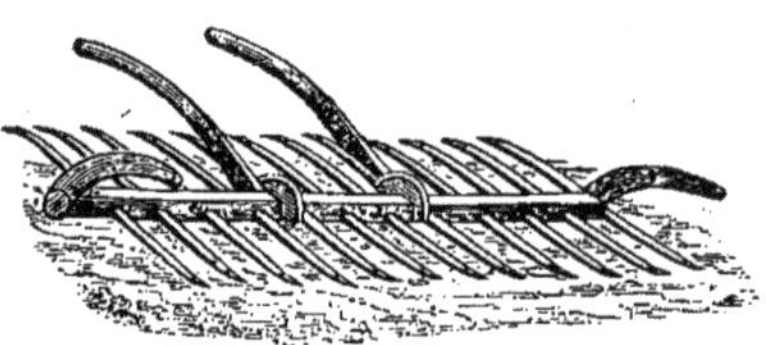

Fig. 155. — Vue en perspective du râteau américain.

Ce râteau est représenté en perspective par la fig. 155.

La fig. 156 est une coupe verticale, à l'échelle de 1/15e ; la position est celle que doit avoir le râteau lorsqu'il fonctionne ; A est le limon, B un mancheron servant à culbuter le râteau, C disque sur la circonférence duquel il glisse, D pointes cambrées en fer, fixées aux extrémités des dents, E dents en bois.

La fig. 157 est une vue en plan et une élévation d'un limon assemblé à la

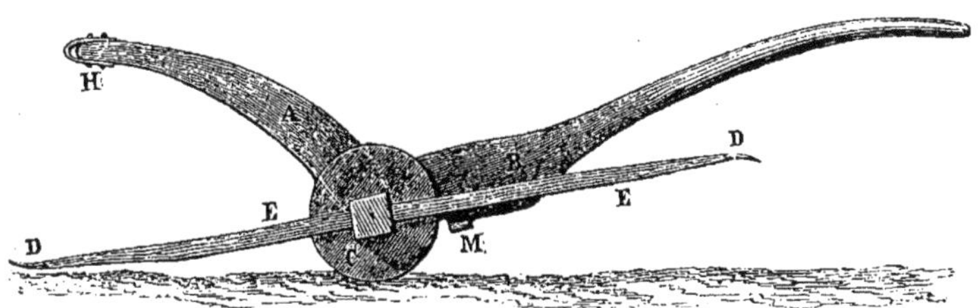

Fig. 156. — Coupe verticale au milieu du râteau.

traverse qui porte les dents. F tringle de consolidation, G collier en fer assemblant le timon et la traverse, H lien d'attelle.

La fig. 158 représente le plan et l'élévation d'un mancheron assemblé à la traverse porte-dents. B est le mancheron, C une fraction de dent, C disque glisseur, I collier assemblant le mancheron à la traverse, M taquet saillant pour faire culbuter le râteau.

Pour se servir de ce râteau on place l'instrument en tête du champ, et après avoir engagé sous les deux dents qui portent les disques C les taquets M fixés aux mancherons B, on lève légèrement les mancherons pour faire incliner les dents du râteau au niveau du sol, et l'on fait partir le cheval ; lorsque l'on juge que l'andain qui se forme sur les dents de devant est assez fort, on lève les mancherons ; alors le râteau culbute et les dents d'arrière, portées en avant, se mettent immédiatement à fonctionner.

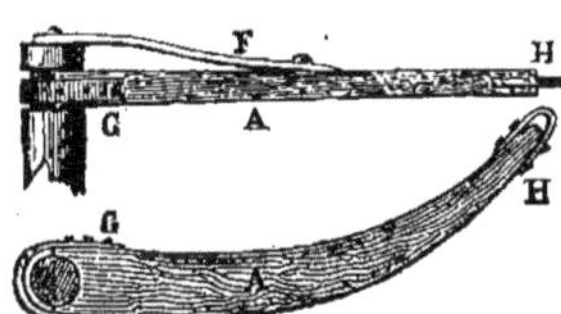

Fig. 157. — Projection verticale et plan d'un limon.

Arrivé au bout du champ, on tourne court afin de placer le râteau convenablement pour continuer le travail, et on s'attache à faire culbuter le râteau de manière à ce que tous les andains se trouvent alignés. Une fois le cheval en

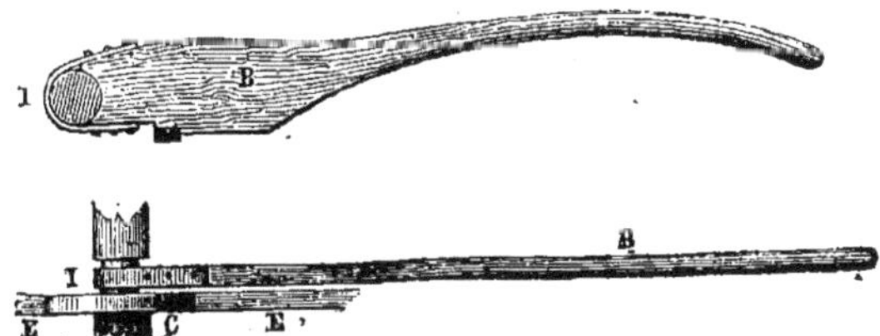

Fig. 158. — Projection verticale et plan d'un mancheron.

marche, il est inutile de soutenir les mancherons; la traction du cheval suffit pour mettre le râteau dans la position qu'il doit avoir pour fonctionner; on ne se sert des mancherons que pour faire culbuter.

Pour que le prix des instruments agricoles perfectionnés soit en rapport avec la bourse du petit cultivateur, il faut que la construction en soit rustique et sacrifier tout embellissement inutile ; alors ces modèles sont mal reçus dans les concours. C'est surtout ce mépris qu'ils inspirent qui empêche les fabricants de s'en occuper sérieusement.

Si ces machines, au lieu d'exciter la moquerie, étaient l'objet de récompenses spéciales, on verrait bientôt nos constructeurs arriver à d'heureux résultats.

On ne saurait donc trop les engager à s'occuper des instruments simples et à bon marché; c'est le meilleur moyen pour propager la mécanique agricole. On ne doit pas oublier que les ouvriers cultivateurs ne sont pas des mécaniciens, et que si l'on veut leur inculper le goût de la mécanique, il faut commencer par leur mettre en main des instruments simples et d'une manœuvre facile.

DU BOTTELAGE DES FOINS.

Dans quelques contrées, entre autres dans les environs de Paris, en Normandie et une partie de la Picardie, il est d'usage de ne rentrer les foins que bottelés; il résulte de cette manière de procéder que, faute de bras suffisants, les foins restent plus longtemps exposés aux intempéries, qu'ils blanchissent, se détériorent, que sous l'emplacement occupé par les meulons l'herbe est étouffée, et que la prairie se dénude; il est donc de beaucoup plus avantageux d'enlever le foin aussitôt que son degré de siccité le permet et de l'engranger immédiatement, ou mieux encore d'en former des meules rectangulaires à portée des bâtiments de la ferme, comme cela se pratique dans les Flandres et dans le midi de la France.

Il est néanmoins urgent que le cultivateur connaisse très-exactement les ressources dont il dispose pour la nourriture de ses animaux, qu'il sache rigoureusement la quantité de fourrage distribuée quotidiennement, et de plus il est indispensable que les distributions se fassent régulièrement: sans cela pas de comptabilité possible, et bientôt le gaspillage; c'est ce qui a lieu malheureusement le plus souvent.

On peut se rendre compte du poids de la récolte en pesant les voitures; mais pour la distribution journalière il faut nécessairement que le foin soit bottelé, opération qui est souvent négligée parce qu'elle occasionne un surcroît de dépense et de main-d'œuvre et exige un emplacement plus vaste lorsque l'on veut botteler à l'avance; cependant l'économie qui résulte du bottelage compense largement ces inconvénients.

Une machine qui opère plus vite et réduit le fourrage à un moindre volume est donc une bonne acquisition pour les agriculteurs; c'est ce problème que M. Pommeraux a complétement résolu par l'invention du botteleur que nous représentons fig. 159 et 160.

Cette machine, qui est extrêmement simple, se compose d'un fort bâti en bois formé par quatre montants reliés par des traverses B B; formant à la partie supérieure une sorte de coffre D, ouvert en arrière, mais fermé en avant par une planche S, articulée par des charnières et maintenue par un loquet *p p*.

Sur la partie antérieure du plancher du coffre sont fixées à l'aide de vis à bois trois fortes courroies de cuir; elles sont réunies à leur extrémité libre et rendues solidaires au moyen d'une tringle de fer munie de trois œillets correspondant au centre de chacune des courroies.

Un arbre en fer portant trois tambours *c c c*, destinés à l'enroulement des courroies, est fixé sur les deux montants postérieurs, un peu au-dessus du niveau du plancher du coffre; cet arbre est muni d'un crochet d'arrêt et porte à une de ses extrémités une grande roue dentée R, laquelle s'engrène avec le pignon P auquel on communique le mouvement au moyen des manivelles M placées à chaque extrémité de l'arbre qui porte le pignon; le retour du pignon, par conséquent des tambours, est empêché au moyen d'un fort cliquet K.

Comme on le voit, le mécanisme de ce botteleur est on ne peut plus simple; lorsqu'on veut le faire fonctionner, après avoir eu soin de préparer un certain nombre de ficelles ou de *tilles* destinées à la ligature des bottes, on en place deux sur la plate-forme du coffre, en des points qui y sont indiqués F; un homme

Fig. 159. — Botteleur mécanique en travail.

prend une quantité de fourrage à botteler et la place telle quelle dans le coffre sur les courroies étendues, comme l'indique *c*, puis il les ramène de manière à embrasser le fourrage, et accroche leur extrémité libre aux tambours de l'avant en les passant par l'ouverture laissée entre la partie arrondie O et la planche S. Cela fait et disposé comme l'indique la fig. 160, un homme tourne la manivelle, et son compagnon, s'ils sont deux, se met à l'autre; à mesure qu'ils tournent les courroies s'enroulent en pressant le fourrage qu'elles embrassent. Pressée par les extrémités contre les parois du coffre et serrée par les courroies, la botte prend une forme exactement cylindrique. Lorsque la pression est suffisante, on ouvre la planche S S en soulevant le loquet *pp*, et il ne reste plus qu'à lier à l'aide des deux ficelles F dont on réunit les extrémités par un nœud, tandis que le cliquet K maintient l'enroulement des courroies. Dès que les ficelles sont liées on lève le cliquet, et l'un des hommes déroule pour faire prendre aux courroies leur position respective et recommencer l'opération.

Ce botteleur présente les avantages suivants :

Économie de temps et de travail, deux hommes suffisant pour confectionner de trente à trente-cinq bottes à l'heure.

Nullité de déchet, la pression empêchant le foin de se disperser.

Meilleure conservation, la grande pression subie par le foin le rendant inattaquable par les souris, et le fourrage se conservant mieux.

Economie dans l'expédition par les voies ferrées, le transport se faisant à

Fig. 160. — Botteleur mécanique; coupé.

forfait par wagon, et les bottes étant réduites par la pression à la moitié du volume des bottes ordinaires.

Le prix du botteleur mécanique, qui est de 300 francs, nous semble trop élevé, et nous espérons que lorsque cette machine se propagera, ce prix pourra être notablement réduit. Le cessionnaire du brevet est M. Clémencier, négociant à Aisy (Yonne). Un dépôt est établi chez M. Peltier, 45, rue des Marais, à Paris.

DES VÉHICULES ET HARNAIS.

Jusqu'à ce jour, les véhicules agricoles ont été tellement négligés, qu'il semble que les cultivateurs ne se sont pas doutés qu'ils sont les plus importants de tous les engins composant le matériel rural; en effet, il n'en est pas qui servent plus fréquemment, car les transports dans les exploitations agricoles comprennent environ la moitié des travaux qui se font au moyen des chevaux ou des bœufs. Le calcul des transports à faire dans une exploitation conduit au chiffre d'un cheval par 20 hectares dans les grandes exploitations, en supposant des circonstances très-favorables, et dans les conditions ordinaires, ils exigent au moins un cheval par 15 hectares; c'est donc une dépense très-lourde que le cultivateur doit s'attacher à diminuer le plus possible.

Les principales conditions à remplir pour économiser sur les frais de transport consistent à entretenir les chemins dans le meilleur état possible, et à adopter les véhicules les plus avantageux au point de vue de l'économie de traction; ils doivent être solides et légers, et leur force doit être en rapport avec les chemins et le genre de culture auquel on se livre.

Quel est le véhicule le plus avantageux à employer dans une exploitation?

Les cultivateurs flamands et alsaciens répondront que c'est le chariot à quatre roues, tandis que d'autres soutiendront que c'est la charrette à deux roues.

Selon nous, chacun de ces véhicules a sa raison d'être et présente des avantages particuliers; d'ailleurs, les cultivateurs sont souvent forcément obligés d'adopter les engins employés dans la contrée, et ce n'est que peu à peu qu'ils peuvent les modifier.

Nous n'entrerons donc pas dans des détails concernant la valeur respective des différents genres de véhicules; nous nous bornerons à indiquer les perfectionnements les plus récents qu'ils ont subis.

La première chose à laquelle on doit s'attacher, c'est au roulage. Tout le monde reconnaît l'augmentation de tirage que nécessitent des roues mal emboîtées et les inconvénients que présentent les moyeux en bois; et tous les cultivateurs redoutent les réparations fréquentes et coûteuses qu'elles exigent. A plusieurs reprises déjà, des tentatives furent faites en vue de diminuer le renouvellement d'altérations d'autant plus fâcheuses qu'elles sont plus intempestives et qu'elles se manifestent, en général, au moment où tout retard dans le transport entraîne une perte ou un danger.

Moyeux métalliques.

On a souvent tenté de substituer le fer au bois ; mais, il faut bien le dire, des imperfections nombreuses et des mécomptes pratiques ont jusqu'en ces derniers temps mis obstacle à la vulgarisation du principe.

Les principaux écueils contre lesquels il venait échouer étaient la détérioration

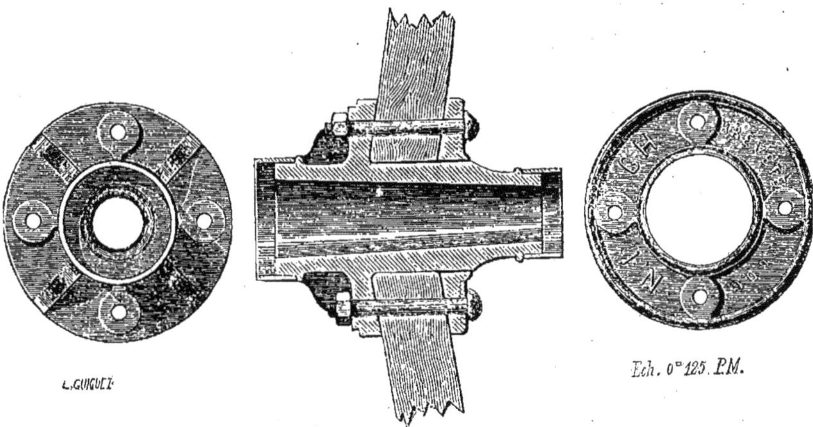

Fig. 161, 162, 163. — Moyeu métallique pour lourdes voitures, de M. Gustave Hamoir.

du bois en contact avec la garniture rigide et le retrait inévitable de la fibre ligneuse encastrée dans les parties métalliques. Le vice radical des systèmes préconisés consistait dans l'obligation de démonter entièrement la roue quand il

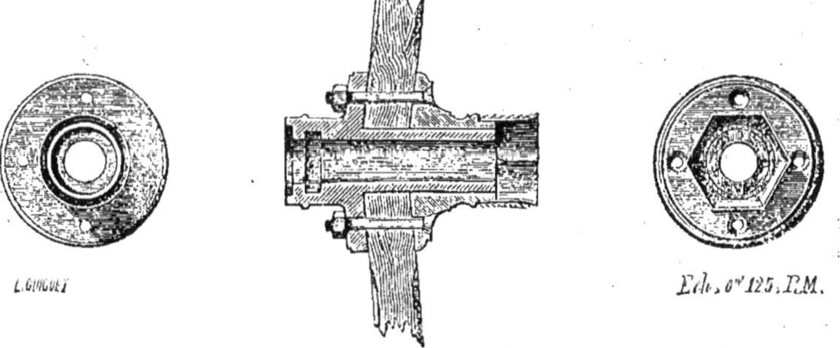

Fig. 164, 165, 166.— Moyeu métallique pour voiture légère et carrosserie, par M. G. Hamoir.

s'agissait de renouveler un rayon : le poids lui-même des moyeux, enfin son prix élevé, toutes ces choses ont été des obstacles à la vulgarisation de ce système ; cette application paraît cependant d'autant plus utile aujourd'hui, qu'il devient de plus en plus difficile de se procurer de bons bois de charronnage pour construire cette partie si essentielle de la roue.

Ces graves défauts, qui arrêtèrent l'application de cette idée, paraissent évités aujourd'hui au moyen du moyeu métallique inventé par M. Gustave Hamoir, à Saultain, près Valenciennes ; il est d'une extrême simplicité, apporte une économie dans la construction des roues et leur donne une durée beaucoup plus grande : ce sont des faits que la pratique a sanctionnés.

Ce moyeu se compose, comme l'indiquent les dessins ci-dessus, d'une boîte portant un disque relevé à angle droit ; un autre disque mobile est relié au premier par quatre boulons qui enserrent avec une très-grande puissance le pied des rayons ; l'intervalle entre eux est rempli par un coin de la forme indiquée dans la fig. 167. Cette forme diffère, pour la voiture de luxe ou pour celle qui doit avoir un mouvement accéléré, du montage de la roue destinée à la voiture de roulage. On peut remarquer cette différence en comparant les deux dessins qui l'indiquent.

Pour monter une roue par ce système, il suffit d'abord de dresser les rayons, le devers de la roue étant donné par l'inclinaison des disques. On commence ensuite par fixer les quatre coins ou les quatre rayons, ou deux coins et deux rayons à travers lesquels doivent passer les boulons. On peut à volonté faire passer ces boulons à travers les rayons, à travers les coins ou entre les deux sans affecter en rien la solidité de la roue. Les disques étant ainsi fixés à leur écartement, on pose les coins, puis on chasse les rayons comme dans une roue ordinaire ; les derniers serrent la masse.

Pour le cas où un défaut de la fonte pourrait faire dévier un rayon, et afin que toutes les extrémités passent bien dans le même cercle, on place la roue sur un axe ; à chaque rais que l'on monte, on amène son extrémité devant un point fixe, et on rectifie ainsi le travail.

On laisse un peu de vide à l'endroit où le pied du rayon vient affleurer la boîte, et on laisse déborder un peu les cales au dehors des disques ; lorsqu'on pose le bandage, le retrait du fer vient comprimer avec une très-grande force toutes ces pièces, en les faisant rentrer dans un cercle plus étroit et en forme un tout tellement compacte que ni l'humidité ni la sécheresse ne peuvent l'influencer.

Le serrement vigoureux de quatre boulons achève l'œuvre.

Ce système permet de fabriquer mécaniquement une roue de voiture, ce qui avait présenté jusqu'à ce jour de sérieuses difficultés à cause du travail long et difficile des mortaises à percer dans le moyeu en bois.

Une roue peut avec ce système user son bandage sans avoir à rentrer à la forge.

Si un rayon se casse, il suffit de lever le disque mobile pour le remplacer.

Si par suite de bois employé trop vert, il se faisait un peu de jeu, il suffirait de remplacer une couple de coins et de les chasser avec force.

Si l'on veut changer d'essieu, on enlève le moyeu tout entier en dévissant les quatre boulons, et l'on en replace un autre sans que la roue en souffre le moins du monde.

La durée du moyeu est presque indéfinie ; elle est limitée par les soins que le propriétaire apportera ou fera apporter au graissage de ses voitures. Ce graissage est d'ailleurs bien réduit, car l'air ambiant qui lèche la fonte du moyeu le rafraîchit continuellement, annule l'échauffement des essieux qui faisait fondre et couler la graisse; ceux-ci se conservent plus longtemps entretenus, et il suffit de les visiter et de les graisser une fois sur trois que nécessitait l'ancien système.

Le poids des moyeux pour roues de 1 mètre de diamètre appliquées à des essieux de 70 à 100 kilogrammes est de 39 kilogrammes bruts ; celui de roues de 1m,50 est de 43 kilogrammes. Suivant que des moyeux de cette force

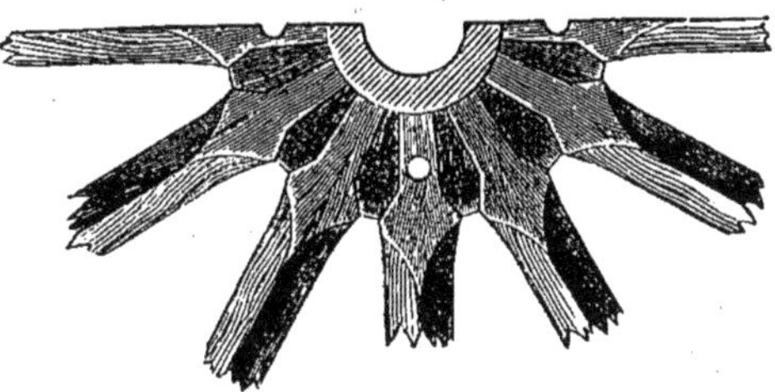

Fig. 167. — Coupe du moyeu laissant voir la disposition des rayons et des coins en bois.

sont construits en bois dur et compact ou en bois tendre et poreux, ils pèsent plus ou moins que ceux-ci.

Le prix est fixé en ce moment à 33 francs les 100 kilogrammes bruts rendus jusqu'à Paris.

On ajoute à ces moyeux deux frettes minces pour couvrir les chapeaux et les flottes ; on peut les obtenir tout montés, boulons compris, de l'établissement qui les construit, avec une légère augmentation de prix.

Pour le modèle de carrosserie appliqué à une voiture légère, le prix est de 5 francs ; il varie peu pour les modèles plus forts ; son poids est de 12 kilogrammes.

Le prix de ces moyeux est donc inférieur à celui des moyeux en bois garnis de la boîte et des frettes ; leur poids sera presque toujours moindre.

Frein arcanseur.

Le frein arcanseur, imaginé par M. Blatin, rue Bonaparte, 30, à Paris, fig. 168, est un appareil qui s'applique aux voitures à deux roues, et dont le but est d'accroître la somme de travail des moteurs animés.

Il ne crée pas de force, mais il permet d'employer plus utilement celle qui est trop souvent dépensée en pure perte. Son principe repose sur une application de la pression spontanément exercée sur la jante de la roue par un sabot-patin suspendu librement à l'extrémité d'une tringle de fer. Cette tringle inextensible s'articule par son autre extrémité avec un boulon qui est solidement implanté dans le limon de la voiture, un peu au-dessus du heurtoir.

La tringle, tournant autour de ce boulon comme sur un axe, engendre un cercle dont le rayon a la même longueur que celui de la roue, dont le plan est le même, mais dont le centre est un peu plus élevé.

Si, après avoir placé la tringle dans une position horizontale, qui est celle de l'appareil au repos, on l'abandonne à son propre poids, elle s'abaissera, tendant à prendre la verticale, et entraînant avec elle le sabot-patin qu'elle supporte ; mais celui-ci, venant à rencontrer la jante, ne pourra descendre au delà du point de contact, et s'appuiera sur elle.

Si la roue reste immobile, ou si elle tourne en avant, son cercle et le sabot

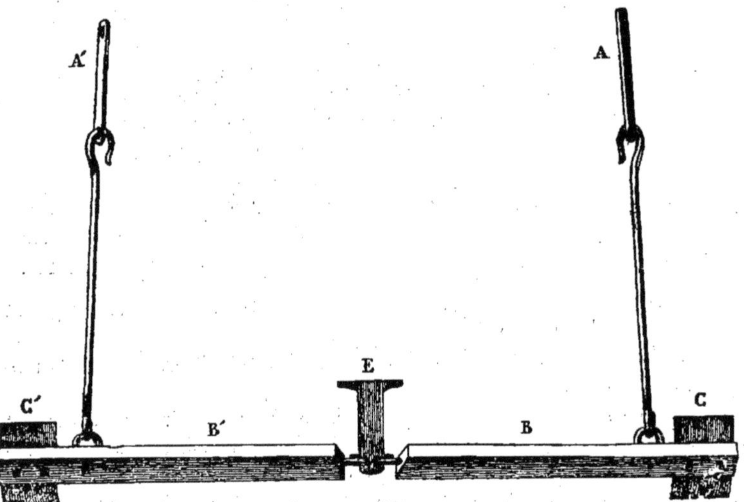

Fig. 168. — Frein arcanseur.

resteront simplement au contact, en glissant l'un sur l'autre avec un très-faible frottement qui ne s'oppose nullement à la progression. Si, au contraire, la roue tend à rétrograder, son mouvement entraînera le sabot en bas, en tirant sur la tringle qui ne peut s'allonger.

Au point d'intersection des deux cercles, intersection qui a lieu sous un angle très-petit, il s'opérera dès lors une pression croissante en proportion de l'effort par lequel la roue sera poussée en arrière, et celle-ci sera complétement calée. Cette pression cessera dès que l'effort de recul ne sera plus produit.

L'arcanseur permet de transformer le brancard, qui n'est qu'un organe de traction, en un levier coudé, d'une grande puissance, dont le petit bras, celui de la résistance, est représenté par l'essieu.

Pour employer utilement ce levier, il suffit d'imprimer au brancard une impulsion latérale. Supposons qu'elle s'exerce de droite à gauche, la roue gauche calée par le sabot pivotera sur elle-même, et la droite exercera seule un mouvement en avant, en décrivant un arc de cercle. Elle *arçansera*, suivant l'expression pittoresque du charretier.

Si la direction de l'effort change, si l'impulsion vient de gauche à droite, la roue droite à son tour pivotera, tandis que l'autre avancera traçant un segment de cercle en sens inverse du premier.

On comprend que l'on peut, par des impulsions latérales, faire progresser la voiture, sans employer l'effort de traction, puisqu'on déplace alternativement l'une des roues, puis l'autre, sous l'action du levier au bout duquel la puissance ou la pesée s'exerce.

Mais ce mode de progression doit être réservé au cas où la traction directe est insuffisante, soit pour vaincre la force d'inertie au moment du départ, soit pour surmonter les obstacles accidentels, tels qu'une forte dépression du terrain, soit enfin pour aider à gravir les rampes dont l'inclinaison est telle que la résistance excède les forces disponibles du moteur attelé.

En tenant les sabots relevés à l'aide d'un crochet, les roues restent libres d'avancer ou de reculer, pour la marche ordinaire.

Ce que l'arcanseur produit spontanément, toujours à propos, le charretier cherche à l'obtenir, dans les mauvais pas, en calant alternativement chacune de ses roues; mais la cale, la pierre dont il a besoin ne sont pas toujours placées à point et sans danger ; elles ont d'ailleurs l'inconvénient d'augmenter le frottement de la partie pivotante, en déchirant le terrain, pour tourner avec elle, ou bien d'échapper, soit en s'enfonçant, soit en glissant de côté, et enfin de rester inutiles dès qu'on les a dépassées.

Si l'on observe attentivement le cheval qui marche au pas, en traînant un fardeau, sur un plan incliné, on voit que chacun des traits est tantôt roidi par l'effort de traction, et tantôt détendu. Cela tient à ce que le mouvement de l'épaule, qui est alternatif, ne tire que l'une après l'autre les deux roues, de sorte que ses habitudes se prêtent de la manière la plus naturelle à l'emploi de l'arcanseur, même en n'exigeant pas de lui l'action de l'épaulage qu'il exécute instinctivement pour vaincre une résistance s'il n'a pu la surmonter en tirant droit.

La fig. 168 représente un arcanseur prêt à mettre en place. Les tringles A A' s'articuleront avec un boulon implanté dans le limon au-dessus du heurtoir; leurs extrémités inférieures sont unies par des anneaux aux bras B B, qui sont en bois et dont les bouts portent les sabots-patins C C'. Les extrémités internes de ces bras s'articulent, à l'aide d'un crochet, avec la pièce de support E qui se fixera sous la cage de la voiture.

L'arcanseur peut être disposé de manière à faciliter le recul aussi bien que la progression. Dans ce cas, l'action du sabot doit s'exercer au devant de la roue, et non plus à l'arrière.

En ajoutant à l'appareil représenté par la fig. 168 une tringle de tirage commandée par un levier, on lui fait remplir convenablement les fonctions d'une mécanique d'enrayage.

Sans quitter son cheval, le conducteur peut alors obtenir trois effets différents : il enraye à la descente; il dégage les roues et les rend libres de tourner en avant ou en arrière ; ou, enfin, il leur laisse la facilité de tourner en avant, sans pouvoir rétrograder.

Fig. 169. — Tombereau muni d'un frein arcanseur.

La fig. 169 représente un tombereau attelé muni d'un frein arcanseur.

Tombereau Bassot.

S'il est un instrument de torture pour les chevaux, c'est à coup sûr le tombereau tel qu'on le construit encore généralement. Un des principaux défauts qu'on reproche à ce véhicule, c'est la disposition défectueuse de la limonière qui blesse presque toujours les flancs du cheval ; de plus, la limonière se trouvant fixée au coffre du tombereau, à une certaine distance en avant de l'essieu, quand on le bascule pour le décharger, il se produit un violent mouvement en arrière qui toujours fatigue et souvent blesse le cheval du timon, surtout lorsque le charretier n'a pas la précaution de le faire reculer au moment où il décharge le tombereau, et certes cette précaution chez les charretiers est tout à fait exceptionnelle.

C'est en vue de remédier à ces inconvénients que M. Bassot fils, de Coudun

(Oise), s'est livré à la recherche d'un nouveau système de tombereau; celui qu'il a inventé, et que nous représentons fig. 170, sera, nous l'espérons, accueilli avec reconnaissance par toutes les personnes qui, tout en employant les moyens économiques, cherchent à préserver les animaux de souffrances inutiles.

Le coffre du tombereau inventé par M. Bassot, et dont un spécimen figurait au concours général de Paris 1860, cube 1m,50, mais rien n'empêche de le faire plus grand ou plus petit.

Fig. 170. — Tombereau Bassot, attelé.

Il est beaucoup plus large par derrière que par devant; par cette disposition les flancs du cheval sont libres et il ne peut plus se blesser.

La limonière est fixée sur l'essieu, et le coffre du tombereau est posé sur la limonière. Il résulte de cette disposition que lorsque l'on fait basculer le tombereau pour le décharger, le cheval ne reçoit aucune secousse; enfin ce tombereau est plus solide et de nature à durer plus longtemps; de plus le cheval tirant sur un point fixe a beaucoup plus de force, fatigue moins et ne peut plus recevoir de meurtrissures aux épaules dans le déchargement.

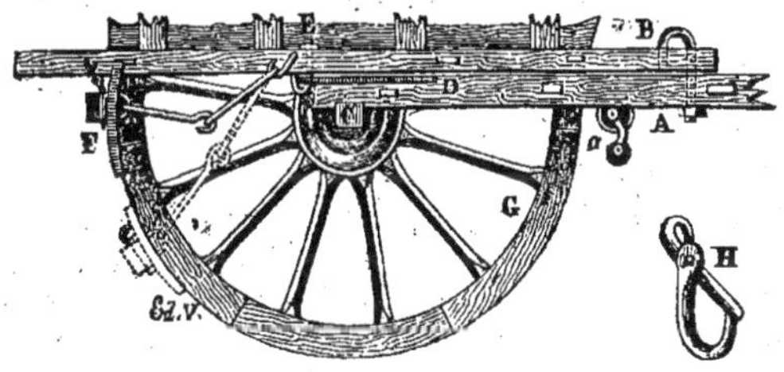

Fig. 171. — Tombereau Bassot, coupe.

La fig. 171 représente en coupe les organes principaux de ce véhicule. A est le limon qui est fixé sur l'essieu C, il est surmonté par le coffre-tombereau B qui y est attaché par une plaque en fer D qui reçoit un crochet E, et qui permet au tombereau de basculer avec facilité.

Ce tombereau est muni d'un frein double F qui a beaucoup de rapport avec le frein arcanseur de M. Blatin; on le serre au moyen de la manivelle A qui est disposée en avant des roues G.

Les crochets qui sont au bout des timons sont disposés de manière que le cheval ne puisse jamais y engager ses harnais quand on le retire de la voiture, ce qui évite des accidents. Nous représentons ce crochet en H.

La fig. 170 représente le tombereau Bassot attelé et muni du tuteur du limonier inventé par M. Mignard, dont devraient être munies toutes les voitures à deux roues; ce tuteur, lorsqu'il est bien disposé, empêche que le cheval puisse s'abattre et se couronner. Rien que cet avantage n'est-il pas suffisant pour le faire adopter ?

Harnachement.

Tous les agriculteurs reconnaissent que le système de harnachement employé pour l'attelage des chevaux et des bœufs est vicieux et leur fait subir de grandes pertes ; cependant telle est la force de la routine que malgré les inconvénients que présentent les harnais tels qu'on les fait généralement, on continue à s'en servir sans se préoccuper de trouver mieux.

Par exemple, pour l'attelage des bœufs, on se sert généralement du joug double, quelques-uns du joug simple, d'autres d'un simple collier en bois formé d'une branche dont on fixe les extrémités dans une traverse. Dans quelques localités on a encore simplifié le joug, et on se sert tout simplement d'une traverse en bois aux extrémités de laquelle on attelle tant bien que mal les malheureux animaux. Dans les départements du nord de la France où l'on sait mieux apprécier la valeur des animaux, on se sert du collier rembourré, et par ce moyen on obtient beaucoup de travail tout en fatiguant moins les animaux.

Toutefois, nous comprenons qu'il serait difficile de faire adopter partout le collier, qui exige plus de frais d'achat et plus d'entretien. D'ailleurs, en examinant la conformation du bœuf, sa tête massive à sa partie supérieure, son front large, élevé, tapissé d'une bourre épaisse et crépue ; son cou court, épais, antérieurement surtout, il est évident qu'il est fait pour tirer par la tête.

Le joug double, qui est le plus fréquemment employé, réunit deux animaux qui sont liés étroitement l'un à l'autre. Ce mode d'attelage présente des inconvénients si graves et si nombreux que l'on s'étonne de le voir encore aussi généralement employé. On ne peut guère expliquer cette persistance dans la routine que par la simplicité du harnachement et son bas prix. Toutefois, il est quelques cas où l'emploi du joug double, tout défavorable qu'il soit, a sa raison d'être : c'est lorsque les terres à labourer sont fortement inclinées, ou que les charrois doivent s'effectuer sur des chemins très-accidentés et en mauvais état, qui exposent les animaux ou les véhicules à des chutes fréquentes ; mais hors ces circonstances exceptionnelles ce mode d'attelage est irrationnel.

Le demi-joug indépendant bien fait n'a pas les inconvénients que l'on reproche au joug double. Sous son action, le bœuf reste libre et indépendant de son camarade, et conserve toute liberté dans les mouvements de la tête et de l'encolure.

L'attelage au moyen du demi-joug est un peu plus compliqué, et exige des traits pour chaque animal; mais la faible dépense que nécessite ce mode est vite remboursée par les avantages qu'il présente.

D'après les expériences dynamométriques faites par M. Gayot, le bœuf exerce un effort de traction plus puissant avec le demi-joug qu'au moyen du collier,

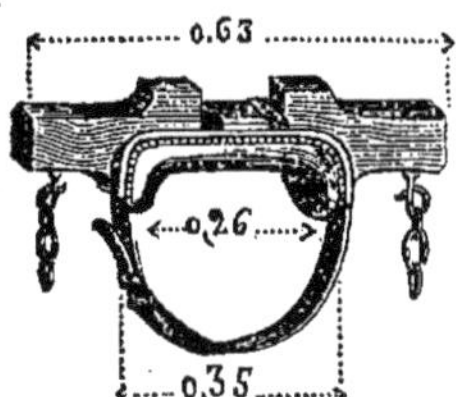

Fig. 172. — Joug.

et avec le collier que par le joug double; cette différence s'élève quelquefois jusqu'à 200 kilogrammes.

M. le baron Augier, propriétaire-agriculteur à Serruelle, près Châteauneuf (Cher), se sert depuis plus de quinze ans du demi-joug indépendant, et tous les agriculteurs qui ont été à même d'examiner ses attelages, sont forcés de reconnaître qu'ils l'emportent de beaucoup sur l'ancien mode. Au moyen du demi-joug on peut atteler avec facilité les bœufs au tombereau ou au chariot, et se servir d'un ou de plusieurs animaux suivant que le service l'exige.

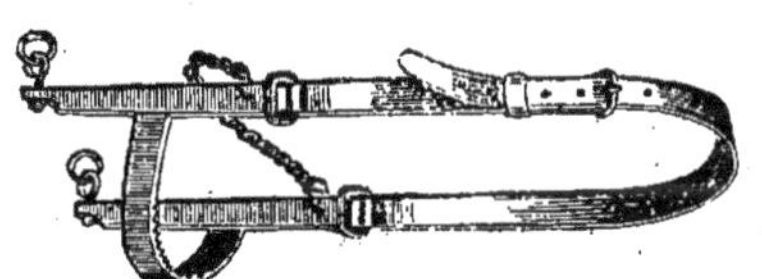

Fig. 173. — Bride.

Par des améliorations successives, il est parvenu à composer un harnais complet et aussi parfait qu'il est possible de le désirer. Il se forme de :

1° Joug frontal, fig. 172	Coût	6 50
2° Surfaix..		5 »
3° Colleron...		3 »
4° Bride et caveçon, fig. 173		4 »
5° Traits en corde....................................		1 25
Total..........		19 75

La figure 174 représente une tête de bœuf garnie du joug frontal, de la bride et caveçon et du colleron.

Le collier, qui est la partie la plus essentielle du harnachement du cheval,

Fig. 174.— Tête de bœuf garnie du joug frontal, de la bride et caveçon et du colleron.

réclame des soins incessants et des dépenses continuelles. Qu'un cheval prenne de l'encolure ou qu'il maigrisse, il le faut changer, bourrer ou débourrer, et bien souvent des chevaux restent à l'écurie faute de collier qui leur soit

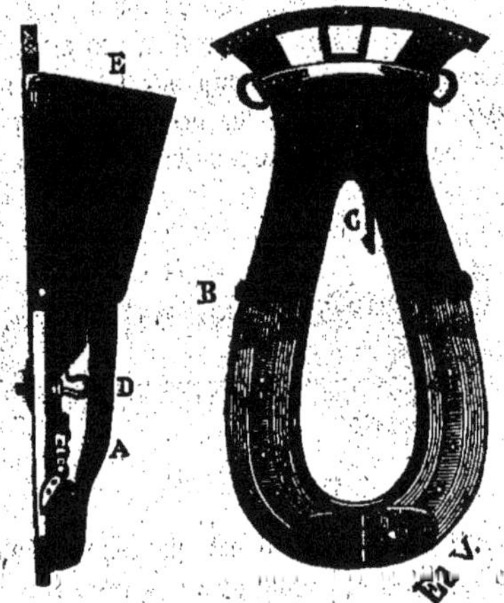

Fig. 175. — Collier articulé.

convenable, ou si on leur met un collier qui ne leur aille pas, ils reviennent blessés et incapables de travailler.

M. Falour, bourrelier à la Fère (Aisne), est l'inventeur d'un collier qui évite une partie de ces inconvénients. Son collier s'allonge et s'élargit à volonté et se fixe au moyen de deux petites goupilles ; il s'adapte à tous les chevaux sans perdre ses proportions, se règle avec facilité à l'encolure du cheval, et dispense ainsi d'avoir des colliers de rechange, puisque le même collier peut servir indifféremment à tous les chevaux.

La construction en est simple et solide ; les attelles sont réunies et consolidées par une ceinture en fer qui coulisse entre deux cuirs, et les crochets de tirage sont mobiles et peuvent se hausser et se baisser à volonté, suivant la conformation des épaules.

Le prix du collier articulé est de 35 francs.

M. Falour a également appliqué son système aux colliers de luxe.

La fig. 175 représente très-exactement le collier articulé.

A. Boucle d'arrêt maintenant le collier à la dimension fixée ;

B. Cheville d'arrêt se fixant d'après la longueur que l'on veut donner au collier ;

C. Corps du collier qui se fixe à volonté ;

D. Crochets de tirage pouvant se hausser ou se baisser à volonté, suivant la conformation des épaules ;

E. Housse en cuir noir.

Il arrive fréquemment que les blessures provenant des harnais occasionnent des incapacités de travail et même la perte des animaux. Même en prenant des soins il peut arriver qu'un cheval soit blessé par son harnais : cela arrive fréquemment pendant les chaleurs ; nous croyons donc utile de publier la recette qu'on nous communique d'une composition douée d'une grande efficacité pour guérir ces blessures. Prenez 120 grammes d'alun, 30 grammes de sulfate de fer, 45 grammes de vert-de-gris, et 45 grammes de sulfate de zinc; pulvérisez avec soin ces substances, puis mettez-les sur un feu doux, dans un vase neuf, et remuez avec une spatule en bois jusqu'à ce qu'elles forment une pâte bien homogène ; ajoutez alors 4 grammes de safran et 4 grammes de camphre en poudre ; quand le tout est bien mélangé, on retire le vase du feu et on laisse refroidir. Pour se servir de cette composition, qui par le refroidissement devient très-dure, on fait dissoudre dans un demi-litre d'eau un morceau gros comme une moitié de noix, on trempe dans la dissolution un linge avec lequel on frictionne légèrement les parties meurtries ; on peut aussi, toutes les fois que la conformation du membre le permettra, appliquer sur la partie attaquée, en guise de compresse, des chiffons mi-usés trempés dans la dissolution.

En général il suffira de vingt-quatre heures pour cicatriser la partie malade et faire disparaître l'enflure.

DES INSTRUMENTS DE PESAGE.

L'instrument accessoire le plus indispensable dans une exploitation bien tenue est une bonne bascule qui permette de se rendre compte, non-seulement des ressources dont on dispose en fourrages, racines, etc., pour la nourriture des bestiaux, de régulariser les rations des animaux et de constater leur poids, mais encore de connaître avec certitude le poids des denrées et des animaux pour la vente, etc.; enfin, il ne se passe pas un jour que la bascule ne doive être employée.

Il y a quelques années, alors que cet instrument était peu connu, les constructeurs le vendaient un prix élevé, qui n'était pas abordable pour les cultivateurs ; mais aujourd'hui il n'en est plus ainsi ; car de tous les instruments agricoles, c'est certainement celui qui se fabrique au plus bas prix.

Le concours général de Paris en 1860 présentait une belle collection de bascules de toutes les grandeurs, et pouvant peser depuis 1 gramme jusqu'à 15,000 kilogrammes. La construction de ces instruments est arrivée aujourd'hui à un haut degré de perfection, et nous avons constaté avec plaisir qu'à mesure qu'elle s'améliorait et se simplifiait, les prix diminuaient. Il serait à désirer que tous les fabricants d'instruments aratoires comprissent leurs intérêts de cette manière, et qu'au lieu de gagner beaucoup sur un petit nombre d'instruments, ils s'efforçassent par le bas prix de les propager ; la fabrication faite plus en grand leur permettrait de construire plus économiquement, et leur bénéfice serait augmenté, parce qu'ils le prélèveraient sur un plus grand nombre.

Les bascules-balances pour lesquelles on emploie des poids pèsent au dixième, c'est-à-dire que 1 kilogramme mis dans la balance équivaut à 10 kilogrammes sur la bascule ; 5 kilogrammes équivalent à 50 kilogrammes, etc. Nous préférons de beaucoup les bascules romaines qui sont graduées de kilogramme en kilogramme et qui dispensent des poids. On évite par ce moyen les erreurs : un vernier marque les fractions de kilogramme.

Parmi les meilleures bascules qui figuraient au concours général de 1860, nous citerons celles de MM. Catenot, Béranger et Ce, à Lyon, qui sont recommandables sous tous les rapports. On y trouve réunis à la fois l'élégance, la solidité et le bas prix. Ils vendent leurs bascules pour peser les grains et les farines de 90 à 120 francs ; leurs ponts à bascules, qui sont très-bien établis, varient de prix suivant la force.

La construction de M. Giraud, à Bourg (Ain), est remarquable ; parmi les bascules que ce fabricant avait envoyées au concours général, nous avons remarqué : 1° une bascule à romaine en fer indiquant les fractions de kilogramme et pouvant peser jusqu'à 200 kilogrammes ; cette bascule est toutefois d'une application plus usuelle pour le commerce que pour l'agriculture, à qui il faut des instruments plus grands et plus rustiques; 2° une bascule transportable pouvant peser jusqu'à 2,000 kilogrammes, et ne coûtant que 250 francs ; 3° un pont de la force de 5,000 kilogrammes muni d'une romaine à double levier. La romaine à double levier est une combinaison remarquable et extrêmement sensible; mais malgré l'intérêt que présente cette combinaison au point de vue mécanique, nous ne saurions la recommander pour l'agriculture, qui a besoin d'instruments simples avec lesquels il y a moins de chances d'erreurs.

Fig. 176. — Pont à bascule pour le pesage des voitures à deux ou à quatre roues, de M. Suc.

Parmi les constructeurs qui se sont efforcés de propager les bascules en réduisant le prix, nous devons citer tout particulièrement M. Paul-François, de Vitry-le-François (Marne).

Nous mentionnerons, entre autres instruments que ce constructeur avait exposés au concours général de Paris, une bascule spécialement établie pour peser les fourrages; cet instrument est monté sur trois galets en fonte ; il est bien construit, se transporte avec la plus grande facilité, et ne coûte que 100 francs;

Une autre bascule avec laquelle on peut peser depuis 1 jusqu'à 1,200 kilogrammes, qui coûte 130 francs ; enfin une bascule sur laquelle on peut peser les charrettes, et dont le prix est de 280 francs. Cette dernière est très-simple,

15

et organisée de manière à éviter les causes de destruction et d'usure; quatre pivots, placés aux angles du tablier, servent à asseoir la bascule. Par ce moyen bien simple, on évite le frottement des couteaux contre les leviers, et conséquemment le choc.

Le mécanisme s'isole au moyen d'un encliquetage à manivelle; on éloigne ou on rapproche ainsi les couteaux des coussinets, ce qui les préserve et les empêche de s'émousser.

L'exposition la plus remarquable en fait d'instruments de pesage était celle de M. Suc, 8, boulevard du Combat, à Belleville-Paris, jeune et intelligent constructeur qui, malgré les grandes difficultés et les luttes qu'il a eu à subir, a su, en quelques années, se placer au rang des premiers fabricants d'instruments de pesage. Elle se composait de cinq bascules portatives à romaine, d'une bascule dite à charrette de la force de 5,000 kilogrammes, d'un pont à bascule pouvant peser de 1 à 10,000 kilogrammes, d'une romaine de précision, et de

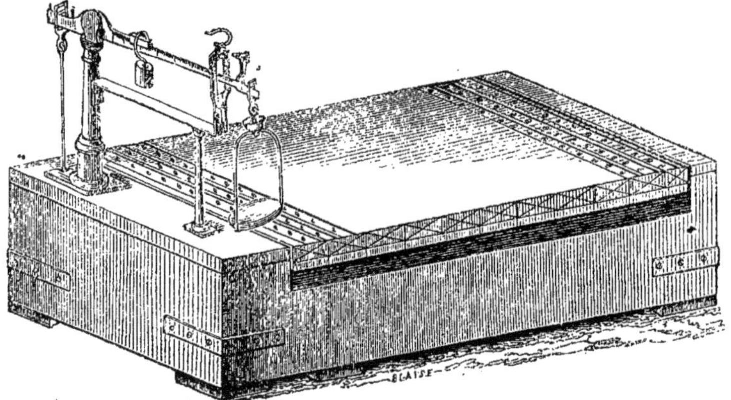

Fig. 117. — Bascule pour le pesage des charrettes.

plusieurs modèles d'instruments de pesage applicables à des usages spéciaux.

Le pont à bascule de M. Suc est particulièrement remarquable par l'application ingénieuse d'un système oscillatoire, composé de chapes mobiles qui tiennent le tablier en suspension et empêchent les chocs contre les couteaux, ainsi que par la graduation de la romaine.

Le tablier en bois de chêne, qui ne pèse pas moins de 1,800 kilog., prend un mouvement oscillatoire dans le sens de sa longueur à la moindre pression; cette oscillation, comme nous l'avons dit, sert à éviter les chocs aux couteaux qui, dans les ponts à bascule à tablier fixe, sont sujets à s'ébrécher. Dans cet appareil, le tablier roule sans frottement sur les couteaux, de sorte qu'on évite une des principales causes d'usure et de dérangement de l'instrument.

Tout le monde sait combien la manœuvre de poids considérables est longue, fatigante et sujette à erreurs ; souvent les poids offrent dans la bascule des différences notables. Il n'en est pas ainsi avec la romaine du pont à bascule de M. Suc, avec laquelle on peut, sans le secours d'aucun poids, peser depuis 1 kilog. jusqu'à 5,000 et même 10,000 kilog., au moyen du glissement d'un poids à curseur sur la romaine graduée.

Toutes les pièces soumises à la traction ou à la flexion ainsi que les leviers sont en fer forgé ; les pièces soumises à la compression sont en fonte ; les dimensions de toutes les parties de cet appareil sont telles que l'instrument présente toutes les garanties désirables de solidité et de durée.

La figure 176 représente un pont à bascule chargée ; une coupe laisse voir une partie du mécanisme intérieur : la romaine figurée sur le premier plan se place à l'abri, soit à l'intérieur d'un petit bâtiment spécial qui sert en même

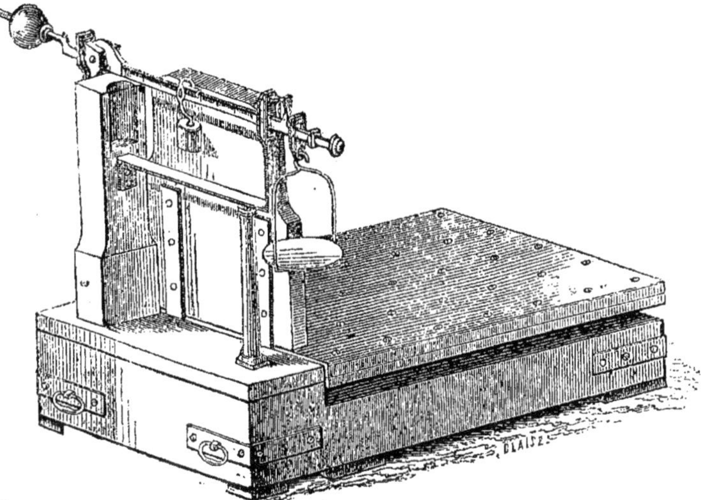

Fig. 178. — Bascule portative pour le pesage des bestiaux et des denrées.

temps de bureau, soit sous un hangar ou simplement sous un auvent. Cette romaine porte deux échelles, sur chacune desquelles glisse un curseur muni d'un poids déterminé. La première, qui a $0^{m},80$ de longueur, est divisée en cinquante parties égales dont chacune exprime 100 kilog. ; la seconde, qui est placée à la suite de la première, contient cent divisions qui indiquent les kilogrammes.

L'appareil a 5 mètres de longueur sur $2^{m},20$ de largeur ; il est spécialement destiné au pesage des voitures à deux et à quatre roues : il convient aux grandes exploitations, et principalement aux féculeries, distilleries, sucreries, etc.

Le prix de ces ponts-bascule est de 1,400 francs pour 5,000 kilog., avec augmentation de 100 francs par 1,000 kilog., jusqu'à 15,000 kilog.

Les bascules à romaine portatives, *pour le pesage des charrettes à deux roues* du même constructeur, sont tout particulièrement remarquables par leur solidité et leur précision. Elles sont à tablier oscillant, suspendu sur des chapes mobiles. On peut peser avec ces instruments des charrettes de 4,000 à 8,000 kilog. Leur prix est de 500 francs pour 4,000 kilog., avec augmentation de 100 francs par 1,000 kilog.

Ces instruments conviennent pour les fermes de moyenne importance.

Enfin nous mentionnerons encore du même constructeur des bascules romaines portatives, qui tiennent très-peu de place et présentent un aspect solide. Ces instruments, spécialement destinés pour le pesage des bestiaux et des fourrages, sont de la force de 1,000 à 2,000 kilog. ; ils sont munis d'une romaine graduée par hectogramme et par kilogramme jusqu'à 100 kilog. Les leviers sont dans le rapport de un à cent. La surface du tablier est garnie d'une feuille de tôle qui préserve les marchandises de toutes avaries ou déchirures.

Pour peser les bestiaux et les empêcher de s'effrayer, on applique à ces ins-

Fig. 179. — Bascule à balance.

truments une balustrade montée sur le tablier et fixée sur le mécanisme intérieur ; il en résulte un aplomb parfait.

La balustrade peut toujours s'enlever si l'on veut effectuer un autre pesage ; ces bascules sont également munies d'une romaine, et le mécanisme intérieur tient peu de place. Il est à croire que cet instrument, qui est aussi commode que peu dispendieux, se propagera de plus en plus dans nos fermes, grâce à son utilité et à son bas prix.

Lorsque l'on pèse une charrette ou tombereau à deux roues sur une bascule, il est urgent de bien équilibrer la charge ; car si la voiture est chargée en arrière, la sous-ventrière se tendant fortement, le poids augmente d'une partie du poids du cheval que la charge tend à soulever en pressant sur les roues qui forment un point d'appui. Par contre, lorsque l'on pèse la voiture vide, il faut que la dossière soit lâche ; car si les brancards s'appuyaient sur le dos du cheval, le poids de la charrette serait diminué.

En résumé, on augmente le poids en chargeant la voiture en arrière, et on le diminue en la faisant appuyer sur la dossière et supporter par le cheval.

DES MOTEURS.

Les moteurs employés en agriculture sont les forces musculaires de l'homme ou des animaux, la vapeur, l'eau et plus rarement le vent. Leur puissance est l'effort qu'ils peuvent exercer constamment et uniformément pendant un temps donné ; ils produisent des résultats qui dépendent à la fois de la quotité de travail accompli et de la vitesse avec laquelle elle a été obtenue. Pour calculer ce travail on a établi une unité de mesure que l'on nomme *kilogrammètre:* c'est l'effort nécessaire pour soulever 1 kilogramme à 1 mètre de hauteur verticale par seconde.

Les Moteurs animés.

Le moteur auquel on doit accorder la préférence étant celui qui accomplit la plus grande somme de travail avec le plus d'économie, il est utile de connaître le prix de revient du travail que l'on peut obtenir de chacun d'eux dans les différentes circonstances de leur emploi.

L'effort que peuvent produire les moteurs animés varie non-seulement suivant la force, l'âge et l'énergie du sujet, mais encore selon que cette force est plus ou moins bien employée. Ainsi, un homme tirant horizontalement et marchant au pas peut opérer un effort de 12 kilogrammètres avec une vitesse de $0^m,60$, soit par jour 259,200 kilog. à la vitesse de 1 mètre, tandis que s'il est employé à jeter de la terre à la pelle à la hauteur moyenne de $1^m,60$, il ne produira plus que 43,200 kilogrammètres.

Les mêmes différences existent dans l'emploi des animaux, desquels on obtient plus ou moins de travail suivant qu'on les fait tirer sur un plan horizontal, monter une rampe, ou porter un bât. Le mode d'attelage influe aussi considérablement sur le travail que les animaux peuvent produire ; le cheval doit être attelé par un collier qui s'applique bien sur les épaules, tandis que dans l'espèce bovine le plus grand effort est obtenu en attelant par la tête, comme nous l'avons expliqué en traitant des harnais, page 212.

Les moteurs animés peuvent produire des efforts considérables, mais seulement pendant un court espace de temps, et en résumé, quelle que soit la puissance de l'effort, le produit constant est toujours le même. Comme on le voit par le tableau ci-après, la manière dont on emploie la force exerce une grande influence sur le produit. On voit aussi que la vitesse est très-différente : ainsi tandis que l'homme au pas de marche ordinaire parcourt $0^m,60$, le cheval fait 1 mètre ; le bœuf $0^m,70$; la vache $0^m,80$; la mule $0^m,90$.

L'observation a prouvé qu'il y a moins d'inconvénients à augmenter l'effort à produire que de forcer la vitesse. C'est là cependant un reproche que l'on peut adresser à la plupart des mécaniciens qui trop rarement combinent la vitesse nécessaire aux machines avec celle du moteur que l'on doit y appliquer.

Voici d'après un grand nombre de données la somme de travail qu'on peut obtenir des moteurs animés de force moyenne, en supposant un travail continu pendant dix heures.

NATURE DU TRAVAIL.	EFFORT EXERCÉ.		VITESSE par SECONDE.	TRAVAIL par SECONDE.		TRAVAIL TOTAL par JOUR.
Un homme en tirant horizontalement.	12 k.	»	0.60	7 k.	200	259.200 k.
Un homme puisant de l'eau dans un puits ou élevant des poids au moyen d'une corde et d'une poulie, et faisant descendre la corde à vide....	9	»	0.25	2	250	81.000 »
Un homme élevant des terres à la pelle à la hauteur moyenne de 1m,60........................	3	»	0.40	1	200	43.200 »
Un homme agissant sur une manivelle	8	»	0.75	6	000	216.000 »
Un homme labourant avec une bêche.	5	25	0.75	3	938	141.768 »
Un cheval de trait de force moyenne tirant horizontalement............	45	»	1.00	45	000	1.620.000 »
Un cheval de trait de force moyenne labourant......................	60	»	0.85	51	000	1.836.000 »
Un bœuf tirant horizontalement.....	55	»	0.60	33	000	1.188.000 »

On compte qu'un homme donne en moyenne un travail mécanique de 216,000 kilogrammètres par journée de dix heures, soit 6 kilogammètres par seconde, et que le prix de la journée est de 2 francs à 2 fr. 50 c., soit en moyenne 2 fr. 25 c.

Le cheval de trait de force moyenne, convenablement nourri, donne 1,620,000 kilogrammètres, soit 45 kilogrammètres par seconde. Le prix de la journée de travail, y compris l'intérêt, l'amortissement et les chances de perte, revient en moyenne à 2 fr. 50 c.

Le bœuf bien entretenu donne 1,188,000 kilogrammètres, soit 33 kilogrammètres par seconde. Le prix de son entretien est extrêmement variable; on ne peut toutefois l'évaluer à moins de 1 fr. 25 c. par jour.

Mais il n'est pas toujours possible de substituer un moteur à un autre; de plus faut, pour que l'emploi soit économique dans le plus grand nombre de cas, pouvoir employer la force entière que donne le moteur. C'est ainsi que le cheval ou le bœuf ne peuvent être employés pour puiser de l'eau, préparer la nourriture des bestiaux, etc., qu'autant qu'on puisse les occuper pendant un certain temps, sinon la perte de temps pour l'attelage, la mise en train, le retour, annulerait et au delà les avantages que le moteur procure.

Des Moteurs à vapeur.

Les avantages que les moteurs à vapeur présentent sur les moteurs animés sont aujourd'hui généralement reconnus et appréciés par les agriculteurs. On peut s'en convaincre en voyant le développement que l'introduction dans les fermes des machines à vapeur, principalement de celles qui sont locomobiles, a pris depuis peu d'années ; en 1855 on y comptait à peine quelques machines à vapeur, et encore n'étaient-elles employées que dans les exploitations où l'industrie se joignait à la culture, tandis qu'aujourd'hui on compte déjà plus de six mille machines à vapeur fonctionnant dans les exploitations agricoles.

C'est qu'aussi il est difficile de trouver un moteur plus docile, plus commode, et nous ajouterons plus simple, car les mécaniciens en sont arrivés à rendre les machines à vapeur tellement simples que le premier ouvrier venu, pourvu qu'il soit attentif, peut les conduire sans difficultés et sans crainte d'accidents. Toutefois, il ne faudrait pas croire qu'il est indifférent d'employer telle ou telle machine. Il n'en est pas d'une machine à vapeur comme d'une charrue, d'une herse ou d'un rouleau, que l'on peut examiner et dont on peut apprécier la solidité et la valeur *de visu*. Le choix d'une machine à vapeur est difficile et suppose des connaissances mécaniques que l'on ne peut espérer rencontrer que chez quelques agriculteurs qui, avant de se livrer à la culture, ont fait des études spéciales.

Les machines à vapeur locomobiles les plus convenables pour l'agriculture sont celles de la force de quatre chevaux. Nous ne conseillons pas celles au-dessous de cette puissance. Quant aux plus fortes, elles ne sont employées que dans les grandes exploitations où l'industrie se joint à la culture. Nous baserons donc nos calculs sur celles qui sont le plus généralement employées.

Une machine locomobile de la force de quatre chevaux coûte de 4 à 5,000 francs.

Elle consomme de 3 à 5 kilogrammes de charbon de bonne qualité par heure et par force de cheval.

Elle nécessite pour l'entretien, graissage, petites réparations, une dépense de 3 à 8 0/0.

Enfin, elle peut durer de huit à vingt-quatre ans, selon qu'elle sera bien conditionnée et surtout bien entretenue.

Le prix de revient de la force motrice qu'elle produit se compose donc de deux séries de dépenses : la première est fixe et invariable, que la machine travaille peu ou beaucoup ; la seconde est en rapport avec la durée du travail. Ces dépenses varient notablement suivant qu'on emploie une bonne ou une mauvaise machine, c'est-à-dire que l'on se trouve dans de bonnes ou de mauvaises conditions.

Ces dépenses se calculent de la manière suivante :

	Bonnes conditions.	Mauvaises conditions.
	Fr.	Fr.
Intérêt moyen, à raison de 5 0/0 par an, soit 2 1/2 0/0 sur 4 ou 5,000 francs..............	100 »	125 »
Amortissement, en huit ou vingt-quatre ans, de 5,000 francs..............................	208 33	625 »
Entretien, graissage, petites réparations......	150 »	400 »
	458 33	1,150 »

Dans le premier cas, c'est-à-dire si la machine est établie dans de bonnes conditions, la dépense annuelle sera de.................. Fr. 458 33

Tandis que si la machine est mauvaise, la dépense peut s'élever à... 1,150 »

Laquelle somme doit être répartie sur le nombre de jours de travail de la machine.

En travail, la dépense journalière, en admettant qu'elle fonctionne pendant onze heures, est de :

	Bonnes conditions.	Mauvaises conditions.
	Fr.	Fr.
Consommation du charbon, à raison de 4 fr. les 100 kil., soit 132 kil. ou 200 kil...........	2 28	8 50
Un chauffeur conducteur de la machine.......	2 50	2 50
Soit.................	7 78	11 30

Nous admettrons que la machine fonctionnera cent cinquante jours par an seulement ; alors la dépense par journée de travail reviendrait, savoir :

$$\text{Dans les bonnes conditions } \frac{458.33}{150} + 7.78 = 10\ 83$$

$$\text{Dans les mauvaises conditions } \frac{1150.\ »}{150} + 11.30 = 18\ 96$$

Soit en moyenne.................. 14 90

La puissance du cheval vapeur étant de 75 kilogrammètres, et par journée de onze heures de travail effectif 2,970,000 kilogrammètres, une machine de la force de quatre chevaux donnerait donc 11,880,000 kilogrammètres, coûtant, en moyenne, 14 fr. 90 c., soit pour 100,000 kilogrammètres... 0.125

Tandis que la même quotité de travail exécuté par un cheval attelé à un manége reviendrait à................................ 0.155

On voit d'après ces données de quelle importance est le choix d'une machine, puisque la dépense journalière peut varier presque du simple au double.

La condition à laquelle on s'attache tout d'abord, c'est le prix d'achat.

C'est un grand tort, car le bon marché n'est souvent qu'apparent, et fréquemment une machine dont le prix semble moins élevé est, en réalité, beaucoup plus chère que telle autre dont le prix est supérieur, et cela parce que, pour cette dernière, on aura employé des matériaux plus solides, et que le travail sera plus soigné. Nous n'attachons donc qu'une importance secondaire au prix d'achat, qui d'ailleurs ne varie pas beaucoup pour les bonnes machines bien conditionnées; néanmoins nous n'entendons pas dire qu'il faut acheter quand même les machines les plus chères : il y a certainement un choix à faire ; nous voulons seulement prémunir les agriculteurs contre l'attrait d'un bon marché qui n'est souvent que factice.

La principale condition à rechercher, c'est la solidité et le bon conditionnement. Une machine à vapeur agricole doit avant tout être simple ; les pièces mécaniques doivent être disposées de manière à rendre la surveillance facile; les ajustages et les alésages doivent être soignés et établis de manière à diminuer les frottements et à éviter les ballottements.

Les tuyaux doivent être le plus court et le plus direct possible, et les robinets être solides et bien rodés; enfin les matériaux doivent être de bonne qualité et de dimensions telles que l'effort de la machine puisse être porté à son maximum sans crainte de les fausser.

La troisième condition à remplir concerne la consommation du combustible : elle est très-importante, puisque c'est une économie de tous les jours; aussi a-t-elle sérieusement attiré l'attention des mécaniciens, et aujourd'hui on fabrique en France sous ce rapport sinon mieux, au moins aussi bien que les constructeurs anglais les plus en renom.

Les agriculteurs ne sauraient donc s'entourer de trop de renseignements avant de fixer leur choix. La description que nous donnons des machines les plus méritantes pourra les guider; on comprend toutefois que nous ne pouvons pas prétendre donner la description de toutes les bonnes machines, et que nous devons nous borner à citer les meilleures, c'est-à-dire celles qui sont le plus répandues dans la pratique, et sur la valeur desquelles nous avons pu nous renseigner avec certitude.

Machine à vapeur locomobile de M. Artige,
Rue du Théâtre, 79, à Grenelle (Paris).

La chaudière est composée de deux parties cylindriques, dont une, verticale, renferme le foyer et la chambre de vapeur, l'autre, horizontale, contient des tubes en cuivre que la flamme traverse pour se rendre dans la boîte à fumée.

Les supports qui soutiennent la machinerie font partie intégrante de la chaudière et y sont rivés très-solidement.

Un robinet de décharge de vapeur, placé sur le dôme de la partie verticale de la chaudière permet de laisser échapper la vapeur quand la production est trop abondante, et qu'elle se trouve accumulée en trop grande quantité; ce moyen évite de la réduire par le refroidissement en ouvrant la porte du foyer.

La cheminée est garnie d'un registre qui permet de régler le tirage et d'éviter les courants d'air froid.

Sur le devant de la chaudière, dans la partie verticale, on a ménagé un trou d'homme assez grand pour permettre d'y entrer, et d'opérer avec facilité le nettoyage de la partie supérieure de la chaudière et de l'enveloppe du foyer ; trois tampons placés dans la partie inférieure complètent le système de nettoyage de cette section.

La partie horizontale de la chaudière se nettoie avec la même facilité.

La plaque de fondation qui supporte le mécanisme est d'une seule pièce fondue avec le cylindre, et alésée avec la glissière directrice de la tige du piston ; cette disposition assure une grande précision et une bonne solidité.

Le régulateur, qui est commandé par des engrenages, agit à volonté, soit sur la valve, soit sur la came de la détente.

Toutes les articulations sont sphériques ; la pompe d'alimentation est d'une grande simplicité de construction, bien établie, et peut alimenter à mouvement continu ou intermittent. L'alimentation se fait avec de l'eau chaude.

Enfin, ces locomobiles offrent toutes les garanties de sécurité et de solidité, elles sont bien établies et la construction en est soignée.

Le prix, pour la force de cinq chevaux, est 5,200 francs.

Machine à vapeur locomobile de MM. Barbier et Daubrée, de Clermont-Ferrand.

Si l'élégance et les décorations contribuaient à la bonté des machines agricoles, la locomobile à vapeur de MM. Barbier et Daubrée ne marcherait certainement pas en première ligne, car il serait difficile de faire moins de frais de peinture et d'ornements inutiles; mais si cette machine ne brille pas par ce côté, elle mérite de fixer l'attention par sa construction rustique, telle qu'il la faut pour l'agriculture, et par les bonnes dispositions de ses organes qui présentent de nombreux avantages dont les principaux sont :

1° *Le double parcours des flammes*, qui permet d'utiliser plus complétement le calorique et procure une économie de combustible ;

2° *La première enveloppe du cylindre servant de réservoir de vapeur :* par cette disposition la vapeur est admise directement dans les tiroirs sans qu'elle souffre du laminage dans les tuyaux, et conserve la même tension que celle de la chaudière;

3° *La seconde enveloppe logée au milieu de la boîte à fumée* permet le surchauffement de la vapeur sans que pourtant elle puisse s'élever au point de produire le grippage du piston ;

4° *Le développement considérable des surfaces de grille et des surfaces de chauffe* laisse la facilité de brûler toutes espèces de combustibles ; cette disposition est très-importante pour l'usage agricole qui ne peut souvent disposer que de combustible de qualité inférieure ; la grande surface des grilles permettra dans ce cas de conserver la force normale de la machine, et d'augmenter cette force au point d'obtenir d'une machine de six chevaux, force normale, huit et même neuf chevaux de force effective, lorsqu'on emploiera du combustible de bonne qualité ;

5° *La disposition des joints à l'extérieur* qui facilite les réparations ;

6° *La puissance des volants* au moyen de laquelle on obtient une grande régularité dans la marche, même par une petite vitesse ;

7° *La suppression du second robinet dans la pompe d'alimentation*, ce qui évite la possibilité de crever les tuyaux ;

Fig. 180. — Machine à vapeur locomobile de MM. Barbier et Daubrée.

8° *La double enveloppe qui garantit toutes les parois en contact avec la vapeur* et qui, par conséquent, concourt à la conservation du calorique ;

9° *Enfin par la solidité de la construction* : l'avantage d'avoir une machine robuste dans laquelle rien n'est donné au luxe, qui peut être transportée par les plus mauvais chemins et résister aux chocs, et telle enfin que doit être une machine destinée à être placée dans les mains de gens inexpérimentés et souvent de mauvaise volonté, est une des conditions les plus essentielles des machines agricoles.

La chaudière renferme un tube intérieur en tôle et douze tubes de retour de

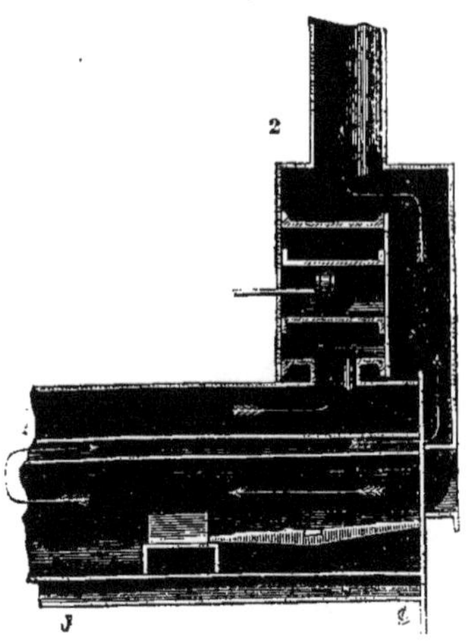

Fig. 181. — Coupe indiquant la disposition.

flamme en cuivre, elle présente une surface de chauffe de plus de 9 mètres carrés, la détente est réglée à moitié de la course du piston.

Le cylindre est placé dans le réservoir de vapeur, lequel est en outre enveloppé par l'air chaud de la boîte à fumée.

Cette machine, dont la force effective est de huit chevaux, a été essayée par le jury de l'exposition à six chevaux, et malgré cette condition défavorable elle n'a consommé par heure et par force de cheval que 2k,90 de charbon.

Le prix de la locomobile de MM. Barbier et Daubrée est de 1,000 francs par force de cheval jusqu'à six chevaux; au-dessus de cette force le prix par force de cheval va en décroissant.

Machines à vapeur de M. Bréval, mécanicien,
15, rue de Châtillon, à Paris.

M. Bréval ne doit qu'au travail, à son intelligence et surtout à une volonté ferme la position industrielle qu'il occupe, et quoiqu'il n'ait commencé que depuis deux ans à paraître dans les concours, ses machines ont été placées immédiatement au nombre des plus méritantes.

Ce n'est cependant pas un nouveau venu dans la construction mécanique ; quinze années de pratique et de direction dans un des principaux ateliers de Paris lui ont permis de prendre rang parmi les meilleurs constructeurs de machines à vapeur.

Ce constructeur a spécialement adopté trois systèmes de machines à vapeur : 1° les machines locomobiles ; 2° les machines portatives ; 3° les machines fixes.

Ses machines locomobiles présentent quelques dispositions particulières qui ne sont pas sans valeur ; d'abord elles sont élevées sur des roues qui sont disposées de telle manière que celles de l'avant-train peuvent passer sous la chaudière de façon à pouvoir faire tourner la machine aussi facilement qu'une voiture ordinaire.

La chaudière est cylindrique et garnie intérieurement de dix-huit tubes en cuivre de 60 millimètres de diamètre (machine de la force de quatre chevaux); jusqu'au tiers environ de la longueur, le cylindre a un diamètre beaucoup plus fort que la partie tubulaire. Cette partie renferme une enveloppe formant le foyer et qui est excentrique par rapport à l'enveloppe extérieure, de manière à laisser une assez forte couche d'eau sur le foyer indépendamment d'un espace pour la vapeur : par cette disposition le foyer se trouve entièrement enveloppé d'eau.

Fig. 182. — Machine à vapeur locomobile de M. Bréval.

Le foyer est très-grand et la surface de chauffe est d'environ $1^{m},30$ par cheval-vapeur.

Pendant le transport, la cheminée est fixée au moyen d'un collier en fer de deux pièces placé sur le dôme de vapeur.

Le réservoir de vapeur est fondu avec le cylindre et l'entoure complétement, de telle sorte qu'étant tenu à la même température que la vapeur, il ne peut y avoir de condensation dans l'intérieur du cylindre, et par conséquent, pas d'accidents provenant de l'oubli d'ouvrir les robinets purgeurs, puisque, par cette disposition, ils sont supprimés entièrement.

Fig. 183. — Machine à vapeur portative de M. Bréval.

La glissière qui reçoit la tige du piston communiquant le mouvement de va-et-vient à la bielle est formée d'un tube alésé et ouvert sur les côtés; une nervure pratiquée dans la partie inférieure forme réservoir d'huile, et dispense d'un fréquent graissage.

La pompe d'alimentation est solidement établie.

Toute la tuyauterie, à l'exception d'une petite partie du tuyau d'échappement de vapeur, est placée à l'intérieur et à l'abri des causes de détérioration. Cette machine est en outre munie de tous les accessoires de sûreté, tels que : niveau d'eau, manomètre, régulateur à force centrifuge.

Elle est simple, solide et d'une conduite facile.

En pratique, la consommation est de 3 kilogrammes de charbon de bonne qualité par force de cheval.

Le prix de la machine de la force de quatre chevaux est de 4,200 francs avec le train, et seulement de 3,800 francs sans roues, mais munie de deux pattes en fonte.

La *machine portative système Bréval* est de la plus grande simplicité : elle se compose d'une chaudière verticale dans l'intérieur de laquelle sont établis deux bouilleurs disposés en croix, dont les extrémités correspondent à des trous d'homme qui rendent le nettoyage très-facile. Cette disposition des bouilleurs est aussi simple qu'heureuse ; elle produit la division de la flamme, et procure une notable économie dans l'emploi du combustible.

Le foyer est très-grand et disposé de manière à brûler toute espèce de combustible.

Tout le mécanisme est monté sur une seule plaque en fonte ; le cylindre à vapeur est placé contre un des côtés du foyer et la pompe d'alimentation de l'autre. La figure que nous donnons de cette machine en fera très-bien comprendre la disposition. Ces machines sont livrées toutes montées et peuvent fonctionner le jour même de leur arrivée ; elles n'exigent aucune installation et occupent très-peu de place. M. Bréval en construit depuis la force d'un cheval, prix 1,500 francs, jusqu'à six chevaux, prix 4,600 francs.

Les *machines fixes* de M. Bréval ne présentent aucune disposition particulière; elles sont simples, solides; les pièces mécaniques sont bien comprises et parfaitement agencées. Elles coûtent 2,300 francs pour quatre chevaux, avec augmentation de 500 francs par chaque cheval en plus, non compris la chaudière, tuyauterie et robinets.

Les trois systèmes de machines peuvent être munis, à peu de frais, d'un appareil de changement de marche, au moyen de la coulisse Stephenson, qui est d'un mécanisme simple et très-solide.

Machines à vapeur locomobiles de MM. J.-F. Cail et Ce, à Paris.

Les machines à vapeur destinées à l'agriculture sortant des importants ateliers de MM. Cail C^{e} sont construites avec le même soin, et réunissent les principaux avantages des magnifiques locomotives qu'ils livrent pour les chemins de fer. Ils ont organisé dans leurs ateliers une fabrication courante de ces machines, depuis deux jusqu'à seize chevaux de force ; elles sont à détente fixe ou à détente variable.

La détente variable présente un avantage incontestable, puisqu'elle permet de réaliser une notable économie sur l'emploi du combustible en marche normale, et de modifier la force de la machine suivant la volonté du conducteur, en lui laissant la faculté de ne dépenser que la quantité de vapeur rigoureusement nécessaire pour engendrer la force nécessaire, lorsque cette force doit être inférieure à la puissance normale de la machine ; mais, quoique le mécanisme en soit très-simple, nous le trouvons néanmoins encore trop compliqué pour les machines purement agricoles, surtout pour celles d'une puissance ordinaire, et nous conseillons de préférence les machines qui agissent à détente fixe seulement.

Ces locomobiles sont munies d'un réchauffeur pour l'eau d'alimentation, au moyen duquel cette eau est introduite dans la chaudière à une température très-rapprochée de 100 degrés. Le foyer est très-grand, et permet d'employer toute espèce de combustible. La chaudière est tubulaire, à flamme directe, et tout le mécanisme repose sur une plaque de fondation. Elles sont montées sur roues, lorsqu'elles sont destinées à être souvent changées de place ; lorsqu'elles doivent au contraire rester à demeure, elles sont sur des supports en fonte.

Deux de ces machines, une de quatre et l'autre de huit chevaux, ont été essayées au Conservatoire des arts et métiers pendant plusieurs jours. Le résultat moyen de la dépense en combustible n'a été que de 2 k. 67 à l'heure par cheval, en marchant avec un excédant de force de 25 0/0 sur celle normale de la machine.

Nons donnons, dans les prix courants des principaux constructeurs, les prix des locomobiles des deux séries et des différentes forces.

Machines à vapeur locomobiles de M. Calla, à Paris.

M. F. Calla, ingénieur–constructeur, à Paris, 20, rue de Chabrol-Chapelle, a construit déjà près de huit cents machines à vapeur locomobiles de toutes forces, depuis deux jusqu'à vingt-cinq chevaux pour l'agriculture, l'industrie et les travaux publics.

Depuis l'année 1852, il les a constamment perfectionnées, se proposant toujours pour but la solidité, la régularité du service, la facilité de l'entretien par des ouvriers de la campagne, et enfin la faculté de brûler à volonté des combustibles de toute espèce.

Les chaudières (partie si importante des locomobiles) sont construites dans ses ateliers mêmes par des ouvriers exercés et avec des matériaux de premier choix. Leurs tubes intérieurs sont en cuivre et sont beaucoup plus durables que les tubes en fer usités en Angleterre et adoptés par certains constructeurs français. Le nettoyage en est rendu facile par de nombreux regards.

Toutes les pièces du mécanisme sont facilement accessibles ; leur entretien et leur démontage ne présentent aucune difficulté. Le mécanisme tout entier est monté sur une plaque de fondation en fonte d'une grande solidité, *indépendante de la chaudière.* Cette installation perfectionnée évite les fuites que présentent fréquemment les locomobiles, dont le cylindre à vapeur et les paliers de l'arbre moteur sont boulonnés isolément et directement sur la chaudière, c'est-à-dire sur une tôle de quelques millimètres d'épaisseur.

M. Calla a établi un système complet de calibres exacts pour l'exécution de toutes les pièces de ses locomobiles ; d'un autre côté il a toujours une collection de pièces détachées en approvisionnement. Il en résulte que l'on peut se procurer *sans délai* dans son usine telle pièce de rechange qui peut être nécessaire, l'adapter aux machines avec une très-grande facilité, et éviter ainsi à l'occasion des chômages longs et coûteux.

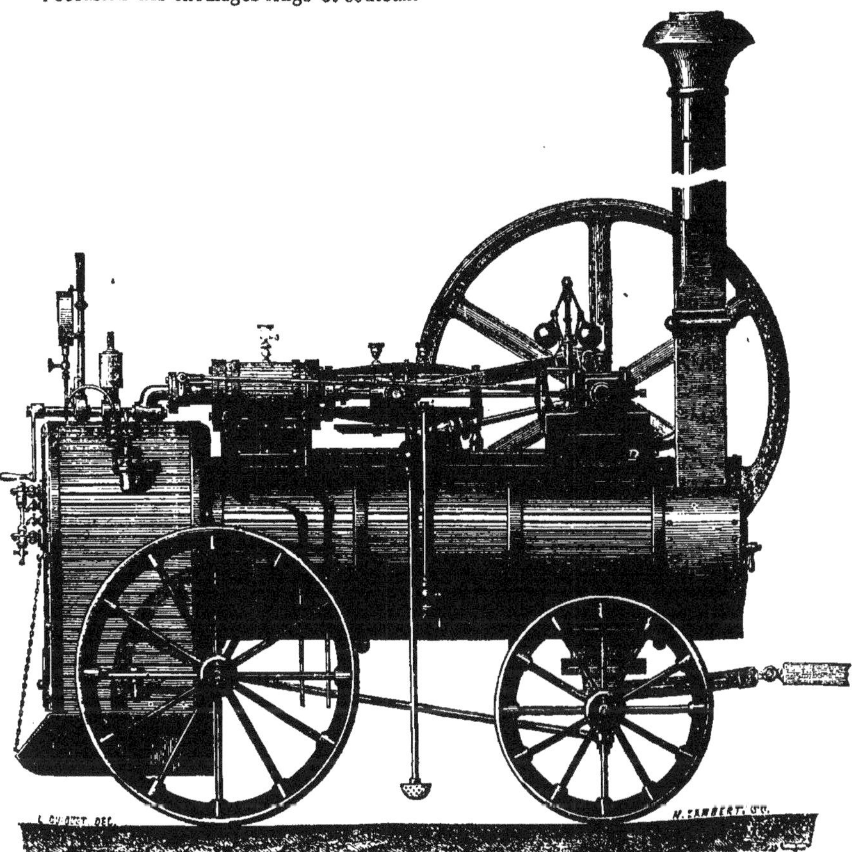

Fig. 184. — Machine à vapeur locomobile de M. Calla fils.

Si l'on préfère dans l'agriculture et l'industrie les locomobiles françaises à celles des constructeurs anglais, il faut l'attribuer aux avantages réels qu'elles présentent et aux qualités qu'elles réunissent. Ainsi, chez M. Calla, les agriculteurs ont la facilité de voir fonctionner la machine avant d'en prendre livraison ; la possibilité d'envoyer gratuitement l'ouvrier que l'on veut initier rapidement aux fonctions de chauffeur; certitude d'une exécution solide, soignée et constamment uniforme; de plus la faculté de rétrocéder la machine contre une autre d'une force supérieure, et cela à des conditions avantageuses.

L'agriculture emploie ces machines à divers travaux, notamment au battage des grains, à la préparation des aliments, aux fabriques de tuyaux de drainage, aux féculeries, aux moulins, aux distilleries, aux irrigations des parcs et des prairies, au desséchement des marais et enfin à l'exploitation des forêts. Dans cette dernière application la locomobile Calla peut être chauffée entièrement avec les déchets des scieries : sciure, écorces, etc., car elle a une grande surface de chauffe et un tirage actif. Dans les féculeries et les distilleries et pour la cuisson des racines destinées aux bestiaux, on peut utiliser économiquement la vapeur perdue par l'échappement pour le séchage direct de la fécule, la concentration de l'alcool, ou pour la cuisson.

On peut encore, en ajoutant à ces machines un appareil peu coûteux, utiliser une partie de la vapeur de l'échappement à échauffer l'eau d'alimentation avant son introduction dans la chaudière, ce qui réalise une notable économie de combustible. Cet appareil est séparé de la machine, ne la complique pas et ne peut pas être engorgé par le tartre.

Les machines de vingt et de vingt-cinq chevaux ont deux cylindres à vapeur avec arbre à deux coudes placés à angle droit. Elles sont à détente variable. Les machines plus petites sont ordinairement à détente fixe, afin d'éviter la complication et d'être à la portée de l'ouvrier le plus étranger à la mécanique.

Machine à vapeur locomobile de M. Cumming,

A Orléans.

Cette machine, dont nous donnons les coupes fig. 185 et 186, est remarquable par la simplicité de ses mécanismes et sa bonne construction. La chaudière, qui est cylindrique dans toute sa longueur, a permis de supprimer les entretoises indispensables pour maintenir la solidité lorsqu'il y a des parties planes dans le foyer.

Le foyer, construit sans maçonnerie, est par tous ses points en contact avec l'eau de la chaudière; il est muni d'un couvre-feu à double courant d'air qui brûle en partie la fumée; la flamme en sortant du foyer circule dans des tubes en cuivre qui ont toute la longueur de la chaudière et qui sont complétement entourés d'eau.

L'enlèvement des dépôts salins et le nettoyage de la chaudière se font par deux regards situés au bas de la chaudière et qui sont fermés par deux bouchons autoclaves.

Pour éviter la déperdition de la chaleur, et par suite économiser le combustible, la chaudière est complétement entourée de feutre recouvert d'une doublure en bois; elle est sur quatre roues en fer : l'essieu des roues d'avant porte la chaudière par l'intermédiaire d'un double pivot, celui des grandes roues d'arrière la contourne en partie, et les vibrations qu'elle pourrait recevoir pendant le transport sont amorties par des bandes en caoutchouc.

L'alimentation d'eau froide se fait au moyen d'une pompe horizontale placée sur la chaudière; elle est commandée par la tige du piston.

Tous les mécanismes, depuis le cylindre à vapeur jusqu'au support du moteur, sont placés sur une forte plaque de fondation boulonnée sur la chaudière; tout étant solidaire, il ne peut y avoir de dérangement dans la position relative des axes, ce qui est une condition de grande importance pour la durée de la machine.

Elle est munie d'un appareil dont l'application a pour but de satisfaire

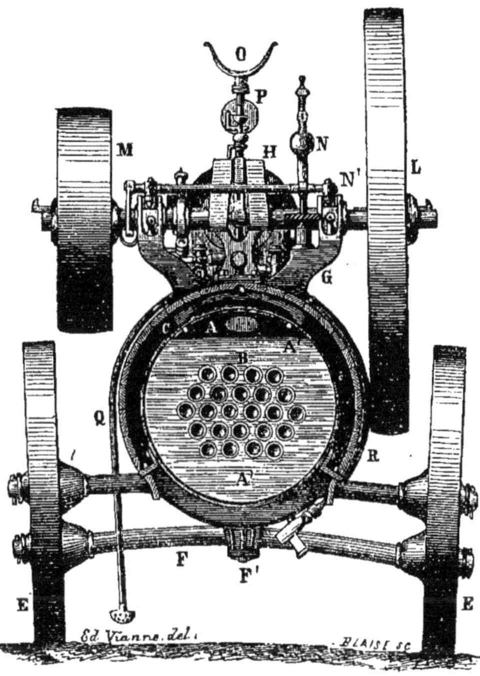

Fig 185. — Coupe transversale de la machine à vapeur locomobile de M. Cumming, à Orléans.

sans perte de force ou de temps aux variations de vitesse qu'exigent les diverses machines agricoles que la locomobile peut avoir à conduire; cet appareil, nommé modérateur à romaine, est représenté en détail par les fig. 188, 189.

On voit en A le cylindre à vapeur entouré de son enveloppe en feutre et en bois; B est la boîte de distribution renfermant les tiroirs; C, l'arbre portant la grande poulie-volant; D, la manivelle ou partie coudée de cet arbre à laquelle se fixe la bielle qui fait mouvoir la tige du piston; E est le pendule modérateur à force centrifuge. E' E' les boules de ce pendule; E'', la douille articulée qui reçoit les bras du pendule et pouvant glisser sur l'arbre vertical; F, roue à dents obliques commandée par un pignon de forme analogue placé sur l'arbre C; G, levier à fourche et G' axe du levier; H est une tringle qui transmet le mouvement du levier G au levier I monté sur l'axe K de la valve d'admission de vapeur; L est l'appareil modérateur à romaine muni du contre-poids mobile M.

Fig. 186. — Coupe longitudinale de la machine à vapeur locomobile de M. Cumming, à Orléans.

Dans la fig. 189 les mêmes lettres indiquent les mêmes pièces, et en outre N, valve d'admission de vapeur; O, conduit de vapeur allant au cylindre; P, orifice par lequel la vapeur vient de la chaudière.

Voici maintenant la marche de cet ingénieux appareil : dans les machines à vapeur ordinaires, la vitesse du moteur est proportionnellement uniforme et constante; cette vitesse ne peut être modifiée que de deux manières : 1° en ouvrant plus ou moins le robinet d'introduction de la vapeur, manœuvre extrêmement délicate; 2° en agissant directement sur le pendule modérateur. De ces deux moyens, le premier est à peu près impraticable, surtout lorsque la

Fig. 187. — Machine à vapeur locomobile de M. Cumming, à Orléans.

charge du moteur est variable, et le second ne peut avoir d'effet qu'autant que l'on arrête le moteur pour changer les rapports de vitesse du modérateur.

Avec un nouvel appareil on peut modifier instantanément la vitesse de tout moteur à vapeur, sans arrêter la machine et sans toucher au robinet de prise

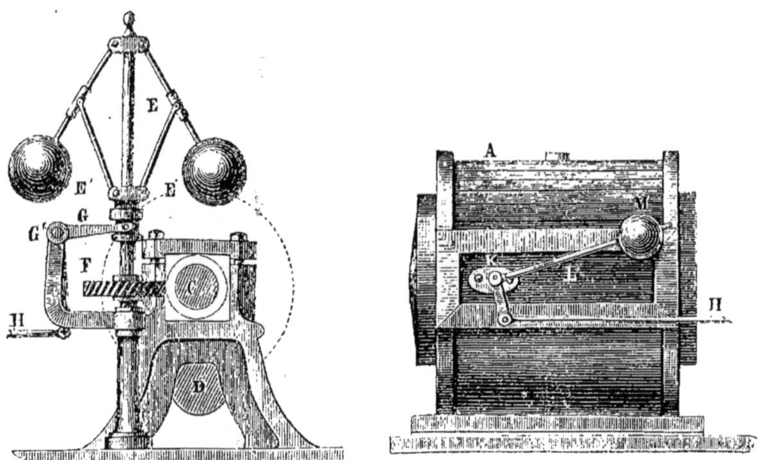

Fig. 188. — Projection verticale du régulateur.

de vapeur, qui reste toujours ouvert en grand sans que la résistance plus ou moins grande opposée au moteur puisse influencer en rien sa régularité, du moment qu'il est réglé pour une vitesse déterminée.

L'emploi de l'appareil modérateur à romaine est très-avantageux pour tous les moteurs à vapeur, mais surtout pour ceux appliqués aux besoins agricoles qui sont appelés à faire mouvoir des instruments exigeant des vitesses très-

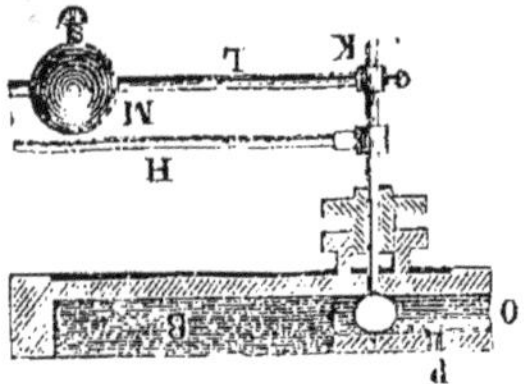

Fig. 189. — Plan.

variables, et qui pourront par cette application être mis en marche sans qu'on ait à se préoccuper d'installation de mouvement ou de poulies de diamètres différents.

Le prix des locomobiles Cumming est de 1,000 francs, par force de trois à six chevaux.

Les machines de dix chevaux et au-dessus sont munies de deux cylindres.

Pour dix chevaux le prix est de 9,000 fr., et pour douze chevaux, de 10,000 francs.

Explication des figures 185, 186.

A Intérieur de la chaudière.
A' Partie contenant l'eau à vaporiser.
B Tubes en cuivre.
C Vide entre la chaudière et l'enveloppe en bois.
C' Intérieur du foyer.
D Cendrier.
E Grandes roues supportant la chaudière montée sur un essieu courbé qui contourne en partie la chaudière.
F Petites roues de l'avant-train
F' Axe à double pivot de l'avant-train.
G Bâti du mécanisme monté sur une plaque de fondation en fonte.
H Manivelle de l'arbre moteur.
I Cylindre à vapeur enveloppé de feutre et bois.
I' Echappement de la vapeur à la sortie du cylindre.
I'' Graissage.
I''' Boîte de distribution de la vapeur.
J Pompe d'alimentation horizontale.
L Grande poulie servant de volant.
M Petite poulie.
N Pendule modérateur à force centrifuge.
N' Mécanisme à régulateur.
O Support de la cheminée.
P Manomètre.
Q Tuyau d'aspiration de l'eau d'alimentation.
R Tuyau et robinet pour l'évacuation de l'eau.
S Partie de la cheminée fixe.
S' Cheminée pouvant se rabattre sur le support O.
1 Porte du foyer. — 2 Robinet de niveau d'eau. — 3 Robinet de vapeur. — 4 Poids de la soupape de sûreté. — 5 Porte de la boîte à fumée. — 6 Bouchon permettant le nettoyage de la chaudière.
Dans les deux figures les mêmes lettres indiquent les mêmes pièces.

Machines à vapeur de M. Duvoir,

A Liancourt.

Depuis longtemps déjà M. Duvoir s'occupe de la construction des machines à vapeur, mais c'est surtout depuis que l'emploi de ces machines a été adopté par l'agriculture qu'il a donné un grand développement à la construction de ces moteurs.

Parmi les différents systèmes qu'il construit et qui présentent plus ou moins d'avantages au point de vue agricole, nous mentionnerons tout particulièrement ses locomobiles et notamment celles de quatre, six et huit chevaux, qui ne diffèrent entre elles que par les dimensions des pièces. La chaudière est formée de deux parties cylindriques : la première, qui est verticale, contient le foyer qui est très-grand et au-dessus duquel se trouve placé le réservoir de vapeur. Les soupapes de sûreté et le manomètre sont placés sur le dôme ; la partie horizontale de la chaudière est tubulaire; elle contient des tubes en cuivre que la flamme traverse pour se rendre dans la chambre à fumée et de là dans la cheminée. La surface de chauffe est d'environ $1^{m},60$ par force de cheval.

Le mécanisme est porté sur une seule plaque de fondation; il est solidement établi et bien compris. La pompe d'alimentation est placée sur le côté de la plaque de fondation, la valve peut être réglée de manière à remplacer rigoureusement l'eau qui s'évapore, de sorte que l'alimentation se fait régulièrement et sans discontinuité et par conséquent sans brusque refroidissement.

Une bâche en tôle, disposée sur le côté de la chaudière, sert de réservoir d'eau pour l'alimentation.

Fig. 190. — Machine à vapeur locomobile de M. Duvoir.

La vitesse normale du volant est de cent trente tours dans les machines de quatre chevaux et de cent quinze à cent vingt tours dans celles de six et huit chevaux; ces dernières sont à détente variable à la main, celle de quatre chevaux est sans détente, elle coûte 4,000 francs.

Les machines fixes sur chaudières horizontales, fig. 191, sont très-recherchées des cultivateurs, elles présentent comme mécanisme à peu près les mêmes dispositions que les machines locomobiles, mais elles sont plus stables. La chaudière diffère aussi notablement de celle des locomobiles.

Dans ces machines elle est entièrement cylindrique et munie de bouilleurs intérieurs d'un nettoyage facile; le foyer, qui fait corps avec la chaudière, est carré, les bouilleurs ne communiquent pas avec le foyer et la flamme n'y passe qu'après avoir parcouru toute la longueur de la chaudière. Cette disposition les préserve de l'action directe de la flamme; la chambre de vapeur est appliquée au-dessus de la chaudière; elle est munie de deux soupapes de sûreté, le mécanisme est porté sur une forte plaque en fonte. Un régulateur annulaire permet de varier la marche de la machine; ce système de régulateur présente en outre

Fig. 191. — Machine à vapeur fixe sur chaudière horizontale de M. Duvoir.

l'avantage de pouvoir fonctionner dans toutes les positions et d'être toujours équilibré.

Ces machines sont fabriquées spécialement pour l'agriculture; celles de la force de trois chevaux sont assez puissantes pour mener une machine à battre. L'installation se fait avec peu de frais; elles coûtent, pour trois chevaux, 3,000 fr., et pour cinq chevaux, 4,500 francs. La vitesse normale est de cent vingt tours pour la première et de cent dix pour la seconde.

Les machines fixes verticales présentent dans certains cas des avantages réels qui les font apprécier; elles se placent dans un petit espace, nécessitent peu de frais d'installation et peuvent commander directement. La construction en est simple et conséquemment leur prix est peu élevé. Le volant est placé en bas, ce qui donne une grande stabilité à la machine. Pour ce système de machines les chaudières se placent dans un emplacement séparé, souvent à l'ex-

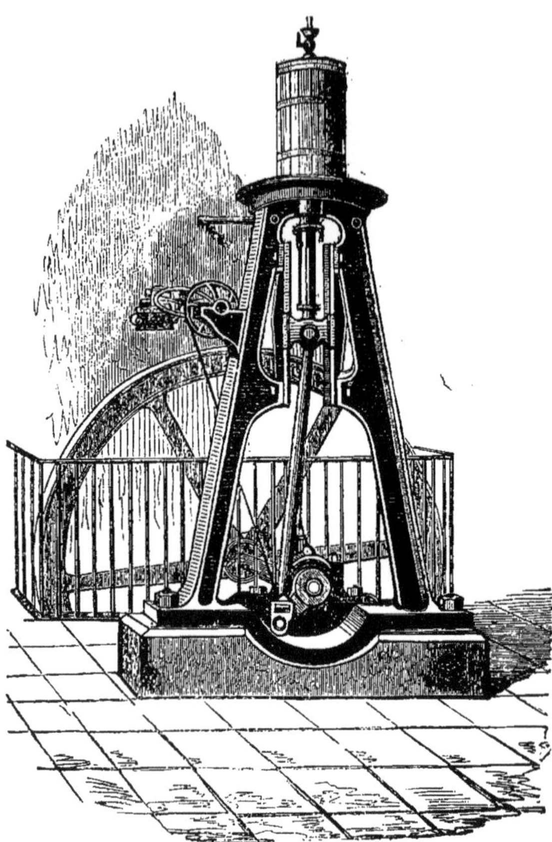

Fig. 192. — Machine à vapeur fixe de M. Duvoir.

térieur des bâtiments, sous un appentis ou un bâtiment très-léger que l'on construit à cet effet. Le prix de ces machines, y compris la chaudière, les bouilleurs, la tuyauterie, les appareils accessoires et de sûreté, varie de 750 à 900 fr. par force de cheval suivant la puissance de la machine.

Machine à vapeur de M. Fauconnier,

15, avenue Parmentier, à Paris.

Cette locomobile, fig. 193, est montée sur deux roues, ce qui en rend le transport très-commode ; elle est simple, rustique, et construite dans de très-bonnes conditions économiques, telle que doit être enfin une machine destinée à être mise entre les mains de gens qui ne sont pas toujours soigneux, et dont les connaissances en mécanique ne sont pas très-développées.

La chaudière est à retour de flamme; la flamme part dans un tube bouilleur

Fig. 193. — Machine à vapeur locomobile de M. Fauconnier.

de $0^m,20$ de diamètre, puis revient dans des tubes de $0^m,07$ pour de là monter dans la cheminée en enveloppant à la partie supérieure du dôme un récipient contenant l'eau d'alimentation.

Le cylindre est enfermé dans le dôme de vapeur et l'admission se fait directement par les tiroirs sans le secours de tuyaux ni robinets. La fermeture se fait par la détente au moyen d'un mouvement monté sur sa tige ; il se trouve par conséquent toujours maintenu à une température élevée, ce qui évite la condensation de la vapeur dans l'intérieur et l'obligation d'employer des robinets de purge.

Cette machine est à détente variable par le régulateur, l'échappement de la vapeur se fait par un tuyau qui traverse le récipient d'eau et qui se dirige directement dans la cheminée pour en activer le tirage.

La surface de chauffe développée est d'environ 1m,40 par force de cheval, et le foyer est très-grand, ce qui permet d'alimenter avec du combustible de qualité inférieure.

Les avantages que ce système présente sont :

1° Utilisation plus complète de la chaleur au moyen du retour de flamme ;

2° Pas de rayonnement au cylindre, ce dernier étant enfermé dans le dôme ;

3° Suppression de tuyaux et robinets;

4° Bonne réglementation de la vitesse au moyen du régulateur qui agit directement sur la détente ;

5° Alimentation chauffée sans appareils qui toujours prennent de la force et sont exposés aux accidents;

6° Pompe alimentaire d'un service assuré, l'eau n'étant chauffée qu'après son passage dans la pompe.

Le prix de cette machine pour la force de quatre chevaux est de 4,500 fr.

M. Fauconnier construit aussi des *machines verticales fixes ou mobiles* à volonté, système qui occupe peu de place et convient tout particulièrement pour les épuisements ; tout le mécanisme est fixé sur une forte plaque en fonte maintenue contre la chaudière.

Le générateur se compose de deux chaudières dont l'une, d'un diamètre plus petit que l'autre, est enfermée dans cette dernière. L'espace libre entre les deux chaudières sert à contenir l'eau, la partie supérieure ferme le réservoir de vapeur.

Le foyer est placé à l'intérieur de la petite chaudière et toute la surface de chauffe est directe. Ici point de tubes, par conséquent pas de complication et point d'accidents à craindre ; mais par contre pas d'économie de combustible. Cette machine n'est donc réellement avantageuse que dans les localités où la houille se vend à bas prix, ou encore pour les personnes qui préfèrent l'entière sécurité que cette machine présente à l'économie du combustible. De plus son extrême simplicité a permis d'en réduire considérablement le prix, car cette machine de la force de quatre chevaux ne coûte bien complète que 2,500 francs.

Machines à vapeur locomobiles et fixes de M. Lotz aîné,
A Nantes.

Les locomobiles de M. Lotz sont portées sur deux ou sur quatre roues ; elles se recommandent par leur construction soignée et solide, par le bon agencement du mécanisme et la bonne combinaison de la chaudière et du fourneau.

La chaudière est tubulaire, à flamme directe ; les tubes sont en cuivre, les mécanismes sont placés sur une plaque de fondation.

Les machines sont vendues complètes, c'est-à-dire munies de tous les accessoires et prêtes à fonctionner. Le modèle n° 1, de la force de six chevaux, coûte 6,500 francs ; le n° 2, de la force de quatre chevaux, 4,500 francs, et le modèle n° 3, de la force de trois chevaux, 3,600 francs. Ces prix sont pour des machines montées sur quatre roues.

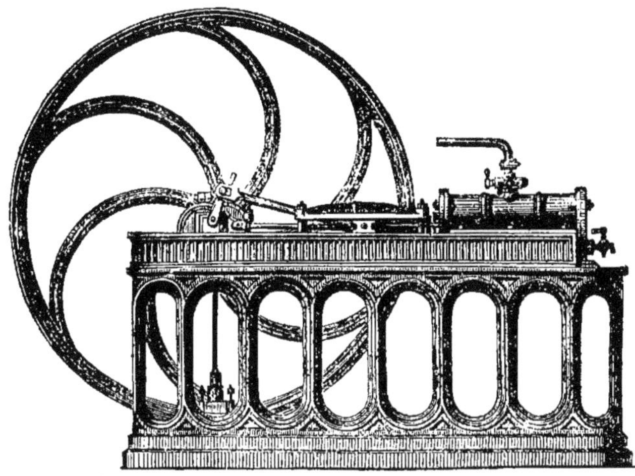

Fig. 194. — Machine à vapeur fixe de M. Lotz, à Nantes.

La machine fixe que nous représentons fig. 194 est très-élégante; elle occupe peu de place, et peut être placée sur un socle en fonte ou sur un dé en pierre. Le mécanisme est d'une solidité exceptionnelle et très-simple. Le chauffage peut se faire avec toute espèce de combustible, houille, coke, tourbe, tan, débris de bois, etc. Elle coûte, y compris chaudière et tuyauterie :

Le n° 1, de la force de deux chevaux, 2,500 francs ; le n° 2, de la force de trois chevaux, 3,000 francs.

Machine à vapeur locomobile de MM. P. Renaud et A. Lotz, à Nantes.

Cette machine présente plusieurs dispositions particulières qui la font apprécier ; elle est simple, bien construite et solidement agencée.

La chaudière est tubulaire et à flamme directe. La cheminée traverse le réservoir à eau pour l'alimentation, et réchauffant celle-ci, la maintient à la température de 70 à 80 degrés; ce réservoir est placé en contre-haut de la pompe d'alimentation. Cette disposition facilite et régularise l'alimentation, car la pompe n'a plus pour ainsi dire qu'à aspirer, l'eau tombant naturellement du réservoir.

La construction de la chaudière est telle, qu'on peut avoir $0^m,45$ d'eau au-dessus du foyer, ce qui prévient les accidents qui sont le plus souvent causés par suite du manque d'eau.

Le cylindre à vapeur de la machine se trouve enfermé dans le réservoir à vapeur de la chaudière; ce qui, joint à l'avantage d'avoir de l'eau chaude pour l'alimentation, produit une grande économie de combustible.

L'appareil mécanique est placé sur la chaudière, et l'arbre horizontal est soutenu par deux pièces très-solides, ce qui permet d'y adapter plusieurs poulies. La majeure partie des pièces principales se trouve enfermée dans le réservoir de la chaudière; cependant le tout est disposé de manière à pouvoir être vu et démonté, comme dans les machines où le cylindre est placé à l'extérieur. Toutes les pièces peuvent être graissées avec grande facilité, même lorsque la machine fonctionne.

Dans la marche normale, la vitesse n'est que de quatre-vingts tours par minute; cette faible vitesse diminue les causes d'usure et de réparation.

Fig. 195.

Machine à vapeur locomobile de six chevaux, de MM. P. Renaud et A. Lotz, à Nantes.

Cette machine possède un levier qui permet de changer la marche ; elle est aussi à détente variable. On peut donc employer la vapeur à une détente plus ou moins forte, selon le degré de puissance que l'on veut obtenir : il suffit pour cela de baisser ou de lever plus ou moins le levier dans des coches qui sont faites à cet effet. Ce moyen, qui est d'une grande simplicité, produit une notable économie, parce que la vapeur est toujours bien employée, et que la dépense est en rapport avec le travail que l'on veut obtenir.

Expérimentée au concours régional de Laval, cette locomobile a été l'objet d'un rapport très-élogieux de la part du jury.

Essayée au frein de Prony, elle a donné les résultats suivants :

Pression de la vapeur, 4 1/2.

Nombre de tours du volant, 109.

Houille anglaise de première qualité consommée, 30 kil. 200, soit 3 kil. 179 par heure et par force de cheval.

Les éléments du frein employés étaient comme suit :

Poids du frein supporté à l'extrémité du levier............	5 kil. 600
Poids ajouté à l'extrémité du levier......................	20
	25 kil. 600

La longueur du levier étant de $2^m,50$, on en conclut pour la force développée :

$$\text{Force} = \frac{25.6 \times 15.71 \times 109}{60 \times 75} = 9 \text{ chevaux } 5.$$

Toutefois le jury a pensé que le chiffre de charbon consommé est un peu faible, attendu que l'eau de la chaudière était un peu plus basse à la fin qu'au commencement de l'expérience.

Tout l'appareil monté sur quatre roues est assez léger pour qu'il puisse être transporté au moyen d'un seul cheval.

Le prix de cette machine jusqu'à douze chevaux est de 1,000 francs par force de cheval. Le changement de marche coûte 500 francs en plus par machine. La fig. 195 représente une machine de six chevaux dont le prix, avec changement de marche, est par conséquent de 6,500 francs.

Machine à vapeur locomobile de M. Rouffet,

Rue Saint-Ambroise-Popincourt, 33.

Nous n'hésitons pas à placer M. Rouffet au premier rang des mécaniciens les plus consciencieux.

Les machines qui sortent des ateliers de cet habile constructeur sont d'une exécution parfaite et d'un agencement irréprochable.

Nous en connaissons qui fonctionnent depuis plusieurs années, et qui sont toujours en parfait état.

La chaudière de ces machines présente une disposition particulière ; elle est formée par deux parties cylindriques, dont une est verticale et l'autre horizontale. Dans la partie verticale se trouve le foyer au-dessus duquel est placé le réservoir de vapeur; dans la partie horizontale se trouvent des tubes en cuivre qui conduisent la flamme à la boîte à fumée.

Cette disposition de chaudière simplifie notablement la construction, en même temps qu'elle présente toutes les garanties de solidité ; elle permet de supprimer les entretoises indispensables dans les foyers carrés, et qui sont toujours des causes de fuites, et par conséquent de détérioration.

Les mécanismes sont simples et placés à la portée de la main du mécanicien-conducteur ; ils sont fixés sur une plaque de fondation très-solide. Cette locomobile est, en outre, pourvue de tous les accessoires, tels que régulateur, excentrique, manomètre, niveau d'eau, soupape de sûreté, etc.

Le prix pour deux chevaux est de 3,400 francs; pour quatre chevaux, 5,000 francs; pour six chevaux, 6,600 francs; pour les forces supérieures, le prix décroît graduellement.

Il y a certainement encore de très-bonnes machines qui méritent toute confiance parmi celles que nous n'avons pas indiquées; mais nous avons pensé ne devoir mentionner que celles que nous connaissions et qui, depuis longtemps, sont admises dans la pratique; cela ne diminue en rien la valeur que peuvent avoir celles dont nous n'avons pas parlé.

Principaux soins que réclame la conduite des machines à vapeur (1).

On ne doit pas oublier que la vapeur est une force brutale toujours prête à éclater, et que la moindre négligence apportée dans la surveillance des machines peut causer des désordres épouvantables; la direction d'une machine à vapeur ne doit donc pas être confiée au premier individu venu, et quoiqu'il ne soit pas indispensable d'être mécanicien pour conduire une machine dans une exploitation rurale, l'ouvrier chargé de ce soin doit néanmoins réunir certaines qualités: il doit avant tout être sobre, posséder du sang-froid, être calme, attentif et soigneux; il est bon aussi qu'il sache travailler un peu le fer et le bois, afin de pouvoir faire par lui-même une foule de petites réparations insignifiantes en elles-mêmes, mais qui finissent par réclamer l'intervention du mécanicien si on n'y porte remède immédiatement.

Installation. — L'installation prompte d'une machine à vapeur locomobile présente d'assez grandes difficultés, surtout dans les fermes, où l'on n'a pas toujours sous la main les engins nécessaires pour opérer facilement et rapidement.

Il faut d'abord que la machine à commander soit placée à demeure fixe et solidement établie pour ne pas éprouver de mouvements de vibration; alors on dispose la locomobile de manière que le plan de la poulie motrice soit exactement dans le plan de celle qu'elle doit commander, afin que la tension de la courroie soit uniforme, sinon elle tomberait.

Le terrain étant souvent compressible et inégal, il est avantageux de placer les roues de la locomobile sur deux fortes longrines que l'on relie par deux tringles en fer; c'est une très-faible dépense qui est bien vite remboursée par le temps qu'on gagne pour l'installation.

La machine doit être posée bien d'aplomb et exactement de niveau, afin que

(1) Nous recommandons tout particulièrement aux agriculteurs qui se servent de machines à vapeur un excellent ouvrage publié par M. Jules Gaudry, ingénieur au chemin de fer de l'Ouest, sous le titre : *Instruction pratique sur la construction, l'emploi et la conduite des machines agricoles en général et des machines à vapeur en particulier*. Ils y trouveront des notions détaillées que nous n'avons pu que résumer dans cet article.

l'eau de la chaudière soit partout à la même hauteur au-dessus des tuyaux ; lorsque la machine sera solidement calée, le conducteur vérifiera si toutes les pièces sont bien en place, si les robinets fonctionnent convenablement, si les écrous ne se sont pas desserrés, et si aucune pièce n'a été faussée pendant l'opération, ensuite il mettra en feu.

Chauffage. — Pour que le combustible soit brûlé utilement et économiquement, il faut que la grille soit couverte sans vides et sur une épaisseur uniforme ; cette épaisseur est en raison de la nature du combustible que l'on emploie : 10 ou 15 centimètres avec la houille, 15 à 20 centimètres avec le bois, et environ 30 centimètres avec le coke qui ne brûle bien que lorsqu'il est en grande masse.

Le vide entre les barreaux doit toujours être entretenu avec soin et dégagé de mâchefer.

Quand les torrents de fumée subsistent longtemps après la charge du foyer, c'est signe qu'il n'arrive pas assez d'air ou que l'on a trop chargé à la fois.

Alimentation. — La charge doit se faire régulièrement et à intervalles égaux ; autant que possible, il faut éviter de la faire coïncider avec l'introduction de l'eau froide dans la chaudière ; ces deux opérations occasionnant toujours un refroidissement, et par conséquent une diminution correspondante de vapeur, doivent se pratiquer tour à tour.

La pompe d'alimentation demande une surveillance constante ; c'est la partie la plus susceptible de dérangement, et celle dont les conséquences peuvent être le plus funeste, car l'alimentation ne se faisant pas, bientôt la chaudière manquerait d'eau, et si le chauffage continuait, une explosion en serait la conséquence inévitable.

Graissage. — Le graissage doit précéder la mise en marche et doit être entretenu avec soin, sinon les pièces frottantes s'échauffent, se corrodent, et on est exposé à des accidents dont les moindres sont un emploi de force inutile et l'usure excessive des pièces.

Marche et arrêt de la machine. — Pour mettre en marche, il faut d'abord ouvrir les robinets du purgeur qui sont, en général, placés sous le cylindre ; ensuite on ouvre peu à peu et sans brusquerie le robinet d'admission de vapeur, si la machine est à condensation ; il faut ouvrir ensuite le robinet d'eau d'injection. Pour modifier la marche, on augmente l'admission de la vapeur dans le cylindre, ou on la réduit, en agissant sur le robinet d'admission, et si la machine est à détente variable, on agit sur l'organe de la détente ; on augmente ou on diminue de même l'eau d'injection dans les machines à condensation.

On doit fréquemment faire manœuvrer les robinets purgeurs, afin de débarrasser les cylindres de l'eau qui s'y accumule par la condensation ; faute de purger de temps en temps, le piston et les parties mécaniques correspondantes éprouvent des ébranlements qui les détériorent, et la résistance que présente l'eau accumulée augmentant peut faire éclater le cylindre.

Pour arrêter, on ferme successivement le robinet d'admission de vapeur, ensuite celui du condensateur.

Si par suite d'excès de frottement des pièces s'échauffent, on doit immédiatement les rafraîchir avec de l'eau froide: puis on nettoie la pièce et on s'assure si elle n'est pas trop serrée; si elle est *grippée*, on passe une lime douce sur les rayures, on l'essuie, on la remonte, puis on la graisse avec soin et on remet en marche.

Lorsque la force à faire par la machine est trop grande et qu'elle se ralentit, il faut éviter de la forcer, c'est le travail qu'il faut restreindre; lorsque, au contraire, la *machine s'emporte* soit par la cessation du travail, soit par toute autre cause, il faut de suite diminuer l'introduction de la vapeur.

Les précautions que nous indiquons, quoique très-sommairement exposées, suffisent pour prévenir les accidents ordinaires; toutefois, les personnes qui emploient la vapeur feront bien d'étudier les traités spéciaux.

Moteur hydraulique.

L'emploi des chutes d'eau présente un moteur économique dont le système varie suivant que la quantité d'eau est plus ou moins grande, que la chute est plus ou moins forte. Chaque emploi exige une étude spéciale, et pour ainsi dire un mode particulier d'application.

Nous ne pouvons donc conseiller tel système de préférence à tel autre; ce que nous voulons, c'est appeler l'attention des agriculteurs sur cette force motrice qu'ils n'apprécient pas assez et qu'ils laissent trop souvent perdre, lorsqu'ils pourraient l'employer à peu de frais. Nous avons été à même de faire plusieurs applications de ce genre qui ont produit d'excellents résultats économiques, et il existe en France un grand nombre d'exploitations où on pourrait installer avantageusement des roues hydrauliques ou des turbines qui feraient fonctionner une partie des instruments ou serviraient à élever de l'eau pour le service de la ferme et même à faire des irrigations, sans autres frais que l'intérêt et l'amortissement de l'installation première.

Des moteurs à vent.

L'inconvénient des moulins à vent, et ce qui empêche la propagation de ce moteur économique, c'est la variabilité du travail qu'il donne; en effet, on ne peut le faire fonctionner à un moment donné, et c'est souvent lorsqu'on en aurait le plus besoin qu'il reste inactif. Cet inconvénient est tellement grand que, malgré l'économie qu'il présente, puisque le travail qu'il produit n'est représenté que par l'intérêt et l'amortissement des frais d'établissement, on préfère généralement lui substituer un moteur dont on puisse disposer à volonté; c'est pour cette raison que les moulins à vent destinés soit à la mouture des grains, soit aux grands épuisements, disparaissent pour faire place aux machines à vapeur, qui sont d'un emploi plus onéreux, mais dont le travail est régulier.

Cependant, il n'y a pas de moteur qui soit plus convenable pour élever de l'eau destinée soit à l'alimentation, soit aux arrosements, lorsqu'on peut

Fig. 196. — Moulin à vent de M. O. Mahoudeau, de Saint-Epain (Indre-et-Loire).

l'amasser dans des réservoirs pour ne s'en servir qu'au fur et à mesure des besoins. C'est sous ce point de vue que nous appelons l'attention des agriculteurs sur l'ingénieux appareil, que nous représentons fig. 17, inventé par M. O. Mahoudeau, de Saint-Épain (Indre-et-Loire).

Le moulin de M. O. Mahoudeau se compose essentiellement d'un pivot bifurqué à la partie supérieure; cette pièce tourne librement dans un collier formé par une plaque en fonte, portant quatre douilles ou manchons qui servent à maintenir par le haut les pièces de bois qui portent l'appareil; à sa base, elle est munie d'une rondelle garnie de trois galets, qui appuient sur une autre plaque en fer fixée sur les moises du bâti.

Les extrémités de la fourche sont munies de coussinets qui reçoivent un arbre à excentrique, qui porte à l'une de ses extrémités un manchon en fonte, dans lequel sont fixés six bras rayonnants, et à l'autre un contre-poids.

Chaque bras est muni d'une voile triangulaire, qui se tend par une corde passée dans une poulie; elle est tenue au vent au moyen d'une tringle en fer, dont une des extrémités est fixée à un ressort appliqué contre le bras précédent.

Voici comment l'appareil fonctionne: lorsque le vent frappe la voile, celle-ci, qui est attachée sur une vergue maintenue vers le quart de sa longueur, tend à s'éloigner de la position oblique et à s'effacer; mais la tringle la maintient, et la résistance qu'elle oppose au vent l'entraîne et fait décrire à l'arbre un mouvement circulaire. Lorsque le vent est trop fort ou sous l'impulsion d'une bourrasque, le ressort fléchi, la voile s'efface, et prenant moins de vent, le mouvement rotatif du moulin reste sensiblement le même; si le vent diminue, le ressort reprend sa place, et la voile, par conséquent, présente une plus grande surface au vent. Chaque bras est indépendant l'un de l'autre et se règle de lui-même, suivant l'impulsion particulière qu'il reçoit.

Le pivot est percé de part en part et traversé par une tige en fer, dont l'extrémité supérieure porte un collier qui entoure l'excentrique de l'arbre horizontal et reçoit un mouvement ascendant et descendant. On comprend que si l'autre extrémité de la tige communique avec le piston d'une pompe, le mouvement fera monter l'eau.

Ce moulin se règle de lui-même; on n'a besoin d'y monter que de temps en temps pour graisser les pièces frottantes. Il coûte 700 francs. On peut le placer soit sur un bassin, soit sur un puits, ou de toute autre manière: il fonctionne avec un vent très-faible. D'après les renseignements que nous avons recueillis, on est très-content de cet appareil qui monte une quantité d'eau considérable.

Transmission de mouvement. — Manéges indépendants.

Depuis quelques années, surtout depuis que l'emploi des machines a pris de l'extension dans les exploitations rurales, l'amélioration des manéges a été l'objet des constantes recherches des mécaniciens; mais on doit reconnaître qu'il n'ont pas toujours réussi et que bien souvent les modifications n'ont servi qu'à compliquer inutilement ces engins et à en augmenter le prix sans aucune compensation: aussi ne mentionnerons-nous que ceux qui ont fait leurs preuves chez les cultivateurs et sur la valeur desquels nous avons été à même de nous renseigner ; les détails que nous donnons de chacun des manéges que nous signalons mettront les agriculteurs à même de fixer leur choix, selon l'exigence du travail auquel ils les destinent.

Les manéges transmettent le mouvement aux machines, soit directement au moyen d'une courroie, soit au moyen d'une transmission formée d'un arbre de couche, de poulies sur lesquelles s'enroulent les courroies, ou de roues dentées. La vitesse qu'ils donnent dépendant de la régularité de marche des animaux moteurs, est toujours irrégulière et très-variable, et on comprend que si la poulie commanderesse fait cent cinquante tours les animaux mar-

Fig. 197. — Transmission portative commandant un moulin à farine.

chant avec une vitesse de $0^{m},80$ par seconde, elle fera trois cents tours au moment où, les animaux se ranimant, ils doubleront momentanément leur pas. Cette variabilité de mouvement est le plus grand défaut des manéges, et empêche qu'on puisse les employer avantageusement pour les industries qui exigent une vitesse constante, telles que les moulins à farine, les petites filatures, etc. Pour obvier à cet inconvénient, M. Pinet, d'Abilly, a inventé un système de transmission à vitesse uniforme, applicable aux machines dont la vitesse doit être constante quand le moteur en transmet une variable. Cette transmission, pour laquelle l'inventeur ne s'est pas fait breveter, et que par conséquent chacun peut construire, se compose de :

1° Une charpente en bois de forme pyramidale formée de cinq semelles A (fig. 197), et de quatre montants B reliés par des traverses C ; l'entretoise en fer D ferme le bâti et sert de support ;

2° Sur le haut du bâti, deux paliers E, portant l'axe horizontal F sur lequel sont montées la roue d'angle G et les poulies H, destinées à transmettre le mouvement aux machines. Le même axe porte la poulie conique I sur laquelle s'enroule la courroie J, qui apporte la vitesse variable du moteur. Cette poulie joue le plus grand rôle dans le système.

3° Au milieu du bâti est un pendule conique ordinaire Z, reposant du bas sur une des semelles A, et maintenu vers le milieu de la hauteur par une entretoise K qui lui sert de coussinet.

4° Le pendule porte un manchon engagé avec le balancier, la bielle, et l'équerre à fourche O, tournant sur l'axe P ; deux poulies QQ' placées au bas du pendule, sont en rapport par la courroie R avec celle S, placée sur l'axe vertical T qui porte à la partie supérieure une roue d'angle U ; et au bas

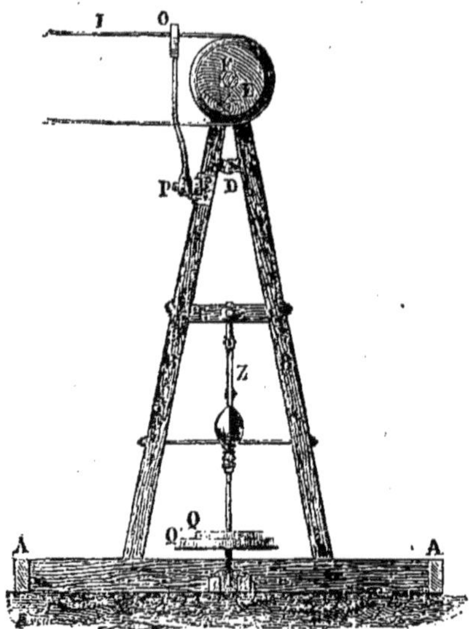

Fig. 198. — Transmission Pinet, vue de côté.

deux poulies VV' qui dans la fig. 197 transmettent le mouvement à un moulin à farine. Ces deux poulies sont d'un diamètre différent et permettent d'atteler soit des chevaux, soit des bœufs.

Mouvement et effet du système. — 1° Le mouvement arrive d'un manége ou d'un moteur à vitesse variable par la courroie J qui s'enroule sur la poulie conique I ; cette poulie transmet le mouvement aux roues d'angle GU, à l'axe vertical T, à leurs poulies VV', à celle S commandant celles du pendule QQ', et enfin à telles machines que l'on veut faire mouvoir par les poulies H ou par celles V.

2° La vitesse moyenne du pendule étant calculée pour que la force centrifuge fasse prendre aux boules, au balancier M, à la bielle N, à la fourche-équerre O une position telle que la courroie motrice J soit poussée au milieu de la poulie I, elle prendra cette position lorsque la poulie commanderesse aura sa vitesse normale ; et aussitôt que le manége accélérera sa marche et augmentera par conséquent sa vitesse, celle du pendule étant brusquement accrue, les boules s'ouvriront, et leur mouvement étant communiqué à la fourche O, la courroie motrice sera poussée sur le plus grand diamètre de la poulie conique, et dès ce moment la compensation de la vitesse sera établie. Si la vitesse du manége diminue, l'effet contraire se produit dans le mouvement du pendule, et par suite la courroïe motrice est ramenée sur le plus petit diamètre de la poulie conique et compense la vitesse.

Fig. 199. — Transmission Pinet, vue de face.

Au moyen de cet appareil on annihile sinon complétement, au moins en grande partie, les inconvénients qui résultent de la vitesse irrégulière transmise par les manéges; mais par contre il exige une assez grande force et coûte environ 300 francs.

Manége de M. Bodin,
à Rennes.

Cette machine, qui est spécialement destinée à faire marcher la machine à battre du même constructeur, au moyen d'un arbre de couche brisé, est la copie exacte d'un manége très-répandu en Angleterre, où il est particulièrement connu sous le nom de manége Garrett. Il se compose d'un fort châssis en bois, sur lequel est fixé un croisillon en fonte surélevé en forme de cloche; au centre, on a ménagé une douille que traverse un arbre vertical en fer, portant à son extrémité supérieure un manchon à plusieurs branches, dans lequel viennent se fixer des barres d'attelle, et portant vers la base une roue conique qui engrène un pignon faisant corps avec un petit arbre horizontal portant une roue dentée qui fait mouvoir un pignon placé à l'extrémité de l'arbre de couche.

Pour mettre la machine en œuvre il suffit de la placer à terre, et de l'y fixer au moyen de quatre forts piquets en bois.

Manége transportable de J. Cumming,
à Orléans.

Ce manége, représenté vu de face fig. 200 et en coupe verticale fig. 201, se compose d'un croisillon en fonte A, boulonné sur un bâti en bois sur lequel est fixé, au moyen de fortes goupilles, un pivot en fonte B ; sur ce pivot tourne une roue conique C, à la partie inférieure de laquelle une douille allongée reçoit le support des barres d'atlelle ; cette roue engrène avec un pignon conique D

Fig. 200. — Manége Cumming vu de face.

calé sur un arbre horizontal qui porte aussi une roue droite conduisant un pignon E et par suite la poulie F destinée à recevoir la courroie.

Dans ce manége le constructeur s'est surtout proposé d'éviter la complication d'engrenages qui en a fait condamner tant d'autres : en effet, deux paires de roues et une poulie suffisent pour fournir de suite la vitesse réclamée par l'instrument qu'il doit faire fonctionner.

Les efforts étant répartis très-régulièrement, ajoutent beaucoup à la solidité et rendent presque mpossible la rupture des pièces ; ainsi le pignon cône et la roue droite sont calés du même côté de l'arbre, ce qui annihile l'effet de la torsion, et, de plus, la flexion est aussi réduite à son minimum, car l'arbre est supporté par ses deux extrémités sur une grande longueur et se trouve ainsi dans des conditions favorables pour la résistance. La poulie qui reçoit la courroie étant placée au milieu de l'arbre supérieur, il n'y a aucun porte-à-faux, et par conséquent aucune inégalité d'usure dans les supports. D'ailleurs des bagues en fonte aux extrémités permettent de remettre les choses dans leur état primitif presque sans frais, quand un long usage y a déterminé un peu d'usure.

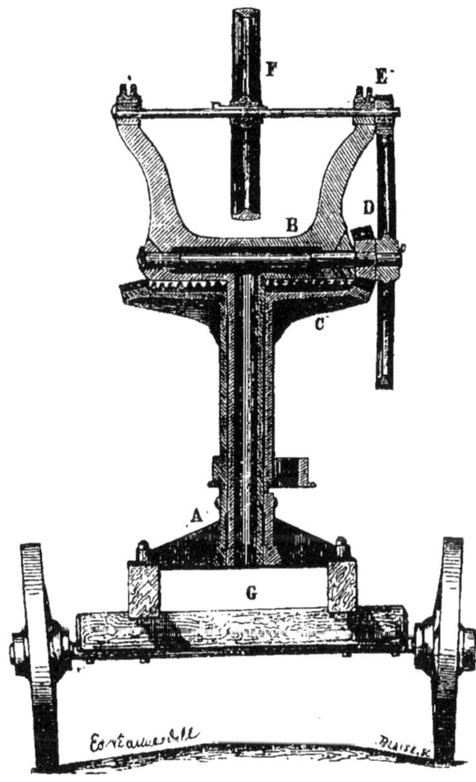

Fig. 201.— Manége Cumming, coupe verticale.

La douille de la roue principale reçoit à l'origine du point d'appui les barres d'attelle, et on diminue ainsi les efforts obliques, et, par suite, les vibrations, dont l'effet est toujours désastreux. La denture des roues d'engrenage est solide, leur tracé soigneusement étudié réalise le double but d'un frottement très-faible et d'une grande durée. Le pivot en fonte se trouve fixé dans le croisillon de la manière la plus rigide, et on est autorisé à dire que la rupture en est impossible; la pratique a du reste constamment justifié cette assertion. Le bâti en bois est installé d'une façon très-commode et joint la légèreté à la solidité; la grandeur des roues et la disposition de l'avant-train sont établies de la manière la plus convenable pour la facilité des transports de la machine dans les mauvais chemins.

L'installation de ce manége est prompte et facile ; les roues embarrées, la courroie jetée sur la poulie et il est prêt à fonctionner. On voit donc que l'examen détaillé de la construction n'infirme en rien l'apparence de force et de stabilité qu'on lui trouve à la simple inspection.

Le prix de ce manége, monté sur quatre roues, est de 900 francs; sans le chartil ni les roues le prix n'est que de 700 francs, en gare à Orléans.

Manége fixe de MM. Damey et Ce,
à Dôle (Jura).

Ce manége est extrêmement simple ; il se compose d'une grande roue dentée munie de porte-leviers, placée horizontalement sur un pivot et engrenant un pignon solidaire, avec une deuxième grande roue à engrenage conique, laquelle transmet le mouvement à un pignon qui entraîne un arbre de couche à genouillère.

Ces deux séries d'engrenages sont placées sur une seule plaque de fondation en fonte, solidement boulonnée sur un croisillon en bois. Ce manége, disposé pour fonctionner avec un seul cheval ou deux bœufs, coûte 350 francs, le numéro au-dessus coûte 400 francs, et le modèle très-fort, pouvant supporter trois paires de bœufs, coûte 450 francs.

Manége de M. Duvoir,
à Liancourt (Jura).

Pendant longtemps M. Duvoir s'est contenté de construire un manége fort simple qu'il appliquait à ses machines à battre ; ce manége, que la fig. 202 représente, se compose d'une grande roue dentée tournant horizontalement et portant à la partie supérieure un manchon pour les barres d'attelles. Cette roue

Fig. 202. — Manége fixe de M. Duvoir.

engrène avec un pignon fixé à l'extrémité d'un arbre de couche qui, au bout opposé, porte une grande roue dentée commandant un pignon placé sur l'arbre intermédiaire qui porte le volant commandant la machine à battre. Les rapports entre les engrenages sont tels que, pour un tour de manége, l'arbre fait trente-cinq tours. Ce manége est très-simple et exige peu d'effort de traction, mais il ne peut être appliqué qu'aux machines fixes. Le prix de ce système de manége est de 350 francs pour la force d'un cheval, 450 francs pour deux chevaux et 600 francs pour trois chevaux.

Les fig. 203, 204, 205 représentent trois nouveaux manéges inventés par M. Duvoir. Ils sont montés sur chartil et, par conséquent, peuvent être transportés avec facilité Dans les deux premiers, la commande est en l'air, et se transmet aux machines à faire fonctionner au moyen d'une courroie placée

Fig. 203. — Manége portatif de M. Duvoir.

sur une poulie verticale; le troisième commande au moyen d'un arbre de couche.

Ce système comprend une grande roue horizontale avec denture intérieure, transmettant le mouvement aux pignons et augmentant ainsi la vitesse de la poulie de commande. Celui représenté fig. 203 est disposé pour trois chevaux; il porte trois séries d'engrenages et coûte 1,000 francs. Celui qui est représenté par la fig. 204 est de la force de deux chevaux; il n'a que deux séries d'en-

Fig. 264. — Manège portatif de M. Duvoir pour deux chevaux.

grenages, et coûte [illegible] francs. Le troisième, que représente la fig. 265, est composé des mêmes organes, mais les mouvements se transmettent sous le bâti par un arbre de couche articulé. Son prix est de 790 francs.

Fig. 265. — Manège portatif de M. Duvoir avec arbre de couche posé.

Manége de M. Fauconnier.
15, avenue Parmentier, à Paris.

M. Fauconnier s'est depuis quelques années tout particulièrement occupé de la construction des manéges. Nous ne mentionnerons toutefois que les modèles qui nous paraissent présenter des avantages réels, tant sous le rapport de la simplicité que de la solidité.

Manége à commande directe et vitesse variable. — Il se compose d'une forte roue dentée intérieurement, et portant à l'extérieur des manchons pour recevoir les barres d'attelle. Cette roue n'a pas de rayons ; elle est maintenue par des galets et s'engrène avec un pignon qui fait mouvoir un arbre horizontal, portant des poulies disposées à la base d'un bâti fixe, composé de quatre montants en fer à cornière reliés par des entre toises. A la partie supérieure du

Fig. 206. — Manége à commande directe et vitesse variable de M. Fauconnier, à Paris.

bâti est placé un arbre, sur lequel sont montées plusieurs poulies en sens inverse de celles qui sont à la base, de telle sorte que le plus grand diamètre correspond avec le plus petit. Ces deux séries de poulies sont reliées par une courroie. Par cette disposition, qui est d'ailleurs celle des tours à métaux, on peut obtenir des vitesses extrêmes, variant du simple au triple, ce qui est souvent très-avantageux.

Un manége de ce système a fonctionné pendant toute la durée du concours général de Paris en 1860 avec le même cheval, en faisant tourner un moulin à farine d'un nouveau système dont nous donnerons la description plus loin.

Ce manége est très-simple et solide ; nous pensons que son emploi en pratique confirmera notre opinion. Il est livré monté sur roues ou simplement sur un bâti en bois, et coûte 700 francs pour la force d'un cheval, 950 francs pour quatre chevaux. Sans le chartil et les roues, le prix diminue de 125 à 150 francs.

Manége à coupole renversée et poulie verticale. — Cette machine, que les figures feront facilement comprendre, se compose d'un pivot en fonte fixé soit

Fig. 207. — Manége à coupole renversée de M. Fauconnier, à Paris.

sur un croisillon de bois, soit sur un chariot autour duquel est passée une coupole renversée portant à la base des manchons destinés à recevoir les barres d'attelle, et à la partie supérieure un engrenage angulaire. Dans l'intérieur de

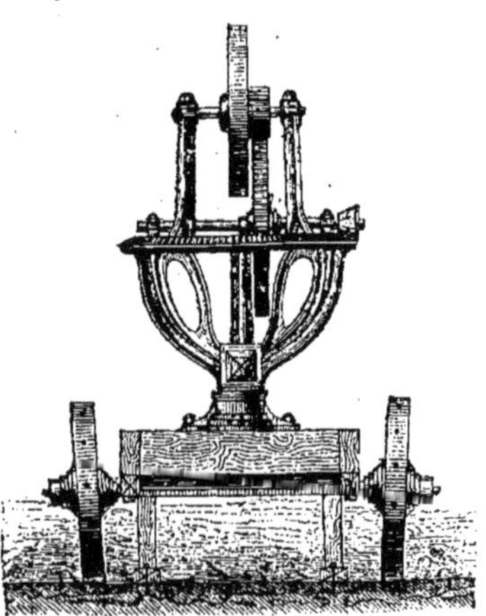

Fig. 208. — Manége à coupole renversée de M. Fauconnier, à Paris.

Fig. 209. — Manège reposant sur le sol de M. Fauconnier, à Paris.

la coupole se trouve un bâti en fonte, fixé dans la pièce qui forme pivot. Ce bâti porte à la hauteur correspondante avec la grande roue de la coupole un arbre sur lequel est fixé un pignon conique qui entraîne une grande roue dentée verticale, qui à son tour donne le mouvement à un pignon placé sur un second arbre horizontal portant la poulie de commande. Dans ce manége, il n'y a que deux séries d'engrenages, et par conséquent deux décompositions de force; il est solide et très-élégant; seulement l'éloignement de la première roue aux barres d'attelle élève le poids de la machine et lui ôte de la stabilité.

Le prix de ce manége, y compris le chariot et les roues, est de 650 francs pour la force d'un cheval, et 1,200 francs pour quatre chevaux. Sans le chariot, le prix diminue de 150 francs.

Manége reposant sur le sol.— Ce système de manége est toujours le plus simple et le meilleur marché. Celui de M. Fauconnier, que nous représentons fig. 109, ne diffère pas sensiblement de ceux déjà connus : il se recommande néanmoins par sa solidité, sa grande simplicité et son bon agencement. Il coûte, pour la force d'un cheval, 350 francs, et 600 francs pour la force de quatre chevaux.

Manége Gérard.

Le manége inventé par M. Gérard, de Vierzon, que nous représentons vu de face figure 210 et vu de côté figure 211, repose sur un chariot à quatre roues; celles d'avant forment avant-train pour faciliter la locomotion. La base est formée par un fort croisillon en fonte fixé solidement sur le chariot au moyen de quatre boulons. La partie supérieure du croisillon sert d'appui à la roue conique coulée d'une seule pièce avec le manchon destiné à recevoir les leviers d'attelage. La roue conique et le manchon d'une part, et le croisillon d'autre part forment tube et sont traversés à leur centre par une colonne cylindrique qui se bifurque à sa partie supérieure en deux chaises qui sont reliées entre elles à leur sommet, et couronnées par une sorte de chapeau à deux branches faisant corps; disposition qui leur donne une grande solidité.

A sa base, la colonne est fixée au croisillon par deux vis de pression taraudées dans ledit croisillon et un peu dans la colonne, et en outre, par une forte clef qui traverse la colonne de part en part dans son diamètre, et s'épaule en dessous du croisillon.

De la description qui précède, et de l'agencement des pièces il résulte : que le croisillon B est fixé au chariot A ; que la colonne C est fixée au croisillon; enfin, que la roue conique E et le manchon D qui font corps tournent autour de la colonne en s'appuyant sur le sommet du croisillon sur lequel ils reposent. Les chaises M M produites par la bifurcation de la colonne sont destinées à recevoir trois axes parallèles entre eux, et perpendiculaires à l'axe de la colonne.

Deux de ces axes sont armés d'une roue à l'une des extrémités I G, et d'un pignon à l'autre F H. Le troisième, l'axe supérieur, porte à l'une de ses extrémités un pignon K, et dans son milieu la poulie commanderesse L portant la courroie qui transmet le mouvement à la machine que l'on veut faire fonctionner.

La poulie commanderesse est verticale : cette disposition permet de diriger la courroie de transmision non-seulement en avant ou en arrière de cette poulie, mais encore de parcourir tous les rayons du demi-cercle passant par le rayon vertical supérieur, pourvu que la courroie passe au-dessus de la tête des chevaux.

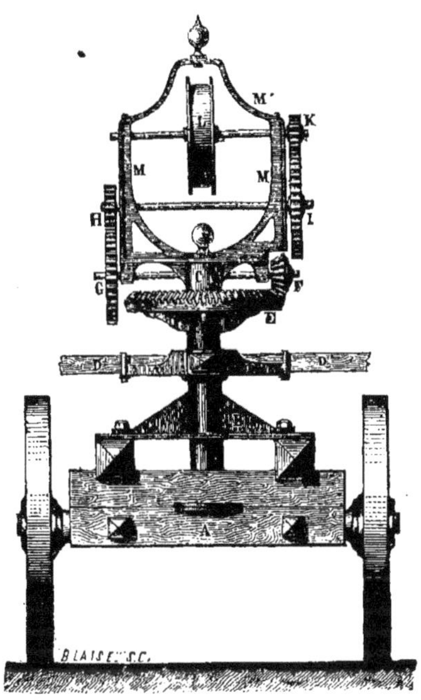

Fig. 210. — Manége locomobile de M. Gérard, de Vierzon, vu de face.

La vitesse se multiplie ainsi qu'il suit : les chevaux faisant trois tours par minute, la grande roue E = 3 multipliant son pignon F 4,33 = 13 multipliant le deuxième pignon H 4 = 52 multipliant le troisième pignon K et la poulie L 4 = 208 tours. Si donc on veut commander directement une machine à battre dont la poulie du batteur aurait $0^m,20$ de diamètre, on obtiendrait directement et sans le secours d'une transmission une vitesse de six cent vingt-quatre tours, vitesse suffisante pour les machines qui battent et nettoient en même temps. Si on voulait obtenir une vitesse plus grande, on n'aurait qu'à diminuer le diamètre de la poulie commandée.

La hauteur de ce manége est de $1^m,85$, sa largeur de $1^m,25$. Le cercle parcouru par les chevaux est de 18m,33 × 3 tours à la minute = 55 mètres × 60 minutes = 3,300 mètres à l'heure.

Ce manége est pourvu d'un cliquet qui permet d'arrêter instantanément les chevaux sans que la machine éprouve de secousse ; un ressort ayant pour effet d'amortir les coups de collier est fixé sur l'axe de la première roue à dents droites, au moyen d'un manchon. Il peut être traîné sans efforts par un seul cheval attelé entre deux limons réunis à l'avant-train du chariot au moyen de quatre boulons ; ces boulons se démontent aussitôt que le manége est en place ; dès lors on cale les roues par un procédé aussi simple que prompt, en plaçant de forts coins en bois prenant le cintre des roues en avant et en arrière de celles-ci ; une embrasse relie ces cales entre elles, et les roues deviennent inébranlables. Les leviers de tirage D' sont fixés au manchon D au moyen

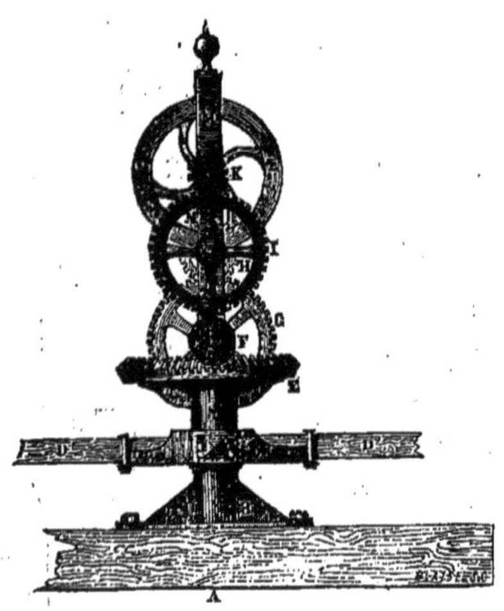

Fig. 211. — Manége locomobile de M. Gérard vu de côté.

d'une bride ; ils sont reliés entre eux par des traverses de manière à ce que les efforts des chevaux se répartissent également entre les leviers. Le manchon D est disposé de manière à ce qu'on puisse y appliquer deux ou trois leviers, et de telle sorte que les chevaux se fassent toujours équilibre et que leurs efforts se fixant au centre du manége, on conserve l'horizontalité de la grande roue et on évite autant que possible les frottements du tube contre la colonne.

L'axe supérieur peut porter à la fois plusieurs poulies, ce qui permet de faire marcher différentes machines simultanément. Cette disposition est surtout avantageuse pour les agriculteurs qui ont souvent à faire manœuvrer ensemble plusieurs petits instruments, tels que pompes, coupe-racines, laveur de racines, hache-paille, concasseur, brise-tourteaux, etc.

Ce manége se recommande tout particulièrement par la parfaite harmonie qui règne dans la distribution des forces, par sa bonne confection et sa solidité, points très-importants à la campagne où l'on n'a pas toujours sous la main des mécaniciens intelligents capables de faire les réparations qu'exigent fréquemment les machines trop faibles ou mal conditionnées.

La fig. 210 représente le manége vu par l'arrière, et la fig. 211 vu de côté.

A Chariot sur lequel est fixée la machine.
B Croisillon en fonte fixé au chariot au moyen de quatre boulons en fer.
C Colonne en fonte fixée au croisillon et autour de laquelle tourne la grande roue conique E, solidaire avec le manchon D.
D Manchon destiné à recevoir les leviers d'attelage.
E Grande roue conique transmettant le mouvement au pignon F et à la roue G.
F Pignon fixé à l'axe portant la roue G.
G Roue à engrenage transmettant le mouvement au pignon H.
H Pignon fixé au second axe.
I Roue à engrenage transmettant le mouvement au pignon K.
K Pignon fixé au troisième axe et qui reçoit son mouvement par la roue I.
L Poulie commanderesse de 60 centimètres de diamètre.
M Chaises formant corps avec la colonne C.
N Chapeau fixé aux chaises pour maintenir l'écartement et augmenter la solidité.

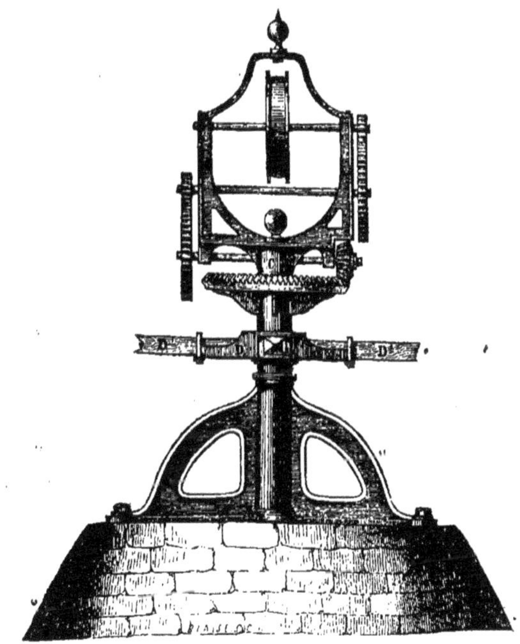

Fig. 212. — Manége fixe de M. Gérard vu par l'arrière.

La figure 212 représente un manége fixe fabriqué par M. Gérard ; il ne diffère du précédent que par la forme du croisillon, qui est fixé par de forts boulons sur un massif en maçonnerie au lieu d'être établi sur un chariot.

Le prix du manége locomobile de la force de trois chevaux, et monté sur un chariot à quatre roues, est de 1,000 fr. Le manége fixe ne coûte que 800 fr.

Manége de M. Legendre,
à Saint-Jean-d'Angély.

Ce manége appartient au même système que celui de M. Gérard que nous venons de décrire ; il se compose de trois séries de roues d'engrenage, faisant mouvoir des poulies verticales placées aux extrémités d'un petit arbre ; l'engrenage supérieur est conique et le bâti se bifurque au-dessus de la fusée qui reçoit la première grande roue d'engrenage.

Cet appareil est fixé sur un bâti en bois porté sur deux roues ; pour le transport, les barres d'attelles servent de brancards. Il coûte, pris à Saint-Jean-d'Angély, 750 francs tout compris. M. Legendre construit aussi un manége pour être disposé sur le sol avec arbre de couche en fer ; le prix est de 300 francs, et 450 francs avec une transmission pour faire marcher six instruments à la fois. Nous donnons plus loin la figure de ce manége commandant une machine à battre.

Manége de MM. Opter frères,
à Montmorillon, inventé par M. Creusé des Roches.

Ce manége appartient au même système que les deux précédents, il remplit toutes les conditions d'une transmission générale, et peut faire fonctionner, au moyen de chevaux et de bœufs, toutes les machines de la ferme. Il donne le mouvement au moyen d'une poulie verticale et d'une courroie, s'oriente à volonté et peut manœuvrer dans toutes les directions sans qu'il soit nécessaire de le déplacer. L'installation en est très-facile ; il n'est même pas nécessaire qu'il soit placé de niveau pour bien fonctionner.

Il a reçu dernièrement d'importantes améliorations dont la pratique avait fait reconnaître la nécessité pour en faire un engin de premier mérite ; ces améliorations consistent dans le changement complet du modèle de la colonne, et dans l'agrandissement du diamètre de la roue d'angle horizontale.

Ce manége, comme on le voit dans la fig. 213, se compose d'une forte colonne en fonte qui se bifurque à la partie supérieure pour recevoir la poulie commanderesse, et de trois séries de roues d'engrenages qui commandent des pignons ; la première roue est horizontale et solidaire avec les manchons destinés à recevoir les barres d'attelle.

Tout le mécanisme est fortement boulonné sur un chariot monté sur quatre roues.

C'est une machine solide, bien établie et en tous points recommandable ; elle a obtenu des distinctions dans tous les concours où elle a été présentée.

Les prix sont :

Manége à deux leviers d'attelage pour deux ou quatre chevaux, mulets ou bœufs, 650 francs ; poids, 775 kilogrammes ;

Chariot du manége, avec brancard d'attelage, 200 francs ; poids, 425 kilog.

Fig. 213. — Manége inventé par M. Creuzé des Roches.

Manége Pinet.

Le système de manége inventé par M. Pinet s'est fait connaître pour la première fois au concours universel de 1855. Il se distinguait de ceux généralement employés jusqu'alors par quelques dispositions particulières, qui ont permis à l'auteur de réunir l'ensemble du mécanisme sur une seule plaque de fondation, de produire immédiatement une vitesse considérable, et enfin de commander directement, au moyen d'une courroie, par une poulie placée au-dessus des animaux, qui trouvaient ainsi le terrain parfaitement libre pour leur parcours.

Ces dispositions nouvelles ont fait placer immédiatement cet agent de transmission de force motrice au premier rang ; et quoique depuis le concours universel l'esprit des mécaniciens se soit tendu vers ces machines et qu'on en ait inventé plusieurs qui présentent plus ou moins d'avantages, il n'est pas moins resté classé parmi les meilleurs. Il est vrai que M. Pinet s'est empressé de corriger les défauts que la pratique lui avait fait reconnaître, et que tel qu'il est construit aujourd'hui, son manége est de beaucoup supérieur à celui de 1856.

Les principaux avantages que présente ce système sont :

1° Transmission directe à grande vitesse avec faculté de pouvoir se distancer à volonté de la machine à mettre en mouvement ;

2° Montage facile sans le secours d'un mécanicien et ensemble portatif ;

3° Facilité d'installation, quelle que soit la disposition du terrain ;

4° Suppression d'un local spécial pour son installation ;

5° Augmentation ou diminution de la vitesse par le seul changement de la poulie de commande.

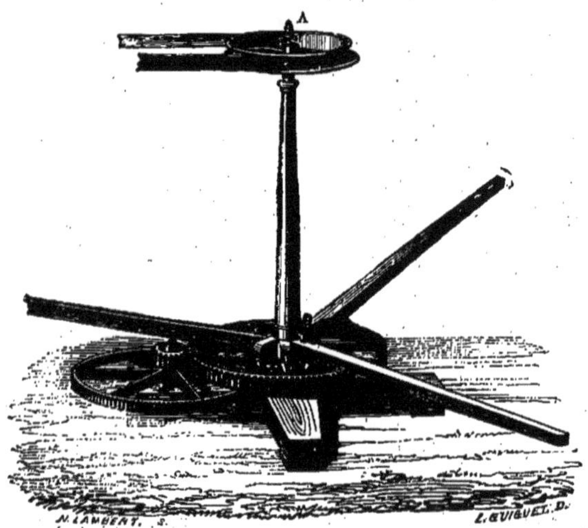

Fig. 214. — Manége Pinet, vu en perspective.

Ce manége se compose d'une colonne centrale en fonte solidement fixée sur une forte plaque de fondation montée sur un croisillon en bois ; autour de la colonne se meut librement et horizontalement une forte roue munie de soixante-quinze dents ; elle porte les leviers d'attelle, qui sont au nombre de deux, trois ou quatre, suivant la force du manége.

Cette roue engrène un pignon armé de treize dents, solidaire avec une grande roue armée de deux cent huit dents. Cette dernière roue engrène un pignon armé de vingt-deux dents, placé dans l'intérieur de la colonne, et portant une tige en fer qui la traverse ; c'est sur cette tige et en dehors de la colonne qu'est fixée la poulie commanderesse A, fig. 214.

C'est autour de cette poulie que se place la courroie de transmission qui s'enroule autour d'une autre poulie attachée à une machine quelconque qui reçoit de cette façon le mouvement.

Au centre de la poulie commanderesse se trouve un système d'encliquetage qui sert de crochet compensateur, et qui agit de telle sorte que si les chevaux s'arrêtent brusquement ou même opèrent un mouvement de recul, la poulie devient immédiatement indépendante, et conserve l'impulsion qui lui a été donnée; on évite ainsi les chocs qui pourraient ébranler le manége et même causer des accidents.

Il résulte de la disposition du mécanisme que l'impulsion étant donnée à la première roue pour chaque tour de manége,

$$\text{On obtiendra } \frac{75}{13} \times \frac{208}{22} = 54.55 \text{ tours.}$$

Les chevaux faisant en moyenne trois tours pendant une minute, donc la poulie commanderesse fera environ cent soixante-quatre tours par minute.

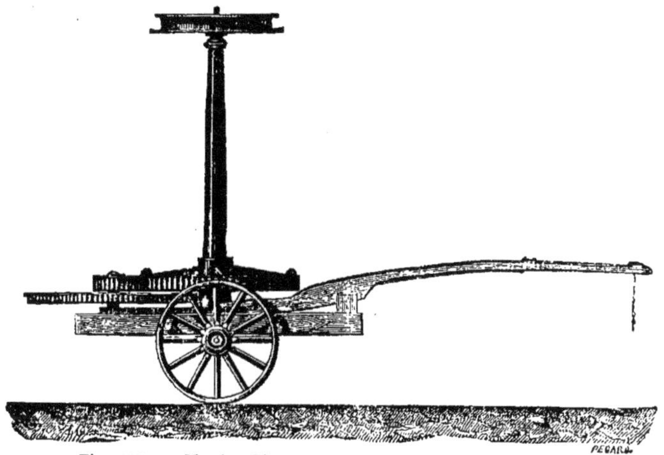

Fig. 215. — Manége Pinet monté sur roues pour le transport.

Ce manége se fixe facilement au moyen de pieux que l'on enfonce en terre contre les branches du croisillon sur lequel il est établi; pour le transporter d'un lieu à un autre, on le place sur deux roues, comme l'indique la fig. 215.

Une amélioration importante que nous avons vu apporter à cette machine chez quelques cultivateurs, et que nous conseillons fortement, consiste à couvrir la grande roue qui est placée sur une des branches du croisillon ; il suffit pour cela de deux pièces de bois que l'on applique sur les deux branches du croisillon perpendiculaires à celle qui porte la roue et quelques planches.

Le prix de ce manége est de 320 francs pour la force d'un cheval, à 1,000 francs pour la force de six chevaux.

Manége de M. E. Rouot, mécanicien, à Châtillon-sur-Seine (Côte-d'Or).

Ce manége a beaucoup d'analogie avec ceux de MM. Gérard, Opter et Legendre que nous avons décrits précédemment; il en diffère toutefois par la disposition des trois séries de roues d'engrenage. Dans le manége Rouot, la grande roue qui porte les manchons d'attelle est dentée intérieurement et s'engrène avec un pignon monté sur un petit arbre vertical parallèle à la colonne du manége; cet arbre porte une roue d'angle transmettant le mouvement à une se-

Fig. 216. — Manége locomobile de M. Rouot, à Châtillon-sur-Seine.

conde série d'engrenages qui finalement fait mouvoir un arbre horizontal portant une ou plusieurs poulies verticales dont le diamètre est calculé de manière à transmettre directement la vitesse aux machines à faire mouvoir.

Ce manége est solide et bien établi; il coûte, pris à Châtillon-sur-Seine, 700 francs et pèse environ 1,000 kilogrammes.

Manége de M. Tritchler,
à Limoges.

Ce manége est également établi sur le même système que ceux de MM. Gérard, Opter, Legendre, etc.; la commande est en l'air, et le mouvement se transmet au moyen d'une courroie établie sur une poulie verticale. Il se compose d'un fort pivot en fonte fixé au moyen de boulons, soit sur un croisillon, quand le manége doit rester fixe, ou sur un chartil monté sur quatre roues quand on le veut locomobile ; autour du pivot s'adapte un manchon en fonte portant une roue dentée et les porte-leviers, et dessus, le bâti ou corps du manége ainsi que les engrenages. La roue qui entoure le pivot commande deux pignons disposés sur deux arbres verticaux placés de chaque côté de la machine ; ces arbres portent chacun une roue conique qui commande des pignons solidaires avec une grande roue montée suivant l'axe de la machine, laquelle commande un pignon placé au milieu du petit arbre qui porte à ses extrémités des poulies d'un diamètre différent en rapport avec la vitesse que l'on désire obtenir.

Ce manége, est bien établi, il ne présente toutefois rien qui lui soit particulier. Le double arbre vertical augmente le frottement et exige un montage plus soigné, il ne sert qu'à éviter la torsion, mais cette torsion se retrouve à la poulie motrice, qui est placée en porte-à-faux. Le prix de ce manége est de 580 francs, monté sur croisillon, et 800 francs, monté sur chariot.

Choix et conduite des manéges.

Les manéges sont tellement variés aujourd'hui que le choix devient de plus en plus difficile, qu'il est presque impossible de désigner celui qui mérite la préférence, et cela d'autant plus que chaque système comporte un grand nombre de modèles ne différant entre eux que par des dispositions accessoires qui ne changent en rien la valeur réelle du système.

On peut diviser ces engins en deux classes : 1° ceux qui transmettent le mouvement par un arbre de couche posé sur le sol ; 2° ceux qui commandent au moyen d'une courroie passant au-dessus des animaux.

Les premiers sont généralement montés sur le sol; le second système est fixe ou locomobile.

Dans un grand nombre de cas, et principalement lorsqu'on n'a pas besoin d'une grande vitesse, on doit donner la préférence au premier système, qui est plus simple et de beaucoup le meilleur marché; mais lorsqu'on a besoin d'une grande vitesse, et surtout lorsqu'on ne peut pas faire d'installation à demeure, le manége avec la commande en l'air est préférable.

En principe, le manége par sa nature comporte une difficulté radicale qui consiste dans la transformation du mouvement lent des animaux moteurs en une vitesse de rotation relativement considérable que l'on ne peut obtenir qu'en compliquant les engrenages, et d'où résulte conséquemment une décomposition de mouvement et une perte de force.

On doit donc, en dehors de la bonne construction et de l'emploi de matériaux de première qualité, donner la préférence aux manéges les plus simples, dont l'agencement des pièces centralise le plus les efforts et les équilibres.

Les engrenages droits sont préférables aux engrenages d'angles, qui donnent lieu à une décomposition de mouvement plus nuisible à la marche.

Les porte-à-faux sont toujours nuisibles ; ils usent rapidement les organes. Il faut aussi rechercher l'égale répartition des efforts afin d'obtenir un fonctionnement facile, régulier et durable. Le poids des pièces constitutives doit être porté le plus possible vers la base afin d'augmenter la stabilité de la machine, que la commande supérieure tend toujours à ébranler.

Un encliquetage ou *déclic* est indispensable pour éviter les arrêts brusques qui peuvent blesser les animaux et briser la machine ; enfin il faut que les pièces soient simples et puissent se démonter facilement afin d'être réparées au besoin par les ouvriers que l'on a sous la main, et que le graissage puisse se faire sans difficulté.

Lorsqu'on attelle des animaux à un manége, il faut autant que possible répartir les forces ; c'est principalement pour cette raison qu'il vaut mieux atteler deux petits chevaux qui tirent à l'opposé l'un de l'autre, qu'un seul cheval qui fait porter tout l'effort d'un côté.

Il faut éviter les fausses manœuvres et surtout les arrêts brusques. Au départ il faut aider autant que possible la mise en marche en appuyant sur la courroie de commande ou en mettant en mouvement à la main la machine commandée. Les animaux doivent être menés régulièrement et sans brusquerie, et le graissage doit être surveillé scrupuleusement.

BATTAGE, NETTOYAGE,

Et conservation des grains et des graines.

Tous les cultivateurs reconnaissent les grands avantages que présentent les machines à battre, comparées au fléau, et l'utilité de ces machines n'est plus contestée ; mais si tous sont aujourd'hui d'accord sur l'utilité des batteuses, ils sont loin de l'être sur les avantages respectifs des divers systèmes. D'abord chacun voudrait une machine parfaite à son point de vue ; or, cette condition exceptionnelle on ne l'atteindra probablement pas de longtemps ; cependant les machines à battre sont arrivées à un tel degré de perfection qu'il n'est guère possible d'aller plus loin, et que les modifications que l'on y apporte aujourd'hui ne consistent guère que dans des détails qui n'influent, en somme, aucunement sur leur valeur réelle, au point de vue de la bonté du travail et de son prix de revient.

C'est pour satisfaire aux exigences des agriculteurs que les fabricants construisent une quantité de modèles variés, qui généralement ne diffèrent entre eux que par des détails qui n'ont guère qu'une importance très-secondaire. Ainsi tel fabricant, pour satisfaire ses clients, et aussi pour faire du nouveau, construit trois ou quatre systèmes de secoueurs, change la forme des rouleaux *alimenteurs*, les supprime même, fixe le contre-batteur, et rend le batteur mobile, ou fait le contraire, c'est-à-dire rend le batteur fixe et le contre-batteur mobile, etc. Tous ces détails peuvent avoir leur importance au point de vue des concours, mais ils n'ont aucune valeur réelle, et ne servent qu'à occasionner des dépenses qui, en fin de compte, sont supportées par les agriculteurs.

Cependant toutes les machines à battre sont loin de mériter l'attention des agriculteurs au même degré, et quoiqu'il n'y ait pas de machine positivement supérieure aux autres, il y a néanmoins un grand choix à faire dans toutes celles que l'on présente aux cultivateurs, toujours accompagnées de pompeux éloges et de nombreux certificats. Aussi notre examen ne portera-t-il que sur les batteuses qui sont le plus répandues, qui satisfont aux exigences de l'agriculture, au point de vue de la construction et du travail, et sur la valeur desquelles nous avons pu nous renseigner.

D'abord les machines à battre peuvent se diviser en deux classes : 1° celles qui conservent la paille intacte, et que l'on désigne sous le nom de batteuses en travers ; 2° celles qui brisent plus ou moins la paille, et que l'on nomme batteuses en bout.

La première classe se subdivise en machines fixes, c'est-à-dire établies à demeure, soit dans une grange, soit dans un local spécial, et de machines locomobiles, c'est-à-dire pouvant se transporter, et destinées à battre dans différentes exploitations, ou même dans les champs.

Généralement, les machines à battre en travers secouent la paille, et nettoient plus ou moins le grain ; quelques-unes le rendent propre à être conduit au marché ; elles sont mises en mouvement soit au moyen d'un manége mû par des animaux, soit par une machine à vapeur, et exceptionnellement par un moteur hydraulique. Elles se composent d'un bâti en bois ou en fer renfermant le tambour-batteur, qui est un cylindre à claire-voie garni de battes en bois ou en fer disposées sur la circonférence, parallèlement à l'axe ou hélicoïdalement ; d'un secoue-paille, d'un tarare débourreur, et dans quelques-unes d'un nettoyage plus complet.

Ces machines, lorsqu'elles sont mues par un manége attelé de deux ou trois chevaux, battent de 4 à 600 kilogrammes de gerbes par heure de travail ; avec un moteur plus énergique et plus régulier, le travail augmente considérablement.

Ce système de machines convient tout particulièrement aux exploitations situées près des villes, et partout où on tient à conserver la paille intacte.

Les machines fixes présentent plus de garanties de solidité et plus de stabilité que celles qui sont locomobiles, et elles coûtent moins ; on devra toujours leur accorder la préférence, quand les circonstances le permettront.

La seconde classe se subdivise également en machines fixes et locomobiles, en machines simples, c'est-à-dire battant seulement, et en machines avec secouage et nettoyage.

La plupart des batteuses en bout sont accompagnées d'un manége spécial, fixe ou placé sur un bâti monté sur quatre roues : c'est derrière ce bâti que l'on place la batteuse pour la transporter d'une exploitation à une autre. Ces machines conviennent pour les petites et les moyennes exploitations ; elles sont très-simples et d'un prix peu élevé ; elles battent beaucoup plus que les batteuses en travers, mais ne nettoient pas le grain et ne secouent pas la paille. Cette dernière opération nécessite non-seulement une augmentation de personnel assez considérable, lorsque le battage se fait rapidement, mais encore elle se fait très-mal et occasionne une perte de grains notable. C'est pour obvier à cet inconvénient que quelques constructeurs munissent maintenant leurs batteuses d'un secoueur, qui ne complique pas beaucoup la machine, et qui permet de travailler avec plus de facilité.

Les batteuses en bout qui secouent la paille et nettoient le grain ne diffèrent de celles en travers, qui font les mêmes opérations, qu'en ce qu'elles sont plus étroites.

Dans l'achat d'une machine à battre, l'agriculteur doit considérer la construction générale, la simplicité, la solidité, la stabilité, la facilité de placement, l'effort de traction qu'elle exige, la quantité et la perfection du travail qu'elle fait, du travail et le prix de la machine.

Nous avons à dessein mis le prix en dernière ligne, car on comprendra qu'il doit être en rapport avec la perfection de l'instrument, et qu'il n'est pas possible d'obtenir une machine complète et bien établie pour le prix d'une machine mal conditionnée et incomplète.

La solidité, la simplicité et le bon conditionnement de la construction en général sont, selon nous, les points les plus importants et desquels les autres dérivent ; car plus une machine sera simple, si elle est bien établie et solidement fixée, moins elle exigera d'effort de traction, et plus elle fera de travail.

La perfection du travail comprend le parfait égrenage des épis, la conservation du grain et de la paille, et le nettoyage du grain. Plusieurs machines ne laissent rien à désirer sous le rapport de l'égrenage et de l'écrasage des grains, mais il n'en est pas de même sous le rapport du nettoyage ; c'est le côté faible des machines à battre. Cependant il ne faudrait pas attacher à cette condition une importance trop grande, car il est bien rare qu'il ne faille pas donner un coup de crible au grain lors de la vente, aussi bien nettoyé qu'il ait été lors de sa mise au grenier.

Le prix de revient du battage du blé à la machine est très-différent, selon que l'on emploie des machines en travers à manége, ou des machines en bout mues par la vapeur, et aussi la quantité que l'on aura à battre ; il peut varier de 1 franc à 0 fr. 45 cent. l'hectolitre ; en tout cas il est toujours inférieur à celui du battage au fléau ; de plus, on ne laisse pas de grain dans l'épi, et on peut disposer des produits selon les circonstances. Ce dernier avantage présente une valeur plus grande encore que la différence provenant du coût du battage par les deux systèmes.

Le concours général de Paris de 1860 offrait la plus nombreuse collection de machines à battre que l'on ait vu réunie ; à quelques exceptions près toutes ces machines avaient une valeur réelle ; nous ne mentionnerons néanmoins celles qui nous ont paru les plus méritantes et sur lesquelles nous avons pu obtenir des renseignements pratiques qui ont confirmé nos examens.

Machines à battre de M. Cumming,
à Orléans.

M. Cumming construit spécialement trois modèles de machines à battre du système des batteuses dites *en travers*, c'est-à-dire qu'elles conservent la paille intacte sans la briser ni même la froisser.

Le modèle que nous représentons en perspective fig. 217 et en coupe fig. 218, est désigné par le constructeur sous la dénomination de *machine à grand travail*. La puissance de production de cette machine est en effet vraiment étonnante ; lorsqu'elle est mise en mouvement par un moteur énergique tel qu'une machine à vapeur de six chevaux, elle bat autant que deux engreneurs actifs peuvent fournir. Cette puissante machine convient tout particulièrement aux grandes exploitations, aux contrées du Midi où l'on bat les récoltes sur place, et aux entrepreneurs de battage.

Bien qu'elle soit locomobile, elle peut cependant être placée soit dans une grange, soit à demeure fixe dans un local spécial.

Fig. 217. — Machine à battre locomobile à grand travail de M. Cumming, à Orléans.

La coupe fig. 218 permet de voir en détail l'agencement intérieur de cette belle machine. A est le batteur, B le contre-batteur; ces deux organes, malgré la rapidité du mouvement de rotation du batteur, sont disposés de manière à obtenir le parfait égrenage des épis sans écraser le grain; C est l'ouverture par où on engrène; il n'y a pas de rouleaux engreneurs, la puissance du batteur étant plus que suffisante pour attirer la paille; D est un secoueur à cames très-actif qui entraîne la paille battue avec une grande rapidité; E est le tarare, et F la sortie du grain qui tombe tout nettoyé dans des sacs. Comme on peut s'en rendre compte par l'examen de la figure, le grain et la paille se séparent sous l'action du batteur, le premier tombe par l'ouverture *a*, sur la

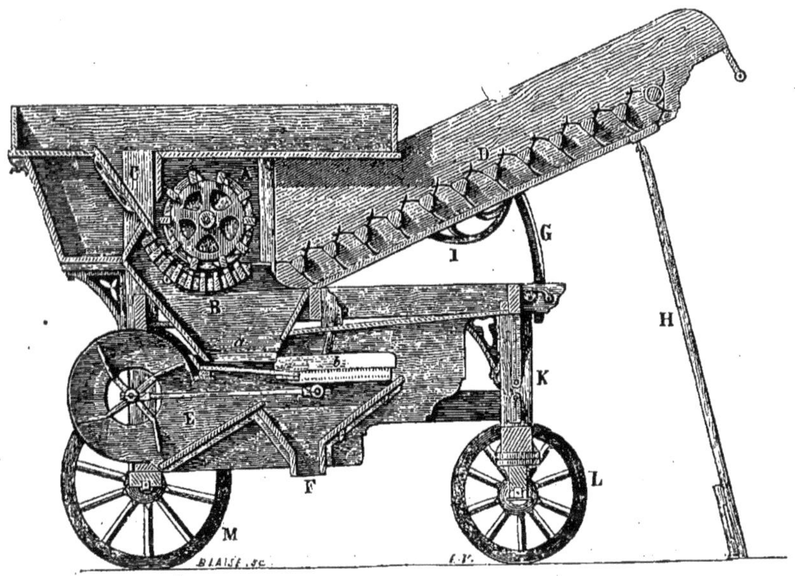

Fig. 218. — Machine à battre à grand travail de M. Cumming, à Orléans, vue en coupe.

grille *b* qui reçoit un mouvement de va-et-vient qui facilite au grain le passage en travers les mailles de la grille, tandis que les balles sont enlevées par l'action du ventilateur.

Pendant le voyage le secoueur s'appuie sur le bâti de la machine; on le relève pendant le travail au moyen de la crémaillère G, et on le maintient par une grille H sur laquelle tombe la paille; il est mis en mouvement par une courroie sans fin qui commande la poulie I. Le bâti K est très-solide et de plus renforcé par des équerres en fer; l'avant-train L est articulé et pivote sur deux plates-formes en fonte, et les roues M sont fixées sur un essieu disposé à l'aplomb des pieds-droits du bâti de la machine. Les fusées des essieux sont tournées et s'adaptent à frottement dans les boîtes des roues qui sont alésées. Cette machine coûte 3,000 francs.

La *machine à battre transportable* figurée en coupe fig. 219, diffère de la précédente par la forme et la disposition des organes. Quoique de beaucoup moins énergique, elle convient cependant pour les grandes et les moyennes exploitations ; elle est montée sur roues comme la *batteuse à grand travail*, et fonctionne soit par un manége attelé de deux ou trois chevaux, soit par une machine à vapeur.

Les principales pièces constitutives de cette batteuse sont : le batteur A portant seize battes en bois garnies en fer ; le contre-batteur B formé de pla-

Fig. 219. — Machine à battre locomobile de M. Cumming, à Orléans, vue en coupe.

ques en fonte avec saillies disposées symétriquement suivant un angle déterminé; ce système de contre-batteur a pour objet d'augmenter la surface de dépiquage, ce qui permet d'accélérer la vitesse du batteur et de fournir au grain un assez grand nombre de rigoles dans lesquelles il puisse se loger sans être brisé par le batteur; C sont les rouleaux engreneurs; D le secoueur ; E la table sur laquelle on dépose les gerbes ; F et F' les mouvements du secoueur ; G le tarare nettoyeur; H le ventilateur du tarare; I la trémie par laquelle passent le grain et les balles pour tomber sur les grilles K, où ils reçoivent le courant d'air du ventilateur qui sépare le grain des balles; le premier tombe par l'auget L dans des sacs disposés à cet effet, et les balles tombent par terre ou dans des récipients; M est une grille en bois disposée pour recevoir la paille, et N le bâti de la machine. Cette machine est solide et

Fig. 220. — Machine à battre fixe de M. Cumming, à Orléans.

bien agencée; elle coûte, y compris le manége pour trois chevaux, les courroies et la transmission, 2,500 francs.

La machine à battre fixe de M. Cumming ne diffère de la précédente qu'en ce qu'elle est disposée pour être placée à demeure; elle fait exactement le même travail dans les mêmes conditions; elle est ordinairement commandée par un manége très-simple et très-solide dont la disposition est telle que les chevaux peuvent être arrêtés instantanément sans que les barres d'attelage viennent leur frapper les jarrets, tout en permettant au batteur de continuer son mouvement de rotation sous l'impulsion de la vitesse acquise. On peut y adapter un moteur à vapeur ou tout autre système de manége.

Le prix de cette machine, non compris le moteur, est de 1,000 francs.

Batteuses construites par MM. Damey et Ce,

mécaniciens à Dôle (Jura).

Les machines à battre du système Damey sont aujourd'hui trop généralement connues pour qu'il soit nécessaire d'entrer dans de longs détails concernant leur construction; elles sont très-appréciées par les cultivateurs, et nous connaissons personnellement plusieurs agriculteurs qui en sont satisfaits.

M. Damey est le premier inventeur des machines *locomobiles* à manége direct. Depuis dix-huit ans qu'il livre ses batteuses à l'agriculture, elles ont été l'objet d'améliorations successives qui en font actuellement des machines fonctionnant parfaitement, en même temps que simples et d'une solidité irréprochable.

Le mécanisme est tout en fer, fonte et bronze ; toutes les pièces sont indépendantes et peuvent, en cas d'usure, être remplacées avec facilité.

Par suite de la position et de l'outillage en grand exceptionnellement favorable des ateliers, ces habiles constructeurs ont pu réduire leurs prix de vente et les ont mis à la portée de tous les cultivateurs.

Parmi la nombreuse collection de machines de différents modèles construites par MM. Damey et Ce nous signalerons particulièrement : 1° une grande machine avec manége direct supportant la batteuse, le tout monté sur un char à quatre roues, et fonctionnant au moyen de trois ou quatre chevaux. Cette machine, que nous représentons figure 221, bat en *travers*, elle secoue la paille, la rend droite et belle et nettoie complétement le grain. Son prix est de 1,800 francs ; son poids de 2,000 kilogrammes ;

2° Une machine semblable à la précédente quant à la forme, mais beaucoup plus étroite et battant en *bout ;* elle froisse la paille sans la briser et rend le grain tout nettoyé comme la précédente. Elle coûte 1,500 francs et pèse 1,600 kilogrammes, figure 222 ;

3° Une petite machine à manége indépendant, nettoyant complétement le grain et n'exigeant qu'un cheval ou un bœuf. Le service de cette machine se fait par un homme et une femme : c'est la véritable batteuse de la petite culture. Le tarare se sépare de la batteuse, et peut fonctionner indépendamment. Il en est de même du manége qui, au moyen d'une transmission, peut donner le mouvement aux instruments de la ferme, tels que coupe-racines, concasseur, broyeur de tourteaux, hache-paille, etc. Nous représentons cette

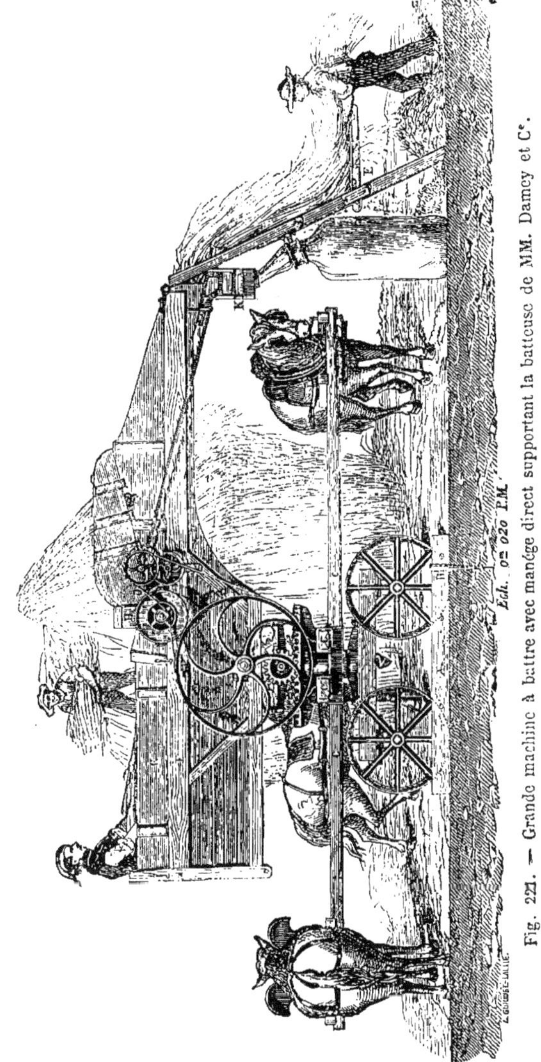

Fig. 221. — Grande machine à battre avec manége direct supportant la batteuse de MM. Damey et Cie.

jolie machine avec le manége et le tarare, figure 223. Le prix de la batteuse et du tarare est de 500 francs, et le manége coûte 350 francs.

Fig. 222. — Batteuse en bout de MM. Damey et Cᵉ.

Fig. 223. — Machine à battre complète pour petites exploitations de MM. Damey et Cᵉ.

MM. Damey construisent aussi des machines fixes, avec ou sans nettoyage, et des manéges fixes ou locomobiles, d'un système très-simple, et fonctionnant parfaitement.

Au moyen d'un régulateur à aiguilles et de leur système de battes qui sont garnies de pointes en fonte au lieu d'être unies, ces batteuses peuvent, *sans aucun changement*, battre toutes espèces de grains. Le contre-batteur est fixe, et les batteuses sont munies de rouleaux d'alimentation. Le batteur porte douze battes et fait quatre cents tours à la minute.

L'attelage des manéges est disposé de façon à dompter, sans qu'ils puissent se blesser, les chevaux fougueux en quelques minutes.

Les batteuses locomobiles à manége direct faisant corps avec la machine, sont d'un petit volume et peuvent fonctionner même dans les granges. On n'éprouve aucune perte de temps en installation, car cinq minutes suffisent pour les mettre en état de fonctionner; on peut battre dans les champs sans s'inquiéter si le sol est en pente d'un côté ou de l'autre.

Ces machines sont expédiées toutes montées; il n'y a donc pas de frais de posage ni de montage. Au concours général de 1860, outre le premier prix pour machines à battre fixes ou locomobiles exigeant peu de force, il a été accordé à M. Damey une prime exceptionnelle de 3,000 francs pour ses inventions et perfectionnements.

Machine à battre de M. Duvoir,
à Liancourt (Oise).

Ces machines sont trop connues des agriculteurs pour qu'il soit utile d'entrer dans de longs détails au sujet de leur agencement; elles se recommandent tout particulièrement par leur simplicité, leur solidité *et par la légèreté de traction*.

Elles prennent la paille en travers, la conservent intacte et rendent le grain propre; il suffit, pour le conduire au marché, de lui donner ensuite un coup de tarare ou de crible séparateur.

Le batteur pour le blé se compose d'un cylindre formé de plusieurs cercles à croisillons montés sur un arbre en fer, et portant à la circonférence seize battes formées de tasseaux en bois garnis de forte tôle; pour l'avoine, il y a un batteur spécial, qui ne porte que huit battes. Le contre-batteur est en fonte et cannelé; il enveloppe le batteur dans sa demi-circonférence.

Les cylindres *alimenteurs* qui saisissent la paille pour la livrer au batteur sont unis.

Le cylindre inférieur est fixe et reçoit l'impulsion par une poulie, au moyen d'une courroie qui correspond à l'arbre de couche du manége ; le cylindre supérieur est mobile, et peut monter ou descendre dans une rainure verticale ménagée dans les côtés du bâti. Par cette disposition, on évite les accidents qui peuvent résulter d'une trop grande pression, lorsque l'alimentation est trop forte.

Avec la machine que nous représentons fig. 224 on peut battre par jour, avec les deux mêmes chevaux, de 15 à 20 hectolitres de blé. En changeant de chevaux, on augmente de beaucoup le travail; on peut même en atteler trois au lieu de deux, et alors le produit augmente de moitié. Le prix de cette machine, y compris le manége, est de 1,700 francs. — M. Duvoir fabrique

Fig. 221. — Machine à battre fixe de M. Duvoir, à Liancourt (Oise).

plusieurs autres modèles de machines à battre fixes, portatives ou locomobiles, dont quelques-unes sont d'une grande puissance, et qui sont toutes remarquables par leur bonne construction.

La fig. 225 représente l'agencement du plancher et la disposition du manége pour le placement des batteuses fixes.

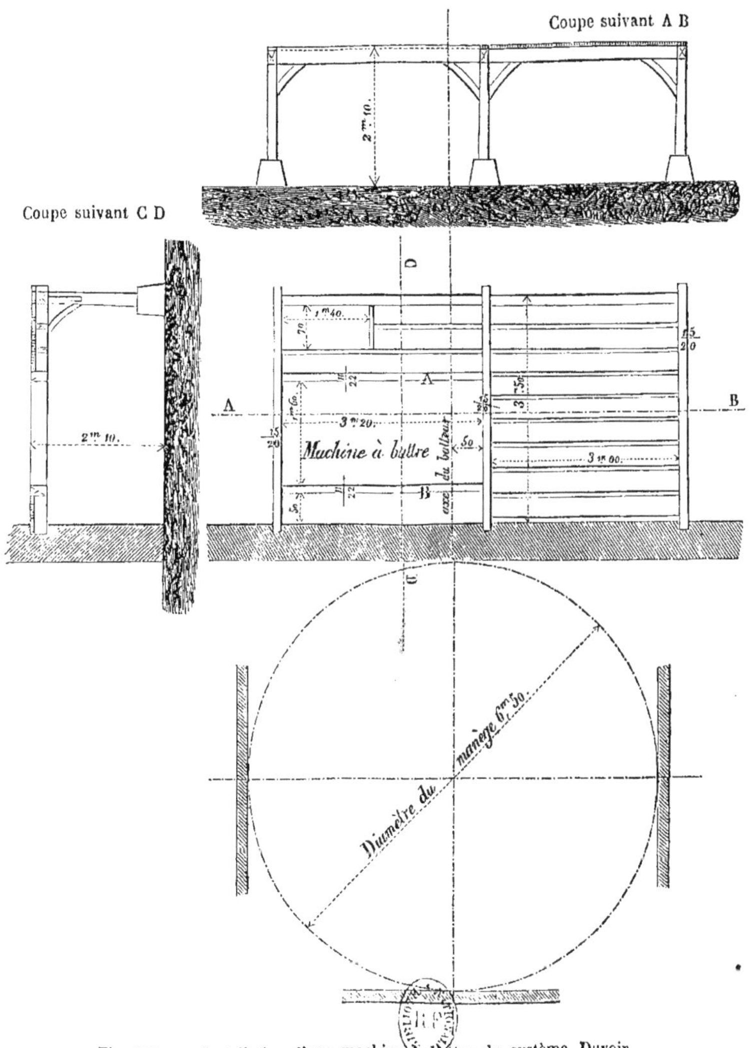

Fig. 225. — Installation d'une machine à battre du système Duvoir.

Machine à battre de M. Fusellier,
à Montreuil-Bellay.

Cette machine est du système des batteuses en bout, mais elle diffère complétement de celles qui sont connues jusqu'à ce jour par son grand travail et le parfait nettoyage des grains. Un batteur très-énergique, qui reçoit la commande au moyen d'une courroie A placée sur la poulie B qui communique avec la poulie C, prend la gerbe que l'on présente par le bout et l'égrène complétement. La paille est secouée et élevée sur un secoueur à cames, ensuite rejetée en dehors de la machine par la grille L, où des ouvriers la reçoivent pour la botteler ou l'enlever. Le grain et les balles tombent sur une première grille et sont soumis à l'action d'un ventilateur F qui chasse les balles pendant que le blé débourré tombe successivement sur plusieurs grilles jusque sur un secoueur K, d'où il arrive dans le réservoir d'une chaîne à godets G qui le remonte

Fig. 226. — Machine à battre avec nettoyage complet de M. Fuselier, à Montreuil-Bellay.

et le déverse dans un second tarare H, où il reçoit une dernière façon qui le nettoie complétement, et le rend propre à être livré à la vente. Le bon grain est reçu dans un sac placé sous l'ouverture J et les otons tombent dans un autre sac I, ou dans un récipient quelconque. Le secoueur K est mis en mouvement par la courroie D, et la chaîne à godets G par une courroie passant sur la poulie E.

Cette batteuse fonctionne soit par un manége, soit par la vapeur. Mue par une locomobile de la force de trois chevaux, on peut battre à l'heure de 2,000 à 2,600 kilogrammes de gerbes de blé rendant de 8 à 12 hect de grain; elle coûte 1,200 fr.

M. Fusellier fabrique un modèle moins complet et moins énergique, spécialement destiné pour les petites exploitations, et dont le prix n'est que de 700 fr.

Machine à battre de M. Gérard,
à Vierzon (Cher).

M. Gérard est l'homme de ses œuvres ; simple ouvrier, mais doué d'une volonté ferme et d'une grande énergie, c'est après quinze années d'un travail persévérant et d'études incessantes qu'il est parvenu à se placer au premier rang des constructeurs de machines à battre.

Pendant plusieurs années il construisit des petites machines sans modèle bien arrêté, en se prêtant aux exigences des localités ; mais, bientôt pénétré de la nécessité de suivre le progrès et d'adopter un système définitif, il construisit les belles machines qui, au concours général de Paris 1860 et dans la plupart des concours généraux, enlevèrent tous les suffrages et obtinrent les premières récompenses.

La batteuse locomobile que nous représentons fig. 227 a obtenu le premier

Fig. 227. — Machine à battre locomobile, de M. Gérard, à Vierzon (Cher).

prix au concours universel 1860 ; c'est une machine complète conservant la paille intacte et rendant le grain propre à être conduit au marché. La figure que nous donnons de cette machine la fera très-bien comprendre : A est la courroie motrice transmettant le mouvement au batteur ; B est un levier placé à la main de l'engreneur et par lequel il peut arrêter la machine instantanément s'il survenait quelque accident ; C sont des galets sur lesquels tourne le batteur ; ce système, de beaucoup préférable aux coussinets, est plus doux et occasionne moins de frottement ; D est le recouvrement de la machine ; la partie qui couvre le batteur est mobile et peut s'enlever avec la plus grande facilité ; E est la table sur laquelle se placent les gerbes qu'un ouvrier pose toutes déliées à portée de l'engreneur qui se tient sur la plate-forme F ; G est le secoue-paille, et H une claie ou grille sur laquelle vient tomber, en avant de la machine, la paille battue et secouée ; I est le tarare qui est mis en mouvement par la bielle K ; le grain, complétement nettoyé, tombe dans un sac L ; les déchets et les mauvaises graines étant recueillis dans une boîte, la poussière seule tombe sur le sol.

Le contre-batteur est mobile et posé sur des leviers en fer qui permettent de régler avec la plus grande facilité la distance nécessaire entre lui et le batteur, distance qui doit nécessairement varier suivant la nature du grain que l'on veut battre. Avec cette machine, mise en mouvement par le manége Gérard attelé de trois chevaux, on peut battre environ 4 hectolitres de blé à l'heure, suivant la nature du grain et de la paille. Cette machine coûte 1,000 francs.

Fig. 228. — Machine à battre fixe, de M. Gérard, à Vierzon (Cher).

La fig. 228 représente une machine à battre fixe du même constructeur ; les organes sont les mêmes que ceux détaillés pour la machine locomobile. La figure que nous donnons de cette machine laisse voir la disposition de la courroie qui transmet le mouvement au secoueur et au tarare ventilateur ; on y voit aussi l'auget qui reçoit le petit grain et les déchets.

Cette machine est munie d'un secoueur très-énergique composé d'une série de persiennes montées sur un arbre à excentriques qui lui communique un mouvement de va-et-vient.

Ce sytème dispense du plancher et des frais de charpente, et exige moins de hauteur que les batteuses ordinaires. Cette batteuse peut fonctionner soit au moyen de la vapeur, soit par un manége ; comme la précédente, elle a obtenu un premier prix au concours général de Paris de 1860. Le prix de cette machine, avec manége fixe de la force de trois chevaux, est de 1,900 francs.

Batteuse avec machine à vapeur locomobile de M. Lotz aîné, à Nantes.

M. Lotz aîné est un des constructeurs qui se sont le plus occupé de la propagation des machines à battre les grains dans l'ouest de la France. Il eut à lutter pendant plusieurs années contre la routine et le mauvais vouloir, et bien souvent, pendant ses expériences, de graves accidents ont failli résulter par l'introduction dans les machines de corps étrangers tels que fourches, bâtons, pierres ; il lui a fallu une grande persistance et la conscience d'accomplir une œuvre utile pour ne pas se rebuter. Sa persévérance a été couronnée du plus légitime succès, car de 1850 à 1854 il livrait à l'agriculture 300 machines, 372 en 1855, 380 en 1856, 623 en 1857, et de 1858 à 1860 environ 1,200;

Fig. 229. — Batteuse avec machine à vapeur locomobile de M. Lotz aîné, à Nantes.

enfin au 1er février 1861 il comptait de vendues 2,700 machines à manége et 400 machines à vapeur. On voit par ces chiffres que si les commencements sont durs, le succès vient toujours couronner la persistance lorsqu'elle s'applique à un objet utile.

La fig. 229 représente la locobatteuse de M. Lotz. La chaudière est cylindrique à fond plat; elle renferme vingt-deux tubes en cuivre ; le foyer est établi dans le prolongement de la chaudière, qui est surmontée par le réservoir de vapeur au-dessus duquel sont établies des soupapes de sûreté. La cheminée est montée à l'extrémité opposée au foyer; elle se replie en deux parties comme l'indique la figure.

La chaudière est placée à l'extrémité d'un bâti en fer qui forme une espèce de chartil monté sur deux roues; l'autre extrémité porte la batteuse contre laquelle est établi le mécanisme moteur.

La pompe alimentaire est fixée sur le bâti en face du cylindre à vapeur ; elle prend l'eau froide dans une bâche disposée à côté de la chaudière, et la fait circuler dans un serpentin enfermé dans une boîte en fonte qui reçoit la vapeur du cylindre avant son échappement par la cheminée. Ce moyen de réchauffer l'eau d'alimentation nous semble un peu trop compliqué, et fait perdre une partie des avantages qu'il procure.

Le batteur a 0m,80 de longueur et 0m,49 de diamètre ; son axe tourne dans les paliers fixés sur des nervures qui sont réservées dans les évidements du bâti. Cet axe porte extérieurement une petite poulie qui communique par le moyen d'une courroie avec la grande poulie-volant du moteur, qui a 1m,30 de diamètre. La paille est brisée, mais le battage est parfait. La quantité de gerbes que l'on peut battre est en rapport avec l'état de la paille et sa longueur.

En dehors du battage, le moteur peut être employé à faire marcher tous les instruments employés dans une ferme.

La machine complète montée sur ses roues, chaudière recouverte , coûte, prise à Nantes, 4,300 francs.

La consommation en charbon est de 225 à 280 kil. par jour ; il faut pour l'alimentation de la chaudière environ 12 hectolitres d'eau.

Machine à battre portative de M. Lotz aîné,
à Nantes.

Dans cette machine, le manége et le batteur sont établis sur le même bâti. On évite par cette disposition les frais d'installation, car une fois la machine rendue sur les lieux, dix minutes suffisent pour la mettre en marche.

Le bâti est formé de quatre montants en bois de chêne reliés entre eux par des traverses; les panneaux en tôle sont fortement fixés au bâti, ce qui lui donne une grande rigidité.

Le manége se compose d'une forte plaque en fonte portant une douille destinée à recevoir la couronne dentée sur laquelle sont fixées les barres d'attelles. Cette couronne ou roue dentée engrène avec un pignon qui transmet le mouvement à un arbre vertical portant une roue d'angle communiquant avec un second pignon placé sur l'arbre intermédiaire. Ce pignon porte un linguet d'encliquetage qui ne permet l'entraînement du batteur que lorsque les animaux marchent dans le sens voulu; dans le cas contraire, le batteur ne tourne pas. Le mécanisme se complète par une roue à denture fine placée sur l'arbre intermédiaire et engrénant avec le pignon placé sur l'arbre du batteur.

Le rapport de la marche des animaux avec le batteur est d'environ dix-sept tours par mètre parcouru pour les petites machines, et d'environ vingt-deux tours pour les grandes.

Cette batteuse est énergique; elle hache un peu trop la paille et fait éprouver un déchet assez considérable; le battage *se fait en bout;* elle n'a pas de nettoyage. Elle coûte de 750 à 950 francs avec bâti en bois ; avec le bâti en fer le prix augmente de 200 francs.

Machine à battre en travers avec nettoyage, de M. Lotz aîné, à Nantes.

Cette machine, que la fig. 230 représente en perspective, ne diffère pas essentiellement de celles du même système, c'est-à-dire *battant en travers*, que nous avons déjà décrites; elle est bien établie, solide et simple. La figure que nous en donnons la fera suffisamment comprendre. 1 sont les roues sur lesquelles elle est montée pour la rendre transportable; 2, le tarare nettoyeur; 3, la poulie

Fig. 230. — Machine à battre en travers avec nettoyage de M. Lotz aîné, à Nantes.

de l'axe du batteur qui reçoit le mouvement par une courroie; 4, poulie des rouleaux d'alimentation qui communique par une courroie avec la poulie; 5, qui lui transmet le mouvement; 6, courroie du moteur ; 7, poulie du nettoyage; 8, plancher volant pour l'engreneur; 9, table d'engrenage; 11, traiteaux supportant le plancher volant; 12, galets sur lesquels roule l'axe du batteur; 13, cheminée enlevant la poussière; 14, secoue-paille; 15, grille sur laquelle tombe la paille; 16, 17, 18, bâti de la batteuse.

Cette machine conserve la paille et nettoie le grain suffisamment pour le mettre en magasin. Pour la vente il suffit de lui donner un léger coup de tarare ou mieux de crible trieur.

M. Lotz en fabrique de quatre numéros différents :

N° 1 à manége direct, battant en travers et secouant la paille; travail, environ 30 hectolitres par jour. Prix de la machine, y compris les roues et les barres d'attelles, 1,260 francs.

N° 2 coûte 30 francs en plus.

N° 3 battant en travers et nettoyant le grain; rendement, environ 25 hectolitres de blé par jour avec trois chevaux. Prix de la machine non compris le manége, 1,800 francs.

N° 4, machine fixe montée sur un plancher et marchant par manége ou par la vapeur; rendement, environ 20 hectolitres de blé par jour. Prix, y compris le manége, 1,600 francs.

Batteuse pour les grains avec machine à vapeur locomobile,

de MM. Massonnet-Nassivet et Ce, à Nantes.

Cette machine est à la fois simple et solide; toutes les pièces sont bien agencées et ont leur jonction à l'extérieur, ce qui en facilite la surveillance, les soins et les réparations au besoin.

La chaudière est tubulaire à chauffage direct ; elle se compose d'une partie horizontale sur laquelle est établi le mécanisme moteur, et d'une partie verticale dans laquelle se trouve le foyer que surmonte le réservoir de vapeur.

Le foyer est pourvu d'un cendrier avec réservoir d'eau dans lequel viennent s'éteindre les escarbilles ; l'eau en s'évaporant active le tirage et augmente aussi de beaucoup la durée des barreaux de la grille du foyer.

La bâche ou boîte à fumée, par sa disposition, échauffe constamment l'eau d'alimentation, de telle manière que lorsque la chaudière est en feu, elle conserve toujours une température de 60 à 80 degrés, ce qui procure une économie sur la consommation du combustible.

La cheminée est surmontée d'un capuchon qui empêche la sortie des flammèches et écarte tout danger d'incendie.

La pompe d'alimentation est simple et bien disposée.

La machine à vapeur fig. 231 est montée sur un chartil en fer sur lequel est placée la batteuse qui est commandée directement par le volant de la machine à vapeur. Le battage se fait avec rapidité et d'une manière très-convenable.

Les coussinets du batteur sont disposés de manière à ce que la poussière ne puisse; y entrer ni l'huile en sortir, ce qui évite l'usure et dispense des soins continuels que réclame le graissage dans les coussinets ordinaires.

Cette machine convient particulièrement pour les grandes exploitations où l'on ne tient pas à la conservation de la paille ; et pour le battage à l'entreprise, elle ne réclame aucun frais d'installation et la pression de la vapeur s'obtient très-promptement. Sa force est de quatre chevaux ; elle coûte, en gare à Nantes, 4,200 francs.

Fig. 231.
Batteuse locomobile avec machine à vapeur de MM. Massonnet-Nassivet et Cᵉ, de Nantes.

Machine à battre de MM. Opter frères, à Montmorillon,
Inventée par M. Creuzé des Roches.

La batteuse inventée par M. Creuzé des Roches présente quelques dispositions nouvelles qui ne sont pas sans mérite : la principale consiste dans le système du contre-batteur qui, au lieu d'être composé d'une seule pièce comme dans la plupart des machines, est formé de plusieurs barres de fer carrées, à angles différents. Ces barres sont mobiles et maintenues fixes au moyen d'une plaque de fer; on présente au batteur un angle plus ou moins vif, suivant la nature et l'espèce de grain que l'on veut battre.

Dans cette batteuse, c'est le tambour-batteur qui est mobile ; l'écartement avec le contre-batteur se règle au moyen de deux écrous placés extérieurement, elle est placée sur quatre petites roues qui permettent de la déplacer sans difficulté.

L'ensemble de la machine est doux à mener. Avec un attelage de deux bons bœufs, on peut battre de 3 à 4 hectolitres de blé à l'heure, selon le rende-

Fig. 232. — Machine à battre et manège chargé de MM. Opter frères, à Montmorillon (Vienne).

ment; avec quatre bœufs ou vaches on obtient moitié en plus et même davantage si la machine est bien alimentée.

Cette machine marche au moyen soit d'une machine à vapeur, soit d'un manége quelconque, mais principalement par le manége inventé par M. Creuzé des Roches, que nous avons décrit, page 268. Pour le transport, la batteuse se place sur le chartil du manége, et le tout ne forme qu'une seule voiture comme l'indique la fig. 232.

Le prix de la batteuse est de 300 francs, elle pèse 450 kilogrammes.

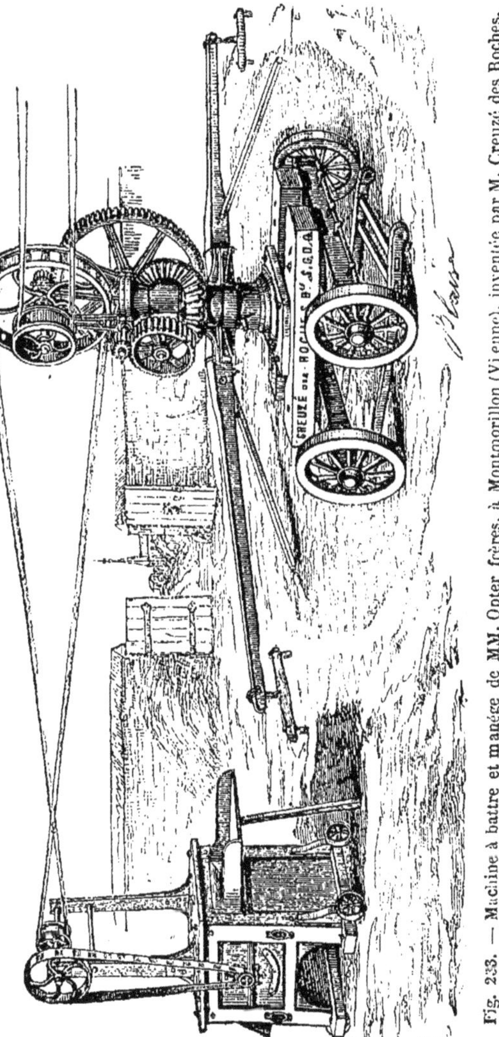

Fig. 233. — Machine à battre et manége de MM. Opter frères, à Montmorillon (Vienne), inventée par M. Creuzé des Roches.

Machine à dépiquer de M. Robert Pialoux,

à Agen (Lot-et-Garonne).

Cette machine est composée de trois parties bien distinctes : le manége ; la transmission qui reçoit le mouvement du manége pour le communiquer à une machine quelconque, mais principalement à la dépiqueuse, et la batteuse ou dépiqueuse, nom généralement appliqué dans le Midi aux machines à battre.

Le principe du manége est un bâti rectangulaire fortement boulonné dans ses assemblages, dont les traverses sont disposées de manière à recevoir les diverses pièces mécaniques ; sous les longrines sont placées deux échantignolles à entailles triangulaires qui servent à recevoir un essieu en fer. Cette disposition permet de poser ce manége sur n'importe quel essieu en fer monté sur deux roues et évite au cultivateur la dépense d'un chartil spécial.

Les pièces mécaniques se composent d'un arbre vertical posé par la base dans une crapaudine et maintenu à la partie supérieure par un trépied en fonte ; il porte une roue d'angle qui engrène un pignon monté sur un arbre horizontal posé sur deux chaises avec coussinets en bronze. Cet arbre porte en outre une roue à dents engrenant avec le pignon de l'arbre de couche brisé, et lui transmet son mouvement de rotation ; la partie supérieure de l'arbre vertical porte un croisillon en fonte, dit porte-flèches, de deux, trois ou quatre branches suivant la force de la machine. L'écartement des flèches entre elles est maintenu au moyen d'une chaîne à maillons ; l'extrémité des flèches ou barres d'attelles porte un timon articulé qui permet d'atteler les bœufs de la même manière qu'à la charrue.

La transmission reçoit le mouvement du manége par l'arbre de couche brisé et le transmet par une courroie, soit à la batteuse, soit à tout autre instrument ; elle se compose d'un fort bâti en bois de chêne, d'une roue d'engrenage, d'un pignon, d'une poulie dont la couronne est en bois et le croisillon en fonte pour porter la courroie de la batteuse, et d'une ou de plusieurs poulies destinées à mettre en mouvement le tarare, ou d'autres instruments ; deux arbres en fer maintenus par des coussinets en bronze portent la roue et le pignon ainsi que la poulie de commande ; un déclic dont une partie est fondue avec le pignon de la roue permet à la transmission de continuer son mouvement de rotation, même lorsque les animaux s'arrêtent ou reculent.

La machine à battre proprement dite se compose d'un bâti en bois de chêne solidement boulonné ; deux plaques en fonte forment les côtés et ferment les intervalles entre les pieds du bâti au-dessus de la traverse qui porte les paliers à coussinets de fonte sur lesquels se pose l'arbre du batteur.

Le tambour du batteur diffère sensiblement de ceux généralement employés dans le nord et le centre de la France. Il est en bois formé de douves montées sur des poulies à croisillons en fonte, et recouvertes par une forte feuille de tôle ; la circonférence est armée de pointes disposées en hélice. Le contre-batteur est armé de pointes pareilles à celles du batteur, et par le mouvement rapide de la rotation du batteur la paille est entraînée à travers ces pointes et le froissement sépare complétement le grain, qui va tomber avec la paille devant la machine.

Une table en bois fixée au moyen de fortes charnières et maintenue horizontalement par une béquille, sert à poser les gerbes en même temps que de support pour l'engrenage.

Cette machine est du système des batteuses en *bout;* elle froisse la paille mais ne la coupe pas. A la sortie de la machine elle est très-convenable pour la nourriture et la litière des animaux.

La batteuse que nous venons de décrire coûte, y compris le manége, 800 francs pour la force de deux chevaux; 900 francs pour trois chevaux, pour les grandes exploitations; on en emploie encore de plus fortes qui coûtent 1,000 et 1,200 francs.

Au concours général de Paris de 1860, M. Pialoux exposait une batteuse de

Fig. 234. — **Machine à dépiquer les grains avec secoueur de paille et nettoyage de M. Robert Pialoux, d'Agen (Lot-et-Garonne).**

son système, munie d'un nettoyage et d'un secoue-paille système Ransomes. Cette machine, que nous représentons fig. 234, est remarquable par sa solidité et sa simplicité; elle accomplit un bon travail et nettoie le grain très-convenablement.

Elle peut être rendue très-facilement locomobile et coûte, prise à Agen, 800 francs.

Machine à battre de M. Pinet,
À Abilly.

Cette machine est tellement répandue aujourd'hui qu'une longue description deviendrait inutile. Elle est du système des machines dites batteuses en bout, et se compose d'un fort bâti en bois solidement assemblé et boulonné; dans l'intérieur du bâti se trouve le batteur dont l'axe porte deux poulies, une de chaque côté. Deux montants s'élèvent au-dessus du bâti et portent un petit ar-

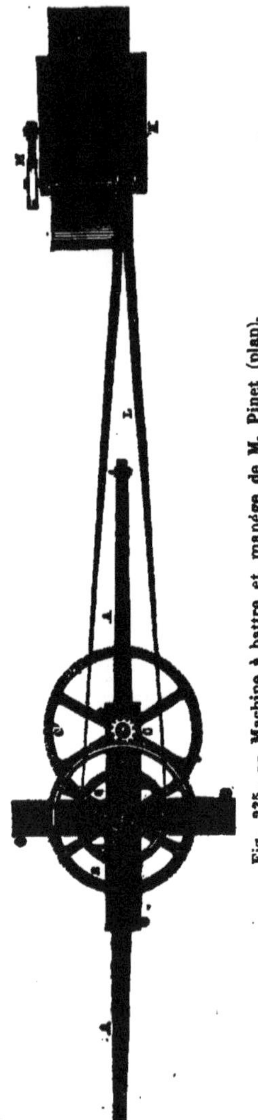

Fig. 235. — Machine à battre et manége de M. Pinet (plan).

Fig. 236. — Machine à battre et manége de M. Pinet (projection verticale).

bre de transmission muni de deux poulies, dont une à joues reçoit le mouvement du manége, et l'autre le transmet au batteur par la petite poulie placée sur l'axe.

La seconde poulie sert à commander le tarare lorsque l'on veut faire les deux opérations du battage et du nettoyage simultanément.

Fig. 237. — Machine à battre de M. Pinet (perspective).

Nous n'avons pas besoin d'ajouter que cette machine est bien établie. Les nombreuses distinctions que M. Pinet a reçues dans tous les concours où il s'est présenté prouvent que sa machine a été appréciée par les jurys autant qu'elle l'est par les cultivateurs.

Machine à battre avec locomobile à vapeur de MM. P. Renaud et A. Lotz, de Nantes.

C'est en 1848 que, *les premiers dans l'ouest de la France*, ces habiles constructeurs produisirent une machine à battre avec moteur à vapeur locomobile; depuis cette époque jusqu'à ce jour ils en ont livré à l'agriculture plus de quatre mille tant à vapeur qu'à manége.

La machine à battre que la fig. 238 représente en travail a pour moteur une machine à vapeur de la force de quatre chevaux, portée sur le même chartil que la batteuse. Cette heureuse disposition permet de la transporter partout où l'on veut la faire fonctionner, sans démontage, sans frais et sans perte de temps.

La machine à vapeur qui sert de moteur à la batteuse et dont on peut d'ailleurs utiliser la force pour tout autre emploi, est simple, solide et construite dans des conditions telles que le demandent les agriculteurs qui n'ont pas à leur disposition des mécaniciens pour faire fonctionner et réparer leurs machines.

La chaudière est munie à l'intérieur de quatre tubes en cuivre placés au-

Fig. 233. — Machine à battre avec moteur à vapeur et secoue paille de MM. P. Renaud et Lotz, à Nantes.

dessus du foyer; c'est par ces tubes que s'opère le retour de flamme qui permet d'utiliser très-avantageusement le calorique et procure une économie sensible sur la consommation du combustible.

Le réservoir d'eau pour l'alimentation de la chaudière est traversé par la base de la cheminée, dont la chaleur réchauffe l'eau et la maintient continuellement à la température d'environ 80°. Ce réservoir étant plus élevé que la pompe assure le bon fonctionnement de cette dernière.

La sortie des étincelles de la cheminée, qui est toujours sinon une cause d'incendie, au moins un grand motif d'appréhension pour les agriculteurs, est heureusement annulée dans cette machine par un simple appareil qui ne permet que la sortie de la fumée. Cet appareil consiste en une calotte concave placée dans la cheminée vers le milieu de sa hauteur; elle arrête toutes les étincelles qu'un fort tirage peut entraîner pour ne laisser échapper que la fumée.

La construction de la chaudière est telle qu'il peut y avoir 0m,45 d'eau au-dessus du foyer. Cette disposition est d'une grande importance, la grande quantité d'eau qui existe au-dessus du foyer dispensant le chauffeur de prêter une attention continue au niveau de l'eau dans la chaudière.

Le nettoyage des tubes peut se faire même pendant la marche de la machine, au moyen d'une petite porte réservée dans la boîte à fumée; de plus le grand diamètre des tubes fait que ce nettoyage ne doit s'opérer qu'à de longs intervalles.

Le cylindre est renfermé dans le réservoir à vapeur de la chaudière; il résulte de cette disposition qu'il est toujours maintenu à la même température, tandis que dans un grand nombre de machines la vapeur employée perd de sa chaleur et se détend lorsque le piston arrive à moitié course; alors une partie de la vapeur se condense dans les cylindres, et on est obligé d'employer des robinets de purge. Dans la machine Renaud et Lotz la condensation n'étant pas possible on a pu supprimer le robinet dont l'emploi obligatoire présente, entre autres inconvénients, celui de provoquer des chocs qui, répétés, desserrent les clavettes et les écrous, et augmentent l'usure lorsque le conducteur de la machine oublie de le faire fonctionner en temps opportun.

Quoique la majeure partie des pièces principales soit enfermée dans le réservoir de la chaudière, la disposition est cependant telle que le démontage et la vérification se font avec facilité.

L'arbre placé au sommet du bâti peut recevoir une poulie et un volant, et servir par conséquent de commande à toute espèce d'instruments. La courroie de commande, quoique très-courte, a l'élasticité voulue pour faire un bon travail sans fatiguer les coussinets.

Par heure de travail on peut battre avec cette machine de 12 à 20 hectolitres de blé suivant la longueur de la paille et le rendement en grain. Cet immense travail nécessitait un nombreux personnel, surtout pour secouer et enlever la paille à la sortie de la batteuse; c'était souvent un inconvénient qui empêchait d'obtenir de la machine tout le travail qu'elle pouvait donner.

MM. Renaud et Lotz viennent de le faire disparaître en munissant leurs batteuses d'un secoueur qui entraîne la paille loin de la machine sans y laisser de grain.

Ce secoueur est composé de deux séries de tringles en bois fixées sur des courroies qui s'enroulent sur des poulies à joues. Elles sont mises en mouvement par une poulie placée sur l'arbre du batteur ; les vitesses sont calculées de la manière suivante : la vitesse normale de la machine étant de cent vingt tours, le volant ayant $1^m,30$ et la poulie du batteur qu'il commande directement $0^m,18$, le batteur fait huit cent quatre-vingt-six tours par minute. La vitesse de la première série du secoueur est dans le rapport d'un développement de 60 pour 1,400 du développement du batteur ; la seconde partie, qui n'est séparée de la première que par un intervalle nécessaire pour laisser tomber le grain que la paille entraîne, a une vitesse double, c'est-à-dire dans le rapport de 120 à 1,400.—La distance entre les axes de chaque partie du secoueur est de $1^m,10$.

Cette addition a donné beaucoup de valeur à cette machine et dispense au moins de quatre personnes.

Le coût de cette machine est de 4,200 francs; tout l'appareil pèse environ 3,000 kilogrammes. MM. Renaud et Lotz construisent un modèle plus petit qui ne coûte que 3,600 francs et ne pèse que 2,500 kilogrammes ; le rendement est de moitié de celui du grand modèle.

Machines à battre avec manége de MM. P. Renaud et A. Lotz,
de Nantes.

Ces machines se recommandent par leur solidité et leur extrême simplicité ; elles permettent de battre en grange en mettant seulement le batteur à couvert tandis que le manége reste en dehors du bâtiment. — Le manége est aussi simple que solide : il se compose d'un fort poteau en bois relié à un croisillon ; contre ce poteau est placé un arbre vertical en fer relié à la batteuse par deux longrines en bois. L'arbre vertical porte à sa partie supérieure une couronne dentée à laquelle sont attachées les barres d'attelle ; elle engrène avec un pignon fixé à l'extrémité d'un arbre de couche lequel porte à son extrémité opposée, qui est placée sur la batteuse, une roue dentée qui commande directement le pignon du batteur. — L'installation de ce manége est des plus simples et se fait par les ouvriers de ferme sans le concours de mécaniciens. — La batteuse est très-énergique ; le tambour est entouré d'un revêtement en tôle.

Afin de rendre cette machine plus portative, MM. Renaud et Lotz ont monté leur manége sur une charrette sur laquelle on place en même temps la batteuse; l'installation se fait en quelques minutes.

A la batteuse marchant avec manége ces habiles constructeurs ont appliqué un système pour le broyage du chanvre et du lin ; l'appareil consiste en une grille qui remplace le contre-batteur servant au battage des céréales. Nous avons vu broyer du chanvre par cette machine chez M. Merle de Massonneau, à Aiguillon (Lot-et-Garonne), et nous en avons été émerveillé. Ce propriétaire possédant plusieurs domaines fait voyager la machine de l'un à l'autre. Le jour du battage les métayers se réunissent et prêtent leur concours, de sorte que le battage de trois ou quatre domaines se fait sans l'emploi d'ouvriers étrangers.

Nous tenons de M. Merle de Massonneau les renseignements suivants au sujet du broyage du chanvre, qui est une des principales branches d'industrie du pays.

« Par l'ancien système le broyage revenait à 10 francs les 50 kilogrammes. On donnait deux façons : la première, qui enlevait, par un-teillage très-imparfait, la majeure partie du bois, était faite par deux hommes qui gagnaient chacun 3 francs par jour ; le teillage se complétait par des femmes que l'on payait 2 francs par jour. Pour faciliter l'opération on faisait chauffer le chanvre et on lui faisait éprouver un commencement de fermentation appelée dans le pays *baugnade*.

» Avec la batteuse on peut préparer 150 kilogrammes de chanvre par jour, et la dépense s'élève à environ 7 francs les 50 kilogrammes ; de plus le travail se fait par le personnel de l'exploitation, ce qui dispense de prendre des ouvriers étrangers qui deviennent de plus en plus chers et rares.

» Le travail du chanvre à la mécanique donne en outre un rendement de 10 0/0 de plus que l'ancien système, et donne plus de brillant et de douceur au filament. »

Le prix de ces machines est de 625 à 900 francs, suivant la force de la machine, y compris le manége.

La charrette sur laquelle est monté le manége coûte 300 francs.

Les machines Renaud et Lotz sont du système appelé *batteuses en bout ;* elles froissent la paille et ne sont pas munies de nettoyage.

Machines à battre de M. Eugène Rouot,
à Châtillon-sur-Seine (Côte-d'Or).

M. Rouot, qui depuis peu d'années a repris l'établissement de MM. Rouot frères, a une vieille réputation à conserver, et nous sommes heureux de constater que non-seulement il n'est pas au-dessous de sa tâche, mais encore qu'il marche en tête du progrès. Ses machines à battre, déjà excellentes, ont encore gagné dans ces derniers temps par quelques heureuses modifications, et telles qu'elles sont aujourd'hui elles peuvent être classées parmi les meilleures. Les batteuses Rouot sont du système des *batteuses en travers ;* elles conservent la paille intacte et rendent le grain nettoyé. Le batteur, qui est fixe, est monté sur galets ; le contre-batteur est mobile, les cylindres engreneurs s'écartent librement, le secouage est énergique, le nettoyage se fait très-convenablement ; enfin le bâti du batteur est entièrement en fer, ce qui donne à cette machine un cachet d'élégance et de légèreté tout en lui conservant une grande solidité.

La poussière qui se dégage pendant le battage est une grande gène pour les ouvriers, et entrave souvent le travail. M. Rouot a paré à cet inconvénient par l'application d'un aspirateur qu'il place dans la cheminée d'aérage qui surmonte le batteur. Ce petit appareil, qui est mis en mouvement par une courroie, enlève toute la poussière et facilite beaucoup le travail. Le prix de.

Fig. 239. — Machine à battre locomobile de M. E. Rouot, à Châtillon-sur-Seine.

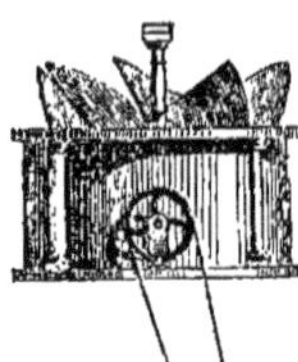

Fig. 240.
Aspirateur.

la machine à battre locomobile montée sur quatre roues est de 1,500 francs ; la même machine battant et vannant, mais ne criblant pas, ne coûte que 1,300 francs ; la machine disposée pour être établie à demeure coûte, y compris le manége de la force de deux à trois chevaux, 1,550 francs. Le prix de l'aspirateur est de 50 francs.

Nous aurions encore à citer un grand nombre de machines à battre, qui méritent l'attention des cultivateurs, entre autres celles de M. BODIN, à Rennes, dont tous les instruments sont remarquables et se distinguent par leur simplicité et leur solidité, et ses machines à battre ne font pas exception. Rien n'est donné à l'élégance, rien n'y est inutile. C'est un fort bâti en bois de chêne, dans lequel se meut un tambour portant quatre battes entourées d'une feuille de tôle. Le contre-batteur est formé par un grillage à travers lequel passe le grain ; on le rapproche ou on l'éloigne à volonté du batteur au moyen de deux vis.

Cette batteuse, comme toutes celles d'ailleurs qui battent *en bout*, n'a pas de cylindres d'*alimentation ;* la gerbe est placée sur une table qui précède l'ou-

Fig. 241. — Machine à battre locomobile de M. Benoist, à Maisse (Seine-et-Marne).

verture ménagée en avant du batteur, et le rapide mouvement de ce dernier suffit pour attirer la paille qu'on lui présente.

Cette machine bat en pratique de cent à cent vingt gerbes de 10 kilogrammes à l'heure. Elle coûte, à Rennes, y compris le manége dont nous avons donné la description, page 255, 800 francs.

M. Y. BENOIST, à Maisse (Seine-et-Oise), construit une machine à battre locomobile qui n'exige aucun frais d'installation ; pour la mettre en marche, il suffit d'enlever les barres d'attelage qui ont servi de limons pour conduire la machine sur l'emplacement destiné au battage, et de les fixer dans un manchon solidaire avec l'arbre vertical qui porte la principale roue du manége, et dont on voit parfaitement la disposition dans la figure 241. — Le batteur est fixe et le contre-batteur peut être plus ou moins rapproché du batteur, au moyen de deux écrous. Une des améliorations des plus importantes que M. Benoist ait apportées à la machine, consiste dans le remplacement des grilles en tôle percées par des grilles à persiennes, sur lesquelles ne peuvent s'arrêter les têtes de coquelicots. Il a aussi remplacé les rouleaux engreneurs unis par des rouleaux à dents qui attirent la paille non battue et la distribuent uniformément sous le batteur ; le tarare a été également l'objet de quelques modifications très-heureuses.

Le prix de cette machine est de 2,000 francs, payables en dix-huit mois, par quatre versements de 500 francs. Cette condition de paiement est très-favorable aux fermiers. Une succursale de la maison principale est établie à Étampes.

M. DROUILLAT, à Provins (Seine-et-Marne), construit une machine qui est disposée pour être mue par un manége fixe ; l'engrenage se fait en travers, un peu obliquement. Ce batteur est fixe, les battes sont cylindriques, en fer creux ; le contre-batteur est mobile ; il est suspendu par un ressort qui lui permet de s'écarter du batteur lorsqu'un obstacle imprévu se présente.

La ventilation est établie sur l'axe même du batteur ; le grain sort de la machine très-bien nettoyé ; il suffit de lui donner un léger coup de tarare pour le conduire au marché ; les outons et les menues pailles se nettoient simultanément et sortent séparés de la machine.

Le rendement moyen avec de bons blés, le manége étant conduit par deux chevaux, est de 20 à 25 hectolitres par jour ; avec trois chevaux le rendement augmente presque de moitié. La machine coûte 1,650 francs ; l'installation complète, avec manége, coûte 1,900 francs.

Cette machine a obtenu un deuxième prix au concours général de 1860.

M. A. MESNIER, à Pontoise. — Sa machine a beaucoup de rapport avec celles que nous avons citées de Duvoir, Cumming, Gérard, etc. ; elle bat en travers, et rend le grain nettoyé ; le batteur a douze battes ; il est mobile et très-solide, son diamètre est de $0^m,70$; les coussinets sont garnis de réservoirs d'huile qui permettent un graissage continu et empêchent la poussière de pénétrer et d'user les axes.

Le manége est simple et solide. Lorsque les chevaux font trois tours, le batteur en fait quatre cent cinquante; le secoueur est à persienne ou en tôle découpée. Avec deux chevaux on peut battre par jour de trois cent cinquante à quatre cents gerbes de 17 kilos.

La machine, y compris le manége, ne coûte que 1,500 francs. C'est un des meilleurs marchés que nous connaissions.

M. DEBIÈVRE-LESAFFRE, à Lille, fabrique des machines solides. Celle qu'il exposait au concours général de 1860 lui a valu un deuxième prix. Elles battent en travers et nettoient en même temps. Le contre-batteur présente une disposition particulière qui consiste dans l'inclinaison des lames qui établit un courant d'air chassant le grain et la paille ; cette disposition a permis de diminuer la longueur du secoueur qui reçoit le mouvement par un excentrique dirigeant une tringle à coulisse.

M. LEGENDRE, à Saint-Jean-d'Angély (Charente-Inférieure). — Ce construc-

Fig. 242. — Batteuse et manége Legendre.

teur fabrique plusieurs systèmes de machine à battre, entre autres une batteuse en bout qui ressemble à celle de M. Pinet. Elle est mue par un manége avec poulie de commande verticale et coûte, manége compris, 1,050 francs.

Il construit aussi une machine locomobile battant en bout, vannant et secouant la paille, et qui peut recevoir le mouvement, soit par un manége, soit par un moteur à vapeur. Le prix de cette machine est de 525 francs.

M. Legendre a cru devoir supprimer le capot qui existe dans toutes les machines à battre en bout, et qui empêche le grain d'être projeté en avant et

Fig. 243. — Machine à battre et manége Legendre disposés pour le transport.

souvent très-loin sous l'impulsion du batteur; c'est un grand inconvénient pour une légère économie.

La fig. 242 représente la batteuse en bout mue par un manége dont nous avons donné la description page 268 ; la fig. 243 représente la même machine disposée pour le transport. En ces derniers temps M. Legendre a considérablement amélioré ces machines, et nous avons reçu plusieurs lettres de cultivateurs qui en font des éloges.

M. BELLIARD, mécanicien à Bellac (Haute-Vienne).—La machine de ce jeune mécanicien se recommande spécialement aux agriculteurs par sa solidité, sa

Fig. 244. — Machine à battre avec manége de M. Belliard, à Bellac (Haute-Vienne)

simplicité et son bon agencement ; elle a beaucoup de rapport avec la machine de M. Pinet, dont elle présente les avantages.

Le manége coûte.........	625 fr.
La batteuse.............	275
Et le chariot............	200
Soit..........	1,100 fr.

pour la machine complète et locomobile.

Nous devons surtout et tout particulièrement mentionner les machines de M. Arsène LORRIOT, rue Napoléon, 8, à Belleville-Paris. Ces machines sont du système des batteuses en travers, avec nettoyage complet. Une grande amélioration signalait celle qui figurait au concours général de 1860 : c'est le remplacement du secoueur qui est sujet à se déranger et qui emploie une certaine force, par un jeu de cames qui fonctionnent admirablement et simplifient beaucoup le mécanisme.

Machine à égrener le trèfle.

L'égrenage du trèfle est une opération longue, difficile, et très-dispendieuse. Une bonne machine remplaçant les bras des hommes, et faisant l'opération plus vivement et surtout plus économiquement mérite donc d'être recommandée près des agriculteurs qui, par suite des mauvaises qualités des graines que leur livre le commerce, sont presque obligés de récolter eux-mêmes celle dont ils ont besoin.

La machine de M. Fusellier, que nous représentons fig. 245, est déjà très-répandue, et les agriculteurs qui s'en servent sont unanimes pour en faire des louanges.

En 1858, elle figurait au concours international belge et y obtenait la médaille de vermeil, prix unique destiné aux machines à égrener les graines des plantes fourragères. Voici comment s'exprimait la commission chargée de l'examiner :

« Cette machine, d'une construction à la fois si simple et si ingénieuse, s'est distinguée d'une manière toute spéciale par les résultats remarquables qu'elle a produits. Les expériences faites en présence du jury ont constaté qu'à l'aide d'une force de trois chevaux on peut égrener 500 kilogr. de trèfle en dix heures de travail. Pour opérer le battage, on doit d'abord soumettre la plante entière à l'action du fléau, afin d'en séparer les têtes ou gousses. Celles-ci sont ensuite livrées à la machine, et l'extraction de la semence s'effectue alors avec promptitude et régularité.

» En sortant de l'appareil, la graine se trouve non-seulement vannée, mais encore divisée en trois qualités distinctes. La première comprend les semences volumineuses et bien conformées, la seconde les semences plus ou moins défectueuses quant au poids et au volume, et la troisième les déchets. Cette triple

Fig. 245. — Machine à égrener le trèfle de M. Fusellier, à Montreuil-Bellay.

répartition s'obtient au moyen de deux organes distincts placés en avant et en arrière du bâti.

La fig. 245 représente la grande machine à battre et à vanner; en tête et sur l'arrière-plan est un arbre portant une poulie de 0m,30 de diamètre, qui reçoit la force motrice; pour opérer convenablement, cet arbre doit faire quatre cents tours à la minute, alors le batteur fait huit cents révolutions et le ventilateur trois cents.

Sur la machine se trouve placée une trémie dans laquelle on verse le trèfle ou la luzerne à égrener; cette trémie reverse dans une autre où se trouve placé un brasseur qui oblige la charge de passer sous le batteur; à leur sortie les gousses se trouvent complétement battues et les grainess ont séparées de leurs enveloppes sur un crible au moyen d'un ventilateur; ensuite elles continuent à parcourir plusieurs cribles au bout desquels se trouve placée une chaîne à godets, qui verse ces graines dans un petit nettoyage diviseur, d'où elles sortent en trois qualités bien distinctes au moyen d'organes placés en avant et en arrière, et enfin les graines sortent propres à être livrées au commerce et s'ensachent.

Avec cette machine, mue par trois chevaux-manége ou deux chevaux-vapeur, l'on peut battre 50 kilog. de graine de trèfle à l'heure et 100 kilog. de graine de luzerne ; un *seul* homme suffit pour la desservir ; ses dimensions sont de 2 mètres de longueur, $1^m,80$ de hauteur et $0^m,90$ de largeur ; le prix en fabrique est de 1,200 fr. Poids, 700 kilog.

Ce constructeur fabrique également une petite machine sans nettoyage, dont la longueur n'est que de $1^m,10$, la largeur de $0^m,88$ et la hauteur de 1 mètre ; elle bat la même quantité de fourrages ; son prix n'est que de 650 fr. Elle peut être mue par n'importe quel moteur ; deux chevaux-manége suffisent amplement pour faire un grand travail.

Désirant étendre son invention, et la rendre accessible même aux petites exploitations, M. Fusellier a construit d'après le même système une machine pour être mue à bras ; elle n'exige que deux hommes, l'un pour la desservir, l'autre pour tourner la manivelle. Elle est longue de $0^m,80$, large de $0^m,50$ et haute de 1 mètre ; son poids n'est que de 120 kilog., et le prix est de 300 fr. L'on peut battre 10 kilog. de graine de trèfle à l'heure, et 20 kilog. de graine de luzerne.

Soins que réclament les machines à battre.

Les machines à battre ne peuvent rendre un bon et long service qu'autant qu'elles sont tenues proprement ; les engrenages doivent être nettoyés fréquemment et on doit enlever de temps en temps le cambouis, la graisse et la poussière qui y adhèrent. Quand on néglige cette précaution, ils se chargent d'une espèce de mastic qui durcit à la longue et finit par emplir le fond des dents, de manière à augmenter notablement la résistance et même à briser les engrenages.

Les coussinets doivent être graissés fréquemment et avec discernement. On doit, avant d'y verser de l'huile, s'assurer qu'elle peut arriver jusqu'à l'axe ; lorsque l'œil des coussinets est bouché, elle coule des deux côtés des paliers en pure perte.

Les axes doivent être graissés d'autant plus souvent qu'ils ont plus de vitesse. Ainsi ceux du batteur, qui tournent plus rapidement, devront l'être très-fréquemment, tandis que les autres pourront n'être graissés que trois ou quatre fois dans la journée. Il est important de vérifier de temps en temps si les pièces tournantes ne s'échauffent pas, et lorsque cela arrive, il faut arrêter immédiatement la machine, attendre qu'elles se refroidissent, et ensuite les graisser. On ne doit le faire que lorsque la machine est arrêtée.

Avant de mettre en marche une machine quelconque, il faut toujours s'assurer qu'elle peut fonctionner librement, que les coussinets ne sont pas trop serrés, ce qui exigerait une plus grande force en pure perte, ou trop lâches, ce qui occasionnerait un ballotement et l'usure des axes.

Il est important de ne commencer le travail que lorsque la machine sera en pleine vitesse, et de ne pas trop la charger en commençant, afin d'éviter les chocs.

Lorsqu'on arrête la machine, il faut avoir soin de ne jamais y laisser de paille.

Après chaque temps d'arrêt, il faut vérifier l'écartement qui existe entre le batteur et le contre-batteur; la bonne exécution dépend de la disposition de ces organes : s'ils sont trop rapprochés, ils casseront le grain; s'ils sont trop écartés, ils en laisseront dans l'épi, et s'ils ne sont pas bien parallèles, ils casseront d'un côté et laisseront du grain dans l'épi de l'autre côté. Une bonne machine bien réglée ne doit ni casser le grain ni en laisser dans l'épi. En examinant le grain battu et la paille il est facile de se rendre compte du règlement de la batteuse.

La marche d'une machine à battre dépend en grande partie de la manière dont elle est alimentée. Un bon *engreneur* fera beaucoup de travail sans fatiguer le moteur, tandis qu'un autre le fatiguera outre mesure sans avancer le travail. Pour *engrener*, il est bon d'avoir un ouvrier spécial et de faire faire ce travail toujours par le même.

La gerbe doit être étendue sur la table et l'alimentation doit se faire de manière à pourvoir le batteur sur toute sa largeur; elle doit être activée où ralentie selon la *vitesse de marche de la machine*, c'est-à-dire que, lorsque la machine marchera avec vitesse, l'alimentation se fera plus abondamment, et qu'elle diminuera si la vitesse se ralentit. En observant cette condition d'engrenage, on obtiendra un travail plus parfait et plus rapide, sans fatiguer le moteur.

Un bon engreneur est un homme précieux, et on ne peut pas confier ce travail au premier venu.

Machines à égrener le maïs.

Pendant longtemps, les cultivateurs du Midi n'ont eu pour opérer l'égrenage du maïs que la ressource des bras des hommes et des femmes. Cette opération était longue et fatigante, et se pratiquait en passant les épis un à un sur les angles d'une barre de fer dont chaque ouvrier était muni. Aujourd'hui l'égrenage se fait promptement et presque sans fatigue, au moyen d'appareils très-simples et d'un prix qui les rend accessibles même aux plus petits cultivateurs. Les principales machines à égrener sont celles de :

M. HALLIÉ, à Bordeaux. — Cet appareil, qui est déjà très-répandu dans les départements du Sud-Ouest, se compose d'une crémaillère à ressort et de deux disques à saillies tournant en sens inverse, entre lesquels s'engage l'épi à égrener; on règle l'écartement des disques suivant la grosseur de l'épi. Cette machine est d'un petit volume ; elle pèse de 55 à 60 kilogrammes, et coûte 110 francs. On peut égrener de 18 à 25 hectolitres de maïs par jour.

M. DESPORTES aîné, à Montenon (Dordogne), construit un égrenoir muni d'un ventilateur qui sépare les cônes des grains; l'appareil égreneur est formé par un petit cône à pointes pressé par un ressort, et un disque cannelé faisant fonction d'égrenoir. Ce disque est mis en mouvement par une manivelle.

M. CAROLIS, à Toulouse, a exposé au concours général de 1860 un égrenoir très-simple qui lui a valu le premier prix; il se compose d'un cylindre en fonte portant à l'intérieur des saillies hélicoïdales. Un noyau en fonte muni aussi de saillies, disposées hélicoïdalement, égrène par le frottement. Ce noyau se règle suivant la grosseur de l'épi; il est mis en mouvement au moyen d'un pignon par une grande roue dentée, à laquelle est adaptée une manivelle. Cet instrument se vend 80 francs. Il est muni d'un volant et monté sur un bâti en bois.

L'égrenoir exige le concours de deux personnes : un homme pour le faire fonctionner, et une femme ou un enfant qui jette un à un et par le petit bout les épis dans la trémie.

On ne doit introduire les épis dans la trémie que lorsque la machine est en mouvement; sans cela ils formeraient frein, et on ne pourrait pas démarrer.

MM. CLUBB et SMITH, 9, rue Fénelon, à Paris, fabriquent à Londres un égrenoir beaucoup plus énergique que ceux que nous venons de mentionner. L'égrenage s'opère par le frottement des saillies d'un grand disque vertical contre un cône. Cet instrument coûte à Londres 215 francs.

Nettoyage des grains. — Les tarares.

L'usage des tarares est aujourd'hui général, même dans les petites exploitations, et ce n'est guère que chez le journalier dont le faire-valoir a très-peu d'importance que l'on retrouve le crible et le van; c'est qu'aussi le tarare procure non-seulement une notable économie, mais permet de faire infiniment mieux, et que ces deux conditions économiques sont d'une appréciation facile.

Ce genre d'instruments peut se diviser en trois classes: les *tarares débourreurs* ou *tarares de grange*, qui nettoient grossièrement; les *tarares de grenier*, qui nettoient complétement, et les *tarares trieurs*, qui divisent les grains par qualité.

Les premiers servent de complément aux machines à battre qui ne sont pas pourvues d'un système de nettoyage; ils sont ordinairement très-énergiques, et disposés de manière à faire beaucoup de travail; mais ils ne nettoient pas complétement le grain. La plupart des mécaniciens qui fabriquent des machines à battre construisent ces instruments, ils diffèrent peu entre eux quant au système. Nous mentionnerons toutefois plus particulièrement celui de M. Pinet, à Abilly : c'est une copie des meilleurs tarares anglais ; il est très-solidement construit, et peut suffire aux plus puissantes machines à battre. Son travail est aussi complet qu'on peut l'exiger d'une machine de cette nature. Il est de plus disposé pour marcher en même temps que la batteuse, au moyen du manége ou à bras d'hommes. Il coûte 175 francs, et pèse 145 kilogrammes.

Le tarare débourreur de M. Robert Pialoux, d'Agen, se recommande par la simplicité, la quantité de travail qu'il peut faire et la modicité de son prix. C'est un instrument véritablement agricole, sans luxe ni apparat. La trémie est très-vaste et dégorge toujours parfaitement, quelle que soit la quantité de travail que l'on exige de l'instrument ; un crible à deux toiles sépare le grain des balles et les fait tomber de chaque côté à une hauteur suffisante pour les recevoir dans des mesures. Cet instrument, très-apprécié au concours régional de Bordeaux, où il avait obtenu le deuxième prix des tarares en général, a reçu le premier prix des tarares débourreurs au concours général de Paris en 1860. Il coûte 130 et 200 francs.

Depuis l'introduction dans les fermes des cribles-trieurs, le tarare de gre-

Fig. 246. — Tarare débourreur de M. Pinet.

nier a perdu une grande partie de son importance, non que cet instrument soit destiné à disparaître de la machinerie agricole, mais parce que le trieur faisant beaucoup plus vite et mieux le travail que l'on demandait précédemment au tarare, on pourra employer des instruments plus simples, et partant coûtant moins.

Les modèles de tarares sont aussi nombreux que ceux des charrues. Il n'est pas un chef-lieu de canton où on n'en construise ; il nous serait donc difficile de donner des indications complètes sur les bons tarares ; toutefois parmi cette nombreuse collection, nous pouvons indiquer comme très-méritant :

Le tarare Dombasle que nous représentons en coupe, fig. 247. C'est un instrument mixte, c'est-à-dire servant tout à la fois de débourreur et de nettoyeur ; il est simple, très-solide, et a subi en ces derniers temps d'importantes modifications qui l'ont rendu plus expéditif et d'un règlement plus facile.

L'effet de ce tarare est de partager le grain en quatre parties : 1° les *vannures* que l'on jette sur le fumier ; 2° les *otons* que l'on peut repasser au tarare après les avoir battus au fléau, ou que l'on conserve le plus souvent pour la

Fig. 247. — Coupe du Tarare Dombasle.

nourriture de la volaille ; 3° les grenailles qui servent aussi ponr la nourriture des volailles ; 4° enfin le bon grain. Cet instrument ne coûte que 80 francs, et pèse 150 kilogrammes.

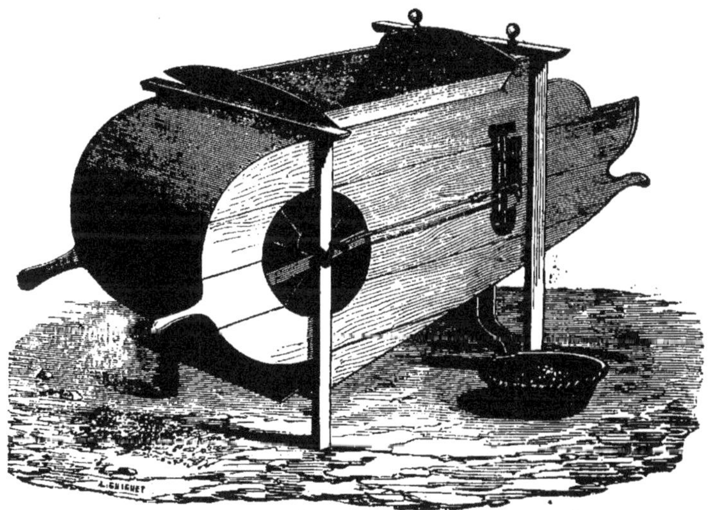

Fig. 248. — Tarare de M. Rouot, à Châtillon-sur-Seine.

Le *tarare Rouot*, fig. 248, est un instrument du même système que le précédent ; il est très-puissant et peut, au moyen de grilles spéciales, être transformé en tararé nettoyeur et même en tarare trieur. M. Rouot construit différents modèles de tarares ; les prix varient suivant la puissance de l'instrument et les pièces accessoires de 50 à 200 francs.

Le tarare Redoutier, construit par M. Marot, à Niort, est encore un instrument d'une grande puissance. La prise d'air nécessaire au ventilateur se règle à volonté pendant la marche de l'instrument; des pieds à vis permettent de mettre l'instrument de niveau même sur un sol très-inégal. Ce tarare est très-bien établi et coûte 150 francs.

Le tarare Tritschler, à Limoges, mérite encore d'être recommandé tout particulièrement, surtout à cause de son bas prix, cet instrument, très-convenablement établi, ne coûtant que 70 francs.

Les tarares trieurs présentent une complication inutile aujourd'hui qu'on se sert de trieurs qui exécutent mieux, plus promptement et qu'on surveille plus facilement. Nous mentionnerons néanmoins :

Le tarare-trieur de Vilcocq, mécanicien à Meaux (Seine-et-Marne), que re-

Fig. 249. — Tarare Vilcocq.

présente la fig. 249 ; c'est un des plus complets que nous connaissions ; son usage s'étend à toutes espèces de grains et de graines.

Le mouvement est donné soit par une manivelle si on veut le faire manœuvrer à bras d'homme, soit par une poulie si on veut le faire marcher par un moteur mécanique, à une roue dentée intérieurement, qui s'engrène avec le pignon du ventilateur; l'effet du ventilateur se règle à volonté, au moyen d'une fermeture à coulisse, établie de chaque côté du bâti, et disposée de manière à augmenter ou à diminuer, suivant la nature des grains, l'effet des prises d'air.

A la sortie de la trémie, le grain tombe sur des grilles insérées dans un châssis qui fait corps avec le fond de la trémie, une bielle fixée à l'arbre du ventilateur donne à ce châssis un mouvement de va-et-vient qui peut être accéléré ou ralenti à volonté.

Pour nettoyer les graines peu coulantes, telles que l'avoine ou l'orge, surtout lorsque ces graines sont mélangées avec des balles, il arrive quelquefois qu'elles s'agglomèrent dans la trémie, et pour les faire couler régulièrement, il est nécessaire d'employer un homme. Dans le tarare Vilcocq, on a remédié à cet inconvénient au moyen d'une espèce de papillon formé par une palette en fer qui est mise en mouvement par l'arbre vertical ; cette palette plonge au fond de la trémie et imprime au grain le mouvement d'oscillation qu'elle reçoit par la transmission de la bielle et oblige le grain à s'écouler sur la grille.

C'est là que s'opère la première séparation. La paille brisée la première.— Toutefois il est regrettable que M. Vilcocq vende son tarare beaucoup trop cher, et qu'il néglige parfois un peu la construction.

Les grains vides sont chassés au loin ; ensuite viennent les otons les plus légers, qui tombent sur un plan incliné, d'où ils s'échappent à gauche du tarare ; les plus lourds tombent en sortant des grilles sur un second plan incliné qui les conduit à droite.

Dans le tarare Vilcocq, le secoueur à grilles sur lequel, dans tous les tarares, les grains tombent en s'échappant à travers les mailles des grilles passoires, est complétement supprimé, et il est remplacé par un cylindre partagé en deux segments et percé d'ouvertures graduées. Cette modification très-importante en fait un véritable tarare-trieur.

A la roue dentée qui donne l'impulsion à l'arbre du ventilateur est adaptée une poulie qui, par une courroie sans fin, met en mouvement une poulie inférieure disposée à l'arrière du tarare ; sur l'arbre de celle-ci est une seconde roue dentée qui, à l'aide d'un pignon, communique au cylindre trieur un mouvement de rotation.

Après avoir traversé le cylindre, le grain est complétement nettoyé, et il arrive, pur de tous corps étrangers, sur le devant du tarare.

Le service du tarare se fait par deux hommes : l'un tourne la manivelle et le second alimente la trémie, veille au jeu de toutes les pièces, relève et ensache le grain.

Lorsque le tarare est mis en mouvement soit par un manége, soit par tout autre moteur, un homme suffit.

Ce tarare se vend 200 francs pris à Meaux ou à Melun, y compris deux cylindres de rechange, un pour le blé, l'autre pour les autres graines, et toutes les grilles nécessaires pour passer le blé et l'avoine.

Choix et conduite du tarare.

Le choix d'un tarare dépend tout d'abord de l'emploi qu'on veut en faire. S'il doit servir de complément à la machine à battre, c'est-à-dire s'il doit séparer le grain des balles, il faut une machine puissante, ayant une trémie très-vaste munie d'un organe spécial qui force le grain et les balles de sortir par la vanne de passage, et les empêche de se prendre en masse et de produire des engorgements ; le mécanisme doit être simple et le ventilateur solidement établi.

Si l'instrument doit être employé au nettoyage et à la ventilation des grains, il faut le choisir plus complet, sans que cependant il soit trop compliqué ; il faut aussi qu'il soit léger, afin de pouvoir être déplacé sans difficulté. Il est bon que les pieds antérieurs soient munis de roulettes et qu'il ait deux poignées pour le soulever plus aisément ; les engrenages doivent être simples, les tourillons protégés contre la poussière et disposés de manière à pouvoir être graissés. Il doit être léger à mener et le ventilateur doit être assez énergique pour enlever tous les corps étrangers plus légers que le grain ; enfin les vannes doivent fonctionner librement, et les pièces de rechange être bien calibrées et bien ajustées.

Le bon travail que l'on obtient des tarares dépend plus de la manière de les conduire que de l'instrument lui-même ; le meilleur instrument ne produit que des résultats imparfaits s'il est mal réglé et irrégulièrement conduit. Il faut pour la manœuvre du tarare deux personnes ; l'une tourne la manivelle, l'autre emplit la trémie, surveille le règlement de l'appareil, augmente ou diminue la puissance de la colonne d'air, suivant que la ventilation laisse des parties légères avec le grain, ou enlève du grain, enfin elle graisse la machine ; la personne qui tourne la manivelle doit procéder par un mouvement régulier, et non par saccades comme cela se fait fréquemment.

Le nettoyage des grains est toujours une opération avantageuse pour le cultivateur, et il est bien rare qu'elle ne lui rapporte pas le quintuple de ce qu'elle lui coûte. Ainsi il n'est pas rare de voir des blés dépréciés de 1 à 2 francs l'hectolitre par les marchands, lorsqu'il eût suffi d'une dépense de 25 à 40 centimes par hectolitre pour les rendre propres ; et cela se conçoit : le nettoyage que le cultivateur n'a pas fait le marchand doit le faire, et non-seulement il compte la main-d'œuvre à un taux beaucoup plus élevé que le cultivateur, mais il compte encore comme perte sèche tout le déchet dont le cultivateur tire parti pour la nourriture des bestiaux et des volailles. Nous ne saurions donc trop recommander aux cultivateurs de surveiller scrupuleusement le nettoyage des grains, puisque tout l'avantage est pour eux.

Des Trieurs.

Le besoin d'avoir des semences pures et aussi la dépréciation que subissent sur les marchés les blés mélangés de graines étrangères, ont fait sentir la nécessité d'avoir des instruments qui puissent faire ces opérations avec célérité et économie. On a d'abord inventé les cribles à plan incliné, espèces de passoires de différents calibres. Aujourd'hui ces instruments imparfaits sont détrônés et remplacés par les trieurs à mouvement rotatif. Nous citerons parmi les plus parfaits :

Le crible trieur de M. Pernollet, à Paris. C'est un instrument très-simple, qu'un enfant peut faire fonctionner toute une journée. Dire que trois mille de ces machines sont déjà livrées à l'agriculture, est la meilleure recommandation que nous puissions en faire.

Cet appareil se compose d'un bâti en fer dont toutes les pièces sont assemblées de manière à pouvoir être démontées en peu de temps. Dans un cercle monté sur le bâti au moyen de deux branches de support, se place une trémie conique A, munie d'un glissoir modérateur B, et sur les traverses supérieures le cylindre en tôle étamée C D E F qui est traversé par un axe en fer creux portant une roue dentée I, qui reçoit le mouvement par un pignon qu'entraîne la manivelle H; un encaissement en tôle divisé en quatre compartiments correspondant à ceux du cylindre, reçoit le grain trié.

Voici comment cet instrument opère : le glissoir B étant fermé, on verse le blé à trier dans la trémie A, on ouvre alors le glissoir, et on tourne la manivelle avec une vitesse qui ne doit pas dépasser trente-cinq à quarante tours à la minute, ce qui donnera environ dix tours au cylindre ; le blé suivant le conduit de la trémie, tombe dans le compartiment C, percé de trous longs et étroits à travers lesquels passent l'ivraie, les petites graines et la poussière ; le

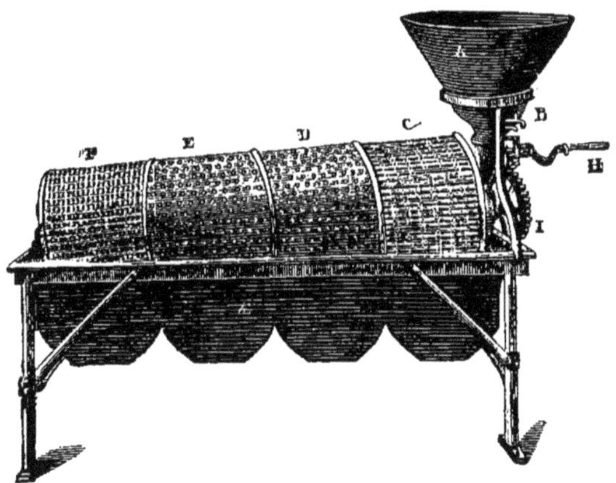

Fig. 250. — Trieur Pernollet.

grain passe ensuite dans le compartiment D, percé de petits trous ronds qui donnent passage à la nielle, aux graines rondes et à quelques grains de blé maigres impropres à la mouture. Le compartiment E est également percé de trous ronds mais un peu plus grands, c'est dans celui-ci que tombera le bon blé ; enfin le grain plus gros arrivera dans le quatrième compartiment F, où il rencontrera des trous oblongs à travers lesquels il passe intégralement ; cette portion forme le blé de semence ; les pierrailles traversent le cylindre et vont tomber en avant dans une corbeille disposée à cet effet.

Sous chacun des compartiments on dispose une corbeille ou une petite caisse pour recevoir le grain.

On accélère ou on ralentit l'opération en donnant plus ou moins de pente à l'instrument suivant que le blé est plus ou moins sale, et un enfant peut passer dans une journée de 30 à 40 hectolitres.

Ce cylindre peut servir également au nettoyage du seigle et de l'orge ; le modèle ordinaire coûte 110 francs.

Trieur de M. J. Marot aîné, à Niort (Deux-Sèvres).

Les divers systèmes de trieurs inventés depuis quelques années, et même celui que nous venons de décrire, trient convenablement le blé, le purgent des petites graines, des pierrailles, mais n'enlèvent pas l'orge, l'avoine, ni la folle-avoine qui est si commune dans certaines localités ; enfin il reste encore dans le blé marchand une quantité assez notable de graines rondes.

Avec le nouveau trieur Marot, qui n'est d'ailleurs qu'un composé des divers systèmes connus avec quelques perfectionnements, on parvient, en une seule opération, à partager le froment en deux qualités et à le purger complétement

Fig. 251. — Trieur de M. Marot, perspective.

de toutes les autres graines. Ce trieur peut aussi servir à nettoyer les seigles, les orges et les avoines. Nous l'avons plusieurs fois fait fonctionner en notre présence en y mettant du blé, de l'avoine, des vesces et des grenailles, et toujours les résultats étaient complets : le blé sortait parfaitement propre, sans aucun mélange de graines étrangères.

La fig. 251 représente cet appareil vu en perspective, monté sur son bâti dont la longueur est de $1^m,95$ et la largeur de $0^m,65$. La figure 252 donne une coupe longitudinale de l'instrument et permet de reconnaître les diverses pièces qui le composent.

Voici comment on procède :

Par la manivelle U, en faisant vingt-cinq à trente tours par minute, on imprime au moyen de l'engrenage V un mouvement de rotation au cylindre GKL et un mouvement très-vif de trépidation au crible double DE.

En effet, la manivelle U étant montée sur l'axe d'un pignon cinq fois moins grand que la roue V, le cylindre GKL qu'elle entraîne ne fait que le cinquième des tours de la manivelle, tandis que le crible double CE, dont la tige verticale X' descend sur une roue à rochet X montée sur le même axe du pignon qui commande la roue V, reçoit, au moyen des dix-huit dents de la roue à rochet, dix-huit chocs par tour de manivelle.

Le grain passe de la trémie A par la vanne B sur le crible C ; ce crible retient les graviers et les graines rondes ou à peu près, plus grosses que le froment ; tout ce déchet va tomber dans le récipient D par les portières ménagées de chaque côté du crible.

En passant au travers du crible C, le froment tombe sur le crible E ; ce crible, à mailles longues et étroites, laisse sortir l'ivraie, la poussière et la masse de petites graines qui se précipitent encore dans le récipient D, tandis

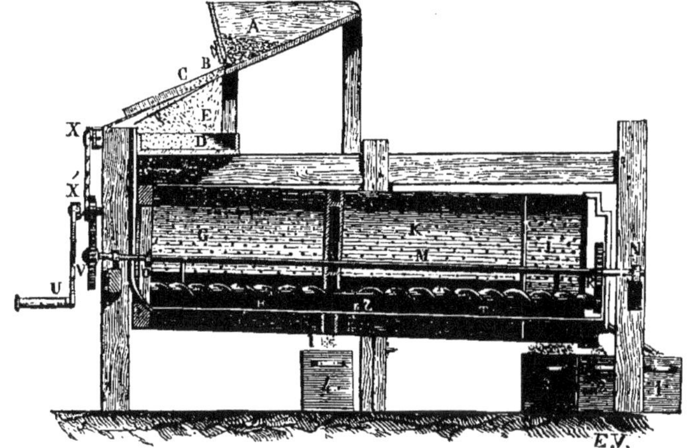

Fig. 252. — Trieur de M. Marot, coupe.

que le froment glissant sur ce crible se rend par l'entonnoir F dans le cylindre G ; ce cylindre, muni d'alvéoles d'un diamètre tel qu'elles ne peuvent qu'emmagasiner le froment et tout ce qui lui est égal ou inférieur en longueur, transporte dans son mouvement de rotation tout le contenu de ses alvéoles dans le chenal H en laissant glisser l'orge, l'avoine et toutes les graines longues qui n'ont pu s'y loger, par l'interstice I d'où elles tombent dans la caisse n° 4.

Le cylindre GKL, en tournant sur l'arbre M qui est fixé d'un bout dans un coussinet N et supporté de l'autre dans un manchon O, commande les hélices PQ au moyen de l'engrenage R; l'hélice Q entraine le blé contenu dans le chenal H et le conduit à son extrémité S d'où il tombe dans le cylindre K.

Le cylindre K, muni d'alvéoles moins grandes que celles du cylindre G, transporte dans le chenal T les graines rondes, le blé niellé et le petit blé ;

tout ce déchet est conduit au dehors du trieur par l'hélice P et tombe dans la caisse n° 1.

Le froment, qui, par sa longueur, n'a pu se loger dans les alvéoles du cylindre K, arrive, purgé de toutes graines nuisibles, sur le crible cylindrique L par où s'échappe le blé de moyenne grosseur qui tombe dans la caisse n° 3, tandis que les plus gros grains (le blé de semence) sont reçus dans la caisse n° 2.

L'instrument doit être placé d'aplomb; sans cette précaution, la tige qui vient frapper sur le rochet jouerait mal dans son collier, et la trépidation des cribles serait insuffisante.

Des caisses numérotées, que l'on place sous les numéros correspondants imprimés sur le bâti, reçoivent les grains divisés.

Le n° 1 recevra le blé niellé et les graines rondes mélangés de très-petit blé ; le n° 2, le blé de semence; le n° 3, le blé marchand, et le n° 4, les graines longues.

Cet instrument, qui est aussi complet qu'on peut le désirer, coûte 250 francs.

Cylindre-trieur d'Allemagne.

Quelque avantage que le cultivateur ait à nettoyer ses grains au moyen d'un des trieurs que nous venons de décrire, encore faut-il que ses moyens lui permettent de se le procurer; il est vrai que ces instruments pourraient être achetés

Fig. 253. — Trieur construit par M. Rouot.

en communauté par plusieurs cultivateurs ; mais l'entente serait difficile, pour ne pas dire impossible, et bientôt l'instrument serait détérioré. Nous devons donc signaler un instrument beaucoup plus simple que les précédents, au moyen duquel on épure le blé en trois qualités. C'est un cylindre en toile métallique ou en fil de fer, divisé en deux compartiments; on opère exactement comme avec le trieur Pernollet. Nous donnons la figure d'un de ces cylindres fabriqué par M. Eug. Rouot, à Châtillon-sur-Seine; il ne coûte que 45 francs.

Brouette à sac avec ensacheur (Fig. 254).

Au nombre des instruments utiles, on doit placer la brouette qui sert au transport des grains dans les greniers. Le mesurage et l'ensachement exigent toujours au moins deux personnes, l'une pour mesurer et verser le contenu de la mesure dans un sac, l'autre pour le tenir ouvert. L'ensacheur imaginé par M. Mahoudeau, ingénieur agricole à Saint-Épain, qui permet de faire ces opérations avec une seule personne, se compose tout simplement d'une bande de fer cintrée maintenue aux bras de la brouette par des blins libres munis de mentonnières sur lesquelles se rabat l'arc de cercle qui ferme l'ensacheur. L'appareil se fixe à la hauteur convenable au moyen de petites vis de

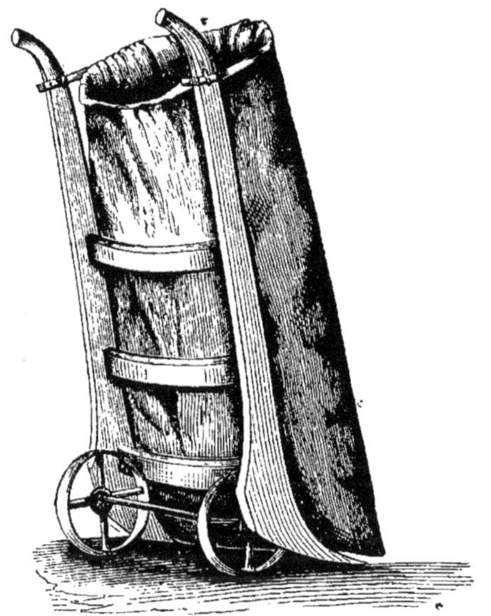

Fig. 254. — Brouette avec ensacheur.

pression taraudées dans les blins, et le cercle est muni de petits crochets servant à maintenir le sac ouvert, de sorte qu'un homme seul peut mesurer, ensacher, lier son sac, et, lorsqu'il est plein, le transporter où il lui plaît.

La simplicité de ce petit appareil ne diminue en rien son utilité ; il est de beaucoup plus commode et moins dispendieux que les ensacheurs anglais et allemands.

La brouette avec roues en fonte, munie de l'ensacheur, se vend 25 francs, à Paris, chez M. Peltier, 45, rue des Marais-Saint-Martin. M. Mahoudeau a aussi fait un ensacheur mobile fondé sur le même principe que la brouette à sac, mais qui n'a pas de roues ; cet instrument ne coûte que 16 francs.

Conservation des grains.

La question de la conservation des grains pendant un temps plus ou moins long a de tout temps occupé les économistes et les gouvernements ; elle ne doit pas moins vivement préoccuper les agriculteurs qui, dans les années d'abondance, sont obligés d'écouler leurs denrées aux prix les plus vils : il est vrai que par contre dans les années de pénurie les prix s'élèvent démesurément. Mais que fait à l'agriculteur ce haut prix, puisqu'il n'a rien à vendre et que le plus souvent la spéculation seule en profite.

Pour l'agriculteur comme pour le consommateur les grandes fluctuations sont toujours à craindre et souvent ruineuses. On s'est toujours occupé de la recherche des moyens pour les prévenir : le premier qui s'est présenté à l'esprit est qu'il fallait réserver l'excédant des années d'abondance pour combler le déficit des années de disette ; malheureusement la réalisation de cette idée n'est pas aussi facile qu'elle le paraît de prime abord ; car non-seulement la réserve d'une grande quantité de céréales exige l'emploi d'énormes capitaux, mais le grand point à vaincre réside dans la difficulté de conservation et les frais de manipulation que cette conservation exige.

Nous ne citerons pas tous les essais qui ont été faits depuis les silos des Égyptiens jusqu'à nos jours dans le but de résoudre cette importante question, nous mentionnerons seulement ce qui peut se faire chez les agriculteurs.

D'abord, les greniers à grain sont généralement mal construits et tenus sans soin ; il semble vraiment que le cultivateur n'a pas conscience de ce qui se passe chez lui ; il voit son grain dévoré par la vermine et se contente de se plaindre au lieu d'appliquer le remède.

Le grain doit être posé sur un plancher bien joint. Les murs doivent être parfaitement unis, sans aucun interstice, et blanchis à la chaux, ou mieux, enduits au plâtre. On doit aussi pouvoir aérer à volonté et même fermer hermétiquement.

Ces dispositions sont bien simples et n'entraînent pas à de grandes dépenses ; cependant elles sont bien rarement appliquées.

La conservation du blé exige le concours de plusieurs conditions qui se réunissent difficilement. Premièrement, il faut qu'il soit rentré dans de bonnes conditions de siccité ; cette condition, que l'on peut considérer comme la principale, s'accomplit difficilement dans les années humides, telles par exemple que l'année 1860 : sous l'influence d'un excès d'humidité, le blé exige des soins continuels et très-onéreux qui en rendent la conservation presque impossible.

Ensuite il faut qu'il soit aéré ou ventilé, il faut qu'il soit fréquemment remué ou pelleté, et qu'on le préserve des insectes parasites. Ces opérations sont d'autant plus onéreuses qu'elles doivent se répéter fréquemment ; aussi le but des inventeurs de greniers conservateurs a-t-il toujours été de faire ces différentes opérations économiquement.

Dans l'état actuel de la question, nous ne voyons guère d'applicable dans les fermes et les magasins de réserve que le grenier Salaville et le grenier Pavy.

Le grenier Salaville, ou mieux l'appareil Salaville, est formé d'une série de tuyaux de tôle percés de trous comme ceux d'une râpe communiquant avec un tuyau à l'extrémité duquel est établi un système de ventilation énergique composé de plusieurs moulinets.

On comprend que les tuyaux étant recouverts par le grain, si on fait fonctionner le ventilateur, l'air traversera toute la masse et produira l'effet du pelletage. La destruction des insectes s'obtient en insufflant dans les tuyaux du gaz hydrogène. Ces opérations se font activement et économiquement, puisqu'il suffit de tourner la manivelle du ventilateur pour agir sur toute la masse.

Le grenier conservateur de M. E. Pavy nous semble résoudre la question de la conservation économique des grains. Cet appareil a fonctionné pendant toute la durée du concours général à Paris, 1860 ; il a également figuré au concours de Warwick (Angleterre), où il a obtenu une haute distinction.

Voici comment on opère dans les fermes : le grenier peut être placé près de la grange, et comme il tient peu de place, on peut même l'établir dans la grange. A sa sortie du tarare de la batteuse, le blé est pris par une chaîne à godets qui le monte au sommet du grenier, et le verse dans un récipient muni de conduits indépendants, que l'on ferme à volonté, correspondant avec les divers compartiments du grenier. Ces compartiments sont terminés inférieurement en entonnoir et se vident jusqu'au dernier grain quand on veut faire passer le grain d'un compartiment dans un autre, en le faisant monter par la chaîne à godets, ou bien le livrer à la consommation ; dans ce dernier cas, le sac est mis sur une bascule spéciale, il est pesé très-exactemeat, et le nombre des pesées est enregistré automatiquement, de telle sorte que l'on connaît avec exactitude la quantité de grains enlevée du grenier.

Ce grenier peut être fait en bois, en tôle, en poterie et même en carton ou en paille. La fig. 255 représente celui établi par M. E. Pavy au concours général. Il consistait en plusieurs gros cylindres en terre cuite, composés de segments partiels, offrant par leur réunion des zones annulaires maintenues par des cercles en fer dont la juxtaposition formait les cylindres ; la charpente est aussi simple que possible.

La fig. 256 représente un modèle plus simple, particulièrement destiné aux exploitations agricoles.

Le principe du *grenier conservateur* est une ventilation énergique et un déplacement total du grain obtenus économiquement, et répétés aussi fréquemment qu'on le désire, et soit qu'on les exécute à bras d'homme ou au moyen d'une machine à vapeur, ils n'entraînent pas à une dépense au delà d'un centime par hectolitre.

Ce grenier peut servir de magasin, et tout vol ou gaspillage y est impossible, puisqu'une fois le blé emmagasiné, il est à sa sortie soumis à un contrôle mécanique infaillible.

Grâce à la facilité de son installation, à la modicité du prix de son établis-

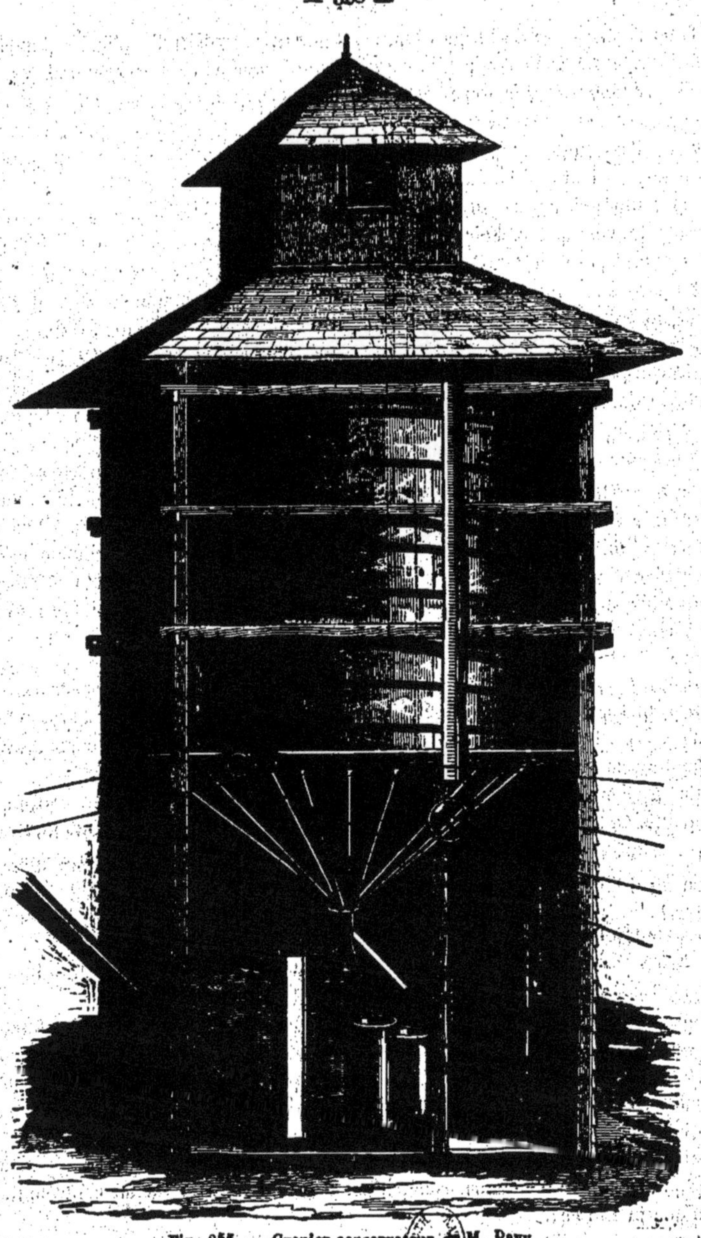

Fig. 255. — Grenier conservateur de M. Pavy.

sement et aux avantages que ce grenier présente, l'agriculture se trouve aujourd'hui possesseur d'un appareil qui lui faisait défaut et qui permet la conservation indéfinie et économique des blés.

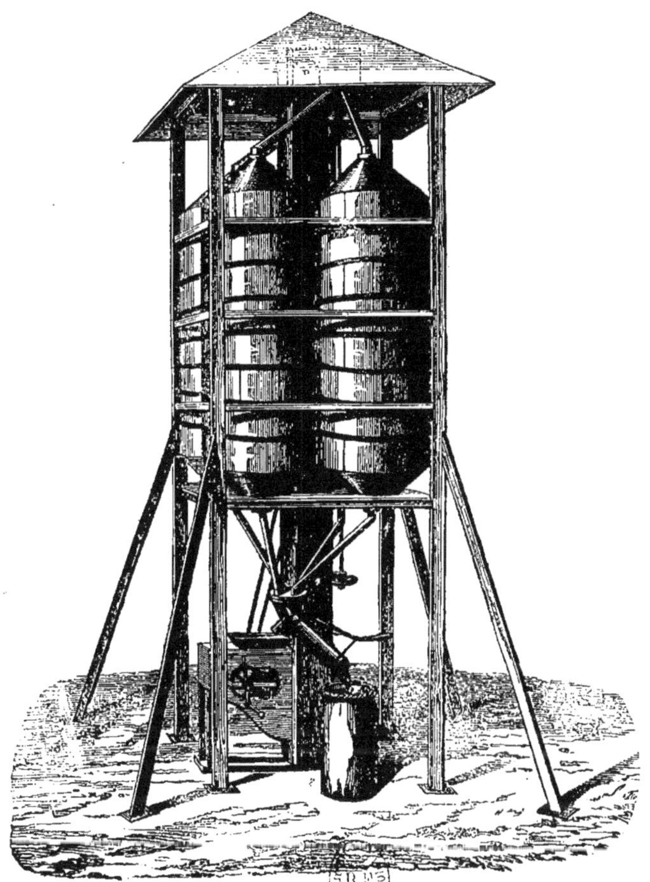

Fig. 256. — Grenier conservateur de M. E. Pavy pour les fermes.

EMPLOI DES PRODUITS.

Des moulins à moudre les grains.

Depuis quelques années les mécaniciens se sont tout particulièrement occupés de l'amélioration des moulins à farine propres à l'agriculture, et leurs efforts ont été couronnés d'un plein succès. L'on construit maintenant des moulins qui, mus par les moteurs ordinaires que l'on emploie dans les fermes, tels que manéges, machines à vapeur locomobiles, et même à bras d'hommes, font d'aussi belle farine et autant, proportionnellement à la force employée, que ceux de la grande meunerie.

Les plaintes du cultivateur sur le peu de farine que lui rend le meunier au petit sac ne sont malheureusement que trop motivées ; heureux encore lorsque la qualité de la farine n'est pas telle qu'il est impossible d'en obtenir du pain. Nous avons plusieurs fois constaté que le meunier rend de 62 à 68 0/0 en farine, 28 à 33 0/0 en son et 4 à 5 0/0 de déchet. Aux observations qui leur sont faites, les meuniers répondent invariablement *que le blé ne rend pas* ; or avec les moulins qu'on livre aujourd'hui à l'agriculture, on obtient 75 à 78 0/0 en farine, 20 à 24 0/0 en son et 1 à 1 1/2 0/0 de déchet ; de plus, on a la certitude d'avoir son grain et de ne pas être exposé à recevoir de mauvaise farine en échange de bon blé. Les moulins à farine sont donc une nécessité, et leur emploi procurera d'autant plus d'économie que tous les déchets resteront à la ferme, et serviront à la nourriture des animaux, et que la mouture se fera le plus souvent en temps perdu.

Nous mentionnerons tout particulièrement le MOULIN construit et perfectionné par M. Fauconnier, à Paris.

Les principaux avantages de ce système de moulin consistent dans le peu de force qu'il exige, comparé aux anciens systèmes, en un plus grand rendement en farine, en une moindre usure des meules, par conséquent le rhabillage moins fréquent et une grande facilité de règlement.

M. Fauconnier construit un modèle marchant à bras et cinq modèles marchant avec moteurs à vapeur ou avec manége.

Dans le moulin à bras, les meules ont 0m,30 de diamètre ; ils produisent avec un seul homme 8 kilogrammes de farine à l'heure ; avec deux hommes, le produit est beaucoup plus fort.

La meule inférieure ou meule de gîte porte une noix en pierre d'environ 0m,12 de diamètre fixée à son centre ; cette noix, taillée à dents, entre dans l'œillard de la meule courante ; les dents de l'œillard étant disposées en sens inverse de celles de la noix, il résulte que la rencontre des deux parties forme

Fig. 257. — Moulin à farine avec bluterie, petit modèle, de M. Fauconnier.

cisaille et concasse le grain à son passage avant son admission sous les meules, où il se réduit en farine.

Ce concassage préalable permet de faire avec des meules de $0^m,30$ la mouture que l'on obtiendrait à peine avec des meules de $0^m,60$ montées d'après le système ordinaire. Ces moulins coûtent 450 francs, y compris la bluterie.

Dans ces moulins destinés à être mis en marche par moteurs à vapeur, hydraulique ou manége, le concassage est disposé différemment que dans le moulin à bras. Les meules sont montées exactement comme dans les moulins ordinaires ; mais sur le manchon du fer de meule se trouve montée et calée à vis, de façon

Fig. 258. — Moulin Fauconnier, n° 3.

à pouvoir être enlevée à volonté, une boîte en fonte recevant une petite meule dont le diamètre est d'environ le quart de celui des grandes meules ; au-dessus se trouve superposée, au moyen d'une traverse en fonte, une autre petite meule qui est fixe ; cette dernière meule est indépendante des grandes, et elle peut à volonté être écartée ou rapprochée de celle du manchon de fer de meule, de façon à concasser plus ou moins gros suivant la nature du grain que l'on désire broyer. L'alimentation du moulin se faisant au moyen d'un tube traversant cette meule, pas un grain ne peut être admis sous les grandes meules sans au préalable avoir traversé les petites et s'y être fait concasser, à moins que, désirant que cela ne soit pas, on ait écarté l'une de l'autre ces petites meules, ce qui peut se faire instantanément sans rien déranger au système.

On comprend facilement que le grain étant préalablement concassé au centre du moulin offre beaucoup moins de résistance aux meules chargées de le réduire en farine, ce qui permet alors de laisser à ces meules beaucoup moins d'entrée et de leur faire produire un travail égal à celui que feraient des meules un tiers plus grandes, tout en obtenant d'aussi belle mouture.

Ces moulins offrent aussi l'avantage de ne pas échauffer la farine ; en effet, si on examine le système, on voit que le grain une fois concassé est lancé en gerbe et qu'il ne tombe pas directement sous la grande meule, mais qu'il est entraîné en tournant dans l'œillard, et cela par le fait de deux ailettes en spirales fixées à la petite meule tournante.

Le n° 1,	meules	de 1^m,30,	produisant	100 kilog.	à l'heure ;	4 chevaux.
Le n° 2,	—	de 1^m,00,	—	75 kilog.	—	3 —
Le n° 3,	—	de 0^m,80,	—	50 kilog.	—	2 —
Le n° 4,	—	de 0^m,60,	—	35 kilog.	—	1 cheval.
Le n° 5,	—	de 0^m,50,	—	12 kilog.	—	1 âne.

Les forces indiquées sont pour chevaux nature ; avec une force vapeur d'égale quantité, le produit serait augmenté d'un cinquième.

Il nous reste à rendre compte du résultat d'une expérience faite en notre présence avec le moulin n° 2. Le travail a duré une heure.

Vitesse à la meule		145 tours.
Force dépensée, environ		2 1/2 chevaux vapeur.
Constaté à la pesée 100 kil. de grain, ci		100 kilog.
Farine, première et deuxième qualité	57 30	
Gruau fin	14 50	
Gruau bis	5 »	
Gros gruau	6 35	
Son	15 10	
Grain concassé restant dans l'œillard ou farine évaporée	1 »	
Balayage et nettoyage de grains	» 75	
Total	100 »	100 kilog.

Tous les chiffres qui précèdent sont de la plus grande exactitude.

Ce résultat est supérieur à ce qui se fait dans les moulins les mieux montés, surtout n'ayant que 15 0/0 de son ou 20 0/0 de son et gros gruau compris.

Les moulins de Saint-Maur tant vantés ne produisent qu'environ 1,500 kilogrammes par vingt-quatre heures, ce qui porte la monture à 61 kil. 50 par heure avec des meules de 1^m,30. Il est vrai qu'en travail courant on n'obtiendrait pas toujours de pareils résultats, mais en admettant même une différence de 25 0/0, le rendement n'en serait pas moins encore magnifique.

Moulin de MM. Falguière et Ce.

Le nouveau système de minoterie inventé par M. Falguière, de Marseille, fig. 259, 260, 261, se compose de trois appareils bien distincts, qui sont : le moulin, le nettoyeur à blé et le blutoir à farine.

Le poids et les dimensions de ces instruments sont très-réduits, comparativement à ceux employés jusqu'à ce jour ; les frais d'installation sont très-minimes ; leur entretien est facile et peu onéreux, et leur maniement ne nécessite aucun effort, vu la légèreté de leurs divers organes ; la simplicité de leur construction les met à la portée des ouvriers les moins exercés. Ces avantages les distinguent des divers appareils de ce genre à grandes dimensions, dont les prix sont bien plus élevés, dont l'installation exige des constructions spéciales fort coûteuses, et dont la masse très-lourde est difficile à transporter.

Ils sont essentiellement portatifs et peuvent être disposés n'importe où

Fig. 259. — Moulin à farine de M. Falguière, à Marseille.

sur un plancher, ou sur des pièces de bois enfouies dans le sol, au moyen de quelques boulons.

Par les dispositions particulières de leurs organes, aucun des appareils composant la minoterie ne craint le mouvement de tangage d'un navire, à bord duquel ils peuvent tous être placés et fonctionner aussi bien que sur un sol ferme.

La vapeur, l'eau, le vent, un cheval attelé à un manége, les bras de l'homme, etc., peuvent, suivant les besoins, les sites et les ressources, s'appliquer à la mise en mouvement de cette minoterie et produire une somme de travail qui variera nécessairement suivant la force appliquée, mais sans préjudice pour la qualité du travail, quelle que soit la vitesse donnée aux meules.

Les meules sont disposées verticalement et taillées en ailes, et peuvent servir à la trituration de toutes sortes de matières. Ce moulin, fig. 259, présente des avantages sur la plupart des appareils employés à la mouture des céréales et à la trituration des graines oléagineuses.

Les applications qui, déjà, en ont été faites, ont donné des résultats satisfaisants, autant par la quantité que par la qualité du travail produit.

Pour la trituration des graines oléagineuses, il fournit des résultats très-remarquables; il remplace avantageusement les moulins à grandes meules verticales et les laminoirs, qui sont très-coûteux, d'un entretien onéreux, et qui exigent une force motrice considérable.

Il est aussi employé avec succès au décorticage des cafés et autres graines.

Du reste, de simples modifications de détail rendent ce moulin propre à la trituration de diverses natures de produits.

La quantité de mouture produite varie, suivant la qualité que l'on veut obtenir, de 20 à 30 kilogrammes par heure et par cheval de force effective appliquée.

Fig. 260. — Nettoyeur de grains de MM. Falguière et Ce.

L'entretien des meules est des plus faciles : pour la farine, on les maintient parfaitement droites sur toute leur surface, sans entrée, celle des rayons étant suffisante pour l'introduction du blé. Pour les olives et les autres graines oléagineuses, on donne de l'entrée aux meules en raison de la grosseur des graines que l'on veut triturer; de même pour toute autre matière friable. Il est urgent de conserver rigoureusement la forme des rayons des meules. Il faut aussi, en montant les meules à leur place, s'assurer que l'emboîtage de l'arbre est parfaitement propre, afin d'éviter leur gauchissement.

Ce système de moulin peut être animé d'une grande vitesse sans inconvénient; la plus convenable est, pour la meule tournante, de huit cents tours environ par minute. A cette vitesse une paire de meules peut moudre, par heure, de 60 à 100 kilogrammes de blé, suivant la finesse des farines; 150 à 200 kilogrammes de maïs et autres grains grossiers; 450 kilogrammes environ d'olives, graines d'arachide, de sésame, de lin, de coton, ou autres dans la même proportion, en tenant compte des difficultés qu'elles pourraient présenter.

Le nettoyeur à blé (fig. 260) diffère des appareils de ce genre connus jusqu'à ce jour par le peu d'espace qu'il occupe; les pièces qui le composent sont réunies de manière à ne former qu'un ensemble facile à transporter et à installer, il présente l'avantage de pouvoir retenir le blé sous l'action du travail de nettoyage autant qu'il en est besoin et d'effectuer ce nettoyage dans un espace où le vide se produit constamment par le moyen d'un ventilateur,

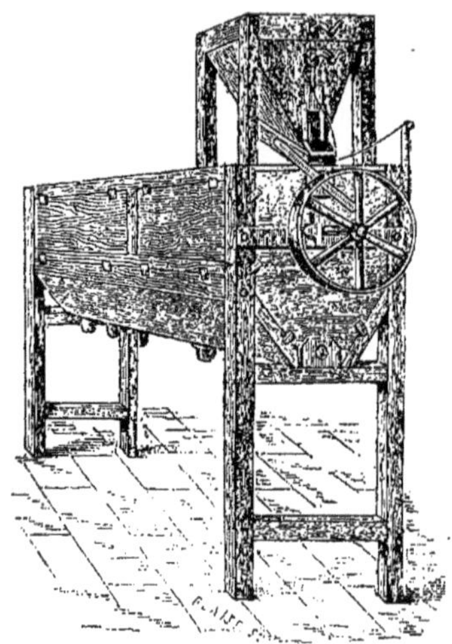

Fig. 261. — Blutoir à farine de MM. Falguière et Ce.

moyen avantageux qui permet d'enlever les poussières au même instant qu'elles se produisent.

La machine est complète; elle se compose : d'un remonteur, d'un cylindre émotteur, d'un double cylindre broyeur et cribleur, d'un ventilateur et d'un mouilleur que l'on règle à volonté. Elle a l'avantage, en prolongeant le conduit d'air du ventilateur en dehors de l'établissement, de ne répandre aucune poussière dans le local où elle fonctionne. Toutes les pièces dont elle est formée sont à l'abri de la partie terreuse. Une seule courroie motrice suffit pour faire fonctionner le tout, et aucune des courroies des divers organes dont se compose cette machine ne doit être croisée.

Pour qu'elle produise un bon travail, il faut que l'arbre moteur fasse de trois cents à trois cent cinquante tours par minute; à cette vitesse, le petit modèle nettoie environ 250 kilogrammes de blé par heure, et le grand modèle en nettoie environ 500 dans le même espace de temps.

La force dépensée par ces machines ne dépasse pas celle d'un cheval effectif.

Le blutoir (fig. 261) divise les farines et donne toutes les qualités comme les grands blutoirs ordinaires.

Ce résultat est produit avec des surfaces de tamisage extrêmement réduites (sans préjudice pour la bonne épuration du son) et par plusieurs systèmes de brosses circulaires ingénieusement établies dans le cylindre, à l'aide desquelles on obtient toutes les conditions d'un bon blutage.

La vitesse de ces blutoirs est d'environ quarante tours par minute.

Le petit modèle suffit pour bluter les produits d'un moulin et le grand modèle est suffisant pour le service de deux ou trois moulins.

Toutes ces machines sont solidement construites et bien conditionnées, elles

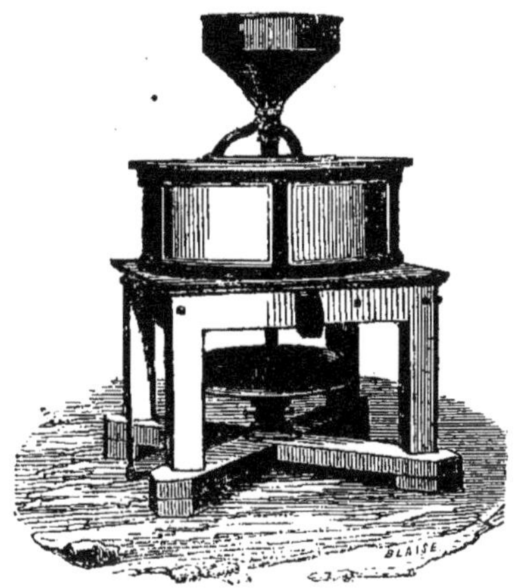

Fig. 262. — Moulin à farine de M. Pinet, à Abilly.

sont toujours essayées avant l'expédition, ce qui est une garantie pour l'acheteur ; toutefois le prix de ces machines est trop élevé pour qu'elles puissent être employées par les agriculteurs ; elles sont surtout destinées pour les minoteries, principalement celles des pays étrangers, et pourront être d'un bon emploi à bord des grands navires.

Moulin à farine de M. Pinet,
à Abilly.

Le moulin que représente la fig. 262 est construit pour marcher au moyen d'un manége. Les meules ont $0^{m},80$ de diamètre; en accomplissant cent cinquante évolutions par minute elles font un très-bon travail, et produisent, avec deux chevaux, de 40 à 50 kilogrammes de mouture par heure.

Ce moulin peut également servir à concasser l'orge pour les brasseries et les distilleries, ainsi que les grains destinés à la nourriture des bestiaux.

Fixé sur un bâti solide l'établissement de ce moulin se fait sans aucun frais, il suffit de mettre la poulie qui est placée sous les meules en communication avec une transmission qui reçoit le mouvement du moteur.

Nous avons fait placer plusieurs de ces moulins, un entre autres chez Mme de Morenghe; ce moulin fonctionne depuis trois ans, et la différence de la farine qu'on en obtient, comparée à celle que rendent les meuniers du pays, est telle que tous les ouvriers employés à la ferme demandent à recevoir une partie de leur salaire en farine. Le prix de ce moulin, non compris la bluterie, est de 550 francs, il pèse 896 kilogrammes. La bluterie avec poulies et courroies coûte 150 francs.

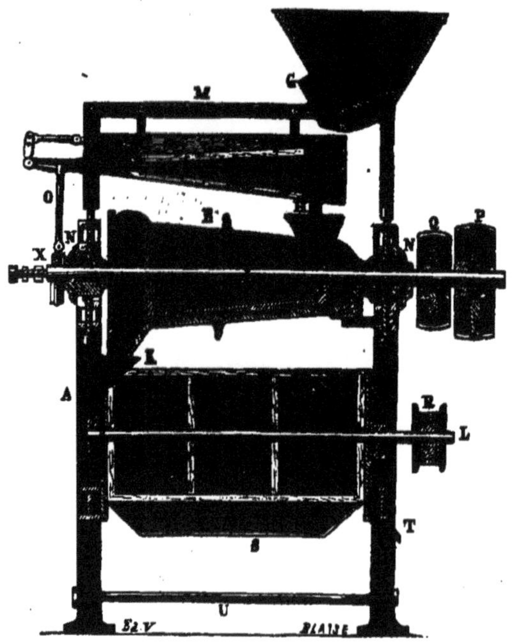

Fig. 263. — Moulin à farine de M. Baillargeon, à Rennes, coupe.

Moulin à farine de M. Baillargeon,
à Rennes.

Ce moulin, que nous représentons en coupe, fig. 263, et en perspective, fig. 264, diffère complétement des moulins ordinaires à meules horizontales; il est construit tout en fer et en fonte et se compose : d'un bâti solide AA, maintenant un corps creux B, à raies intérieures, dans lequel s'engage un cône cylindrique C, portant à la circonférence des sillons disposés en hélice; la partie inférieure du bâti porte un blutoir D. Au-dessus et maintenu par des bandes de fer est disposé un récipient à grilles ou nettoyeur E, qui reçoit le grain contenu dans la trémie F; les pierres et la poussière sont jetées en dehors.

Marche du moulin.— On place la courroie d'un moteur sur la poulie P, fixée sur l'arbre L, qui traverse le cône cylindrique C. Mettant le moteur en mouvement, il entraînera le cône avec une vitesse d'autant plus accélérée que la poulie commanderesse du moteur sera plus grande; si préalablement on a mis du grain dans la trémie F, il s'écoulera par le guichet G sur la grille du récipient E, suspendu à la traverse en fer M. Ce récipient recevant un mouve-

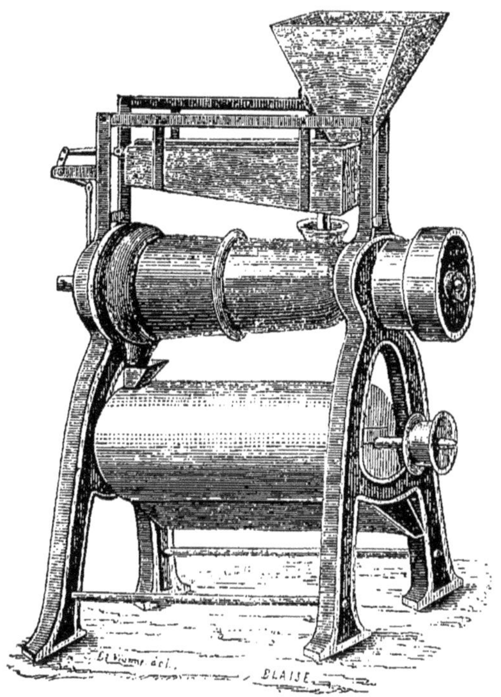

Fig. 264. — Moulin à farine de M. Baillargeon, à Rennes, perspective.

ment d'oscillation par la tige O, commandée par un excentrique, met en mouvement le grain qui tombe de la trémie; le bon grain passera en travers la grille et tombera par le tube H dans l'ouverture I en forme d'entonnoir; il sera entraîné par les sillons du cône C, et le frottement du cône contre les parois du cylindre le réduira en farine qui s'échappera par l'ouverture J et tombera en passant par l'entonnoir K dans le blutoir à brosses D. La farine divisée en trois qualités tombe du blutoir dans le récipient S et le son sort par l'ouverture T. Des petites caisses posées sur les tringles U, qui consolident le bâti, reçoivent la farine.

Le cône intérieur qui fait fonction de meule se règle par les vis NN et Z.

Le blutoir est commandé par la poulie Q au moyen d'une petite courroie passant sur la poulie à joues R, fixée sur l'arbre L'.

Nous avons vu fonctionner ce moulin pendant toute la durée du concours général à Paris en 1860. Il produisait, mû par un moteur estimé à un cheval vapeur, 30 kilogrammes de mouture par heure. Cet appareil se recommande par le bon travail qu'il exécute et par le peu de place qu'il occupe ; il peut servir au concassage et à la mouture de toute espèce de grains : blé, avoine, seigle, orge, sarrasin, maïs. Il coûte 350 francs.

Régulateur de moulin de M. Guillon.

Nous devons aussi signaler une application très-ingénieuse et très-simple, imaginée par M. Alexandre Guillon, de Saint-Amand-Mont-Rond (Cher) ; elle consiste en un système de régulateur qui, appliqué aux meules mues par des moteurs à vitesse variable, tels que le vent, les manéges, etc., permet d'obtenir, quelle que soit la variation de la vitesse et sans le secours du farinier, une mouture régulière. Ce système a été essayé au concours général en présence de plusieurs fariniers, avec une vitesse variant du simple au quintuple, et la mouture produite a toujours été parfaite et égale.

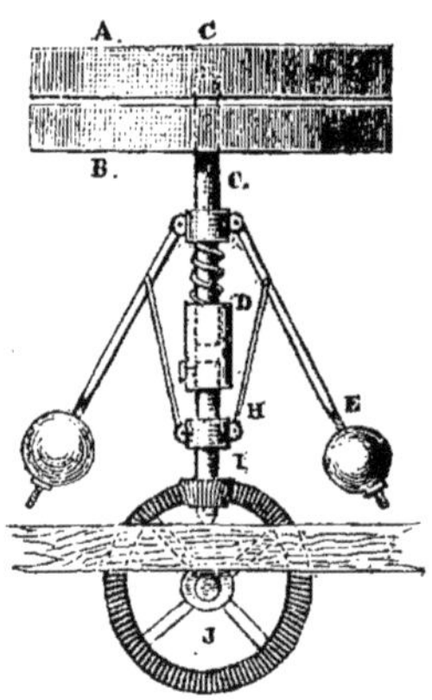

Fig. 265. — Régulateur Guillon.

Le régulateur de M. Guillon rendra des services, non-seulement aux meuniers, mais encore aux agriculteurs qui possèdent des moulins à farine. Il consiste en un régulateur ordinaire à lentilles E dont le collier inférieur H est fixé à l'arbre du pignon I, qui reçoit le mouvement par une roue d'engrenage J. A l'extrémité supérieure de l'arbre est fixé un tube D dans lequel entre l'arbre C qui traverse librement la meule inférieure B qui est complétement fixe, et est scellé dans la meule supérieure A qui est mobile ; le collier supérieur du régulateur est maintenu fixe à l'arbre : il est posé inférieurement sur un fort ressort à boudin. On comprend que selon la vitesse acquise et la rapidité de rotation, les lentilles du régulateur se rapprocheront ou s'écarteront en soulevant ou rapprochant les meules, de sorte que plus la vitesse sera grande, plus les meules se rapprocheront, et la résistance augmentant bientôt, la vitesse se régularisera.

Le moulin auquel M. Guillon avait appliqué son système avait des meules de $0^m,80$ avec la force d'un cheval ; elles faisaient cent trente évolutions par minute et produisaient de 40 à 50 kilogrammes de mouture de froment par heure. Toutefois il est probable qu'en travail continu, le rendement serait plus faible.

Concasseurs et broyeurs.

La question de l'alimentation économique du bétail est une de celles qui préoccupe le plus le monde agricole ; des expériences sérieuses et comparatives ont été faites et renouvelées sur une grande échelle pour arriver à connaître sous quelle forme il convenait de distribuer le grain aux animaux, et il en est résulté qu'il y a avantage à broyer l'orge et l'avoine de manière à rendre ces grains plus complétement assimilables par les organes digestifs. On a reconnu qu'il suffit pour cela d'aplatir ces grains comme l'indique les figures 266 et 267, et qu'il faut éviter de les réduire en farine; que les gros grains, tels que le maïs et les féveroles, profitent mieux aux animaux lorsqu'on les donne concassés, c'est-à-dire divisés en morceaux, qu'en les laissant entiers ; que, pour la nourriture des porcs, il est avantageux de moudre grossièrement les grains et de les distribuer délayés dans de l'eau.

Fig. 266. — Grain d'avoine naturel et aplati.

Fig. 267. — Grain d'orge naturel et aplati.

Les instruments propres à moudre, broyer ou concasser les grains peuvent être divisés en trois catégories : la première comprend les concasseurs qui pulvérisent complétement le grain et le rendent en mouture plus ou moins fine; la seconde se compose d'instruments formés de cylindres unis ou cannelés qui brisent et aplatissent, et la troisième comprend les aplatisseurs qui ne font que presser et écraser le grain sans le rendre en farine.

Les moulins à farine dont nous avons donné la description dans l'article précédent peuvent être employés à faire de la mouture grossière; pour cela il suffit d'écarter convenablement les meules, ce qui se fait avec la plus grande facilité. Aujourd'hui que l'avantage économique et hygiénique que procure le concassage des grains est reconnu, et que les instruments nécessaires pour faire cette opération sont acceptés par les cultivateurs, la plupart des constructeurs en fabriquent ; parmi les principaux nous citerons :

Concasseur à meules en pierre de M. Duvoir (Fig. 268).

Ce concasseur n'est autre qu'un petit moulin à farine composé de deux meules horizontales, établies sur un fort bâti en bois et surmontées par une trémie ; la meule courante est portée par un arbre horizontal muni d'une roue conique

Fig. 268. — Concasseur à meules en pierres de M. Duvoir.

Fig. 269. — Concasseur à meules en fonte de M. Duvoir.

engrenant un pignon solidaire avec une poulie que commande soit un manége, soit un moteur à vapeur ou hydraulique. M. Duvoir construit sur ce modèle deux concasseurs de grandeurs différentes : le premier, avec meules de 1 mètre de diamètre, exige la force de deux chevaux et coûte 650 francs; le second, avec meules de 50 centimètres, coûte 300 francs et peut être mis en mouvement par un manége de la force d'un cheval.

Le même constructeur établit aussi un concasseur avec meules en fonte garnies de lames en acier. Cet instrument est construit entièrement en fonte et en fer, mais le principe est le même que pour les précédents; la fig. 269 le fera très-facilement comprendre.

Concasseurs de MM. Clubb et Smith.

Nous avons examiné dans le dépôt de MM. Clubb et Smith, rue Fénelon, 9,

Fig. 270. — Concasseur de grains à cylindres cannelés de MM. Clubb et Smith.

à Paris, des concasseurs des trois systèmes et de toutes les dimensions depuis la force d'un homme jusqu'à celle de plusieurs chevaux ; nous avons tout particulièrement remarqué les concasseurs à cylindres unis destinés à aplatir les graines et ceux à cylindres cannelés spécialement destinés pour concasser les féveroles et le maïs, fig. 270, ainsi que plusieurs modèles de brise-tourteaux à simple et double effet, fig. 271. Les organes principaux de ces instruments consistent en deux ou quatre forts cylindres munis de dents disposées en pyramide qui saisissent les tourteaux disposés verticalement dans une trémie et les brisent ; les morceaux tombent sur une grille qui laisse passer la poussière. La maison Clubb et Smith fabrique quatre numéros de concasseurs de tourteaux au prix de 65 francs, 120 francs, 150 francs et 165 francs. Ces instruments sont faits en Angleterre et se recommandent généralement par une bonne construction et le bon agencement des divers organes qui les

Fig. 271. — Concasseur de tourteaux de MM. Clubb et Smith.

composent. Les prix varient nécessairement suivant le système et la force de l'instrument.

Concasseur de grains de M. Bodin.

Il se compose d'un fort bâti en fonte portant deux cylindres d'un égal diamètre à cannelures peu profondes. Cet instrument sert également de broie-ajoncs; il coûte 212 et 260 francs suivant la force. M. Bodin construit aussi un petit concasseur pour féveroles du prix de 100 franes, et un modèle spécialement destiné à briser les tourteaux de graines oléagineuses dont le prix n'est que de 68 francs.

Concasseur aplatisseur, système Turner, par M. Legendre, à Saint-Jean-d'Angély.

Cet instrument est une reproduction des aplatisseurs anglais; il se compose d'un bâti en fonte portant deux cylindres d'un diamètre différent et à surface unie. Le prix de cet instrument varie de 90 à 450 francs selon la force. M. Legendre construit également des brise-tourteaux, système anglais, du prix de 60 francs pour marcher à bras, et 125 francs pour marcher avec moteur.

Concasseurs de grains de M. Laurent.

Ces instruments sont à cylindres à cannelures obliques; ils fonctionnent très-convenablement et sont très-énergiques. Le broyeur de tourteaux construit par M. Laurent porte quatre cylindres ; c'est un instrument solide et qui fait un bon travail.

Concasseur à cylindres cannelés et concasseur aplatisseur de M. Peltier jeune, à Paris.

Le concasseur à cylindres cannelés que nous représentons fig. 272, n'offre rien de particulier. C'est un instrument solide et bien établi ; il coûte à Paris, 160 francs.

Fig. 272. — Concasseur à cylindres cannelés de M. Peltier jeune.

Les concasseurs aplatisseurs perfectionnés par M. Peltier ont été l'objet de distinctions particulières dans tous les concours où ils ont figuré, et leur mérite a été reconnu par plusieurs années de pratique. Ils se composent : d'un bâti en fonte portant deux cylindres à surface lisse et d'un diamètre inégal ; les cylindres se rapprochent ou s'écartent au moyen d'une vis à poignée fixée dans une des entretoises du bâti comme on le voit représenté dans les figures que nous donnons de ces instruments. Les cylindres sont indépendants ; le mouvement est donné au plus grand, qui entraîne le petit avec une vitesse en rapport avec son diamètre ; un volant posé sur le petit cylindre régularise sa course rotative ; sur l'arbre de ce cylindre est monté un système d'engrenage qui met en mouvement un papillon distributeur donnant passage au grain déposé dans la trémie qui le surmonte.

L'aplatisseur n° 1 est disposé pour marcher à bras d'homme ; les cylindres ont 0m,10 de largeur ; un seul homme peut débiter par heure de 100 à 120 litres d'avoine. Il coûte 200 francs.

Le n° 2 porte des cylindres de 0m,15 de largeur ; il exige la force de deux hommes, et peut aplatir 200 litres d'avoine par heure. Il coûte 300 francs. Avec le même instrument disposé pour être commandé par un moteur à manége ou

Fig. 273. — Concasseur aplatisseur Peltier, petit modèle.

à vapeur, en employant la force d'un cheval, on peut préparer de 4 à 5 hectolitres d'avoine par heure. Cet instrument porte le n° 3, et coûte 350 francs.

Le n° 4 est destiné pour les grandes exploitations. Les cylindres ont 0m,20 de largeur. Il exige deux chevaux de force pour fonctionner à cent quarante tours, et débiter de 6 à 7 hectolitres d'avoine à l'heure, et coûte 500 francs.

Le n° 5 est spécialement employé pour les industries qui exigent le broyage des grains et des graines, telles que les meuneries et huileries. Cet instrument a la force de deux forts chevaux, et peut aplatir par heure 12 hectolitres de grains. Il coûte 800 francs.

Fig. 274. — Concasseur aplatisseur Peltier, grand modèle.

Des hache-paille.

L'utilité des hache-paille n'est plus contestée par les cultivateurs, qui tous reconnaissent qu'il est avantageux de diviser et de mélanger les fourrages, principalement lorsqu'ils ne sont pas de première qualité, lorsqu'on les fait fermenter avec des résidus de distilleries, ou des racines coupées, ou encore lorsqu'on les fait cuire. Nous n'avons pas à nous préoccuper dans cet article des avantages que tel système de nourriture présente sur tel autre ; nous tenons seulement à signaler les bons instruments nécessaires pour la préparer, et à guider le choix du cultivateur.

Les principes essentiels qu'il convient d'examiner dans les hache-paille sont le système de coupe et celui d'entraînement, c'est-à-dire le mécanisme qui fait avancer le fourrage sous la lame du couteau ; il faut aussi que l'instrument soit solidement établi, et ne se disloque pas après quelque temps de travail ; c'est ce qui arrive trop fréquemment avec les instruments que l'on fabrique soi-disant pour les petites exploitations. C'est un grand tort, et c'est un reproche à faire aux mécaniciens, qui semblent oublier que 1,000 kilogrammes de fourrages hachés pour une petite exploitation fatiguent autant les machines que si on les hachait pour une grande exploitation. On devrait faire varier la grandeur de l'instrument, suivant la quantité de travail qu'on veut en obtenir, mais en lui conservant toujours la force nécessaire pour bien fonctionner, et éviter les fréquentes réparations.

L'oubli de ces simples notions, et aussi le besoin de faire du bon marché *au moins apparent*, sont cause que les petits agriculteurs emploient des instruments qui en très-peu de temps sont hors de service ; il en résulte une dépréciation générale qui arrête le progrès beaucoup plus qu'on est porté à le croire.

Le mécanisme de coupe peut être ramené à quatre systèmes :

Le premier est une lame maintenue à une extrémité par un œil goupillé, et portant à l'autre extrémité une poignée qui permet à l'ouvrier de la faire fonctionner ; la lame glisse ordinairement dans une rainure qui lui sert de guide. Ce système occasionne une grande fatigue et procure peu de travail : il est généralement abandonné.

Le second système se compose d'un tambour horizontal, sur lequel sont fixées hélicoïdalement plusieurs lames tranchantes : il n'est plus que rarement employé.

Le troisième consiste en un volant tournant verticalement, et portant une, deux ou trois lames courbes ou droites : c'est le plus généralement usité.

Enfin, le quatrième système a paru pour la première fois au concours général de 1860 : c'est un cylindre à hélice dont tout le développement est embrassé par une lame tranchante. Ce système est actuellement exploité par la maison Cail et Ce, qui saura y appliquer les modifications qu'il réclame pour devenir pratique, et dont la principale consiste dans l'application et le règlement de la lame tranchante. Si cette difficulté était vaincue, ce système, que l'on peut appeler à coupe continue, présenterait plusieurs avantages, dont un des principaux est d'exiger peu de force.

Le mécanisme qui fait avancer la paille sous le couteau peut, comme celu de la *coupe*, se réduire à quatre systèmes :

Le premier consiste en la main de l'homme qui pousse le fourrage sous la lame du couteau à mesure que celui-ci le coupe. Ce système, que l'on trouve dans les hache-paille dits Champenois et Allemants, est presque abandonné. Il permettait d'établir l'instrument à bas prix ; mais par contre, pour le faire manœuvrer l'ouvrier éprouvait une grande fatigue, et faisait peu de travail.

Le second consiste en deux cylindres striés de différentes manières, maintenus à une distance invariable entre eux et recevant le mouvement par une hélice ou roue sans fin établie sur le volant coupeur. Ce système est celui des petits hache-paille à main ; il présente plusieurs inconvénients. La distance des cylindres étant invariable, ainsi que l'ouverture du cadre dans lequel le fourrage passe pour se placer sous les couteaux, il faut pour que l'instrument fonctionne bien que l'alimentation soit toujours régulière, ce qui est extrêmement difficile à obtenir ; il en résulte que si l'alimentation est trop forte, les cylindres fatiguent, et on finit par faire sauter le cadre. Si, au contraire, elle est trop faible, les cylindres n'agissent plus que faiblement, et le fourrage n'étant plus suffisamment serré cède sous le couteau, qui mâche en quelque sorte la paille au lieu de la trancher net. L'hélice qui communique le mouvement aux rouleaux alimenteurs suffit lorsqu'on fait fonctionner l'instrument à bras d'homme avec une faible vitesse ; mais lorsqu'on travaille au moyen d'un moteur qui imprime une vitesse de quatre-vingts à cent tours, cet organe est usé en quelques jours.

Le troisième système, qui est aujourd'hui généralement adopté par les constructeurs, est d'introduction anglaise ; il se compose de deux cylindres superposés, unis ou diversement cannelés. Le cylindre inférieur est seul fixe dans ses coussinets ; le supérieur s'écarte ou se rapproche en entraînant la face supérieure du cadre, selon que l'alimentation est plus ou moins forte. Le mouvement est communiqué au moyen d'un système d'engrenages commandés par le volant coupeur, et la pression est réglée par un contre-poids qui passe sous l'instrument.

Le quatrième système consiste en deux cylindres mis en mouvement par un rochet. Ce système offre l'avantage d'équilibrer les résistances, l'avancement de la paille n'ayant lieu que par intermittence pendant l'intervalle que les couteaux ne fonctionnent pas ; par contre il présente l'inconvénient de se déranger fréquemment, surtout lorsque la vitesse imprimée au volant est un peu grande.

Les constructeurs de hache-paille sont nombreux ; nous ne mentionnerons que les principaux dont les instruments sont les plus connus.

Hache-paille de Dombasle.

Cet instrument est simple et solide ; le volant ne porte qu'une seule lame ; la longueur de la coupe peut être modifiée à volonté ; les cylindres sont cannelés et reçoivent le mouvement par un rochet. Un homme et un enfant de quinze à seize ans suffisent pour faire convenablement le service, et couper en une heure de 45 à 50 kilogrammes de paille sèche sur 1 centimètre de longueur, en imprimant au volant une vitesse de quarante à quarante-cinq tours à la minute. Mû par un moteur mécanique avec une vitesse de cinquante-cinq à soixante tours, le produit augmente dans une proportion très-grande. Cet instrument coûte, pris à Nancy, 230 francs.

Hache-paille, construit par M. Pinet, d'Abilly (fig. 275).

Il convient particulièrement pour les petites et les moyennes exploitations. Le bâti est en fonte ; deux lames courbes sont fixées sur les rayons d'un volant dont la circonférence forme poulie : le volant porte également une manivelle, ce qui permet de faire marcher l'instrument à bras d'homme ou par un moteur mécanique au moyen d'une courroie ; deux cylindres cannelés, dont l'un est fixe, l'autre libre entre deux coulisseaux et maintenu en contact du cylindre intérieur au moyen d'un levier portant un poids, entraînent la paille

Fig. 275. — Hache-paille Pinet.

sous les couteaux. Ces cylindres sont commandés par une vis sans fin montée sur l'arbre du volant qui porte les couteaux. L'orifice du tiroir est invariable, ce qui présente un inconvénient que nous avons déjà signalé. Cet instrument est solidement construit ; il fonctionne bien lorsqu'il est régulièrement alimenté. Il coûte, à Abilly, 125 francs et pèse 109 kilogrammes.

Hache-paille Duvoir.

MM. Dumont et Albaret, successeurs de M. Duvoir, construisent trois modèles de hache-paille : les nos 1 et 2, dont nous donnons une représentation très-exacte fig. 276, sont disposés pour être mus par un moteur mécanique ; la partie supérieure de l'orifice du cadre est mobile et le mécanisme est disposé de manière que la paille n'avance que par intermittence et après le passage des lames ; cette disposition permet de faire plusieurs longueurs de paille sans l'emploi d'aucune pièce de rechange. Le modèle no 1 est très-solidement construit ; il convient aux grandes exploitations, et coûte 300 francs. Le modèle no 2, plus particulièrement destiné aux moyennes exploitations, est plus petit et plus léger. Le no 3 est disposé pour être mû à bras ; il est construit sur le même principe que les précédents, c'est-à-dire que la paille n'avance que par intermittence. Il coûte 120 francs.

Fig. 276. — Hache-paille Duvoir.

Hache-paille de MM. Clubb et Smith.

La nombreuse collection de ces constructeurs se compose de quatorze modèles pouvant fonctionner indifféremment à bras d'homme, par manége ou par la vapeur; elle est très-remarquable, et plusieurs réunissent toutes les qualités désirables. Tous ces instruments sont à lames courbes établies sur le volant. L'orifice du cadre est mobile ainsi que le cylindre supérieur; plusieurs modèles sont munis d'un système de désembrayage qui permet d'arrêter instantanément le hache-paille, tout en laissant continuer la marche de la machine motrice. La fig. 277 représente un de ces instruments; cette disposition est très-avantageuse, surtout lorsqu'on fait marcher au moyen d'une transmission qui commande plusieurs autres machines.

Ces constructeurs ont aussi imaginé d'appliquer un concasseur sur le hache-paille (fig. 279), et de faire ainsi un instrument multiple : le mécanisme qui fait mouvoir le concasseur est extrêmement simple.

Ce système peut présenter quelques avantages pour les petites exploitations; mais pour peu qu'elles aient de l'importance, nous conseillerons de prendre des instruments indépendants; ils sont toujours plus simples, moins sujets aux accidents, et les réparations sont plus faciles.

Les prix des hache-paille de la maison Clubb et Smith varient de 86 francs à 305 francs, suivant la force de l'instrument.

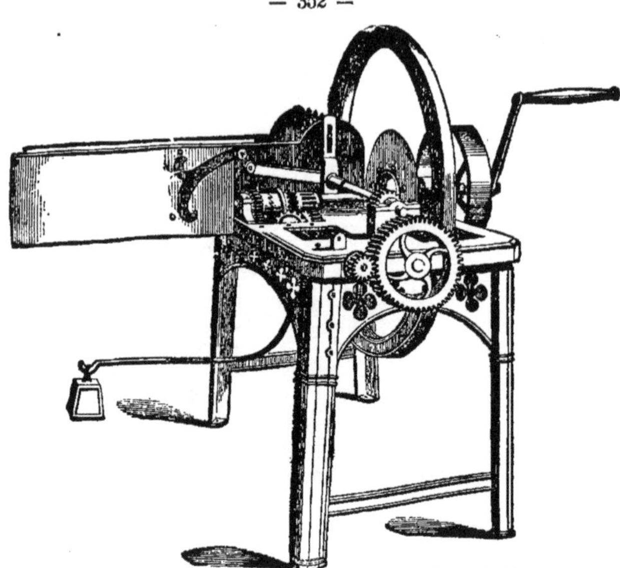

Fig. 277. — Hache-paille à déclic de Clubb et Smith.

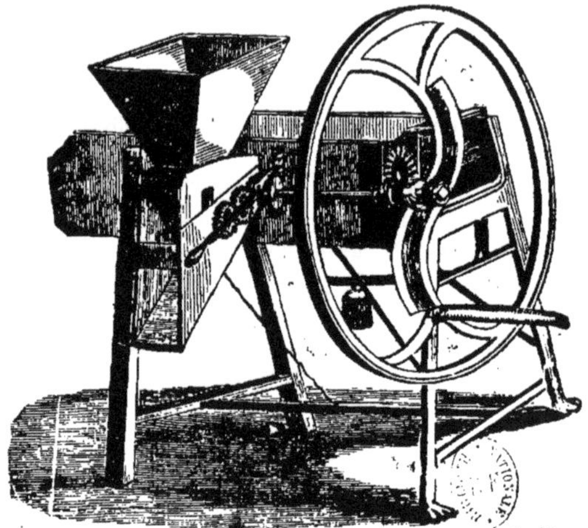

Fig. 278. — Hache-paille avec concasseur de Clubb et Smith.

Hache-paille de M. Peltier.

Ce constructeur fabrique plusieurs modèles de hache-paille d'après les meilleurs types anglais, parmi lesquels nous mentionnerons : 1° un petit modèle (fig. 279) ; l'ouverture du cadre est invariable et la commande des cylindres se fait au moyen d'une hélice : cet instrument, d'après ce que nous avons déjà dit précédemment, ne doit donc fonctionner qu'à bras d'homme, et par cela ne convient qu'à la petite culture ; il coûte 90 francs ; 2° un modèle perfectionné

Fig. 279. — Hache-paille Peltier, petit modèle.

Fig. 280. — Hache-paille Peltier, nouveau modèle.

et disposé pour être mû soit à bras d'homme, soit au moyen d'un moteur mécanique, fig. 280; le volant porte deux lames courbes ; les cylindres sont remplacés par deux séries de griffes, dont une est maintenue fixe dans ses coussinets, tandis que l'autre qui est mobile monte ou descend, en entraînant la partie supérieure du cadre, selon que l'alimentation est plus ou moins forte. Avec cet instrument on peut couper à bras d'homme environ 100 kilogrammes de paille à l'heure; en employant pour moteur un manége ou la vapeur, cette quantité peut être facilement triplée. Son prix est de 170 francs et 180 francs avec la poulie.

M. Peltier construit encore plusieurs modèles plus forts pour les distilleries et les grandes exploitations.

Nous aurions encore à citer parmi les bons hache-paille ceux de MM. Laurent, à Paris; Pernollet, à Paris; Legendre, à Saint-Jean-d'Angély; Châtillon, à Orléans, et tout particulièrement le grand hache-paille à rochet, de M. Bodin, de Rennes, instrument très-énergique et qui sert en même-temps de hache-ajoncs.

Laveurs de racines.

Avant de donner les racines et les tubercules aux animaux, il est nécessaire de leur faire subir deux préparations : la première consiste à les débarrasser autant que possible de la terre qui y reste adhérente, et la seconde, à les couper en tranches ou en cossettes. Ces préparations peuvent se faire à la main; mais ce moyen ne peut être employé que dans les très-petites exploitations, car il exige beaucoup de travail, et encore ne peut-on jamais les faire convenablement: on a donc été forcé de procéder mécaniquement, et pour cela on a inventé une quantité d'instruments que l'on peut réduire à deux espèces: ce sont les laveurs et les coupe-racines. Nous parlerons d'abord des premiers.

Les laveurs. — Ce sont des espèces de cylindres en bois ou en fil de fer et à claire-voie, dont l'axe légèrement incliné reçoit un mouvement de rotation par une manivelle ou par une poulie. Le cylindre plonge à moitié dans un coffre ou cuvier rempli d'eau ; il porte à l'une des extrémités une trémie dans laquelle on met les racines, et à l'autre une hélice qui fait sortir les racines du cylindre.

On comprend que le cylindre étant rempli au tiers ou au quart de racines, s'il reçoit un mouvement de rotation, les racines s'entre-choqueront et se frotteront contre les parois, ce qui les débarrassera de la terre qui y adhère.

Lorsqu'elles ne sont pas trop chargées de terre, il suffit de leur faire parcourir la longueur du cylindre pour les nettoyer complétement; mais lorsqu'elles ont poussé dans une terre grasse et très-adhérente le nettoyage devient plus difficile, et on est alors obligé de les laisser plus longtemps dans le cylindre :

pour cela, on lui imprime un mouvement de rotation dans le sens opposé de l'ouverture de l'hélice, ce qui empêche la sortie des racines, et lorsqu'elles sont suffisamment nettoyées, quelques tours dans le sens de la prise de l'hélice suffisent pour les faire sortir. Le cuvier doit porter à la partie inférieure un gros robinet ou une bonde qui permette de renouveler l'eau avec facilité. Presque tous les constructeurs fabriquent des laveurs ; nous en citerons trois modèles :

Laveur de racines de Crosskill (Fig. 281).

Cet appareil se fabrique aujourd'hui en France par plusieurs constructeurs ; il convient pour la petite et même la moyenne culture. Le cylindre est monté sur le coffre d'une grande brouette porté sur deux petites roues en fonte : cette

Fig. 281. — Laveur de racines, système Crosskill.

disposition permet de transporter l'instrument à volonté. Celui que nous figurons a été dessiné chez M. Peltier à Paris ; il se vend de 130 à 150 francs.

Laveur de racines de M. Champonnois pour distilleries (Fig. 282).

Cet appareil ne diffère des laveurs ordinaires que par ses dimensions, qui

Fig. 282. — Laveur de racines de M. Champonnois.

sont plus grandes et plus fortes, et par le cuvier qui est demi-circulaire ; coûte de 150 à 300 francs.

Laveur de racines de M. Pernollet,
à Paris (fig. 283).

Cet instrument est encore tout nouveau ; néanmoins d'après les essais qui ont été faits en notre présence, nous ne craignons pas de le recommander comme un appareil solide et très-énergique : à l'exception du bâti qui est en bois, tout le reste est en fer ; le cuvier est en tôle galvanisée, peinte au minium. Cette amélioration est très-grande, car le cuvier ne peut se déjoindre et perdre l'eau, et conséquemment ne présente pas l'inconvénient que l'on reproche avec raison aux cuviers en bois ; la trémie est en fonte, et le cylindre est formé par des tringles en fer. Le prix est de 160 francs.

Fig. 283. — Laveur de racines de M. Pernollet.

Coupe-racines.

Lorsqu'on se sert des racines pour la nourriture du bétail, il est indispensable de les diviser par morceaux, afin que les animaux puissent les broyer. Dans les très-petites exploitations, cette opération se fait plus ou moins bien à la main au moyen d'un couteau ou d'une bêche; mais pour peu que la quantité de racines à employer soit considérable, on éprouve le besoin d'un instrument qui abrége, facilite et régularise le travail. Pour atteindre ce but, on en a imaginé un grand nombre d'un usage plus ou moins commode ; nous citerons les principaux.

Coupe-racines à disque de M. de Dombasle.

Ce système est le plus répandu ; il se compose d'un disque en fonte portant trois ou quatre couteaux. Le disque tourne verticalement et affleure le côté ouvert d'une trémie en fonte dans laquelle on met les racines à couper. L'épaisseur de la tranche à couper est déterminée par la saillie des couteaux en dehors de la surface unie du disque, de sorte que plus on fait dépasser le tranchant, plus la tranche est épaisse : les lames ou couteaux sont maintenus sur un talon incliné au moyen de deux boulons ; on les fait reculer ou avancer avec la plus grande facilité ; elles sont unies ou à dents, selon que l'on veut couper des tranches plates pour l'espèce bovine, ou des cossettes plus convenables pour les moutons. Le prix de cet instrument est de 130 francs avec lames unies, et 135 francs avec lames dentées.

Coupe-racines de M. Bodin.

Cet instrument est du système des coupe-racines à disque vertical. La partie supérieure de la charpente forme trémie ; le disque est en fonte et muni de trois lames, dont la disposition particulière facilite la coupe et diminue la résistance.

Fig. 284. — Coupe-racines de M. Bodin.

M. Bodin construit deux numéros, qui ne diffèrent que par le diamètre du disque. Les prix sont, avec lames unies, 90 et 60 francs, et, avec lames découpées ou dentées, 98 et 65 francs.

Coupe-racines de MM. Clubb et Smith.

Nous nous sommes souvent élevé contre l'anglomanie de certaines personnes, qui ne trouvent bon et bien fait que ce qui vient de nos voisins d'outre-mer. Cependant, si nous critiquons l'exagération, nous sommes aussi les premiers à reconnaître que, si quelques fabricants anglais ont inondé la France de machines de pacotille, il est d'autres maisons qui se respectent, et qui fournissent d'excellents instruments. De ce nombre sont MM. Clubb et Smith, de Londres, qui ont établi à Paris, rue Fénelon, n° 9, un dépôt des principaux instruments de leur fabrique.

Leurs coupe-racines sont à disque, tout en fer et en fonte et très-solidement établis ; nous recommandons particulièrement un modèle ayant des lames pleines d'un côté et à dents de l'autre ; la trémie, très-grande, est munie d'une cloison qui permet de couper alternativement, et à volonté, soit par tranches, soit en cossettes. Le disque est recouvert. Cet heureux perfectionnement, que nous voudrions voir généralement adopté, préviendra les accidents trop nombreux auxquels sont exposés les ouvriers qui desservent ces machines. Ces instruments coûtent, à Paris, de 165 à 202 francs, suivant les dimensions. Les petits modèles, avec charpente en bois, ne coûtent que de 50 à 110 francs.

Coupe-racines de M. Pernollet.

Cet instrument se distingue des coupe-racines à disques par la disposition de ses lames.

Dans le nouveau système de lames appliqué par M. Pernollet, chaque dent

Fig. 285. — Coupe-racines de M. Pernollet.

est entièrement séparée l'une de l'autre ; elles sont fixées chacune par une vis dans une rainure préparée, juste de leur largeur, de telle sorte qu'un accident à l'une d'elles ne porte aucun tort aux autres. La réparation se fait instantanément et presque sans frais à la ferme, puisqu'il n'y a que la dent cassée à remplacer. Il n'en est pas de même quand il faut changer une lame entière, que l'on ne peut pas toujours se procurer, et dont la réparation devient coûteuse, et quelquefois difficile, vu le manque d'ouvriers spéciaux dans les petites localités. Cette nouvelle disposition sera particulièrement appréciée par les agriculteurs qui cultivent des racines dans les terrains caillouteux ; nous devons ajouter que cet instrument est très-solidement construit.

N° 1....................	coupant à l'heure.......	150 kil.	vaut	45 fr.
N° 2....................	—	250	—	65
N° 3, grille en contre-bas.	—	600	—	90
N° 4. —	—	1,000 à 1,200	—	150

Coupe-racines de M. Peltier.

Les coupe-racines à disque vertical, construits par M. Peltier, sont entièrement en fonte et en fer ; le disque porte trois ou quatre lames, suivant la force de l'instrument ; les lames sont unies ou dentées, à la volonté de l'acheteur, et à l'exception du petit modèle, destiné aux petites exploitations et disposé pour marcher seulement à bras, les autres sont munies d'une poulie qui permet de les faire marcher par un moteur mécanique. La fig. 286 représente le petit modèle, que nous ne recommandons toutefois que pour les toutes petites

Fig. 286. — Petit coupe-racines de M. Peltier.

exploitations; car la trémie, qui est un peu trop faible, est promptement usée lorsque l'instrument fatigue. Celui à quatre lames, que représente la fig. 287, est, au contraire, un instrument solide, et pouvant rendre de bons services : il coûte de 90 à 110 francs.

Fig. 287. — Coupe-racines à quatre lames de M. Peltier.

Fig. 288. — Coupe-racines à six lames de M. Rouot.

Coupe-racines de M. Rouot (Fig. 288).

Les coupe-racines fabriqués par M. Rouot ont beaucoup d'analogie avec celui de M. de Dombasle. Ils sont solides et très-énergiques; la trémie est en bois, et le disque, qui est en fonte, porte quatre, six ou huit lames ; les couteaux sont unis ou dentés. Les prix varient, suivant la force de l'instrument, de 50 à 120 francs.

Coupe-racines de M. Pinet (Fig. 289).

Cet instrument est intermédiaire entre les coupe-racines à disque et les coupe-racines coniques. Il se compose d'un bâti très-solide sur lequel est disposée une grande trémie dont un des côtés qui est incliné est à jour, afin de

Fig. 289. — Coupe-racines de M. Pinet.

laisser passer les pierrailles et la terre qui adhèrent aux racines, et d'éviter l'action des couteaux. L'organe coupeur est un disque conique portant quatre lames unies ou dentées. Sa circonférence affleure un des côtés de la trémie ; le disque est traversé par un arbre tournant dans des paliers et portant un volant auquel on adapte une manivelle ; les racines coupées tombent sur un plan incliné et sont reçues dans des corbeilles ou tombent sur un plancher spécialement disposé pour les recevoir. Cet instrument est encore nouveau, il est parfaitement établi, et nous semble réunir toutes les conditions de solidité désirable. La forme du disque doit évidemment faciliter le coupage des racines et prévenir l'engorgement dans la trémie, ce qui a lieu assez fréquemment avec les coupe-racines à disque plan, lorsque l'alimentation se fait irrégulièrement. Le prix est de 80 francs.

Coupe-racines à tambour.

Cet instrument est d'invention anglaise; il est remarquable par sa forme, par la disposition de ses lames et par le peu de force qu'il exige. Les organes principaux sont un cylindre en fonte sur lequel est ajustée une enveloppe en tôle d'acier découpée, à bords tranchants, de manière à former des lames d'environ 4 centimètres de longueur, avec un retour sur le cylindre de 1 à 2 centimètres de hauteur ; ces lames sont disposées pyramidalement, elles font l'office d'emporte-pièces, et les morceaux coupés ont toujours une épaisseur et une longueur uniformes.

Fig. 290. — Coupe-racines à tambour.

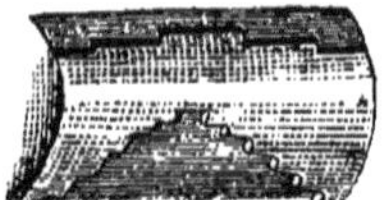

Fig. 291. Disposition des lames à double effet.

Le cylindre est ouvert par les côtés, il est fixé sur un arbre horizontal, qui porte vers l'une des extrémités un volant sur un des rayons duquel on a attaché une manivelle ; le tout est établi sur un fort bâti en bois et surmonté d'une trémie qui est à claire-voie dans son côté le plus incliné, de sorte que les matières étrangères qui restent adhérentes aux racines puissent s'échapper.

Les lames sont disposées en sens inverse sur le cylindre ; d'un côté le bord est à large section et de l'autre la tôle forme des retours perpendiculaires tranchants. Cette disposition fait de ce coupe-racines un instrument à double action, et permet d'obtenir alternativement soit des petits parallélipipèdes pour la ration des moutons, soit des tranches pour les gros bestiaux, selon qu'on tourne la manivelle dans un sens ou dans l'autre. — Il coûte, pris à Paris, 200 francs, chez M. Laurent, mécanicien; avec la force d'un homme, on peut couper 1,500 kilogrammes de betteraves par heure.

M. Laurent construit également des coupe-racines à disque, montés sur bâtis en bois et munis de trémies bien disposées ; les prix de ces instruments varient, suivant leur force, de 75 à 160 francs.

Coupe-racines de M. Champonnois.

Les coupe-racines à disque, très-convenables pour les cultivateurs qui n'ont pas une très-grande quantité de racines à couper, présentaient pour les distilleries des inconvénients graves auxquels M. Champonnois avait déjà remédié par son coupe-racines à cône renversé et arbre vertical, aujourd'hui employé dans la plupart des distilleries agricoles.

Fig. 202. — Coupe-racines Champonnois.

Dans les premiers, la betterave s'engageant dans une trémie, est entraînée plus ou moins fortement vers le fond par l'action des couteaux, soit à raison de l'inclinaison de la trémie, soit par la forme ou la disposition de la betterave, ce qui nécessite des soins ou même un effort de l'ouvrier pour pousser la betterave sous les couteaux, quand elle ne s'y engage pas naturellement; ou bien, si elle s'engage trop, elle force contre le disque et le sollicite à s'éloigner de la trémie, ce qui ouvre un passage aux dernières plaques de betteraves, qui sortent alors sans être divisées, ou le sont irrégulièrement.

Le coupe-racines à cône renversé remédie à ces inconvénients; la betterave, présentée naturellement et par son seul poids à l'action des couteaux, est régulièrement divisée jusqu'aux derniers morceaux, de plus cet instrument fait beaucoup plus de travail que ceux à disque. M. Champonnois affirme qu'il peut diviser par heure de 3 à 4,000 kilogrammes de betteraves avec un moteur de la force de un à deux chevaux.

La fig. 292 représente cet instrument en perspective. Il se compose d'un cylindre conique muni de huit lames dentées qui se fixent extérieurement au moyen de boulons posés dans des rainures ménagées dans les renflements contre lesquelles les lames sont solidement fixées par des écrous ; le dessus du cône est recouvert d'un chapeau fixe dans lequel sont ménagées deux grandes ouvertures par lesquelles on introduit les racines ; contre le chapeau est appliquée solidement une palette en fonte que l'on voit dans la figure et qui descend jusqu'au fond du cône ; le chapeau est recouvert par une armature fixe traversée par un arbre horizontal qui est muni d'une roue d'angle, et qui porte à l'une des extrémités deux poulies dont l'une est fixe et l'autre folle; la roue d'an-

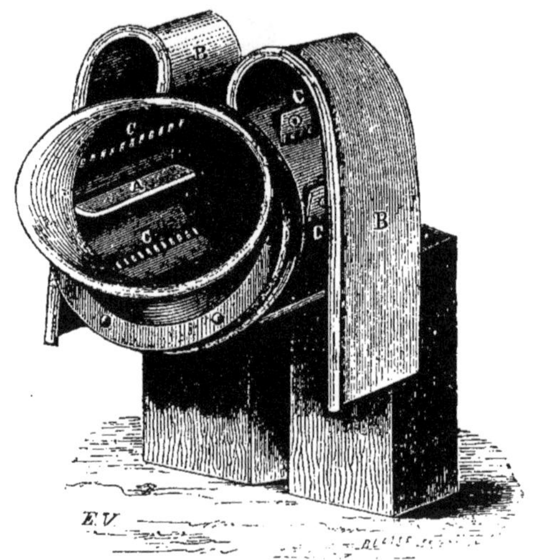

Fig. 293. — Nouveau coupe-racines de M. Champonnois.

gle communique le mouvement à un pignon d'angle adapté à l'extrémité d'un arbre vertical solidaire avec le cône qu'il traverse pour se poser dans une crapaudine dans laquelle il tourne librement; on comprend que les betteraves ne pouvant participer au mouvement de rotation imprimé au cône, arrêtées qu'elles sont par la palette fixe, sont exposées à l'action des lames qui les débitent en lanières d'environ 5 millimètres de largeur sur 3 millimètres d'épaisseur.

Cet instrument est simple et très-solide ; son débit est variable et dépend de la vitesse imprimée au cône. Il se vend 300 francs.

Nouveau coupe-racines Champonnois. — Ce nouveau coupe-racines est, comme le précédent, tout particulièrement destiné aux distilleries agricoles ; le principe sur lequel il est établi diffère de tous ceux qui l'ont précédé, en ce que dans ceux-ci c'était la partie armée de lames qui tournait, la betterave restant fixe, tandis que pour le nouveau, c'est le contraire : le tambour qui porte les lames est fixe, et la betterave est mise en mouvement par l'impulsion de deux palettes dont est armé l'arbre moteur.

Le coupe-racines à cône renversé remédiait à la plupart des inconvénients que présentaient ceux à disque; mais la disposition verticale de l'arbre exigeait des engrenages d'angle et une double transmission, ce qui compliquait sa construction, et donnait lieu par ces engrenages à un bruit assez incommode: l'impulsion donnée au tambour augmentait aussi les chances de rupture de l'instrument, en ajoutant aux chocs accidentels qu'il pouvait recevoir par les corps durs, pierres, etc., qui se trouvent mêlés aux betteraves, l'effort de projection imprimé à toutes les parties par la force centrifuge.

Le nouveau coupe-racines est exempt de ces inconvénients : son tambour est fixe, et la betterave qui y est introduite et qui est entraînée circulairement par les palettes obéit à la force centrifuge qui la pousse contre les lames. L'effet utile de cet instrument est donc réglé par la vitesse donnée à la betterave ; et comme toute la surface intérieure garnie de lames peut être pleine de betteraves, toutes les lames agissent à la fois, tandis que dans les anciennes dispositions, il n'y avait guère plus d'une lame ou deux agissant en même temps. Le produit est donc le plus grand qui puisse être obtenu, par rapport à la surface agissant ou au nombre des lames.

Toutes les lames étant fixées, on peut s'assurer du fonctionnement de chacune d'elles, juger de celle qui n'est pas assez avancée et de celle qui l'est trop, pour les régler à volonté.

Avec cet instrument la division des racines est des plus régulières, condition essentielle pour la distillation, car la macération s'exerçant ainsi également sur toutes les parties, on obtient plus facilement l'épuisement régulier de toute la masse.

Enfin, il peut se poser avec la plus grande facilité et dans toutes les directions soit contre un mur, soit contre un poteau, sans craindre les ébranlements que produisent tous les appareils tournants.

Le dépôt de ce coupe-racines est chez M. Peltier jeune, 45, rue des Marais-Saint-Martin, à Paris ; le prix est de 200 francs.

Coupe-racines de M. Duvoir.

L'important établissement de Liancourt se trouvant situé dans une des contrées où la culture des racines est la plus développée, M. Duvoir a nécessairement dû construire plusieurs systèmes de coupe-racines pour satisfaire aux exigences des cultivateurs. Nous mentionnerons particulièrement son *coupe-racines à plateau horizontal*, fig. 294.

Le disque porte trois lames en scie et à dents soulevées de manière qu'elles enlèvent des prismes triangulaires réguliers. Cet instrument est très-énergique

Fig. 294. — Coupe-racines à plateau horizontal de M. Duvoir.

Fig. 295. — Coupe-racines à disque de M. Duvoir.

et solide ; on peut couper par heure, en employant la force d'un cheval, de 1,200 à 1,500 kilogrammes de racines.

La fig. 295 représente un coupe-racines à disque pouvant marcher soit à bras, soit par un moteur mécanique ; cet instrument est tout en fer et en fonte, et le disque est recouvert, excellente disposition que nous avons déjà signalée dans un des coupe-racines de MM. Clubb et Smith. La trémie est en fer et à jour. La fig. 296 représente un instrument du même système à double effet, c'est-à-dire avec lequel on peut alternativement couper en tranches pour la ration de l'espèce bovine, et en prismes pour celle des moutons ; ce changement de coupe s'obtient en renversant une cloison qui est établie dans la trémie,

Fig. 296. — Coupe-racines à double effet de M. Duvoir.

et en faisant tourner le disque dans le sens opposé. Ces deux instruments sont élégamment construits, et sont d'une grande solidité.

Coupe-racines champenois construit par M. Paul-François, à Vitry-le-Français.

Quoique le travail des animaux et des moteurs inanimés tende à se substituer de plus en plus à celui fait à bras d'homme, il n'en est pas moins vrai que pendant longtemps encore la petite culture se servira d'instruments à bras, parce que les grandes machines sont d'un prix trop élevé. A ce point de vue, les fabricants d'instruments spécialement appropriés pour la petite culture méritent des encouragements, surtout lorsqu'à une fabrication irréprochable se joint le bon marché ; à ce titre, nul ne mérite plus que M. Paul-François, cultivateur à Vitry-le-Français.

Son coupe-racines *champenois*, fig. 297, devrait se rencontrer dans toutes les petites exploitations ; c'est un instrument à la fois simple et solide qui ne coûte que 12 francs.

Il se compose d'une trémie A, dont le fond est formé par une planchette munie d'une poignée B, et maintenue à une extrémité par un boulon ; elle est percée d'une rainure longitudinale et porte une lame tranchante, que l'on peut éloigner ou rapprocher à volonté de la planchette, selon que l'on veut couper plus ou moins épais. Le tout est assujetti sur un bâti triangulaire monté sur trois pieds.

Lorsqu'on veut faire fonctionner l'instrument, on introduit des racines dans

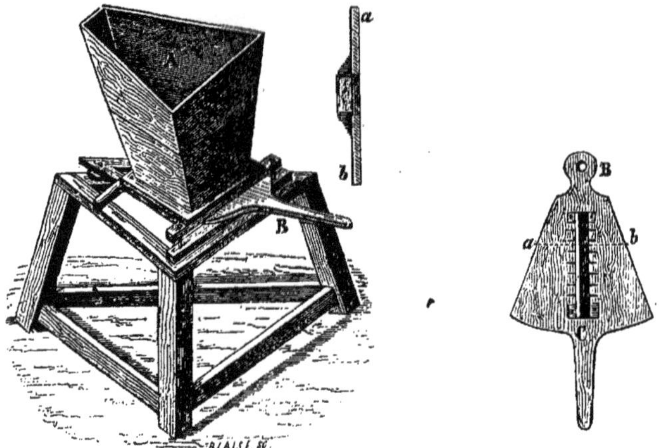

Fig. 297. Coupe-racines champenois de M. Paul-François. Fig. 298. Planchette porte-lames.

la trémie, on imprime un mouvement de va-et-vient à la planche, et les racines sont coupées par la lame, en rubans qui tombent dans un panier qu'on place au-dessous de la trémie, entre les pieds du bâti. La coupe *a b*, que nous avons figurée à une échelle double de celle de la planchette porte-lame, indique clairement la disposition de la lame.

La fig. 298 représente la planchette porte-lame placée sous la trémie ; B est le point d'attache, et C la poignée ou queue qui sert à la faire manœuvrer.

Nous préférons de beaucoup cet instrument à celui inventé par M. Amédée Durand, et construit par M. Legardeur, mécanicien à Blercourt. Ce coupe-racines se compose d'une trémie, au fond de laquelle se trouve une planche qui glisse dans des coulisseaux. Cette planche porte à son milieu une lame à double tranchant, ce qui permet de couper en allant et en venant. La manœuvre de cet instrument doit être de beaucoup plus fatigante que celle du coupe-racines de M. Paul-François ; de plus, il coûte 30 francs. Nous trouvons ce prix élevé pour le travail qu'on peut obtenir avec cet instrument.

Pulpeur de MM. Clubb et Smith (Fig. 299).

Afin de rendre l'assimilation des aliments plus complète, les constructeurs anglais ont inventé le pulpeur ; cet instrument tient le milieu entre la râpe et le coupe-racines et réduit les racines en une espèce de pâte. Il est très-peu employé en France, et même en Angleterre un grand nombre de cultivateurs l'ont abandonné.

Fig. 299. — Pulpeur de MM. Clubb et Smith.

On pourrait l'employer avantageusement pour broyer les pommes à cidre ; il les écraserait infiniment mieux que les broyeurs ordinaires, et permettrait, par conséquent, d'en retirer une plus grande quantité de jus sans plus de frais.

Cet instrument est tout en fonte ; il coûte à Paris 170 et 260 francs, suivant la force.

Cuisson des aliments pour le bétail.

La théorie indique et la pratique est venue confirmer que certains aliments sont mieux assimilés par les bestiaux lorsqu'ils leur sont donnés cuits ; il en est ainsi principalement pour les pommes de terre, les racines fibreuses, le gros foin et la paille, surtout lorsque ces fourrages sont de médiocre qualité.

On fait cuire les aliments dans l'*eau*, à *sec* ou par la *vapeur ;* ces moyens ne présentant pas tous les mêmes avantages, il convient d'employer celui qui en offre le plus ; dans tous les cas, la cuisson doit être faite promptement et économiquement, afin que le supplément de valeur acquis par les aliments soit supérieur aux frais de combustible, de manipulation et d'usure des appareils.

La cuisson dans l'eau convient pour les substances sèches, le foin, la paille, les siliques, etc., enfin pour toutes les substances alimentaires dures et coriaces que l'eau peut ramollir ; mais elle n'est pas aussi favorable pour la cuisson des racines aqueuses, telles que les betteraves, rutabagas, pommes de terre, etc., parce que ces aliments contiennent déjà beaucoup d'eau de végétation, et qu'ils peuvent encore en absorber lorsque la cuisson est mal conduite ; alors, au lieu de s'améliorer, ils deviennent mauvais, insipides et profitent peu au bétail qui ne les prend pas avec plaisir.

Lorsque l'on est obligé faute d'appareil de faire cuire à l'eau, il faut employer le moins de liquide possible, et il est bon avant de chauffer les substances dures et coriaces, de les faire macérer pendant vingt-quatre heures ; on pousse ensuite vigoureusement l'opération, et aussitôt qu'elle est terminée, on doit sortir les aliments des vases pour faire autant que possible évaporer l'humidité.

La cuisson par l'eau, pour être faite convenablement, exige du soin et nécessite plus de combustible que par la vapeur.

La cuisson à sec n'est pratiquée que sur des substances assez aqueuses pour produire beaucoup de vapeur.

Ce mode de préparation corrige les inconvénients des fourrages trop aqueux, et forme des aliments substantiels très-appétés par le bétail ; il peut encore se pratiquer dans des fours qu'on chauffe économiquement ; mais il est très-onéreux et la grande culture n'en fait pas usage. Ce procédé n'est guère employé que par quelques petits ménagers.

La cuisson par la vapeur est le procédé le plus usité et le seul qui convienne à la culture ; c'est le plus économique et celui qui donne les meilleurs résultats.

La vapeur cuit uniformément sans soins, elle ramollit les substances sèches, et rend les aliments plus sapides.

Pour le pratiquer, on construit des fourneaux très-simples dans lesquels le combustible produit beaucoup d'effet. L'appareil peut ne se composer que d'une chaudière où la vapeur est formée ; quelques agriculteurs même, pour éviter les frais, emploient une chaudière sur laquelle ils placent un tonneau percé de petits trous inférieurement et dans lequel ils mettent les substances à cuire. On a inventé des appareils plus parfaits, qui permettent d'opérer avec plus de facilité et d'économie. Parmi les plus convenables nous citerons :

L'appareil imaginé par M. Clamageran, à la Lambertie, près Sainte-Foy

(Gironde), fig. 300, qui peut servir simultanément à cuire les aliments des hommes et des animaux.

Le fourneau, figuré au centre, contient l'eau qui doit être vaporisée ; il se compose d'un foyer *A* avec sa porte et sa grille, d'un robinet *B* pour prendre de l'eau chaude pendant le fonctionnement de l'appareil. En *C* est une cuvette en fonte pour l'alimentation ; au moyen d'un tube plongeant au fond de l'appareil, elle indique le niveau de l'eau, qui doit toujours affleurer le fond de la cuvette. En cas d'inattention du chauffeur, la vapeur, en acquérant trop de tension, fait déborder l'eau et avertit ainsi qu'il y a imprudence. *DD* sont des robinets par lesquels la vapeur, passant dans les tuyaux en cuivre, se rend dans les tonnes *LL* en bois, cerclées en fer. Un tuyau placé dans l'intérieur de ces tonnes force la vapeur à se répandre également dans la masse de la matière à cuire ; cette disposition remédie parfaitement au défaut de la plupart

Fig. 300. — Appareil pour cuire simultanément la nourriture des hommes et des animaux.

des appareils où la vapeur ne cuit les racines que par place. *MM*, lourds couvercles en bois ; *PP*, pivots par lesquels la tonne repose sur les chaises *NN* en fonte, glissant par des galets sur les rails *O*. La cuisson finie, on fait glisser la tonne en arrière, on la culbute sur son pivot, et on peut enlever aisément son contenu.

Outre l'avantage d'une grande surface de chauffe, due à la disposition intérieure du foyer et du tuyau de fumée, le générateur présente à son plateau supérieur trois trous destinés à recevoir des ustensiles de cuisine ; l'air chaud circulant sous le plateau détermine une prompte cuisson des aliments ; l'appareil sert donc en même temps de fourneau économique.

Les deux tonnes contiennent 6 hectolitres de racines, tubercules ou foin haché ; on peut les cuire en une heure et demie. Les deux récipients permettent de cuire pour des animaux d'espèce différente ou qui ne sont pas soumis au même régime. La dépense pour la cuisson varie nécessairement suivant le prix du combustible ; elle peut être évaluée en moyenne de 17 à 18 centimes par hectolitre.

Le prix de l'appareil complet, avec les deux tonnes, est de 320 francs. M. Clamageran fait exécuter un modèle pour petite exploitation, qu'il vend 220 francs.

L'appareil économique de M. Pernollet, rue Saint-Maur, à Paris, est d'une très-grande simplicité. Il se compose d'un foyer en fer, d'une chaudière et d'un réservoir d'eau en cuivre, et de deux cuves en bois, fermées par des couvercles en tôle.

Le foyer est très-grand, il peut être alimenté avec toute espèce de combustible, même des broussailles.

La chaudière est traversée par la cheminée ; elle est disposée de manière

Fig. 301. — Appareil à cuire les aliments des animaux, de M. Pernollet.

à utiliser le mieux possible le calorique, et elle est surmontée par un réservoir d'eau chaude qui sert soit à l'alimenter, soit pour d'autres usages.

Le réservoir qui est placé au-dessus de la chaudière alimente seul cette dernière, par le moyen d'un flotteur en cuivre qui fait fermer ou ouvrir un robinet, placé au-dessous du réservoir. Si l'eau diminue dans la chaudière, le flotteur descendant fait ouvrir le robinet, et l'eau une fois à la hauteur voulue, le robinet se trouve fermé.

Ce robinet demande pour bien fonctionner de la graisse tous les deux ou trois jours, graissage des plus faciles, puisque le couvercle de la chaudière s'enlève.

Les cuves sont cerclées en fer, elles sont montées à bascule de manière à être vidées avec facilité, sans qu'on soit obligé pour cela de les séparer de la chaudière.

Pour la cuisson des racines coupées, les cuves sont munies de grilles qui laissent passage à la vapeur, et facilitent l'uniformité de la cuisson.

Cet appareil, avec cuves contenant chacune 1 hectolitre, coûte 220 francs; avec cuves de 2 hectolitres, 280 francs, et avec cuves de 3 hectolitres, 380 francs.

L'appareil Charles (fig. 302) est une copie modifiée de celui de Stanley, qui a une grande vogue en Angleterre ; il est construit en tôle galvanisée et se compose d'un générateur à vapeur renfermé dans une enveloppe en forme de calorifère ; la partie inférieure forme le foyer. On emplit d'eau le générateur par un entonnoir placé sur le dôme de l'appareil ; la vapeur communique par deux tuyaux dans les cuviers A B.

Le cuvier A est maintenu sur deux supports *a a*, ce qui permet de le vider et de le nettoyer avec facilité ; le cuvier B est fixe et placé sur un foyer, ce qui permet de l'employer pour la lessive ou pour chauffer de l'eau.

Fig. 302. — Appareil à cuire les aliments des animaux, de MM. Charles et Ce.

Cet appareil est bien construit, et coûte, y compris les cuviers, de 350 à 450 francs.

L'appareil Stanley est le plus parfait que nous connaissions ; il a servi de modèle à ceux que nous venons de décrire ; mais étant beaucoup plus compliqué que les appareils français, il coûte nécessairement plus cher, et c'est ce qui empêche sa propagation ; d'ailleurs les systèmes français que nous venons de décrire remplissent complétement le but et opèrent avec non moins d'économie. Cet appareil, de construction anglaise, se trouve chez MM. Clubb et Smith, 9, rue Fénelon, à Paris.

M. Legendre, à Saint-Jean-d'Angély, en construit de trois grandeurs pour les grandes, les moyennes et les petites exploitations.

Ustensiles de laiterie. — Barattes.

Les laiteries bien organisées, c'est-à-dire celles dont on retire le produit maximum des laitages, sont encore rares en France, si on excepte toutefois la Flandre et la Normandie ; et si l'on considère l'état d'abandon et la grossièreté des instruments employés généralement dans les fermes, pour la production du beurre et du fromage, on douterait de leur valeur : cependant le laitage est le produit le meilleur et le plus indispensable d'une ferme ; mais pour que la production du lait et des produits qui en dérivent soit réellement avantageuse, il faut que l'opération soit bien conduite, et cela demande des soins et surtout une propreté dont on ne se doute guère.

Le bon lait de vache se compose essentiellement des parties suivantes :

Beurre...........................	4	parties.
Caséine (fromage maigre).........	5	—
Sucre et sels divers.............	4	—
Eau..............................	87	—
	100	parties.

Ces quantités varient selon la race des animaux et surtout selon le régime auxquels ils sont soumis et la nourriture qu'on leur donne.

Le lait se consomme en nature, il sert aussi à la production du beurre et du fromage; et le sérum ou petit-lait sert à la nourriture des animaux.

On a constaté que le lait tiré à la fin de la traite est beaucoup plus butyreux qu'au commencement, et qu'il faut environ douze heures pour que l'élaboration du lait soit complète dans les organes de la vache ; il résulte de ces observations 1° qu'il est très-important d'extraire complétement le lait du pis puisque celui que l'on tire à la fin de la traite est le plus riche en beurre ; 2° que l'on peut, sans diminuer notablement la quantité de beurre, séparer la traite en deux parties et réserver la première pour être consommée en nature ; 3° qu'en faisant trois traites par jour on obtient davantage de lait, mais sensiblement la même quantité de beurre.

Les ustensiles de laiterie consistent en seaux pour traire, seaux pour le transport du lait, en tamis ou passoires, en *telles* ou terrines pour déposer le lait, en vases pour recevoir la crème, en barattes, en vases pour élaiter le beurre, en presses et en moules à fromages.

Les seaux pour traire sont en bois ou mieux en fer-blanc ; l'ouverture doit être grande afin qu'il n'y ait pas de lait perdu lorsque les animaux remuent ; il est essentiel qu'ils soient gradués afin de pouvoir constater le produit de la traite.

Les seaux pour transporter le lait de la vacherie à la laiterie sont également en bois ou en cuivre ; l'ouverture doit être moins grande que la base, et ils doivent être fermés par un couvercle afin de mettre le lait à l'abri de la poussière et des corps étrangers qui pourraient le salir.

Soit que l'on mette le lait dans des vases spéciaux pour le livrer à la vente en nature, soit qu'on le transvase dans des terrines ou des pots pour en extraire la crème, il faut préalablement le passer à travers un tamis composé d'un cercle en bois ou en métal dont le fond est fermé par un linge, qui retient les impuretés qui auraient pu s'y mélanger.

Nous avons vu que le lait contient en moyenne 4 0/0 de beurre ; cette matière se trouve disséminée dans la masse sous forme de globules de grosseur variable, d'une densité moins grande que les autres parties qui constituent le lait. Il résulte de cette différence de densité que lorsque le lait est laissé en repos, les globules montent à la surface en entraînant une partie de caséine, de sucre et de matières inorganiques : c'est cette partie qui est composée de tous les éléments constitutifs du lait, qu'on désigne sous le nom de *crème*.

Pour l'obtenir on met le lait dans des vases larges et plats en terre cuite ou en fer-blanc, appelés *telles* ou terrines dont la forme varie suivant les localités ; dans le Nord et en Normandie les *telles* ont de 45 à 60 centimètres de diamètre sur 8 centimètres au plus de profondeur; l'expérience ayant prouvé que la crème monte d'autant mieux et plus vite que la surface exposée à l'air est plus grande et la profondeur du liquide plus faible, il convient donc d'employer des vases larges et peu profonds. Lorsque la crème est montée, on l'enlève au moyen d'un *écrémoir*, espèce de palette creuse en fer-blanc percée de trous très-fins, et on la met dans des pots qui doivent être hauts et étroits à l'ouverture, afin de mettre la crème à l'abri de l'air et empêcher la fermentation acide qui nuit considérablement à la qualité du beurre.

On extrait le beurre de la crème au moyen de *beurrières* ou de *baratles*. Ces instruments présentent une grande variété de forme, ce qui prouve qu'on n'en a pas encore trouvé une réellement supérieure aux autres et pouvant s'appliquer généralement.

Les barattes peuvent être divisées en trois genres : celles qui par un pilonnage de haut en bas opèrent la séparation du beurre; celles à cylindre horizontal ou vertical dans lequel se meut un axe muni d'ailes destinées à briser les enveloppes des globules butyreuses, et celles qui, indépendamment des ailes dont est muni l'axe, portent intérieurement des arêtes formant des angles qui augmentent l'énergie des chocs.

Le premier genre, qui est généralement employé dans les petites exploitations, se compose d'une tine formée de douves en bois de chêne, cerclée en fer ; le diamètre de la partie supérieure est plus petit que celui du fond, ce qui donne plus d'assiette à l'appareil.

Un diaphragme formant le col de la baratte la recouvre très-exactement ; il est percé au centre d'un trou qui donne passage au baratton, et la crème se bat par un mouvement de haut en bas.

Afin de rendre ce système applicable aux moyennes et même aux grandes exploitations, on a disposé le pilon de manière à être mis en mouvement, soit au moyen d'un système d'engrenage commandant directement une bielle, soit au moyen d'un balancier qui commande un manége; ce dernier moyen est assez fréquemment employé dans les grandes fermes écossaises, il forme un appareil simple d'une grande commodité et auquel on peut donner une grande capacité.

MM. Clubb et Smith ont exposé au concours général à Paris, 1860, une baratte à laquelle ils ont donné le nom de *baratte diagonale*; elle est en effet composée d'un tonneau maintenu diagonalement sur deux supports; dans l'intérieur du tonneau sont disposées des ailes fixes et la baratte tourne autour d'elles. Cette disposition, que la figure 303 fera très-bien comprendre, ne nous paraît pas présenter de grands avantages.

La *baratte suédoise* du major Stiernsward est encore un bon appareil, quoiqu'il ne se soit pas maintenu à la hauteur où l'avait placé l'engouement de certains partisans de nouveautés. Cette baratte présente plusieurs dispositions ingénieuses et utiles : elle se compose d'un réservoir en tôle étamé divisé par trois

Fig. 303. — Baratte diagonale de MM. Clubb et Smith.

lames percées de trous; au centre se meut verticalement un agitateur formé de trois ailettes percées de trous et montées sur un axe en fer creux qui permet à l'air de circuler pendant l'opération dans la masse du lait, ce qui favorise la séparation de la partie butyreuse. L'agitateur est mis en mouvement au moyen de deux manivelles, disposées aux extrémités d'un arbre horizontal portant un engrenage, lequel entraîne un pignon à dents coniques fixé sur l'axe de l'agitateur. L'appareil est placé sur un bâti solide et entouré d'un réservoir dans lequel on met à volonté de l'eau chaude ou froide selon la saison pour porter le lait au degré convenable.

M. Fouju, à Poissy, fabrique une baratte d'une extrême simplicité que nous ne saurions trop recommander pour l'avoir vue fonctionner dans plusieurs fermes; tous les cultivateurs qui s'en servent sont unanimes pour en faire des louanges : elle se compose d'une boîte octogone en bois blanc solidement établie, renforcée par des traverses et garnie d'angles en fer-blanc, fig. 305; dans l'intérieur se trouve une planchette découpée A, fig. 304, qui est maintenue par des petits taquets depuis que par un perfectionnement le constructeur a supprimé l'axe qui traversait la boîte ; cette planchette se place comme l'indique la coupe B; on la glisse dans la boîte ou on la retire par la grande ouverture D qui sert aussi pour emplir la baratte et en retirer le beurre; le petit bouchon E sert à renouveler l'air intérieur, surtout au commencement de l'opération, et à vider le petit-lait lorsque le beurre est fait.

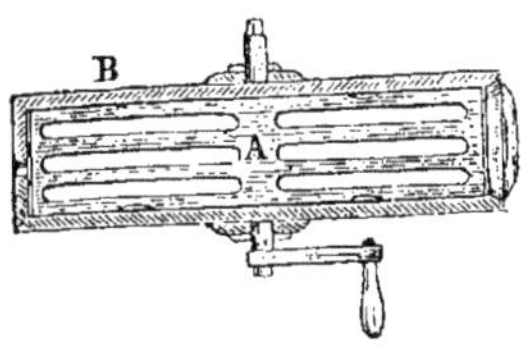

Fig. 304.— Coupe de la baratte Fouju.

Voici d'ailleurs comment on opère : si c'est avec le lait, on verse dans la

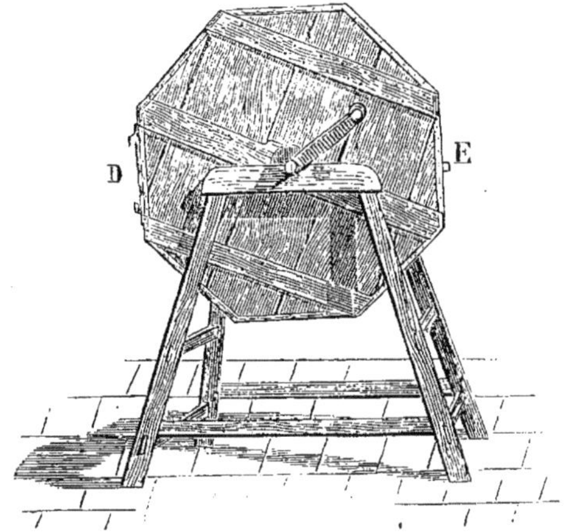

Fig. 305. Baratte de M. Fouju.

baratte environ un quart de sa capacité d'eau, dont la température doit varier suivant celle de l'atmosphère, celle du lait que l'on doit battre, et suivant la saison, c'est-à-dire qu'elle doit être fraîche dans les grandes chaleurs, tiède lorsque la température est moyenne, et un peu plus chaude qu'un bain (45 degrés centigrades environ) quand il fait froid. On laisse cette eau pendant cinq minutes dans la baratte, après l'avoir tournée quelques instants; puis on la fait écouler pour procéder au travail du beurre.

On introduit le lait dans la baratte jusqu'à la moitié de sa capacité, et l'on ferme avec le bouchon en liége garni d'une toile double et maintenu par la petite planchette.

On tourne alors la manivelle avec une vitesse moyenne de cent vingt tours à la minute à peu près, et de temps en temps, surtout dans le commencement de l'opération, on ouvre pendant quelques secondes le petit bouchon pour renouveler l'air intérieur. Si au bout de cinq minutes le beurre n'était pas granulé, et que le lait parût se mettre en mousse, signe que l'on opère sous une température trop basse (la plus favorable est celle de 18° centigrades), on ajoute au lait un vingtième de son volume d'eau chaude, et après avoir tourné quelques minutes seulement, le travail sera complétement terminé.

Le beurre étant rassemblé à la surface du liquide, on laisse écouler par le petit bouchon environ la moitié du lait; puis on bat à peu près une minute, après laquelle on retire la palette et on laisse écouler de nouveau la presque totalité du lait restant: on tourne alors quelque peu lentement, et après avoir fait sortir le lait qui restait encore, on procède au lavage.

A cet effet, on verse sur le beurre une quantité d'eau fraîche égale à peu près au quart du lait employé: on fait quelques tours lentement, puis on rejette par le petit bouchon cette eau que l'on remplace deux ou trois fois, jusqu'à ce qu'elle sorte bien claire, c'est-à-dire que le beurre et l'intérieur de la baratte en même temps soient bien lavés.

Le beurre étant à sec, et l'appareil refermé une dernière fois, on tourne de nouveau très-lentement pour rouler et réunir complétement le tout en une ou plusieurs boules qui tomberont d'elles-mêmes dans un vase d'eau que l'on place en dessous de l'ouverture.

Opération avec la crème. — Pour opérer avec la crème, la préparation de la baratte est exactement la même qu'avec le lait, ainsi que le travail, si ce n'est que les masses butyreuses étant plus fortes, on peut, pour abréger le temps, laisser écouler tout le lait de beurre d'une seule fois.

Pour obtenir des produits bons et abondants en même temps, il faut éviter de laisser cailler le lait, et que la crème ait été levée depuis douze heures au plus en été, et quarante-huit en hiver; si, ayant été conservée trop longtemps, cette crème est très-épaisse et paraît contenir une très-grande quantité de *caséum* et peu de *sérum*, s'il s'en dégage une odeur sure et forte, enfin, si elle est boursoufflée (indice d'un commencement de fermentation putride), on l'étendra d'une fois au moins son volume d'eau, légèrement tiède en hiver, et à la température ordinaire en été, pour délayer le caséum déjà formé. Il va sans dire qu'il en faut ajouter d'autant moins que la crème est moins épaisse, mais il en faut toujours ajouter au moins un quart; et on opèrera du reste, pour le battage, comme nous l'avons enseigné plus haut pour le lait, et si, dans l'un et l'autre cas, l'opération a été bien conduite, le travail total pour battre, laver et réunir le tout ne devra pas en toutes saisons avoir excédé vingt minutes avec le lait, et douze avec la crème.

On peut avec toutes les barattes, lorsqu'elles sont d'une capacité suffisante, opérer soit avec le lait frais, soit avec la crème; par le premier moyen on obtient du beurre de meilleure qualité, mais en moindre quantité; par contre, le petit-lait convient mieux pour la nourriture des bestiaux.

Quel que soit le mode d'opérer, le but étant le même, c'est-à-dire obtenir le beurre le meilleur le plus économiquement possible, on doit choisir de préférence la baratte qui permet d'obtenir ces résultats ; pour cela elle doit remplir essentiellement les conditions suivantes :

1. La disposition de l'appareil doit être telle que les chocs soient multipliés et aient lieu sur toute la masse du liquide.

2. Le nettoyage doit être facile, l'intérieur visible, pouvant se sécher promptement, et ne présentant pas d'angles aigus, de vides ou de fissures dans lesquels le lait puisse pénétrer.

3. L'écoulement du petit-lait doit se faire facilement.

4. Le lavage être parfait, ainsi que l'enlèvement du beurre se faire avec facilité.

5. Permettre le renouvellement de l'air pendant le battage.

6. Exiger le moins de force possible.

7. Etre disposée de manière à pouvoir accélérer ou modérer le mouvement.

8. Enfin, être solide, simple, d'un emploi facile et commode, d'un prix modéré et d'un entretien peu coûteux.

Teilleuse pour la préparation du lin.

Après le rouissage il reste encore à faire subir au lin deux préparations importantes pour lui donner sa véritable valeur : ce sont le broyage et le teillage ; ces deux opérations, qui cependant exercent une grande influence sur la valeur de la filasse, sont généralement exécutées d'une façon grossière, incomplète, fatigante et insalubre pour les travailleurs.

En Belgique, en Bohême et en Westphalie, le broyage ou macquage se fait ordinairement au moyen d'un appareil qui consiste en un billot cannelé solidement fixé sur quatre pieds ; un ouvrier fait passer sur cette table, dont la surface forme un segment de cercle, un rouleau cannelé qui est maintenu par deux bras portant tourillon et glissant dans les coulisses de deux poteaux solidement fixés contre le billot, et lui imprime un mouvement de va-et-vient, tandis qu'un second ouvrier tient le lin, le retourne, et le secoue afin que les chènevottes s'en détachent.

En France, cette opération est remplacée par le maillage, qui consiste simplement à broyer les tiges au moyen d'un maillet ; on termine la préparation de la filasse au moyen de la broye. En Flandre, le broyage est remplacé par l'*écangage*.

L'appareil à écanguer dont on se sert en Flandre se compose d'une planche haute de $1^{m},20$ et large de $0^{m},35$ à $0^{m},40$, fixée perpendiculairement dans un fort madrier ; elle porte aux trois quarts de sa hauteur une entaille de $0^{m},20$ à $0^{m},25$ de profondeur, et de $0^{m},05$ à $0^{m},06$ de hauteur dans laquelle l'ouvrier fait passer la filasse.

L'*écangue* se compose de deux feuilles en bois de noyer ou de hêtre, dont une forme aile ; la feuille inférieure s'amincit vers le coupant : elles sont solidement emmanchées ; l'écangue ne doit pas peser plus de 5 à 600 grammes.

Quoique l'opération de l'*écangage* ne soit pas précisément difficile, il faut néanmoins une certaine habileté et une grande pratique pour l'exécuter convenablement, et ce n'est guère qu'en Flandre qu'on trouve des ouvriers habiles pour ce genre de travail.

Un bon écangueur peut préparer par jour de 6 à 10 kilogrammes de filasse, selon que le lin est convenablement roui et suivant la longueur des tiges.

C'est en vue de remplacer l'*écangage* à la main, dont le prix augmente tous les jours, et qui cause beaucoup de fatigue à l'ouvrier, que M. Porquet-Dourin a imaginé la teilleuse que nous représentons fig. 306. Cette machine ressemble beaucoup à celle inventée il y a quelques années par M. Bourdon-Quesney; elle se compose d'un moulin à ailes de bois, mis en mouvement par une mani-

Fig. 306. — Teilleuse pour la préparation du lin.

velle qui est rattachée à un levier posé à portée de la main de l'ouvrier. La fig. 306 donne une représentation très-exacte de cet appareil, pour lequel M. Porquet-Dourin a obtenu une médaille d'argent au concours national de Paris, 1860.

Avec cette machine l'ouvrier opère exactement comme avec l'*écangue* : il place le lin dans la rainure de la planche, et en imprimant un mouvement de rotation au moulin, les *écouches* viennent battre le lin et enlèvent les chènevottes. Il peut, selon le besoin, activer ou modérer la vitesse, et une fois en mouvement il peut parer et arranger la filasse sans que pour cela le moulin s'arrête.

M. Porquet-Dourin, dont on a admiré les lins magnifiques au concours national de Paris, estime qu'avec cette machine un ouvrier peut faire le travail de cinq *écangueurs;* la filasse ainsi obtenue est belle, longue et ne donne que très-peu d'étoupes.

M. Pernollet, mécanicien, rue Saint-Maur-Popincourt, 79, à Paris, s'est chargé de la construction de cette machine, dont le prix est fixé à 150 et à 200 francs.

VINICULTURE.

Fouloirs et pressoirs.

Quelle que soit la disposition des cuves destinées à contenir le raisin pendant la fermentation, il est une opération préliminaire tout à fait indispensable à la qualité du vin: on la désigne sous le nom de *foulage* ou d'*écrasage;* elle consiste à écraser toutes les grappes de raisin, de manière à constituer une masse liquide au sein de laquelle sont suspendues les parties solides formées par la râfle, les pepins et la pellicule.

Les moyens encore le plus souvent employés pour arriver à ce résultat sont défectueux, dispendieux, et ne remplissent qu'imparfaitement le but qu'on se propose. Le plus généralement on verse les raisins dans la cuve tels qu'on les apporte de la vigne, et, lorsqu'elle est suffisamment remplie, un ou plusieurs hommes montent sur la cuve, foulent les raisins avec les pieds et les écrasent avec les mains; d'autres foulent les raisins dans la cuve à mesure de leur introduction par petites quantités, ou bien versent la vendange sur une planche à rebords et à claire-voie, placée sur la cuve, et marchant sur les raisins, au fur et à mesure qu'on les apporte, le jus tombe dans la cuve; lorsque les grappes sont suffisamment écrasées, on les fait glisser dans la cuve par une ouverture ménagée sur un des côtés de la planche.

Ces procédés présentent de sérieux inconvénients, et depuis quelque temps on les remplace très-avantageusement par des moyens mécaniques à la fois plus propres, plus simples et moins dispendieux.

L'instrument le plus généralement employé est composé de cylindres cannelés entre lesquels passent les grappes; il se place soit sur la cuve même, ce qui évite le remaniement du moût et abrége la main-d'œuvre, soit sur un baquet que l'on verse dans la cuve lorsqu'il est plein, ou sur la maie du pressoir.

Pour opérer un bon travail, le fouloir doit être disposé de telle façon que l'on puisse rapprocher ou éloigner les cylindres, de manière à écraser complétement tous les grains, et laisser passer sans les écraser les pepins et les râfles.

Avec le fouloir, toutes les grumes de raisin sont ouvertes, et le moût étant mis largement en contact avec l'air, la fermentation s'opère régulièrement.

On a reproché aux fouloirs d'agir avec trop de force sur la fermentation, et d'écraser les pepins et les râfles, de manière à mêler le liquide qui résulte de cet écrasement au moût proprement dit.

A cela, on peut répondre qu'avec des cylindres bien faits, suffisamment écartés, et au moyen d'une pression modérée, on n'a pas à craindre cet inconvénient, et que même écraserait-on quelques râfles, ce qui ne peut arriver si l'instrument est bien réglé, l'inconvénient ne serait pas grand, et personne ne trouverait cela mauvais; au contraire, on regarde le mélange de la râfle et des pepins comme utile et même nécessaire à la conservation des vins de certains crus.

L'expérience ayant prouvé d'une manière irréfutable que, par l'écrasage, on augmente la qualité et la quantité du vin, c'est donc une opération qu'on ne saurait trop recommander.

Plusieurs constructeurs fabriquent des fouloirs qui tous atteignent à peu près le même but. Nous mentionnerons particulièrement celui construit par M. Dezaunay, mécanicien à Nantes.

C'est en 1842 que ce mécanicien a fait les premiers fouloirs, et depuis cette époque la fabrication s'est accrue chaque année à mesure que les avantages de ces précieux instruments ont pu être appréciés. En effet, le fouloir Dezaunay écrase en une minute une quantité de raisin suffisante pour produire un hectolitre de vin, et cet instrument ne coûte que 120 francs.

Ce fouloir peut fonctionner à bras ou au moyen d'un petit manége à rotule construit spécialement à cet effet ; de plus, au moyen du manége on peut faire marcher simultanément une pompe à vin.

Les nervures des rouleaux sont placées hélicoïdalement; cette disposition, pour laquelle le constructeur s'est fait breveter, donne une grande régularité dans le travail de la machine, et diminue la fatigue de l'homme qui fait tourner la manivelle.

Le fouloir rendant uniformément bien foulé tout le raisin qui lui est donné, permet évidemment d'extraire une plus grande quantité de jus, et l'on n'est pas au-dessus de la vérité en estimant ce surplus de 2 à 5 0/0 ; il en résulte que selon l'importance de la vendange, l'instrument peut être plus que payé dès la première année.

Manière de se servir du fouloir. — On met d'abord la machine en mouvement, on jette ensuite les raisins dans la trémie; pour cela il faut être au moins deux personnes.

L'un des cylindres est monté à coulisses et se règle par tâtonnement suivant la maturité du raisin et le plus ou moins d'écrasement qu'on veut obtenir; le règlement se fait au moyen de deux boulons à écrous.

La machine ne réclame d'autres soins que de graisser une fois par an les quatre tourillons, de la laver à grande eau une fois les vendanges terminées, de la laisser sécher complétement, et de la graisser de nouveau pour éviter la rouille, jusqu'aux vendanges suivantes.

M. Dezaunay construit trois modèles de fouloirs : le grand modèle coûte 120 francs ; le modèle moyen, 90 francs, et le petit modèle, 30 francs.

M. Badimon, à Marmande (Lot-et-Garonne), construit depuis plusieurs années un fouloir qui est très-apprécié et généralement employé dans les départements du Sud-Est et du Midi. Cet instrument, qui est aussi parfait qu'on peut le désirer, coûte 141 francs emballage compris ; avec un volant supplémentaire le prix est de 161 francs.

Dans certains vignobles, et particulièrement dans le Centre et vers le Nord, on diminue la *dureté* du vin par l'*égrappage*. Cette opération consiste à tirer en tout ou en partie les râfles des grappes ; on obtient ainsi des vins plus

Fig. 307. — Fouloir de M. Dezaunay, à Nantes.

agréables et pouvant se consommer plus tôt. Cette opération, qui se pratique surtout pour les vins qui doivent se consommer dans l'année, se fait actuellement avec beaucoup de célérité au moyen du fouloir-égrappoir de M. Badimon (1). Cette machine permet de faire l'écrasage et l'égrappage simultanément. Une charge de raisins est écrasée et égrappée en moins de quinze secondes, de sorte qu'une seule machine peut suffire à plus de cinquante vendangeurs. Par son emploi, on gagne un septième de produit, et on économise 20 0/0 sur la main-d'œuvre.

Des pressoirs.

Quoiqu'il n'y ait aucune comparaison à établir entre les nouveaux pressoirs et les anciennes machines qui, indépendamment du peu d'effet utile qu'elles

(1) Le fouloir-égrappoir coûte, pris à Marmande, 310 francs, emballage compris.

rendent, occupent un grand emplacement, sont d'un maniement plus difficile et coûtent plus cher, la routine est tellement invétérée chez les vignerons, que c'est avec la plus grande difficulté qu'ils se décident à employer les nouvelles machines dont ils reconnaissent cependant l'incontestable supériorité.

Les pressoirs à vis en fer et à engrenages permettent d'obtenir avec un personnel moindre un effet quintuple de ce que rendent les pressoirs à vis en bois et à levier, avantage énorme qui permet d'obtenir en une *seule* serre tout le jus contenu dans le marc. Parmi ceux qui jouissent de la faveur des viticulteurs, nous citerons particulièrement :

Le pressoir double de M. Dezaunay à Nantes, celui de M. Samain à Blois, et celui de M. Lemonnier-Jully à Châtillon-sur-Seine.

Pressoir de M. A. Dezaunay,

à Nantes.

Ce pressoir est double, ce qui permet d'opérer sans discontinuité ; une vis solide est placée au centre de chacun des pressoirs ; elle est maintenue immo-

Fig. 308. — Pressoir de M. Dezaunay.

bile à sa base par un scellement dans une forte pièce de bois qui supporte le plateau de l'appareil ; la vis est isolée au milieu de la maie et n'exige aucun point d'appui extérieur ; le point d'appui étant pris par la vis même à l'endroit où l'écrou fait le plus d'efforts, supprime complétement la torsion si nuisible à la résistance de la vis. Par cette bonne disposition on n'a pas à craindre le dérangement du pied de la vis dans son assemblage avec la plate-forme.

Un écrou fixé dans la roue dentée horizontale monte et descend le long de la vis et entraîne le blin C qui presse la genne.

Le mécanisme qui sert à obtenir la pression est très-simple, il consiste en deux roues verticales E liées aux pignons D qui commandent la roue dentée A.

Manœuvre du pressoir.— La genne étant placée sur la maie comme l'indique la fig. 308 et recouverte d'un plateau en bois, on tourne par les poignées la roue A, qui descend en entraînant le blin C, et on obtient une première pression ; quand on veut presser davantage, on engrène les pignons DD et on agit sur les poignées des roues verticales EE ; le liquide sort alors abondamment ; enfin en dernier lieu on prend les leviers à encliquetage GG, et un ou deux hommes sur chaque levier font le dernier effort du pressurage.

L'homme qui manœuvre le levier ne marche pas, ni ne tire ; il agit en pesant avec les mains comme l'indique la figure, et pèse simplement de son poids. Cette manœuvre est infiniment moins fatigante que celle d'une manivelle qui, tantôt poussant, tantôt tirant, contracte énormément la poitrine de l'homme lorsque l'effort à faire dépasse 10 à 12 kilogrammes.

La pression effective obtenue avec quatre hommes est de 85,000 kilog., qui répartis sur 4 mètres cubes de genne, produisent une pression de 21,250 kil. par mètre cube. Le prix de ce pressoir est de 1,200 fr. compris la cage à ceps.

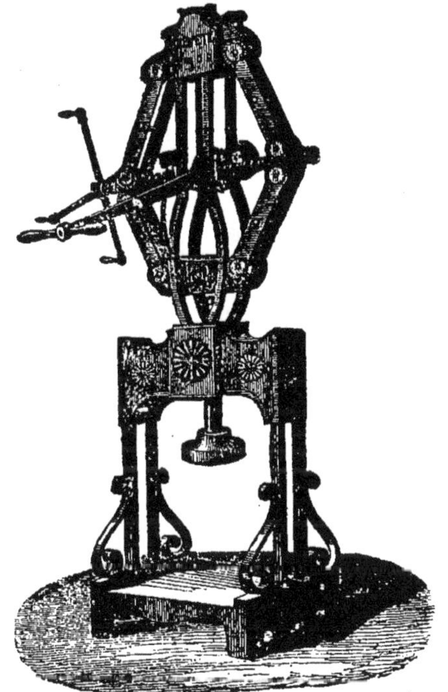

Fig. 309. — Pressoir de M. Samain pour l'industrie.

Pressoir à genoux et leviers articulés de M. Samain, à Blois.

Ce système de pression, imaginé par M. Samain, est remarquable par sa simplicité et sa grande énergie ; il consiste en deux genouillères maintenues à leur partie supérieure dans un chapeau qui couronne quatre tiges en fer légèrement cintrées vers la moitié de leur hauteur, et maintenant à la partie inférieure une forte pièce en fer dans laquelle est fixée la tige qui opère la pression.

Les genouillères sont traversées à leur articulation par une vis portant au milieu un levier à rochet; cette vis, dans son mouvement de serrage, rapproche les genouillères et oblige l'arbre vertical à exercer une énorme pression.

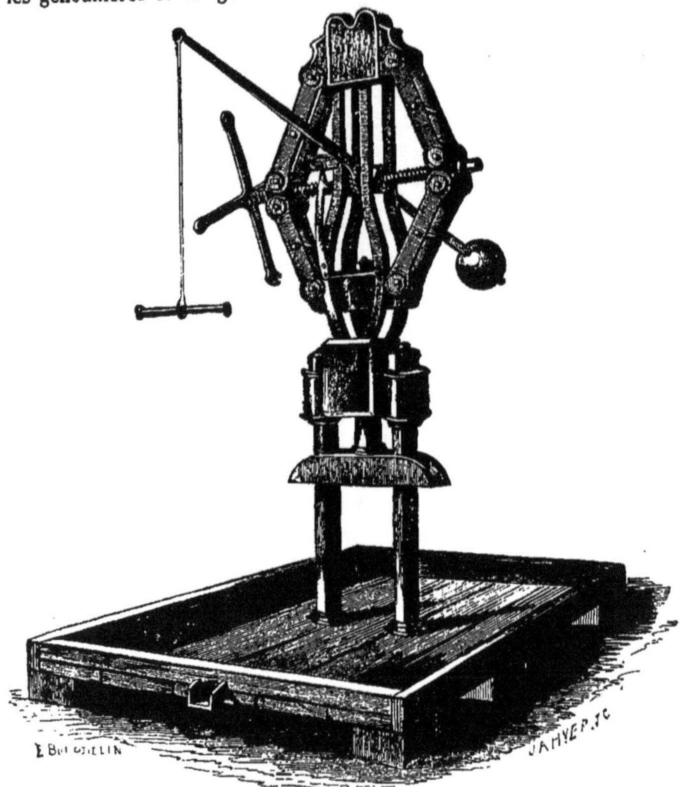

Fig. 310. — Pressoir mobile de M. Samain.

Les genouillères se ramènent à leur point de départ au moyen d'une manivelle croisée fixée à une des extrémités de la vis; c'est aussi au moyen de cette manivelle que l'on donne la première pression.

Les pressoirs Samain sont munis d'un dynamomètre qui indique la pression obtenue, et d'un frein qui limite le maximum de la pression, de sorte que l'on ne peut pas dépasser la puissance de l'appareil, et que par conséquent on évite les accidents.

Outre les grands pressoirs fixes pour vignobles, M. Samain construit des pressoirs locomobiles. Ces appareils peuvent être utilisés par toutes les industries.

Le prix des appareils fixes, non compris la maie, est de : première force, 100,000 kilog. de pression, 1,700 fr. ; deuxième force, 80,000 kilog, 1,300 fr. ; troisième force, 60,000 kilog., 900 fr. ; quatrième force, 40,000 kil., 600 fr., et cinquième force, 20,000 kilog., 400 fr.

Pressoir de M. Lemonnier-Jully,
De Châtillon (Côte-d'Or).

Cet appareil est solidement établi, il occupe peu de place et n'exige pour la manœuvre que deux à quatre hommes, selon la puissance de l'instrument.

Il se compose d'une charpente sur laquelle est montée une danaïde que tra-

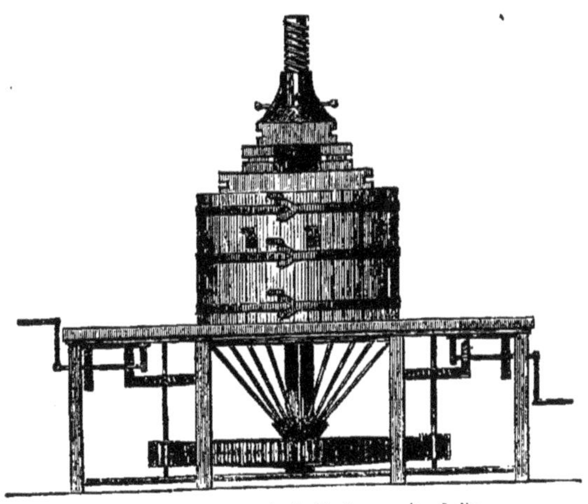

Fig. 311. — Pressoir de M. Lemonnier-Jully.

verse au centre une forte vis en fer portant à sa partie supérieure un écrou allongé et à sa base sous la charpente une grande roue dentée. Selon le degré de pression que l'on veut obtenir on agit sur la grande roue soit directement, soit par un système d'engrenage. On comprend facilement qu'au moyen d'engrenages commandant une vis en fer on peut obtenir une pression énorme.

M. Lemonnier-Jully construit quatre numéros de pressoirs dont la force varie de 250,000 kilog. à 60,000 kilog., et les prix de 2,000 fr. à 850 fr.

Pressoirs pour la fabrication du cidre et casse-pommes.

Quoique l'on puisse se servir très-avantageusement des pressoirs précédemment décrits pour la fabrication du cidre, on emploie néanmoins le plus ordinairement des appareils plus simples et moins coûteux. Parmi les principaux nous mentionnerons particulièrement le

Pressoir de M. Fauconnier,

Avenue Parmentier, 15, à Paris.

Il se compose d'un fort bâti en bois portant une table traversée par une vis en fer ; le mouvement est donné par une vis sans fin, agissant sur une paire de roues d'angle faisant mouvoir la vis du pressoir ; la pression produite sur le plateau par un seul homme est de 25,000 kilogrammes. Le prix de ce

Fig. 312. — Pressoir de M. Fauconnier.

pressoir est de 550 francs. La table a $1^{m},50$. M. Fauconnier fabrique des modèles plus petits, aux prix de 300, 375 et 450 francs.

Pressoir de M. Bodin,

A Rennes.

Il se compose d'une maie octogone, montée sur un bâti en bois de chêne, traversée au centre par une forte vis en fer scellée dans la charpente ; le marc se met dans une danaïde que l'on enlève à volonté, et la pression s'obtient directement sur la vis, au moyen d'un fort écrou, dans lequel on engage une barre de fer. Ce pressoir ne coûte que 250 francs ; il est simple, solide et occupe peu d'espace.

Pressoir de M. Mesnier,
A Pontoise.

Cet appareil est du même système que le précédent, c'est-à-dire qu'il se compose d'une maie, sur laquelle est placée une danaïde. La pression s'obtient par une vis sans fin commandant une roue d'engrenage solidaire avec l'écrou. L'extrémité du bâti porte un moulin pour concasser les fruits. L'appareil complet se vend de 7 à 800 francs.

Moulin à pommes de M. Fauconnier.

Ce constructeur fabrique deux modèles de casse-pommes : l'un, à simple noix, produit avec un homme 4 hectolitres à l'heure ; l'autre, à double noix, en produit 6. Il est ainsi disposé : en la partie où débouche la trémie dans

Fig. 313. — Moulin à pommes à simple noix de M. Fauconnier.

laquelle on met les pommes, sont deux noix à grosses dents et engrenées ensemble ; les pommes concassées par ces noix retombent sur deux autres noix placées à environ $0^{m},25$ de distance en contre-bas des premières. Cett seconde paire de noix a des dents de moitié plus fines que la première, et afin d'en assurer le dégagement, elles ont une vitesse plus grande : ce mouvement accéléré leur est communiqué au moyen d'une roue et d'un pignon calés sur les arbres mêmes des noix. Rien n'est donc plus simple, et le broyage de la pomme est parfait, car les petites noix ne prenant la pomme que lorsqu'elle est déjà cassée, comme elle l'est ordinairement par les anciens casse-pommes, la réduisent presque en pâte.

Le prix de ces instruments varie suivant leur puissance.

Fig. 314 — Moulin à pommes à double noix de M. Fauconnier.

Moulin à pommes de M. Bodin,

A Rennes.

Cet instrument est formé par un fort bâti en bois surmonté d'une trémie.

Les traverses supérieures du bâti portent deux paliers à glissières, dans lesquels sont placés deux cylindres de 0^m,165 de diamètre sur 0^m,23 de longueur,

portant sept dents de $0^m,04$ de profondeur. Les cylindres se rapprochent ou s'éloignent, suivant que l'on veut écraser plus ou moins fin.

Un des cylindres porte une roue dentée de $0^m,32$ de diamètre, commandée par un pignon de $0^m,10$, placé sur un arbre transversal, portant d'un côté une manivelle, et de l'autre un volant sur un des rayons duquel on a placé une seconde manivelle.

Cet instrument est ordinairement mis en mouvement à bras d'homme, au moyen des deux manivelles ; on peut le faire mouvoir par un manége, en remplaçant une des manivelles par une poulie. Ce moulin coûte 120 francs. On emploie encore pour briser les pommes les pulpeurs que nous avons indiqués à l'article coupe-racines, page 369.

INSTRUMENTS ET MACHINES DIVERSES.

Scierie agricole.

Les agriculteurs qui disposent d'un moteur mécanique ont intérêt à l'employer le plus possible ; aussi voit-on dans beaucoup de fermes monter des scies circulaires, au moyen desquelles on débite économiquement le bois nécessaire à l'exploitation.

Un grand nombre de mécaniciens construisent des scies circulaires ; celle que représente la fig. 315 est établie par M. Fauconnier, à Paris. Elle se compose d'un très-fort bâti en bois de chêne, portant une table très-épaisse et solide, au milieu de laquelle passe la lame de scie, que l'on règle à volonté, au moyen de six vis, dont les extrémités sont en bois de cormier ; un régulateur parallèle permet de scier à toutes épaisseurs.

Elle emploie la force de deux chevaux, et coûte 800 francs. La lame a $0^m,60$ de diamètre.

MM. Pinet, à Abilly ; P. Renaud et A. Lotz, à Nantes ; Cumming, à Orléans, construisent aussi des scies du même système. Les prix varient, suivant la force et la solidité de la machine, de 300 à 1,000 francs.

Chemins de fer agricoles.

Les transports, déjà si considérables pour une exploitation ordinaire, le deviennent encore davantage lorsqu'on y adjoint une industrie quelconque, telle que distillerie, féculerie, etc. ; alors on a non-seulement des charrois à effectuer pour mettre les denrées à l'abri aux abords de l'usine, mais on a encore de nouveaux transports à faire pour les conduire dans l'intérieur de l'usine pour les manipuler.

Les silos dans lesquels on met les racines étant fixes, l'idée est bien vite venue d'établir des petits chemins de fer pour les mettre en communication avec l'usine. Par ce moyen, on transporte à force égale plus de cinq fois autant,

Fig. 315. — Scie circulaire de M. Fauconnier.

et de plus, au lieu d'abîmer les équipages par des chemins qui deviennent en très-peu de temps impraticables, il suffit de quelques jeunes gens pour diriger les wagons et alimenter la fabrication.

Les premiers chemins de fer agricoles consistaient simplement en des barres de fer méplat, d'environ 0m,01 d'épaisseur sur 0m,05 de largeur, que l'on fixait au moyen d'un coin dans des entailles pratiquées sur des traverses en bois. C'était de la plus grande simplicité ; mais bientôt on s'aperçut qu'il serait avantageux d'étendre l'emploi des chemins de fer pour le service intérieur, pour le transport des meules de grains près de la batteuse, et même pour le transport des fumiers en dépôt dans les champs.

Il a fallu alors penser à organiser des chemins mieux compris et plus solides ; parmi les mécaniciens qui s'occupent de cette construction, nous citerons particulièrement M. Sue, boulevard du Combat, 8, à Paris.

Fig. 316. — Wagon agricole sur une plaque tournante.

Les rails spéciaux qu'il emploie sont à champignon, comme ceux des grandes lignes ; ils sont maintenus par des éclisses en fer et fixés sur des traverses. Les plaques tournantes sont de la plus grande simplicité et d'une solidité à toute épreuve. Chaque plaque se compose de trois parties : 1° une plaque de fondation portant un axe au centre ; 2° un rayonneur à galets ; 3° la plaque porte-rails. Des wagons solides et s'ouvrant seuls en basculant complètent le système. La charpente du wagon est toute en fer ; il n'y a en bois que les planches formant coffre. Au moyen de hausses, ces wagons peuvent servir pour le transport des céréales et des fumiers.

La fig. 316 représente un wagon faisant bascule sur une plaque tournante.

Calandres portatives (Fig. 317).

On emploie encore pour calandrer le linge des machines massives, lourdes, dispendieuses et occupant une grande place : celle que nous figurons est fabriquée en Angleterre par MM. Clubb et Smith, qui ont leur dépôt à Paris, 9, rue Fénelon. C'est un instrument simple, solide, d'un prix relativement modique, qui donne au linge un lustre superbe et qui fonctionne facilement.

Fig. 317. — Calandre portative.

Boîte à houppe pour le soufrage des vignes, de M. Ouin,
4, place de la Bourse, à Paris.

On se sert, pour le soufrage de la vigne, de brosses, soufflets, boîtes à houppe, et boîtes en fer-blanc percées de petits trous. Ces deux derniers appareils sont le plus généralement employés ; ils sont simples, peu coûteux et d'un emploi facile.

La boîte à houppe de M. Ouin, 4, place de la Bourse, à Paris, se compose (fig. 318) : d'une boîte conique de 0m,25 de hauteur sur 0m,08 de diamètre du côté de la houppe ; on introduit le soufre par le bout opposé que l'on ouvre ou que l'on ferme en tournant le bouton A. Pour opérer, on prend la boîte par le bas ; de la main qui reste libre on écarte les feuilles, on retourne les grappes, et en secouant légèrement on les couvre d'un nuage de soufre. Cette boîte ne se vend que 2 fr. 25 c.

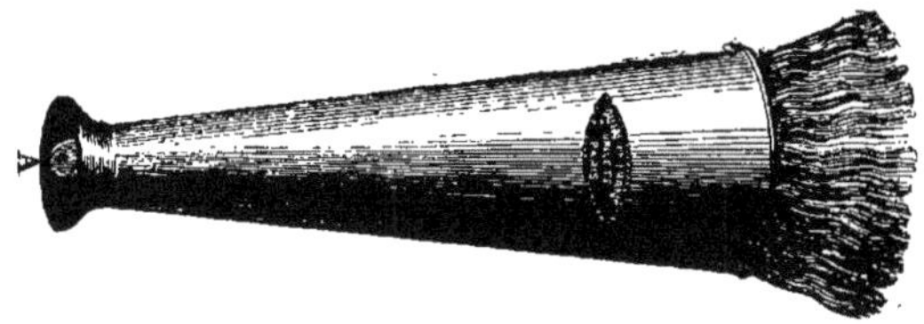

Fig. 318. — Boîte à houppe pour le soufrage de la vigne de M. Ouin.

M. Laforgue, viticulteur à Quarante (Hérault), l'un des propriétaires qui ont le plus fait pour la propagation du soufrage et qui l'ont appliqué le plus en grand, se sert simplement d'une boîte en fer-blanc un peu conique de 0m,20 de hauteur ; le fond, qui est légèrement bombé, est percé de vingt et un cercles concentriques de petits trous ayant environ 2/3 de millimètres de diamètre : on introduit le soufre par le petit bout que l'on recouvre d'un couvercle ayant 0m,05 de diamètre.

Pince à greffer pour la vigne.

Le système de greffe pour le renouvellement de la vigne prend de plus en plus faveur à mesure que l'on peut constater les bons résultats qu'on en

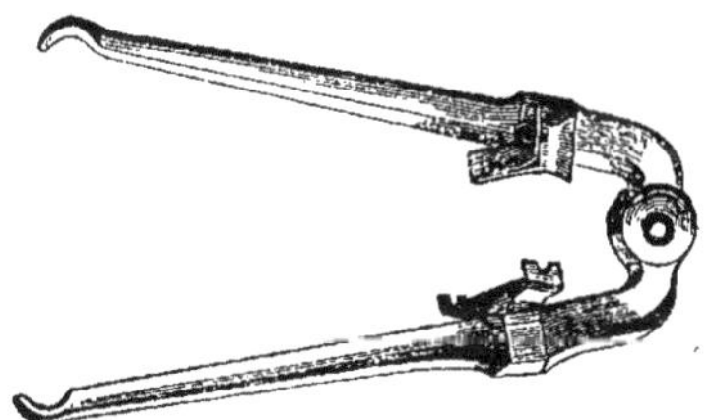

Fig. 319. — Pince à greffer pour la vigne.

obtient. On a dû aussi s'occuper des moyens d'opérer promptement et sûrement ; c'est ce qui a donné lieu à l'invention de la pince à greffer (fig. 319). Ce petit instrument que tous les taillandiers peuvent construire, se compose d'une pince à charnière portant un emporte-pièce en acier très-effilé ; il suffit de poser la branche à greffer dans l'emporte-pièce pour obtenir une greffe s'adaptant toujours très-exactement.

Pompes.

Nous avons examiné toutes les pompes exposées dans les concours agricoles, et jusqu'à ce jour nous n'en avons pas encore trouvé qui nous donnent pleine et entière satisfaction *au point de vue agricole*. Nous voudrions une pompe simple, solide, peu sujette à réparation, donnant beaucoup d'eau *et d'un prix peu élevé*. Nous savons que ces conditions sont difficiles à remplir, cependant nous ne désespérons pas de nos fabricants.

Faute de mieux, nous allons indiquer les meilleures pompes que nous connaissons.

Pompe dite normale, de M. Chataing,

à Belleville-Paris.

Dans cette pompe, le système est noyé intérieurement, le piston a peu de frottement à cause de son peu d'adhérence avec le cylindre. L'effet utile nous semble très-grand ; de plus, cette pompe ne désamorce pas, elle est aspirante et foulante, bien construite, mais elle coûte de 250 à 600 francs.

Pompe Letestu,

Rue du Temple, à Paris.

Depuis longtemps, M. Letestu s'est placé au premier rang des fabricants de pompes. Les appareils qui sortent de ses ateliers sont d'une exécution admirable, d'une grande solidité et d'une puissance remarquable. Nous ne leur reprochons que leur prix trop élevé pour les agriculteurs.

Pompe d'épuisement de M. Denizot, construite par MM. Barbier et Daubrée,

A Clermont-Ferrand.

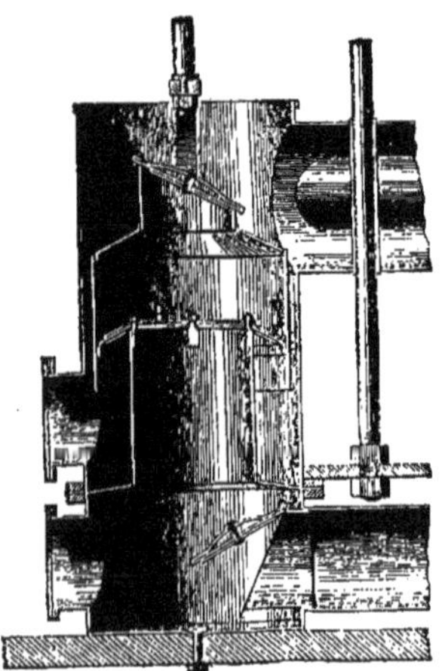

Fig. 320.— Coupe de la pompe Denizot.

Cette pompe est destinée aux grands épuisements et aux irrigations ; elle fournit à chaque coup de piston plus de 20 litres d'eau, en sorte que fonctionnant à raison de vingt tours par minute, elle débiterait près de 50 mètres cubes d'eau par heure.

La pompe est tout entière en tôle étamée ; deux corps, ayant chacun $0^m,45$ de diamètre et $0^m,93$ de hauteur, enveloppent les organes qui constituent la pompe, laquelle consiste pour chaque côté de l'appareil en un cylindre fixe couvert d'une cloche mobile ; le cylindre fixe a $0^m,25$ de diamètre et $0^m,42$ de hauteur ; il est muni à la partie supérieure d'une garniture conique en cuir, maintenue entre deux brides, dont le bord forme joint avec la cloche.

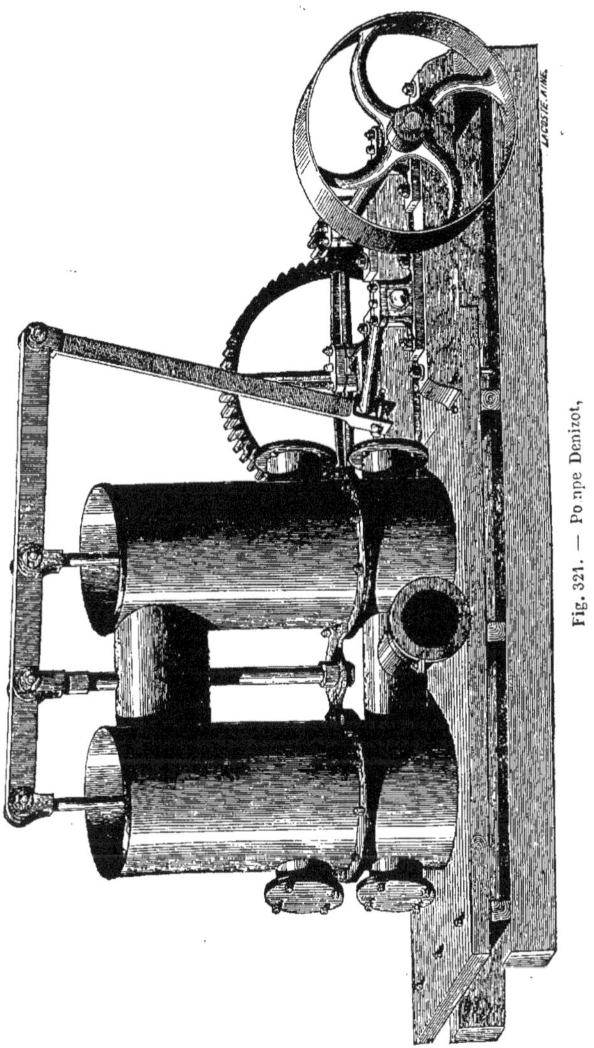

Fig. 321. — Pompe Denizot.

La cloche qui recouvre le cylindre a $0^{m},40$ de diamètre intérieur ; pendant l'action de la pression atmosphérique au moment de l'aspiration, le bord pendant du cuir s'applique exactement contre la paroi du cylindre.

La cloche, à sa partie supérieure, est munie d'un orifice cylindrique de $0^{m},17$ de diamètre, recouvert par le clapet de refoulement incliné de 25° par rapport au plan horizontal.

Les clapets d'aspiration sont placés aux deux extrémités d'un conduit horizontal qui fait partie de la pompe ; ils sont plus grands que les clapets de refoulement, et leur siége est incliné de 25° par rapport à un plan vertical perpendiculaire à l'axe du conduit.

Il résulte des essais faits au Conservatoire des arts et métiers qu'avec une aspiration de $4^{m},70$, cette pompe a donné un effet utile de 69 0/0. Ce rendement est le meilleur argument que l'on puisse citer en faveur de cette machine.

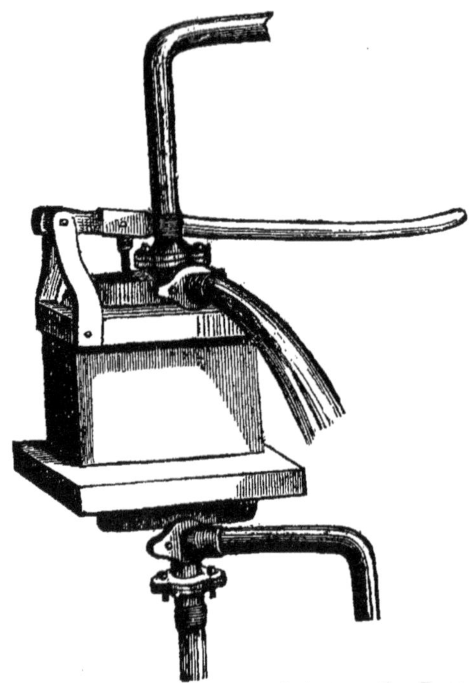

Fig. 322. — Pompe aspirante et foulante, système Faure.

Pompe Perreaux.

Elle est soigneusement établie et peut servir de pompe à purin, aussi bien que pour les usages ordinaires ; elle est aspirante ou aspirante et foulante.

Le corps de la pompe se compose d'une boîte en bois recouvrant un tube de cuivre d'un diamètre de $0^{m},08$ à $0^{m},09$ environ, couvert par un chapeau et la boîte à étoupe ; la partie inférieure est également munie d'un chapeau qui se visse et se dévisse à volonté, et contre lequel est appliqué le tube d'aspiration.

A $0^m,25$ de la partie supérieure, le corps de pompe possède un conduit communiquant avec un réservoir dans lequel l'eau pénètre; ce réservoir contient une soupape de retenue en caoutchouc, et est muni d'un raccord auquel on adapte le tuyau de refoulement ; une seconde soupape est placée sur le chapeau inférieur contre le tuyau d'aspiration, et le piston, qui est également en caoutchouc, forme la troisième soupape. Cette pompe rend de bons services ; malheureusement le système spécial de soupapes en caoutchouc en rend les réparations impossibles, et force d'avoir recours au vendeur, ce qui n'est pas toujours facile.

Fig. 323. — Pompe d'épuisement, système Faure.

Pompes système Faure, fabriquées par MM. Barbier-Daubrée,

A Clermont-Ferrand; dépôt à Paris, chez M. Peltier jeune, 45, rue des Marais.

Le système Faure s'applique aux pompes élévatoires foulantes ou à incendie, aspirantes et foulantes pour les eaux bourbeuses ou le purin, et locomobiles pour les arrosements de jardins (fig. 322). Il se compose d'un cylindre ou bac en fonte ou en tôle galvanisée divisé en plusieurs compartiments ; dans un des compartiments se meut un piston en fonte garni de cuir, les autres reçoivent les clapets et servent de réservoir d'eau.

Le modèle spécialement destiné comme pompe à purin, que nous représentons fig. 322, se compose du corps de pompe proprement dit en tôle galvanisée ; il a 0m,33 de longueur, 0m,16 de largeur et 0m,25 de hauteur ; il est maintenu entre deux forts plateaux en bois de chêne, au moyen de quatre boulons ; l'intérieur de ce corps est divisé en trois compartiments : dans celui du milieu, qui est cylindrique et qui a 0m,14 de diamètre, se trouve le piston fixé à une forte tige en fer recouverte de cuivre ; les deux autres compartiments servent de réservoir à l'eau fournie par quatre soupapes qui sont placées sur les plateaux inférieur et supérieur. Ces soupapes sont simplement des calottes mi-sphériques en fonte munies d'une tige, qui

Fig. 324. — Pompe locomobile, système Faure, pour arrosement de jardins.

s'appliquent hermétiquement sur une rondelle en caoutchouc ; l'appareil se complète par deux calottes en fonte à deux orifices permettant d'aspirer ou de refouler, soit horizontalement soit verticalement.

Pour les grands épuisements, M. Faure a monté deux de ses pompes sur un bâti en fer boulonné sur un cadre en bois très-solide ; la figure 323 représente cette ingénieuse installation qui a été employée avec succès dans des grands travaux d'épuisements exécutés à Paris.

Les pompes Faure doivent être placées au premier rang des pompes agricoles pour leur simplicité, leur bas prix et leur rendement. Si la construction était un peu plus soignée, et le démontage rendu plus facile, cet appareil prendrait à juste titre la première place parmi les pompes agricoles.

NOUVELLE LIBRAIRIE AGRICOLE ET HORTICOLE

J. LOUVIER,

33, quai des Grands-Augustins.

Pour satisfaire aux désirs que nous ont exprimés un grand nombre de souscripteurs, nous ferons paraître le *Guide des Agriculteurs* en trois parties : la première comprendra les Machines et Instruments de culture employées à l'extérieur ; la deuxième, ceux employés à l'intérieur, et la troisième partie comprendra les Animaux, Engrais, Semences, etc.

Prix des trois parties, expédiées franco : 6 francs.

PARIS. — IMPRIMERIE CENTRALE DES CHEMINS DE FER DE NAPOLÉON CHAIX ET Ce, RUE BERGÈRE, 20.

www.ingramcontent.com/pod-product-compliance
Ingram Content Group UK Ltd.
Pitfield, Milton Keynes, MK11 3LW, UK
UKHW022326190726
13856UKWH00001B/228

9 782011 919243